入门与典型应用详解

Photoshop CS3 入门与典型应用详解

李 波 编著

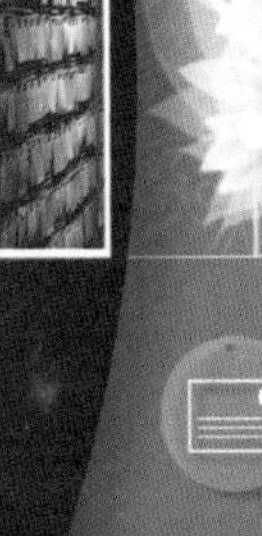

中国铁道出版社
CHINA RAILWAY PUBLISHING HOUSE

内 容 简 介

本书针对 Photoshop CS3 的操作及功能进行详细介绍，并结合大量的实例，以帮助读者循序渐进地学习和使用 Photoshop 进行图像绘制和处理。

全书共分 15 章，前 12 章主要讲解 Photoshop CS3 的操作及功能，如文件的基本操作、对图像进行选取、绘图工具的使用、图形与路径绘制、文字处理、辅助工具及辅助功能、颜色调整、图层的使用、通道与快速蒙版的使用、滤镜的使用、动作与自动化操作等；后 3 章主要介绍一些经典实例，通过这些实例来巩固前面所学的知识，并掌握如何使用 Photoshop CS3 制作特效图像。

本书内容翔实、讲解细致、图文并茂、实例丰富，适合作为广大图像设计爱好者的参考用书，也可作为各级院校相关专业的教学参考书和社会电脑培训班的即学即用教材。

图书在版编目（CIP）数据

Photoshop CS3 入门与典型应用详解/李波编著. —北京：中国铁道出版社，2009.4
（入门与典型应用详解）
ISBN 978-7-113-09765-3

Ⅰ.P… Ⅱ.李… Ⅲ.图形软件，Photoshop CS3 Ⅳ.TP391.41

中国版本图书馆 CIP 数据核字（2009）第 055643 号

书　　名：Photoshop CS3 入门与典型应用详解
作　　者：李　波　编著

策划编辑：严晓舟　张雁芳
责任编辑：张雁芳　　　编辑部电话：63583215
特邀编辑：李晓霞　　　封面制作：白　雪
封面设计：付　巍　　　责任印制：李　佳

出版发行：中国铁道出版社（北京市宣武区右安门西街 8 号　　邮政编码：100054）
印　　刷：北京铭成印刷有限公司
版　　次：2009 年 8 月第 1 版　　2009 年 8 月第 1 次印刷
开　　本：787mm×1092mm　1/16　印张：23.25　字数：541 千
印　　数：4000 册
书　　号：ISBN 978-7-113-09765-3/TP·3218
定　　价：49.00 元（附赠光盘）

前　言
Preface

Photoshop CS3 是 Adobe 公司推出的一款功能强大的平面图像处理软件，广泛应用于印刷、广告设计、封面制作、网页图像制作、照片编辑等领域。

Photoshop CS3 是对数字图形编辑和创作专业工业标准的一次重要更新。Photoshop CS3 引入强大和精确的新标准，提供数字化的图形创作和控制体验。与原先的版本相比，Photoshop CS3 在界面操作、工具箱的排列、新增工具与滤镜，以及图像的颜色、格式和打印等各个方面都有了很大的改进，增强了 Photoshop CS3 在图像处理领域所发挥的作用。

全书共分为 15 章，主要介绍了以下内容：

第 1 章：主要讲解了 Photoshop CS3 的新增功能、Photoshop CS3 的启动与退出，工作界面及图像处理的基础知识等。

第 2 章：主要讲解了文件的基础操作，如新建文件、打开和存储文件、查看图像、图像的基本编辑和使用 Adobe Bridge CS3 管理图像等。

第3章：主要讲解了图像的选取操作，如使用选择工具选择图像、灵活编辑选区的图像、图像的基本编辑操作等。

第 4 章：主要讲解了绘图工具的使用，如绘图工具、修复工具、图章工具、历史画笔工具、擦除工具、填充工具和修饰工具等。

第 5 章：主要讲解了图形与路径的绘制，如路径面板和路径工具的使用、路径的基本编辑等内容。

第 6 章：主要讲解了文字的处理，如了解文本图层、输入文本、设置文本格式、编辑文本、文本的高级排版等。

第 7 章：主要讲解了辅助工具及辅助功能的应用，如附注工具组、吸管工具组、抓手工具、缩放工具、标尺、网格、参考线的使用等。

第 8 章：主要讲解了图像颜色的调整，如色彩的基础知识、图像的色调和色彩调整等。

第 9 章：主要讲解了图层的使用，如图层面板的使用、图层的基本操作、管理图层、图层的混合模式和图层样式等。

第 10 章：主要讲解了通道与快速蒙版的使用，如通道面板、通道的基本操作、快速蒙版的使用等。

第 11 章：主要讲解了滤镜的使用，如特殊滤镜的使用、普通滤镜的功能及使用等。

第 12 章：主要讲解了动作与自动化操作，如动作面板的应用、动作的基本操作、自动化操作等。

第 13 章：主要讲解了常用的图像处理及文字特效实例的制作。

第 14 章：主要讲解了通过工具及命令制作出优美的风景图像效果。

第 15 章：主要讲解了使用 Photoshop CS3 进行招牌广告设计，如婚纱影楼店招牌、烧烤招牌、霓虹灯招牌及运动鞋广告招牌的制作。

本书作者是长期从事图形图像设计与编著的专业人员，具有较高的理论水平和丰富的实践经验，曾编著过20余部计算机类图书，并得到了市场和读者的好评。通过本书希望能够对读者在图形处理与设计方面有所帮助和提高。

由于时间仓促，加之水平有限，书中难免有不足之处，欢迎广大读者批评指正。

编　者

2009年3月

目　录
Contents

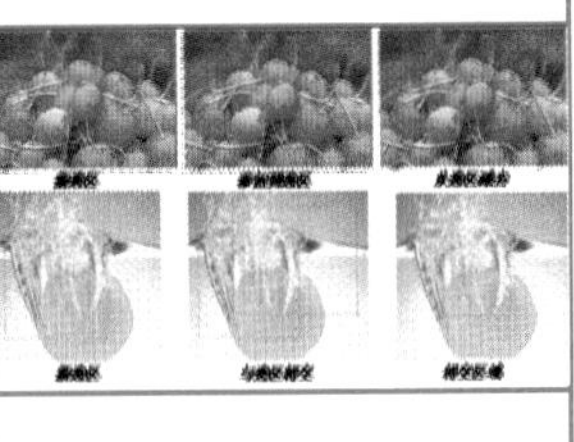

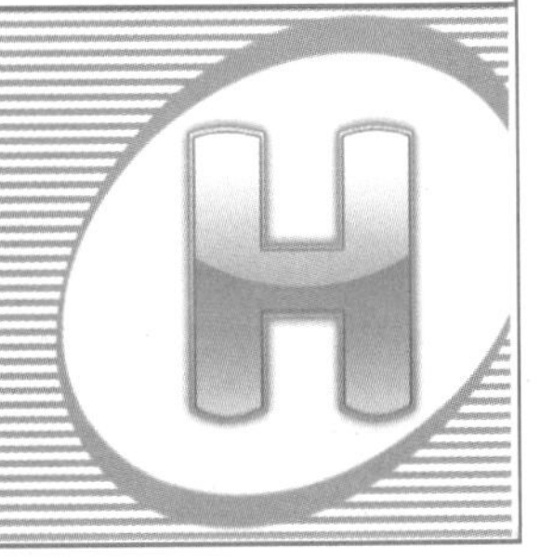

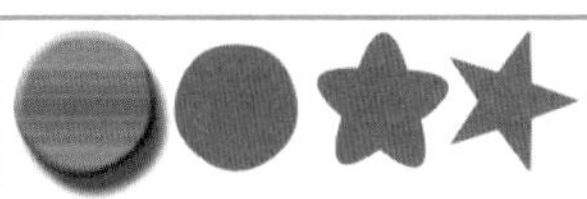

飞马科技

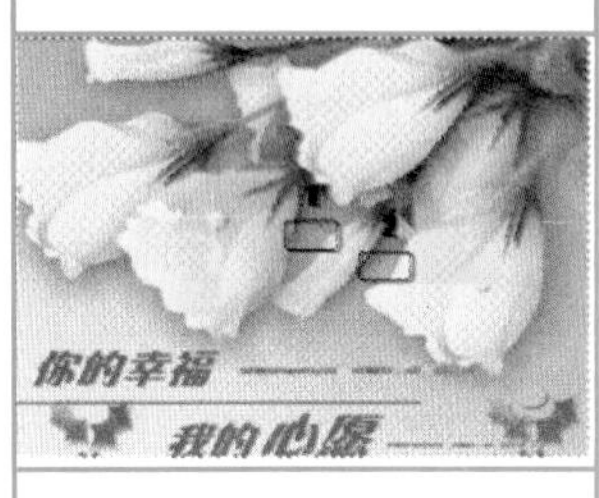
你的幸福
我的心愿

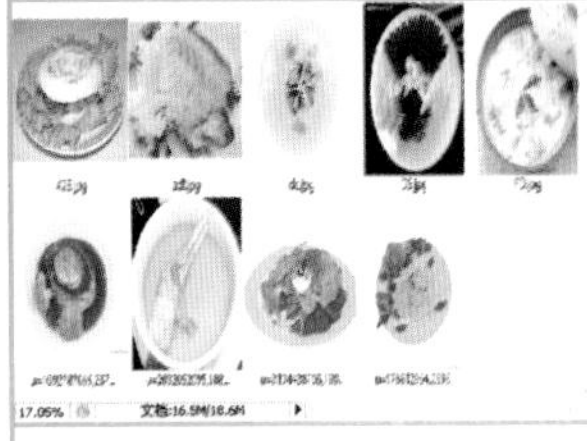

达雅
认真，梦想就会成真

第1章 了解Photoshop CS3

在运用Photoshop CS3之前，首先应熟悉Photoshop CS3的新增特性及基本操作，如启动和退出Photoshop、认识和熟悉它的工作界面，以及图像的基础知识等。

1.1 Photoshop的概述与应用

Adobe公司成立于1982年，是目前广告、印刷、出版等领域首屈一指的图形设计，出版和成像软件设计公司。1998年，Adobe公司推出Photoshop 5.0版，继而在此基础上推出了功能更为强大的Photoshop 6.0、Photoshop CS等几个版本。2003年Adobe推出了Photoshop的最新版本Photoshop Creative Suite（简称Photoshop CS）。Adobe公司从Photoshop最初的版本发展到现在的CS版，每一个版本的面世都有意想不到的新增功能。越来越多的艺术家、广告设计者将它作为自己的得力助手，利用它制作令人惊叹的作品。它强大的功能使得诸多图形图像处理软件败于它的脚下，而它一直处于图像编辑领域中的领先地位。

Photoshop CS作为专业的图像编辑软件，可以帮助用户提高工作效率，尝试新的创作方式以及制作适用于打印、Web图形和其他任何用途的最佳品质的图像，通过它便捷的文件数据访问、流水线型的Web设计、更快的专业品质照片修饰等功能及其他功能，可创造出无与伦比的影像世界。

Photoshop CS中文版是由Adobe公司推出的一个功能强大的图形图像处理和电脑绘图软件。它支持当今流行的图像文件格式；可以调整图像的分辨率和尺寸；在图像处理中引入了"层"的概念，提供了多种绘图工具，可以自由转换图像色彩模式；还可以调整图像的饱和度、色调、亮度；支持多种外部输入，它是目前专业平面设计人员常用的绘图工具之一。Photoshop在图形制作、图像编辑、印刷前处理方面，都让同类产品望尘莫及。以前需要使用几个软件共同完成的工作，现在只需要Photoshop一个软件就可以完成，可以说Photoshop CS版本的功能已经发展到完美的程度。

Photoshop广泛应用于平面广告设计、包装设计、产品造型设计、服装设计、室内外装潢设计、网页设计、印刷制版设计等。

1.2 Photoshop CS3中的新增特性

Photoshop CS3软件加速了从想象到图像的过程。该专业级标准是摄影师和设计师的理想选择，它提供许多新功能，如支持高级复合的自动图层对齐和混合。实时滤镜推动全面的非破损编辑工具组，以获得增强的灵活性。而简化的界面和省时的工具使工作效率更高。

1.2.1 高效、灵活的工作环境

Photoshop CS3启动速度非常快，其界面给人以非常专业的感觉。

开启Photoshop CS3后可以看到非常清爽的工作界面，如图1-1所示，最大化用于编辑的屏幕空间，Photoshop CS3最大的改变是工具箱，变成可伸缩的，可为长单条和短双条，只需在工具箱上方单击双箭头按钮，即可切换工具箱的显示方式。面板以方便的、自动调节的停靠方式进行排列，可以扩大到原来的大小或缩小为图标，甚至缩小为监视器边缘的一个自动展现的带区。

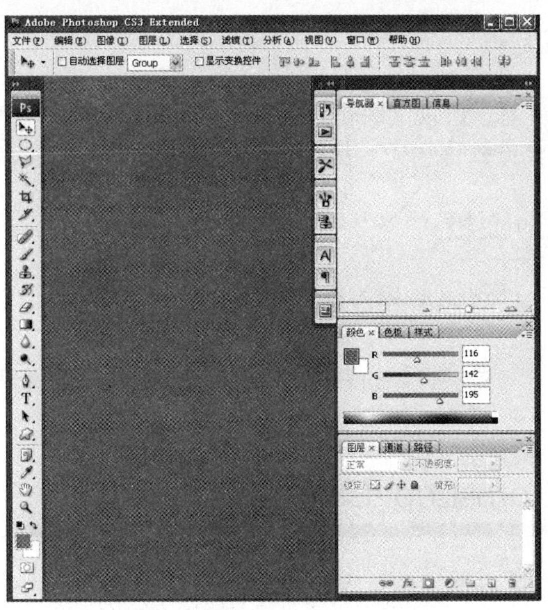

图 1-1　Photoshop CS3 的工作界面

1.2.2　使用 Adobe Bridge 更快处理图片

使用 Adobe Bridge CS3 软件，可以更加有效地组织和管理图像，Bridge 可以直接播放 Flash FLV 格式的视频，在 Adobe Bridge 的预览中可以使用放大镜来放大局部图像，而且这个放大镜还可以移动、旋转。如果同时选中了多个图片，还可以一起预览。

在 Bridge 中，选中多个图片，按【Ctrl+G】组合键可以堆叠多张图片，从而节省空间，当然随时可以单击展开。

1.2.3　智能滤镜与智能对象

在 Photoshop CS3 中，将图像转换为智能对象后，为图像添加、调整和删除滤镜，它将在不修改原图像的情况下进行处理，而不必重新保存图像或复制图层副本。

1.2.4　新增工具

在 Photoshop CS3 中，工具箱主要进行了以下几点的改进：

- 工具箱中的快速蒙版模式和屏幕切换模式改变了切换方法。
- 工具箱的选择工具选项栏中，多了一个组选择模式，可以设置选择组或者单独的图层。
- 工具箱新增了快速选择工具和计数工具，前者主要为了更加方便地选取区域，后者主要是对图像定义的点计数。
- 所有的选择工具都包含【调整边缘】选项，比如定义边缘的半径、对比度、羽化程度等，可以对选区进行收缩和扩充。另外，还有多种显示模式可选择，比如快速蒙版模式等。

1.2.5 增强的消失点

使用增强的消失点将基于透视的编辑提高到一个新的水平，这使用户可以在一个图像内创建多个平面，以任何角度连接它们，然后围绕它们绕排图形、文本和图像等。

1.2.6 【仿制源】面板

在Photoshop CS3中，面板可以缩为精美的图标，还新增了一个【仿制源】面板，与【仿制图章工具】配合使用，允许定义多个采样点，就好像Word有多个剪贴板内容一样。另外仿制源可以进行重叠预览，提供具体的采样坐标，可以对仿制源进行移位缩放、旋转、混合等编辑操作。

1.3 Photoshop CS3 的启动与退出

在学习Photoshop CS3之前，首先应学会如何启动和退出Photoshop CS3。

1.3.1 Photoshop CS3的启动

在计算机中安装Photoshop CS3软件后，可通过以下几种方式启动Photoshop CS3。

- 执行【开始】/【程序】/【Adobe Photoshop CS3 Extended】/【Adobe Photoshop CS3】菜单命令，即可启动Photoshop CS3，如图1-2所示。

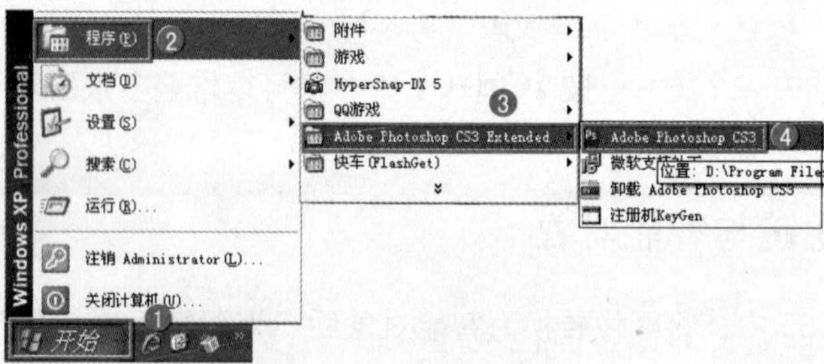

图1-2 启动Photoshop CS3

- 双击桌面上的Photoshop CS3快捷图标，也可启动Photoshop CS3。
- 在"我的电脑"中找到任意一个扩展名为"PSD"的PS作品，然后双击打开，即可启动Photoshop CS3。

1.3.2 Photoshop CS3的退出

Photoshop CS3的退出方法与其他软件一样，可执行【文件】/【退出】菜单命令来退出程序，也可用鼠标单击标题栏上的关闭按钮退出程序，还可以在标题栏上单击图标或在标题栏上右击，将弹出一下拉菜单，从中选择【关闭】命令即可。

1.4 熟悉Photoshop CS3 界面

Photoshop CS3 的工作界面相比其他应用软件的工作界面有自己独特的风格。它的面板具有很大的灵活性，这样更方便操作，也美化了 Photoshop CS3 的桌面环境。

1.4.1 Photoshop CS3的工作窗口

无论通过哪种方式启动 Photoshop CS3，均会打开其工作界面，如图 1-3 所示。由上而下依次是【标题栏】【菜单栏】【选项栏】，左边是【工具箱】，右边是【面板】，中间区域是【图像编辑区】。

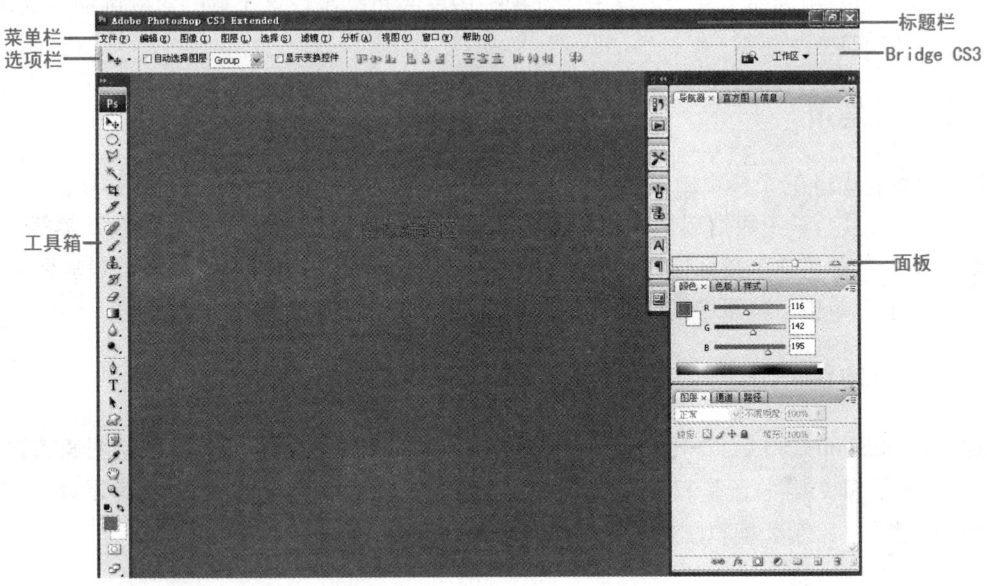

图 1-3 Photoshop CS3 工作界面

1.4.2 标题栏

标题栏位于界面的最上面，其作用是显示应用程序的名字。它还有 3 个作用：一是拖动标题栏可移动整个窗口；二是标明该窗口的状态，活动窗口的标题栏是蓝色的，否则，标题栏是灰色的；三是标题栏的右边有几个窗口控制按钮，即最大化（还原）、最小化、关闭按钮，单击这些按钮可对窗口进行相应的操作。

1.4.3 菜单栏

菜单栏位于标题栏下方，Photoshop CS3 菜单栏包括了 10 个命令菜单，其中【分析】菜单为 Photoshop CS3 新增的菜单命令。它们提供了编辑图像的所有控制命令。如果要使用某项命令，可以通过两种方法执行：一种方法是利用鼠标单击菜单栏中要执行的命令；另一种方法是使用 Alt+ 热键的方式。

在菜单栏中，如果某项菜单命令呈暗灰色，说明该命令在当前编辑状态下不可用。如果某个子菜单后面有一个黑色的三角符号，说明该菜单命令下还有子菜单命令；如果某个菜单命令后含有“…”符号，说明执行该命令将弹出一个对应的对话框；如果某个菜单命令后含有组合键，该组合键称为该命令的快捷键。

为了方便用户操作，Photoshop CS3还提供了另一种菜单——快捷菜单。例如，当用户在打开的图像上单击鼠标右键时，系统将会弹出其快捷菜单，该菜单会随着当前使用的工具而发生改变。

1.4.4 选项栏

选项栏用来显示和设置当前工具的各项参数，选项栏通常包含参数选项、单选按钮、复选框和命令按钮。当选择了某个工具后，选项栏中就会自动出现该工具的对应选项，这是一项非常智能化的功能。

1.4.5 工具箱

Photoshop CS3的工具箱由以前版本的双排显示变成了单排显示，工具也有所变化，包含了50余种工具，其中包括选择工具、绘图工具、编辑工具、填充工具、修复工具等。

每一种工具都用一个图标按钮表示，凡是图标右下角带有三角符号的工具都是复合工具，即一个工作组。单击工具箱中的图标按钮，可对各种图形图像进行编辑和处理。

1.4.6 图像编辑区

启动Photoshop CS3后，将会看到灰色区域占了界面的大部分空间，这就是图像编辑区，无论是新建图像文档，还是打开图像文档，其文档窗口都会出现在这个编辑区，它是Photoshop显示、绘制和编辑图像的主要操作区域。

1.4.7 面板

面板是Photoshop的特色之一。由于它们可以方便地拆开、组合和移动，因此也称为浮动面板或调板。用户可以利用面板对图像的图层、通道、路径等进行操作和控制。Photoshop CS3为用户提供了21个面板，它们通常以面板组的形式出现，也可收缩为一个图标。

如果要选择某个面板，可以单击该面板的标签。例如，要进入【历史记录】面板，直接在面板组中单击【历史记录】标签即可。

如果要隐藏或显示某个面板，单击【窗口】菜单，该菜单中命令前带【√】符号，表示为当前显示的面板，单击这些命令即可隐藏这些面板。选择不带【√】符号的命令，即可打开面板。当隐藏某个面板时，与之成组的所有面板将同时被隐藏。

用户可以根据需要对面板进行任意分离、移动和组合。例如，要使“通道”面板从原来的面板组中分离出来，可以将光标指向“通道”标签，然后按住鼠标左键将其拖动到其他位置。如果要将分离后的面板恢复原位置，直接将其拖回去即可。

如果用户将面板调整得非常混乱，可以执行【窗口】/【工作区】/【复位调板位置】菜单命令恢复面板的默认位置。

下面，对常用面板做一些简单介绍。

- 导航器面板：主要用于控制在图像窗口中的缩放与显示。当图像被放大超出了图像口时，如果要查看图像窗口以外的部分，可以将光标置于“导航器”面板中的缩略图上，则光标变成“手掌”形状，此时拖动鼠标即可调整图像在图像窗口中的显示。
- 信息面板：主要用于收集鼠标光标所在位置的坐标和颜色值。如果选择了某些工具进行区域选择或旋转时，还可以显示选择区域的尺寸。
- 颜色面板：颜色面板的主要作用是更方便地选择颜色。在颜色面板中可以通过滑动颜色滑块调整所需用的颜色，也可以直接在右边的编辑框中输入想要颜色的颜色值，或是在面板下方的颜色条中单击选择所需的颜色。
- 色板面板：色板面板就是一个颜色库，其中保存着一些系统预先定义好的颜色样本，直接在其中的颜色块上单击，就可以选择所需的颜色。通过单击色板面板上的按钮可以把当前的前景色加入到色板中保存起来，方便以后取用也可以用鼠标把色板中保存的不想要的颜色样本拖到色板面板下方的中去，删除该颜色样本。
- 样式面板：用来快捷定义图像的效果，它可以将预设的效果应用到图像上。通过单击将当前的图层样式加入到样式面板中保存起来也可以用鼠标将样式面板中不需要的图层样式拖到中去。在样式面板中有一个按钮，单击该按钮，可以清除当前图层中的图层样式。
- 历史记录面板：“历史记录”面板记录每一次所执行的操作，可以用于撤销与恢复前面进行的操作。在“历史记录”面板只能记录最近20步的操作，用户可以通过“编辑/预置/常规”命令重新进行设置。
- 动作面板：该面板集编辑路径和渲染路径于一身。在这个窗口中，可以完成从路径到选区和由选区到路径的转化，还可以对路径施加一些效果。
- 图层面板：主要用于控制图层的操作，可以进行新建图层或删除图层等操作，图像内容的缩略图显示在图层名称的左侧，它随内容的改变而改变。
- 通道面板：用来创建和管理通道。可以记录图像的颜色数据，并可以切换成图像的单色通道，以便进行各组通道的编辑，还可以将选择区域或蒙版存储在通道中，存储选择区域的通道称为Alpha通道。
- 路径面板：可以存储路径、填充路径或描边路径等操作。使用路径可以更自由、方便地绘制图形或建立复杂的选择区域。

1.5 图像处理基础

在使用Photoshop制作或处理图像时，首先应掌握一些基本的专业术语，如：什么是位图、什么是矢量图、分辨率又是怎么回事、图像的色彩模式和格式有哪些？在本节中将对这些问题进行详细的讲解。

1.5.1 位图和矢量图

在计算机中，图像是以数字方式来记录、处理和保存的，所以图像也可以说是数字化图像。图像类型大致可以归纳为以下两种：位图图像和矢量图像。这两种类型的图像各有特色，也各有优缺点，各自的优点恰巧可以弥补对方的缺点，因此在绘图与图像处理的过程中，经常将这两种类型的图像交叉运用，相互搭配取长补短，创作出精美的作品。

1．位图

位图图像在技术上称为栅格图像（点阵图像），它是由许多不同颜色的点组成的，这些点被称为像素。将位图放大到一定程度时，就会发现它是由一个个小方格组成的，这些小方格被称为像素点。像素点是图像中最小的元素。一幅位图图像包括的像素点可以达到数百万个。

位图图像的优点是色彩丰富，色调变化丰富，表现自然逼真，可以自由地在各软件中转换；其缺点是图像占用空间大，且在图像放大时会出现失真。如图1-4所示为位图失真效果。

图1-4　位图失真效果

Photoshop属于位图图像处理软件。虽然Photoshop CS3加强了软件中的矢量功能，但最终还是要落实到像素上。一幅图像中像素的数目和密度越高，图像的精度就越高，色彩变化就越丰富，也就是说在单位面积内，像素数目越高，图像的质量就越高。

2．矢量图

矢量图像也称为向量图像，它通过数学计算的方式来记录图像内容。它是根据图像的几何特性来描绘图像的，放大后，最终看到的画面由不同的形状组成，称之为图形。

矢量文件中的图形元素称为对象。每个对象都是一个自成一体的实体，它具有颜色、形状、轮廓、大小和屏幕位置等属性。因此在维持它原有清晰度和弯曲度的同时，多次移动和改变它的属性，不会影响图例中的其他对象。例如，在一条线段上的矢量数据只需记录两个端点的坐标、线段的粗细和色彩等。

矢量绘图同分辨率无关。这就意味着矢量图可以任意放大或缩小而不会出现图像失真现象。

由于矢量图形主要是由线条和颜色块组成的，因此，它不宜用来表现色彩变化丰富、色调变化复杂的图像，如图1-5所示。

图1-5　矢量图形放大后的效果

1.5.2　分辨率

图像分辨率是指单位长度上的点数，反映输入像素的尺寸精度，以每英寸长度上的点数表示。分辨率的大小直接影响图像的质量。在彩色图像处理过程中，分辨率是一个十分重要的问题。

一幅图像的质量好坏与图像分辨率和尺寸大小息息相关。同样大小的图像，其分辨率越高，图像越清晰。而决定分辨率的主要因素是每单位尺寸含有的像素数目，因此像素数目与分辨率之间也是相关的。

无论是印刷输出的图像还是多媒体图像或网页图像，在制作之前必须先确定图像的分辨率和尺寸，这样才能更有效地去编辑和处理图像。

在图像处理软件Photoshop中，无论是改变图像分辨率、尺寸，还是增减像素数目，都需要使用【图像大小】对话框来完成，如图1-6所示。

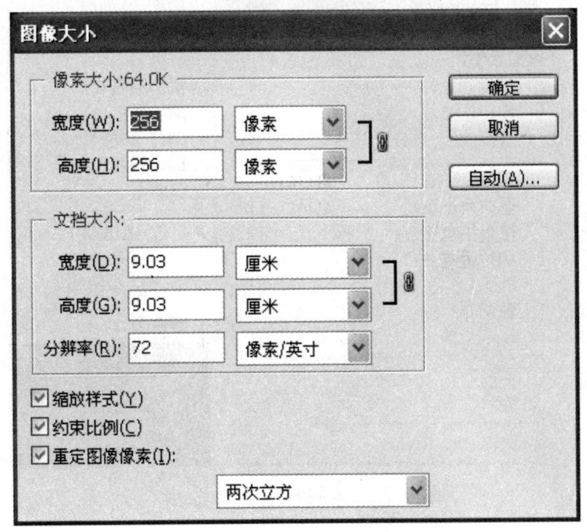

图1-6　【图像大小】对话框

在对话框中可以设置以下内容：

- 像素大小：用于显示图像宽度和高度的像素值。
- 文档大小：用于设置更改图像的宽度、高度和分辨率。
- 约束比例：选中此复选框可以控制图像的宽度和高度的比例，即改变宽度的同时高度也随之改变。
- 重定图像像素：不选此复选框时，图像像素固定不变，而可以改变图像分辨率和尺寸；选中此复选框时，改变图像分辨率和尺寸，图像像素数目会随之改变，此时须在重定图像像素列表框中选择一种插补像素的选择方法，即在增减像素数目时，在图像插入像素的算法。

图像的分辨率、尺寸大小和像素数目三者之间存在着密切关系。一个分辨率相同的图像，如果尺寸不同，它的像素数目也不同，尺寸越大所保存的文件也就越大。同样，增加一个图像的分辨率，也会使图像文件变大。因此修改了前二者的参数就直接决定了第三者的参数。

图像分辨率影响图像在屏幕上的显示大小，在图像的长宽尺寸不变的情况下，分辨率增大一倍，则原图像将以实际图像的两倍显示在屏幕上。在实际工作中，通常需要固定分辨率，调整图像尺寸，或者是固定尺寸而增减分辨率，在这种情况下，像素数目也就会随之改变。当固定尺寸而增加分辨率时，必须在图像中增加像素数目，这时就会在图像中重新取样，以便在失真最小的情况下增减图像中的像素数目。

1.5.3 色彩模式

Photoshop中色彩模式决定了用于显示和打印图像的颜色模式。色彩模式不同，色彩范围也不同，色彩模式还影响图像的默认颜色通道的数量和图像文件的大小。

打开Photoshop CS3中的【图像】菜单，单击【模式】子菜单，如图1-7所示，从中单击需要的色彩模式即可。下面简要介绍常用的几种色彩模式。

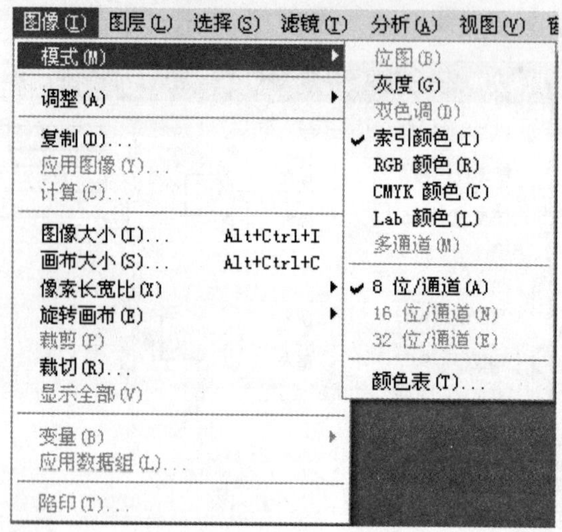

图1-7 色彩模式菜单命令

1．【位图】模式

【位图】模式的图像由黑色与白色两种像素组成，每一个像素用“位”来表示，“位”只有两种状态：0表示黑色，1表示白色，所以也叫做黑白图像。在进行图像模式的转换时会失去大量的细节，因此Photoshop提供了几种算法来模拟图像中丢失的细节。

在宽、高和分辨率相同的情况下，【位图】模式的图像尺寸最小，约为灰度模式的1/7和RGB模式的1/22以下。

2．【灰度】模式

计算机中的灰度图像由一系列不同亮度（即灰度，也称为“层次”）等级的像素组成。对每一像素用8bit来表示的图像，灰度等级有256个，从全黑（0）到全白（255）。在实际印刷中，灰度图用黑色油墨覆盖的不同百分比来表现，0%表示白色，100%表示黑色。这种图像与黑白照片类似，由于使用了多个灰度等级，故此类图像有丰富的层次变化，过渡平滑。

3．【双色调】模式

该模式是使用2～4种彩色油墨创建双色调（两种颜色）、三色调（三种颜色）和四色调（四种颜色）的灰度图像。

4．【索引颜色】模式

【索引颜色】模式是网上和动画中常用的图像模式，该模式最多使用256种颜色。当把图像转换为【索引颜色】模式时，系统会构建一个调色板存放并索引图像中的颜色。如果原图像中的一种颜色没有出现在调色板中，程序会选取已有颜色中最相近的颜色来模拟该种颜色。

在【索引颜色】模式下，通过限制调色板中颜色的数目可以减小文件大小，同时保持视觉上的品质不变。在网页中常常需要使用索引模式的图像。

5．【RGB颜色】模式

自然界中绝大部分的色光可以用红、绿、蓝三色光按不同比例和强度的混合来表示。RGB分别代表红色、绿色和蓝色。RGB颜色模式通常用于光照、视频和屏幕图像编辑。

【RGB颜色】模式为图像中每一个像素的RGB分量分配一个0~255范围内的强度值，例如，纯红色R值为255，G值为0，B值为0；白色的R、G、B值均为255；黑色的R、G、B值均为0。RGB图像只使用三种原色按照不同的比例混合，就可以在屏幕上表现16581375种颜色，也就是常说的"真彩色"。

新建的Photoshop图像的默认模式为RGB，计算机显示器也是使用的RGB模式显示颜色。这意味着使用非RGB颜色模式（如CMYK）时，Photoshop将使用RGB模式显示屏幕上的颜色。

6．【CMYK颜色】模式

【CMYK颜色】模式也被称为减色模式。CMYK颜色是以色料三原色为基础的颜色模式，图像中每个像素都是由青（C）、品红（M）、黄（Y）和黑（K）色按照不同的比例混合而成。这4种颜色都是以百分比的形式进行描述，每一种颜色所占的百分比范围从0%～100%，百分比越高，黑色越深，以打印在纸上的油墨对光线的吸收特性为基础。例如，大红色可表示为0%青色、100%洋红、100%黄色和0%黑色。一般简写为"M100Y100"或"MY100"。

从理论上讲，CMYK模式由纯青色（Cyan）、洋红（Magnet）、黄色（Yellow）合成，吸收所有颜色并生成黑色。

【CMYK颜色】模式是大多数打印机用作打印全色或者4色文档的一种方法，Photoshop和其他应用程序把4色分解成模板，每种模板对应一种颜色。然后打印机按比率一层叠一层地打印全部色彩，最终得到想要的颜色。

在制作用于印刷的图像时，切记一定要使用【CMYK颜色】模式。

7．【Lab颜色】模式

【Lab颜色】模式是以一个亮度分量L及两个颜色分量a与b来表示颜色的。其中L的取值范围为：0～100，a分量代表由绿色到红色的光谱变化，b分量代表由蓝色到黄色的光谱变化，a和b的取值范围为-120～120。

【Lab颜色】模式所能表示的色域最为宽广，包括了RGB和CMYK色域中的所有颜色。【Lab颜色】模式是与设备无关的色彩空间，即不管使用什么设备创建或输出图像，这种色彩模式产生的颜色都保持一致。

1.5.4 图像的格式

完成对图像的编辑和修改后，需要将作品保存起来，存储文件时可以根据需要选择不同的存储格式。下面介绍几种常用的文件存储格式。

1．PSD 格式

这是Photoshop软件的专用格式，它支持网络、通道、图层等所有Photoshop功能，可以保存图像数据的每一个细节。PSD格式虽然可以保存图像中所有的信息，但存储的图像文件较大。

2．BMP 格式

这种格式也是Photoshop最常用的点阵图格式，此种格式的文件几乎不压缩，占有磁盘空间较大，存储格式可以为1bit、4bit、8bit、24bit，支持RGB、索引、灰度和位图色彩模式，但不支持Alpha通道。这是Windows环境下最不容易出问题的格式。

3．GIF 格式

这种格式的文件压缩比较大，占用磁盘空间小，存储格式为1～8bit，支持位图模式、灰度模式和索引色彩模式的图像。

4．JPEG 格式

压缩比可大可小，支持CMYK、RGB和灰度的色彩模式，但不支持Alpha通道。该种格式可以用不同的压缩比对图像文件进行压缩，可根据需要设定图像的压缩比。

5．TIFF 格式

这是最常用的图像文件格式。它既能用于MAC也能用于PC。它是PSD格式外唯一能存储多个通道的文件格式。

1.6 疑难解答

问1：为什么Photoshop工作界面中新增功能都是英文？

答：这是版本的问题，可以购买正版软件，或在网络中下载一个功能比较完善的版本。

问2：Photoshop中的面板比较零乱怎么办？

答：执行【窗口】/【工作区】/【复位调板位置】菜单命令，即可将面板复位到默认设置。

问3：工具箱被隐藏了怎么打开？

答：执行【窗口】/【工具】菜单命令即可显示出【工具箱】。

1.7　习题

一、填空题

（1）在 Photoshop CS3 中，新增了________工具和________工具。

（2）在 Photoshop CS3 中，新增的【仿制源】面板，主要是配合________工具使用。

（3）菜单栏位于标题栏下方，Photoshop CS3 菜单栏包括了10个命令菜单，其中________菜单为 Photoshop CS3 新增的菜单命令。

（4）图像类型大致分为________和________两种。

（5）________是指单位长度上的点数，反映输入像素的尺寸精度，以每英寸长度上的点数表示。

二、选择题

（1）执行以下哪项菜单命令可以退出 Photoshop 程序（　）。

A.【文件】/【退出】　　B.【文件】/【关闭】

C.【文件】/【新建】　　D.【文件】/【打开】

（2）Photoshop 软件的专用格式是（　）。

A. JPG　　B. BMP

C. PSD　　D. GIF

读书笔记

第 2 章 文件的基本操作

Photoshop 是一个图像处理软件，绘图和处理图像是它的主要功能。在使用这些功能之前，首先需要了解 Photoshop 的基本操作，如文件的管理、存储为 Web 所用格式、查看图像、基本的图像编辑操作、使用 AdobeBridge CS3 管理图像等。

2.1 文件管理

在 Photoshop CS3 中，创建和处理图像很重要，文件的管理也是不可缺少的部分。必要的文件管理不但能够使用户安全地保存绘制的图像，还可以提高工作效率，更有效地组织好工作。本节主要介绍文件的新建、打开、保存和关闭等几个方面的内容。

2.1.1 新建文件

在绘制图像之前，首先就要创建文件，在 Photoshop CS3 中创建文件的方法与其他版本基本一致，新建文件可以通过以下任意方式进行操作。

- 执行【文件】/【新建】菜单命令。
- 按【Ctrl+N】组合键。
- 按【Ctrl】键并在工作区的空白处双击鼠标。

通过以上任意一种方式都将弹出如图 2-1 所示的【新建】对话框，在该对话框中，用户可以对新建文件的名称、大小、分辨率、颜色模式、背景内容等参数进行设置。

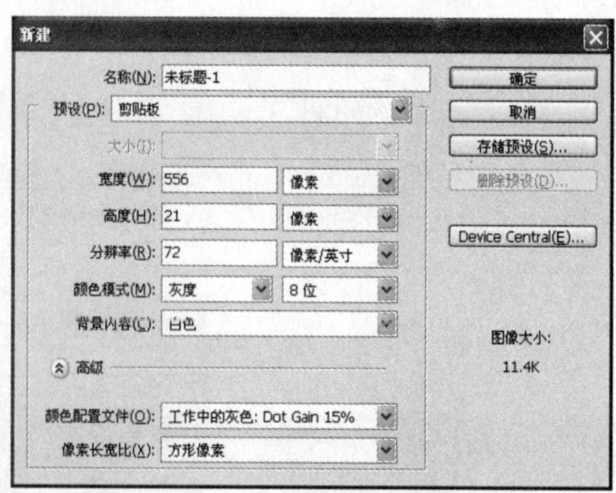

图 2-1 【新建】对话框

新建对话框的各选项含义如下：

- 【名称】：在此选项右侧的文本框中可以输入新建文件的名称，默认情况下为"未命名-1"。
- 【预设】：单击下拉按钮，从弹出的下拉列表中可以选择系统默认的文件尺寸，如 A3、A4、B5 等。当自行设置文件的尺寸时，其选项自动变为"自定义"选项。
- 【宽度】和【高度】：主要设置新建文件的宽度和高度尺寸。在后面可以自行设置所要使用的度量单位。
- 【分辨率】：用来设置新建文件分辨率，默认分辨率为 72 像素，单击右侧的下拉按钮可以选择分辨率单位。
- 【颜色模式】：用来设置新建文件所使用颜色模式，其中包括"位图"、"灰度"、"RGB 模式"、"CMYK 模式"和"Lab 模式"5 个选项。在 Photoshop 中，最常用的是"RGB 模式"和"CMYK 模式"。

- 【背景内容】：用于设置新建文件的背景图层颜色。选择【白色】选项，新建的文件将以白色填充背景，选择“背景色”选项，新建的文件将以工具箱中的背景色作为新建文件的背景色，选择“透明”选项，新建文件的背景将以透明状态显示。

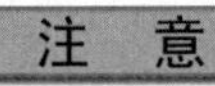

注　意

Photoshop CS3 的【新建】对话框添加了直接建立网页、视频和照片的尺寸预设值。比如在【预设】栏右侧单击下拉按钮，从弹出的下拉菜单中选择“照片”选项，此时【新建】对话框中的【大小】选项呈亮色，单击右侧的下拉按钮，即可从中选择常用的照片尺寸。

2.1.2　打开文件

如果要对已经存在的图像文件进行编辑处理，就需要打开这个图像文件，在Photoshop CS3中，可通过以下任意一种方法打开文件。

- 执行【文件】/【打开】菜单命令。
- 执行【文件】/【打开为】菜单命令。
- 按【Ctrl+O】组合键。
- 在工作区的空白处双击鼠标。

无论通过哪种方式打开文件，都将打开【打开】对话框，然后在该对话框的【查找范围】选项栏中选择目录；在该目录下选择需要打开的文件，最后单击【打开】按钮，或双击目标文件即可打开文件，如图 2-2 所示。

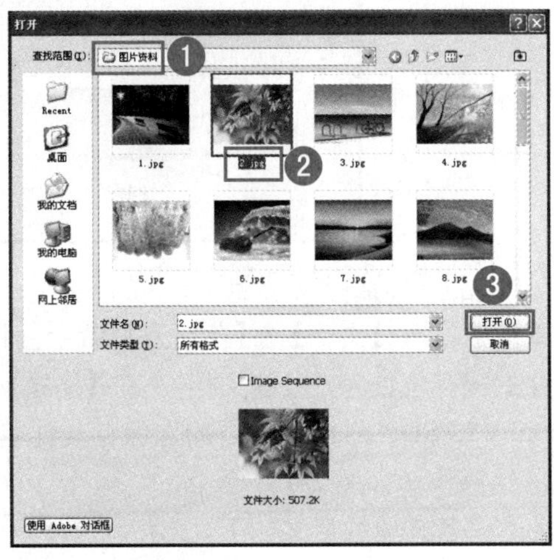

图 2-2　打开文件

注　意

执行【文件】/【最近打开文件】菜单命令，在其子菜单中会显示最近编辑过的文件列表，直接单击目标文件名称，即可打开文件。

2.1.3 存储文件

当绘制或编辑完一个文件后，就需要对其进行存储。存储文件主要通过执行【文件】菜单的【存储】或【存储为】命令进行文件的存储操作。

如果是第一次保存文件，【存储】命令和【存储为】命令没有区别，都将出现"存储为"对话框。对于已经存储过的文件，再使用【存储】命令保存时，系统会自动将编辑好的部分加入原来已存储的文件中，不会出现【存储为】对话框；而使用【存储为】命令对已经存储过的文件进行存储时，还是会打开【存储为】对话框，可以为文件命一个新的名称，选择一个新的存储路径或其他的存储格式进行保存。

存储文件的具体操作步骤如下：

01 在 Photoshop CS3 菜单栏中执行【文件】/【打开】菜单命令，在弹出的【打开】对话框中，将光盘中"02"目录下名为"风景 1.jpg"的文件图标选中，再单击【打开】按钮将其打开，如图 2-3 所示。

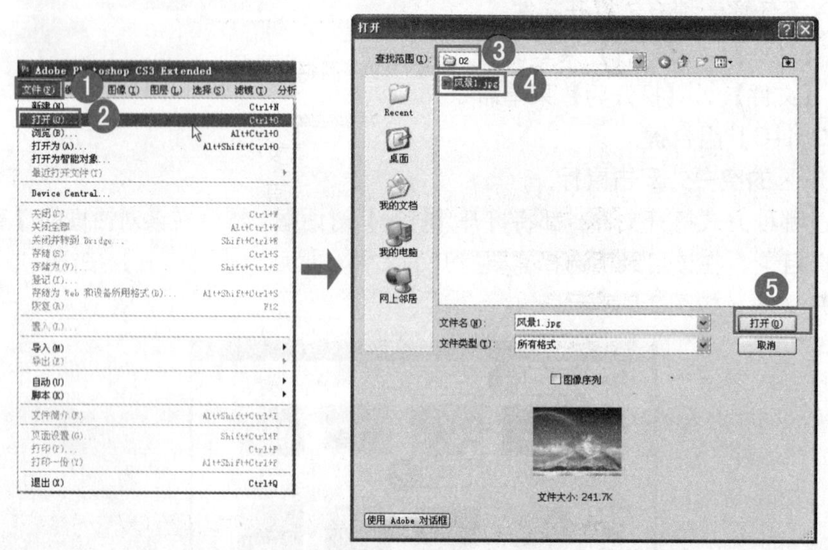

图 2-3　打开一幅图像文件

02 在 Photoshop CS3 菜单栏中执行【文件】/【存储为】命令，将弹出【存储为】对话框，在该对话框中选择文件的保存位置为"我的文档"，在【格式】下拉列表中选择保存文件夹的格式为"Photoshop（*.PSD;*.PDD）"，再输入保存文件名"风景 1"，最后单击【保存】按钮完成文件的保存操作，如图 2-4 所示。

图 2-4 中【存储为】对话框各选项的意义如下：

- 【保存在】下拉列表：用来设置保存的目录。单击该选项右侧的下拉按钮，在弹出的下拉列表中即可选择保存图形文件的位置。
- 【文件名】文本框：用户可根据自己的需要在该文本框中输入任意文件名称，但文件名称中不能包含"/"、"\"、"*"、"；"和"、"等特殊字符。
- 【格式】下拉列表：Photoshop CS3 兼容很多的图像文件格式，在该下拉列表中用户可根据自己的需要选择文件的存储类型，例如，用户所处理的图像将用于网页中，此时用户可选择文件类型为JPEG、GIF或PNG格式等，若用户为了以后便于利用Photoshop修改编辑该图像，则可以选择PSD文件类型。

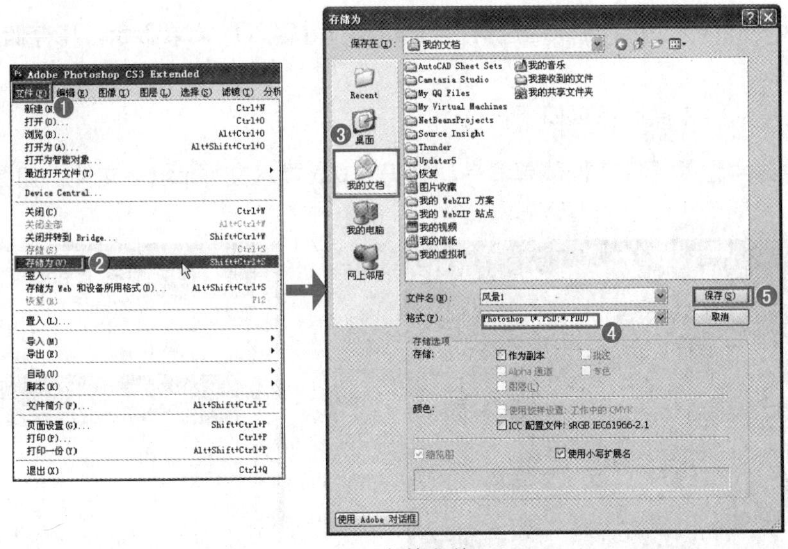

图2-4 存储文件

- 【作为副本】选项：选择此选项即可将文件保存为文件副本，即在原文件名称的基础上加上“副本”两字进行保存，这样将不会覆盖原有的图像文件。
- 【批注】选项：文件含有注释时，选择此选项可将注释与文件一起保存。
- 【Alpha通道】选项：若图像文件中含有Alpha通道时，选择此选项可将Alpha通道与文件一起保存。
- 【专色】选项：文件含有专色通道时，选择此选项可将专色通道与文件一起保存。
- 【图层】选项：文件含有多个图层时，选择此选项可将图层合并后再保存。
- 【颜色】选项：该选项用来设置保存文件的配置颜色信息。
- 【缩览图】选项：为保存的文件创建缩览图，默认情况下Photoshop会自动创建。
- 【使用小写扩展名】选项：选择此选项后，将用小写字母创建文件的扩展名。

注 意

【存储】命令的快捷键为【Ctrl+S】；【存储为】命令的快捷键为【Ctrl+Shift+S】。

2.1.4 关闭文件

关闭当前文件主要有以下几种方法：

- 执行【文件】/【关闭】菜单命令。
- 单击文件窗口标题栏右上方的【关闭】按钮。
- 按【Ctrl+W】组合键。

2.1.5 置入文件

在 Photoshop CS3 中，可以通过执行【文件】/【置入】菜单命令，将存储的图像文件置入到当前文件中。

置入文件的具体操作步骤如下：

01 执行【文件】/【打开】菜单命令，打开"02\置入文件.psd"文件，如图 2-5 所示。

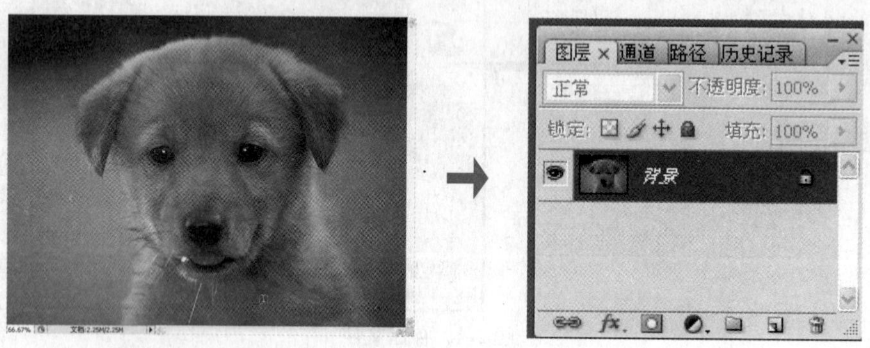

图 2-5 打开文件

02 执行【文件】/【置入】菜单命令，在打开的【置入】对话框中选择"02\小狗档案.psd"文件，然后单击【置入】按钮，如图 2-6 所示。

图 2-6 置入文件

03 此时在当前文件中将置入选择的文件，拖动边界线调整至适当大小和位置后，双击鼠标确定置入即可，如图 2-7 所示。

图 2-7　置入文件后的效果

当使用“置入”命令置入图像文件后，如果不双击鼠标确定置入，就直接对图像文件进行其他编辑时，将弹出如图 2-8 所示的提示对话框，在该对话框中可选择是否置入文件。

图 2-8　提示是否需要置入文件

2.2　存储为 Web 所用格式

当读者在互联网上浏览各类网页的时候，除了赞叹那些网页的精美之外，是否也想自己动手建立一个属于自己的网络家园呢？在接下来的内容中，将讲解如何使用 Photoshop CS3 将制作好的作品存储为 Web 所用的格式。

2.2.1　网页图像的优化

优化是微调图像显示图品质和文件大小的过程，Photoshop 软件和 ImageReady 软件可以达到联机优化并有效地控制图像文件的压缩大小，具体优化方法有两种基本优化、精确优化。

1．基本优化

要对图像进行基本优化，可以执行【文件】/【存储为】菜单命令，然后将其存储为 GIF、JPEG、PGN 等多种图片格式，并且可以根据不同的图片格式，可指定图片的品质、背景透明度、杂边、颜色显示和下载方法等。

2．精确优化

要对网页图像进行精确优化，可执行【文件】/【存储为 Web 和设备所用格式】菜单命令，将弹出【优化】对话框，从而可对图像进行直接调整，如图 2-9 所示。若在“双联”及“四联”选项可直接对比原图与调整后的效果。

图2-9 【优化】对话框

2.2.2 利用切片工具输出网页效果图

通过切片工具，可以将用户所需要的图片分成若干个小图块。例如，在如图2-10所示的图中对图片进行切片操作，然后执行【文件】/【存储为Web和设备所用格式】菜单命令，则软件自动将图片划分成若干个小图块，并保存在保存的位置，如图2-11所示。

注 意

通过切片工具的输出操作，可解决图片太大、浏览速度过慢的问题。

图2-10 选定元素

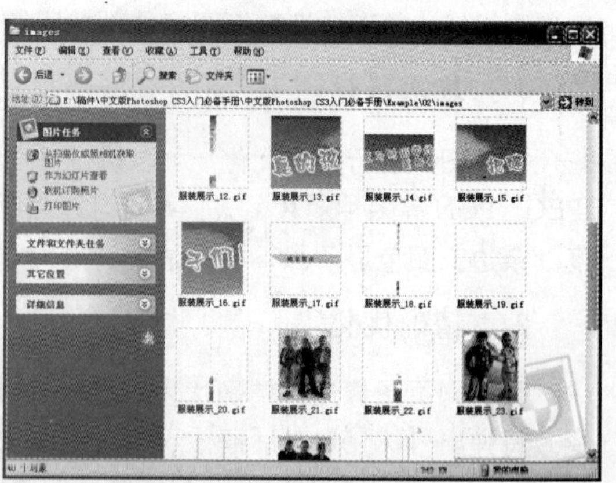

图2-11 分割后的小图块

2.3 查看图像

在Photoshop CS3中同时可以打开多个图像，为了能使编辑图像更加灵活，便于观察，简化操作，一般可通过切换屏幕显示或缩放图像来达到目的。

2.3.1 了解窗口屏幕模式的切换

在Photoshop CS3中有四种屏幕显示模式：标准屏幕模式、最大窗口显示模式、带有菜单栏的全屏模式、全屏模式。这四种模式的切换只需单击工具箱最下方的按钮或反复按【F】键来实现的，每种屏幕显示模式如图2-12所示。

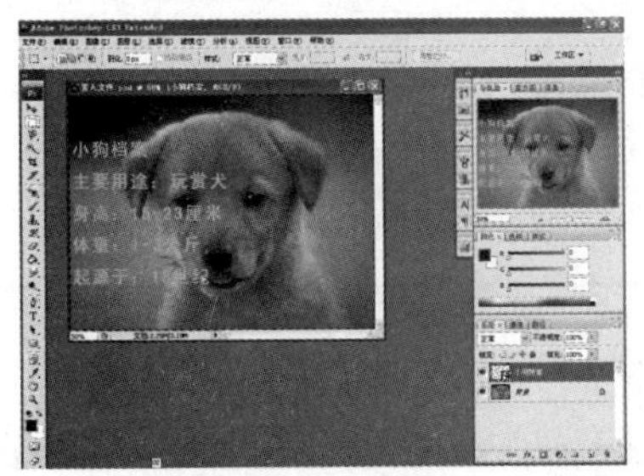

标准屏幕模式

最大窗口显示模式

带有菜单栏的全屏模式

全屏模式

图2-12 窗口屏幕显示模式

注 意

按【Tab】键或【Shift + Tab】组合键可显示或隐藏工具箱和控制面板，以释放最大的屏幕空间，从而方便图像的编辑与处理。

2.3.2 图像的缩放操作

在编辑图像时需要对局部图像进行处理，由于图像在软件中显示较小，不便于编辑操作时，这时就需要对图像局部进行缩放操作。

在Photoshop中，提供了专门用于缩放图像的【缩放工具】，当选择该工具后，其选项栏如图2-13所示，选择需要的选项，然后用鼠标在图像上单击即可实现缩放操作。

□调整窗口大小以满屏显示 □缩放所有窗口 实际像素 适合屏幕 打印尺寸

图 2-13 【缩放工具】选项栏

- 这两个按钮分别是放大按钮和缩小按钮。在单击缩放工具时，Photoshop CS 默认为“放大”模式，按【Alt】键可切换为“缩小”模式。
- □调整窗口大小以满屏显示：选择该复选框后，在放大或缩小图像时，将根据图像大小来进行自动调节。
- □缩放所有窗口：选择该复选框后，可同时缩放当前打开的所有图像窗口。
- 实际像素 适合屏幕 打印尺寸：单击相应的按钮，将根据图像的属性缩放到标准大小。

注 意

按【Z】键可快速切换到【缩放工具】，如果当前使用的工具为【缩放工具】，在图像上单击鼠标右键，将弹出其快捷菜单，从中选择适当的命令，也可对图像进行缩放操作。

2.4 基本图像编辑

在Photoshop软件中可以打开多个图像窗口进行编辑操作，位于前端的称为当前窗口。当用户对当前窗口进行操作时，可以随时调整图像、画布尺寸，以及对其进行裁剪、旋转、复制等操作，下面分别介绍如何实现这些功能。

2.4.1 调整图像大小

在实际的图像处理中，往往需要在不改变分辨率的情况下修改图像大小，或者是在不改变图像大小的情况下修改图像的分辨率。要实现这些更改，就必需更改图像的像素尺寸。

调整图像大小的具体操作步骤如下：

01 按【Ctrl+O】组合键弹出【打开】对话框，在该对话框中选择光盘中“02”目录下名为“2.4.1.jpg”的文件，再单击【打开】按钮将其打开，如图 2-14 所示。

02 在 Photoshop CS3 菜单栏中执行【图像】/【图像大小】菜单命令，在弹出的【图像大小】对话框，在该对话框

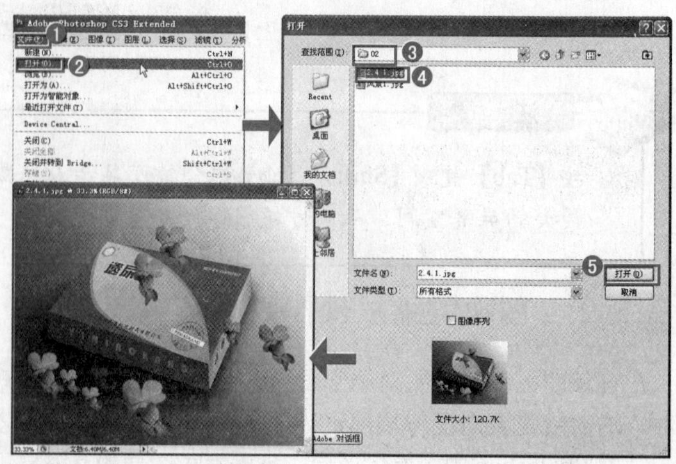

图 2-14 打开图像文件

中按如图2-15所示更改图像宽度为5厘米，然后单击【确定】按钮完成图像大小的调整。

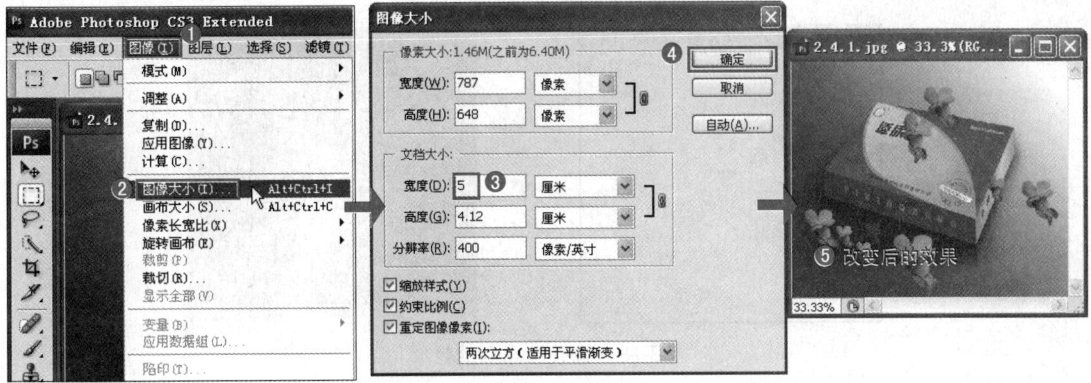

图2-15　调整图像大小

注　意

在【图像大小】对话框中，将鼠标在各选项上稍停片刻，即可查看该选项的含义。

2.4.2　调整画布大小

画布是绘图或处理图像的区域，调整画布大小也就是设置绘图空间的大小，调整绘图空间的大小则是通过执行【图像】/【画布大小】菜单命令进行调整。

具体的操作步骤如下：

01 打开光盘“02\2.4.2.jpg”图像文件，图2-16所示。

02 执行【图像】/【画布大小】菜单命令，在弹出的对话框中即可看到当前画布的大小，如图2-17所示。

图2-16　打开文件

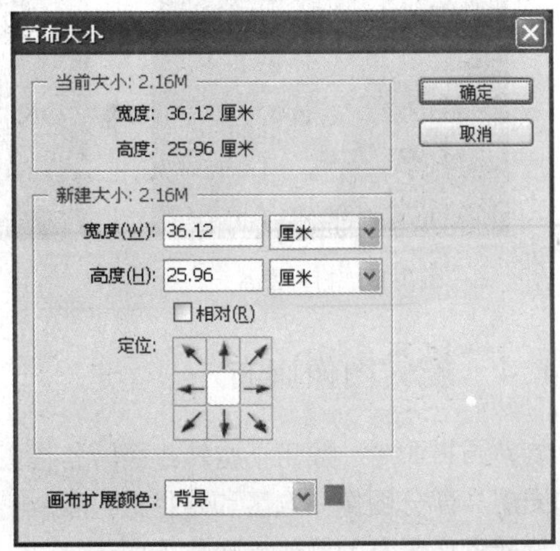

图2-17　查看当前画布的大小

03 根据需要对各参数进行修改，并单击【确定】按钮，即可完成对画布大小的调整，如图 2-18 所示。

图 2-18 调整画布后的效果

调整画布大小后，原画布中的图像大小不变，画布增大部分将以设置的背景色填充，整个图像文件增大，而分辨率不变。

2.4.3 裁剪工具使用

裁剪工具是用来裁剪图像的。选择【裁剪工具】，在图像中拖动鼠标建立裁剪区域，释放鼠标后按【Enter】键，裁剪区域以外的部分会被裁剪掉。在确定裁剪前，还可以对裁剪框进行旋转、变形和设定裁剪部分的分辨率等操作。

下面通过实例的方法来讲解裁剪的使用方法，具体操作步骤如下：

01 打开光盘“02\2.4.3.jpg”图像文件，图 2-19 所示。

02 在工具栏中单击【裁剪工具】，然后使用鼠标在图像上创建一个矩形裁剪控制框，图 2-20 所示，并拖动裁剪框的控制点至适当的大小。

03 在裁剪控制框中双击鼠标，或者按【Enter】键，则图像将被裁剪，图 2-21 所示。

图 2-19 打开图片　　图 2-20 裁剪图片　　图 2-21 裁剪后的效果

2.4.4 旋转图像画布

旋转画布命令一般用于旋转或翻转整幅图像，以满足某些操作的需要，但是它不能将单个的图层、部分图像、选区和路径进行翻转。

旋转图像画布的操作步骤如下所示：

01 将光盘中“02”\“2_4_1.jpg”图像文件打开。

02 在 Phtoshop CS3 屏幕菜单中执行【图像】/【旋转画布】/【任意角度】菜单命令，将弹出【旋转画布】对话框，在该对话框中输入旋转度数值，单击【确定】按钮即可完成图像画布的旋转，其操作步骤如图 2-22 所示。

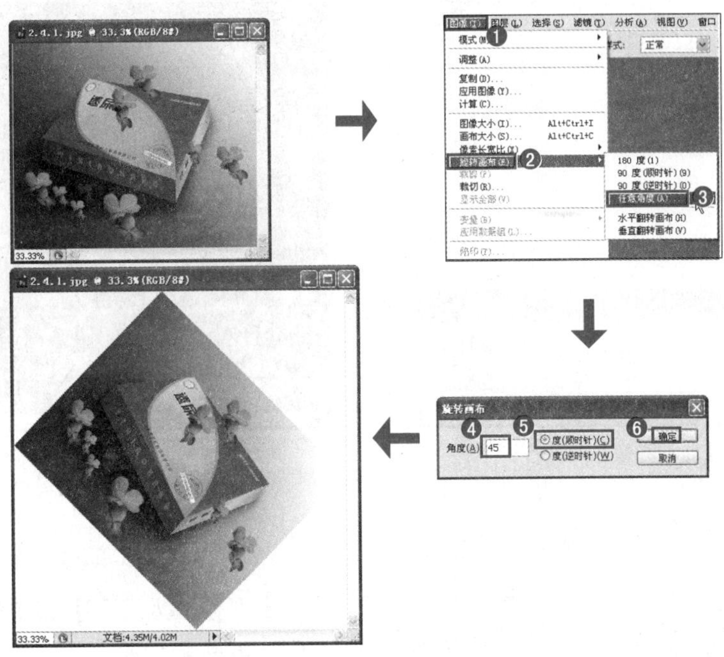

图 2-22　旋转画布操作

注　意

由图 2-22 可以看出，在旋转画布操作后，图像将会以当前的背景色作为新的背景颜色，同时旋转画布后图像的背景会增加，这是为了能让图像完整地显示出来。

2.4.5　复制图像文件

有的时候我们会遇到一些特殊情况，比如要修复照片或对照片进行处理时，不希望破坏原有照片，这时读者就需要先做一个照片副本，除了前面所讲的通过【文件】菜单的【存储为】命令可以存储一个副本外，还可以通过执行【图像】/【复制】菜单命令复制一个图像副本文件。

复制图像文件的具体操作步骤如下：

01 打开光盘"02\2_4_5.psd"图像文件，图 2-23 所示。

图 2-23　打开文件

02 执行【图像】/【复制】菜单命令，此时将弹出如图2-24所示的对话框，在该对话框中设置复制后的图像文件名称，并单击【确定】按钮即可对当前文件进行复制，如图2-25所示。

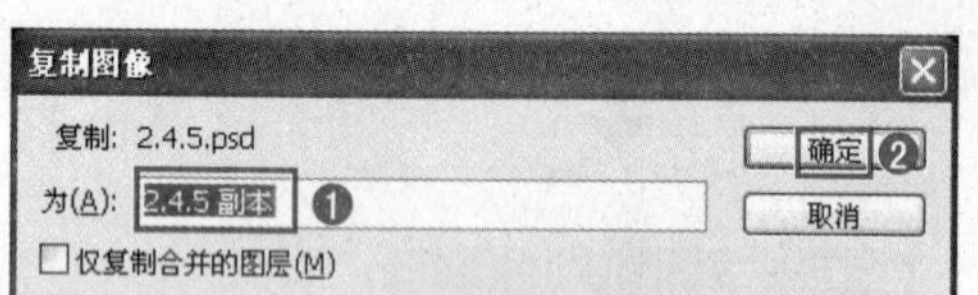

图2-24 【复制图像】对话框

图2-25 复制图像文件

2.4.6 显示全部图像

若当前画布不能完全显示出图像时，执行【图像】/【显示全部】菜单命令即可显示出全部图像，并自动调整文档大小，这是Photoshop CS3的新增功能。

具体操作步骤如下：

01 打开光盘"02\2_4_6.psd"图像文件，图2-26所示。

02 执行【图像】/【显示全部】菜单命令即可将全部图像显示出来，文档的长宽都会发生变化，这时在文档窗口下方的状态栏可以查看到改变后的文档大小，如图2-27所示。

图2-26 打开文件

图2-27 显示全部图像

2.5 使用AdobeBridge CS3管理图像

AdobeBridge CS3在运行速度上有了很大的进步，它去掉了启动画面，可浏览各种文件（各种图片及视频格式），并且还和Adobe的其他软件整合地非常好。

2.5.1 AdobeBridge CS3窗口

在Photoshop CS3中单击【转到Bridge】按钮，即可进入到AdobeBridge CS3窗口，如图2-28所示。

图2-28 AdobeBridge CS3窗口

初次进入AdobeBridge CS3，读者会发现颜色和界面发生了很大的变化，关键是所有的功能都被整合在一组组的面板里，这和Photoshop CS3非常相似。

左上角的【文件夹】面板，可以帮助读者快速选择需要的文件；通过左下角的【筛选器】面板可以筛选出需要的文件；中间的【内容】区域可查看到文件夹里所有的文件；右上方的【预览】面板可对选中的文件进行放大预览，这和Photoshop中【导航器】面板功能相似；右边中间的【元数据】面板将显示所选文件的源数据，如所选的文件的是图片，将显示长宽像素、文件的大小及颜色模式等信息；右下方的【文件属性】面板会显示当前文件夹里所选文件的属性。

2.5.2 改变AdobeBridge CS3窗口显示状态

AdobeBridge CS3最大的功能就是可以随心所欲地浏览文件，它提供了三种浏览方式，即默认浏览、水平连环缩览胶片、突出元数据。在窗口显示状态对话框的右下角有三个按钮，分别是1、2、3，如图2-29所示，单击这些按钮即可切换浏览方式，三种浏览方式如图2-30所示。

图2-29 浏览方式按钮

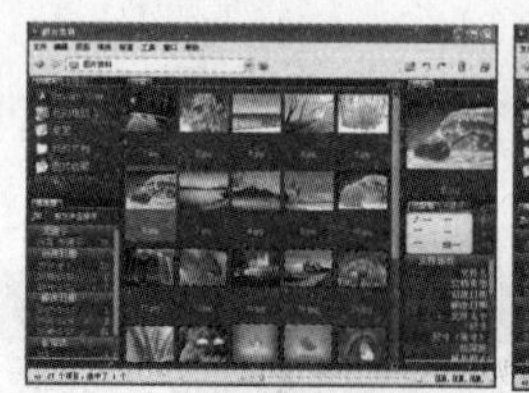

默认浏览

水平连环缩览胶片

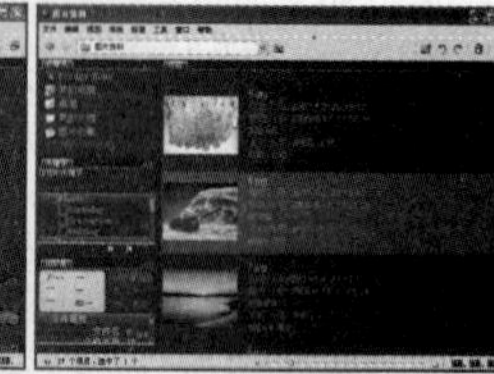

突出元数据

图2-30 使用三种方式浏览文件

当使用第2种方式浏览图片文件时，将鼠标指向预览图片时，指针将变成一个放大镜图标，此时单击即可放大局部，如图2-31所示，如果不理想，按键盘上的加号【+】键或减号【-】键即可对图像的局部进行缩放，每按一次的缩放比例分别是200%、400%及800%。直接滚动鼠标中键也可进行缩放。

图2-31 局部放大图像

另外，AdobeBridge CS3还可同时浏览多张图片，并对其局部进行缩放操作，如图2-32所示。

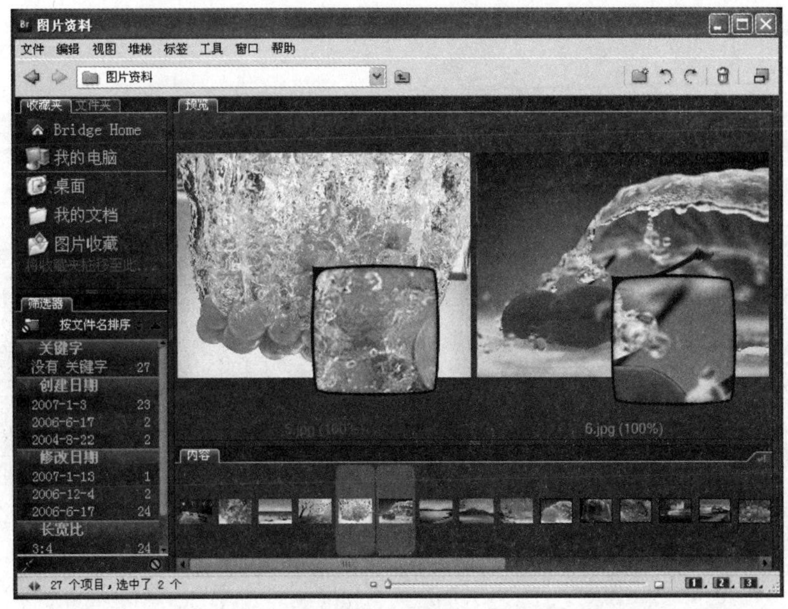

图 2-32　同时浏览多张图片并放大局部

2.5.3　选择当前浏览文件夹

启动 AdobeBridge CS3 后，可通过两种方法选择需要浏览的文件夹，在此以浏览“E:\我的照片\02”文件夹为例进行讲解。

- 通过【收藏夹】面板选择浏览文件夹。具体操作步骤如下：

01 启动 AdobeBridge CS3，在左上方的【收藏夹】面板中单击【我的电脑】图标，然后在【内容】窗口中双击【本地磁盘（E:）】，如图 2-33 所示。

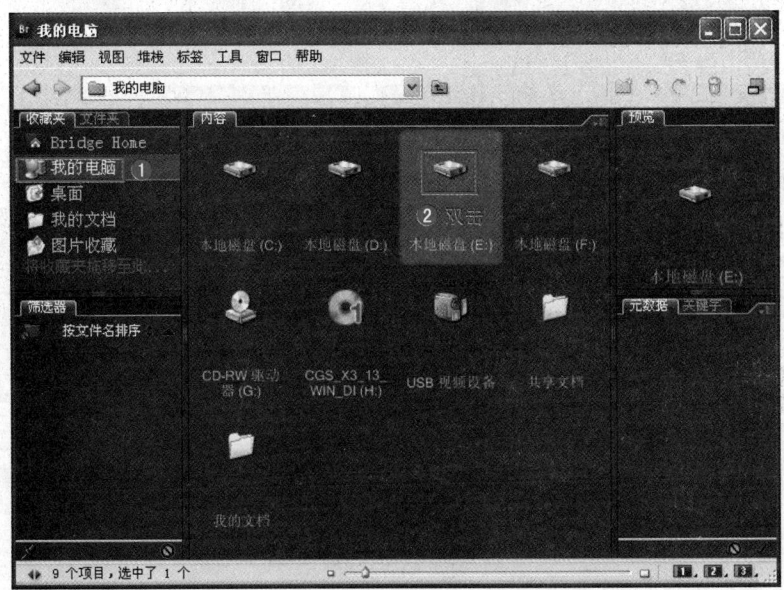

图 2-33　选择需要打开的磁盘

02 然后在打开的内容窗口中双击【02】文件夹，即可浏览到该文件夹中的内容，如图 2-34 所示。

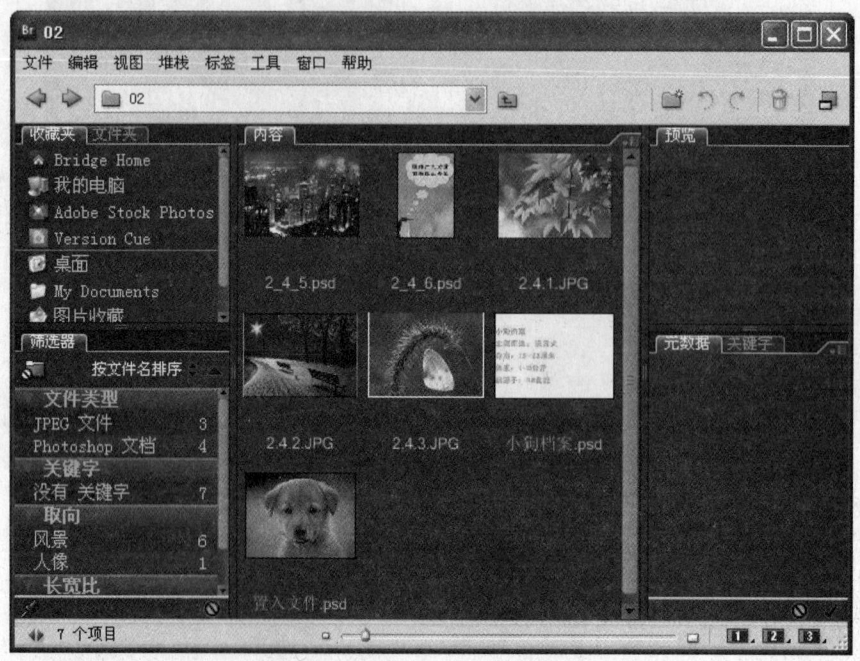

图 2-34 浏览文件夹内容

● 通过【文件夹】面板选择浏览文件夹。具体操作步骤如下：

01 启动 AdobeBridge CS3，在左上方的【文件夹】按钮即可切换到【文件夹】面板，如图 2-35 所示。

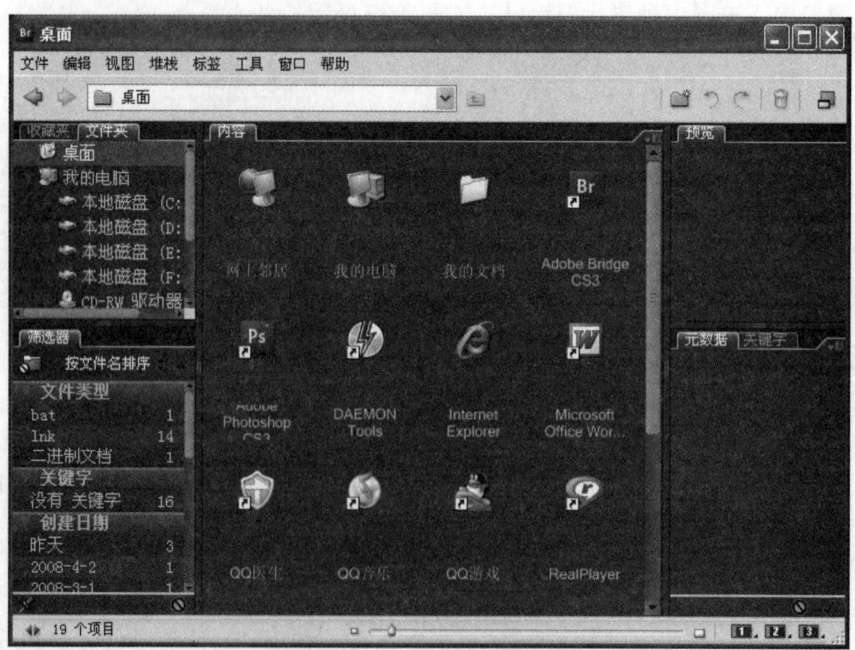

图 2-35 打开【文件夹】面板

02 在【文件夹】面板中单击【本地磁盘E:】前面的三角形▶图标，此时将展开该磁盘中的内容，同时三角形图标将变为向下▼状态，然后再使用同样的方法展开【我的照片】文件夹，最后单击选中【02】文件夹，如图2-36所示。

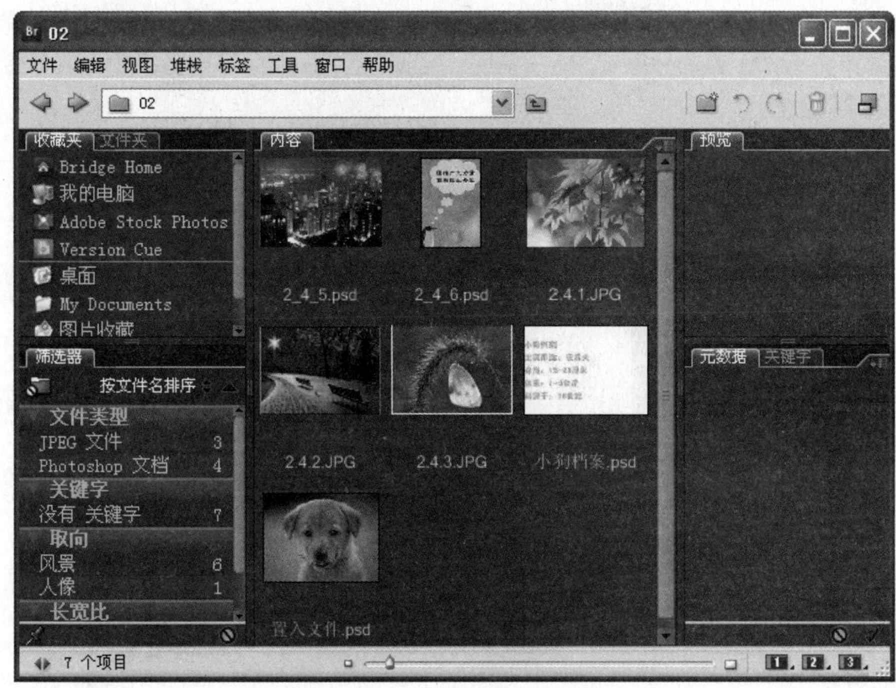

图2-36 使用【文件夹】面板浏览文件夹

2.5.4 图片的基本操作

1. 打开图片

找到需要的图片后双击，图片将默认在Photoshop软件中打开，也可以单击选中图片，执行【文件】/【打开】菜单命令或单击鼠标右键，从弹出的菜单中执行【打开】命令。

2. 管理文件

在内容栏里，选择所需图片，单击鼠标右键，将弹出一下拉菜单，通过该菜单可对文件进行复制、删除、更名、移动等操作。

3. 旋转图片

AdobeBridge CS3的图片旋转功能非常实用，它可以在浏览时将图片顺时针或逆时针旋转，加强了浏览图片的效果。直接单击窗口右上方的↺ ↻按钮即可。

4. 使用AdobeBridge打开照相机原始数据

AdobeBridge可以获取数码照相机的原始数据，可直接转换成PNG格式，并可以选择保留原始数据。在【文件】菜单中执行【从相机获取照片】命令即可从数码照相机中直接读取文件。

2.5.5　标记文件

AdobeBridge CS3中标记文件功能可以给文件夹或文件加上一个标签或评定星级也可同时加标鉴及评定星级，使用户能够快速找到重要的文件夹或文件，从而方便用户对文件的管理。

启动AdobeBridge CS3，选中需要添加标签为评定星级的文件，单击【标签】菜单，然后在弹出的菜单中选择需要的标签或评定的星级，当选定了某个标签或星级后，其命令前将画【√】，如图2-37所示。

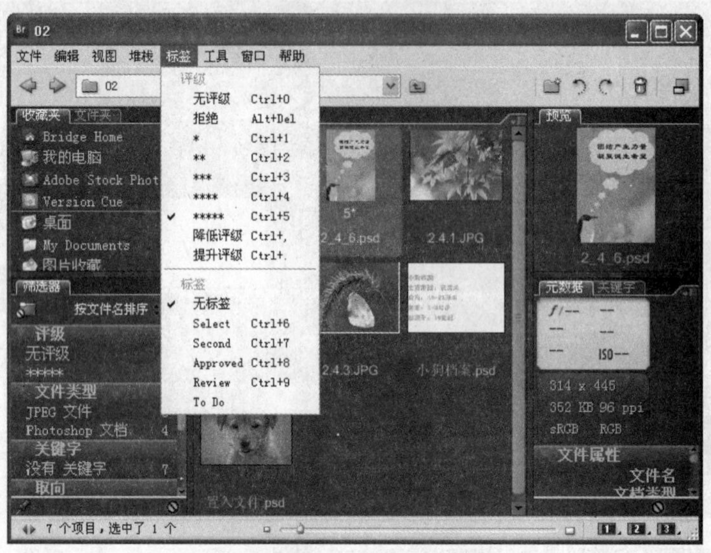

图2-37　为文件添加标签和评级

使用右击快捷菜单也可为文件添加标签，在需要标记的文件上单击鼠标右键，此时将弹出一下拉菜单，将鼠标指向【标签】命令，然后在弹出的下一级菜单中选择需要标记的级别，如图2-38所示。当选择【Select】选项后，其效果如图2-39所示。

图2-38　设置标签

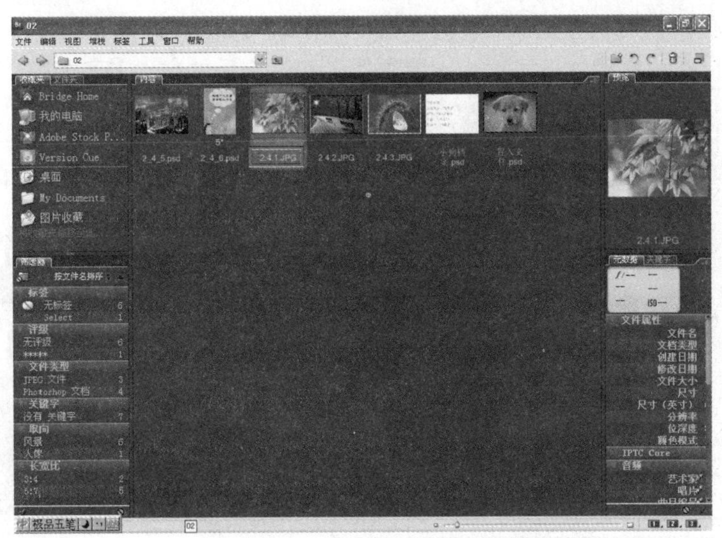
图 2-39　标记文件后效果

2.5.6　批量重命名图像文件

为了规范文件管理，经常需要为一个类别的文件赋以相同文件名并加以不同编号为后缀，但是逐个命名，十分麻烦，有时还会出错。AdobeBridge 提供了文件批量重命名的功能，大大提高了用户对文件管理的效率。

批量重命名的具体操作步骤如下：

01 启动 AdobeBridge CS3，选取需要重命名的文件，如图 2-40 所示。

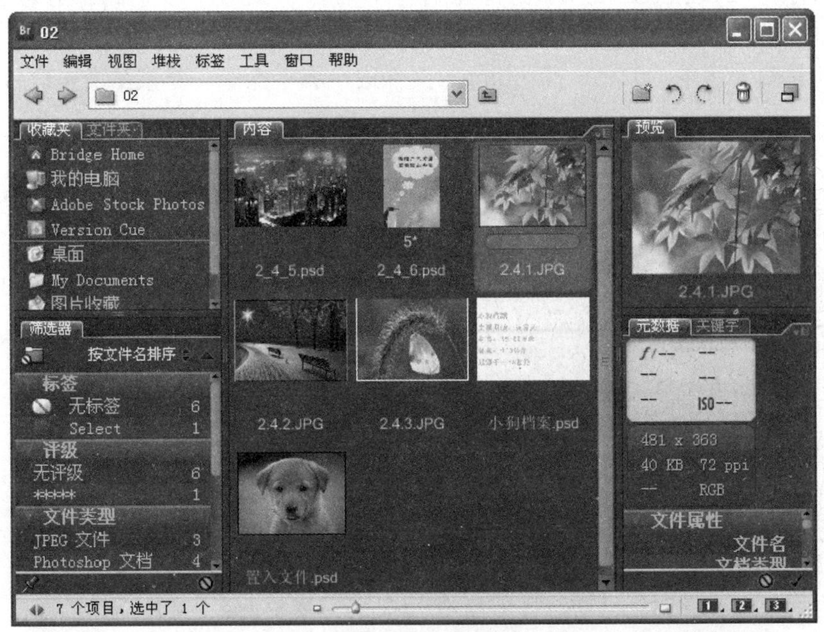

图 2-40　选取需要批量重命名的文件

02 执行【工具】/【批量重命名】菜单命令，出现【批重命名】对话框，根据自己的需求进行设定，在预览栏中还可对比当前文件名和设定后的文件名，如图2-41所示，最后单击【重命名】按钮，这时文件重新命名完毕，效果如图2-42所示。

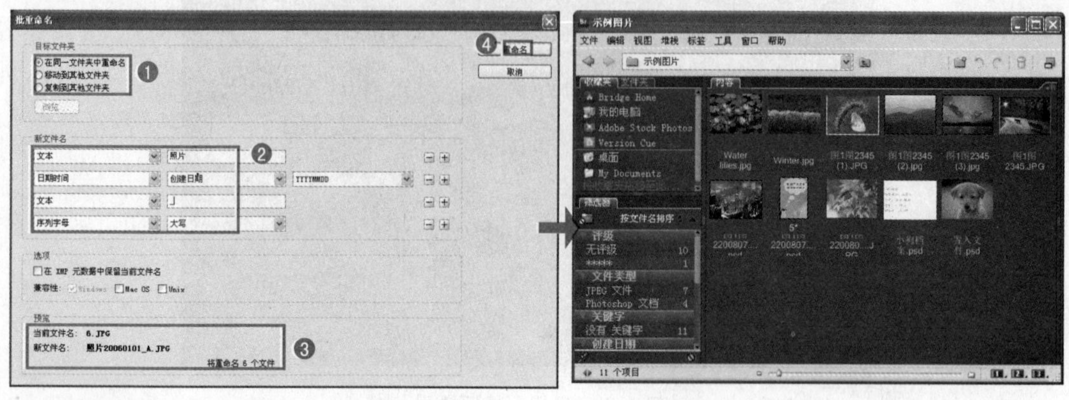

图2-41 【批重命名】对话框　　　　图2-42 批量命名效果

注 意

也可通过右键快捷菜单对文件进行批量重命名操作。

2.6 现场练兵——【裁剪并存储图像文件】

在Photoshop CS3中制作平面作品，常会将图像进行大小缩放，并将图像中多余的部分裁掉，达到用户的理想效果，本例将介绍将一幅风景图像中多余的部分裁掉，并利用Photoshop的调整画布大小功能对其添加边框。

本实例是对光盘中"02"\"素材.jpg"文件进行编辑操作，对该图像处理后的效果如图2-43所示。

图2-43 裁剪图像

操作步骤：

01 启动Photoshop CS3软件，在菜单栏中执行【文件】/【打开】菜单命令，将弹出【打开】对话框，在该对话框中选择光盘中"02"\"素材.jpg"文件，然后单击【打开】按钮，即可打开图像文件，如图2-44所示。

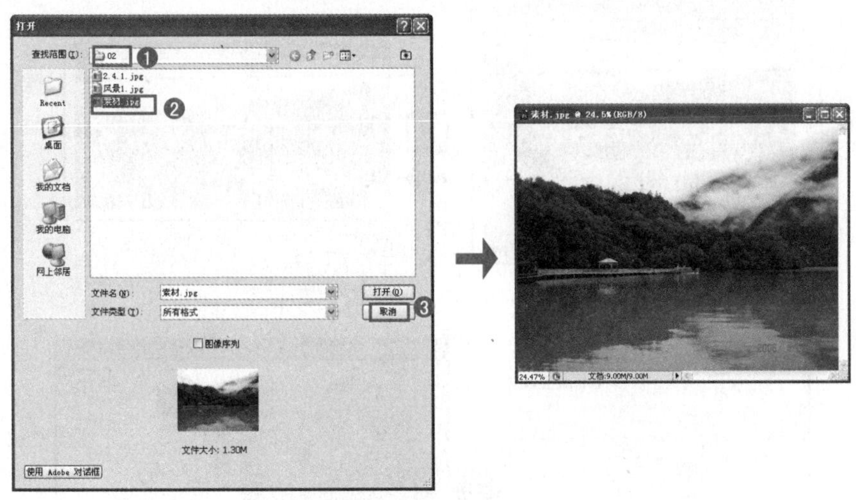

图 2-44 打开图像文件

02 在工具箱中选择【裁剪工具】，然后在图像窗口中按鼠标左键拖动绘制一个矩形框，并按如图 2-45 所示调整矩形框的大小和位置。

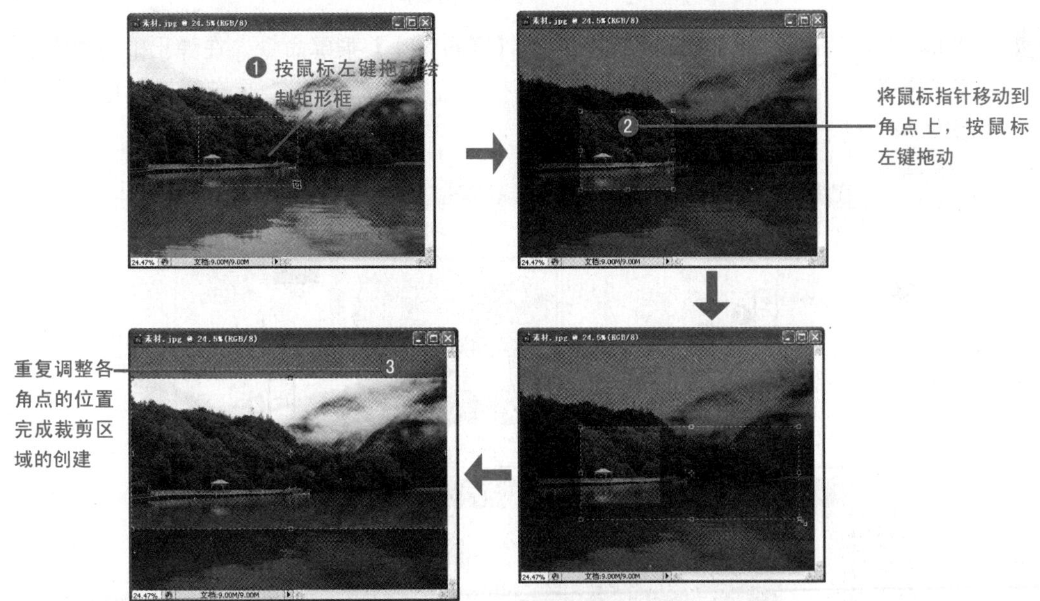

图 2-45 创建裁剪区域

03 完成裁剪区域的创建后，在属性栏中单击【提交当前裁剪操作】✔按钮，此时即可完成图像的裁剪操作，如图 2-46 所示。

04 在 Photoshop CS3 菜单栏中执行【图像】/【画布大小】菜单命令，在弹出的【画布大小】对话框中选择【相对】复选框，再设置画布的宽度和高度分别为 0.2 厘米，如图 2-47 所示。

图 2-46　完成图像裁剪

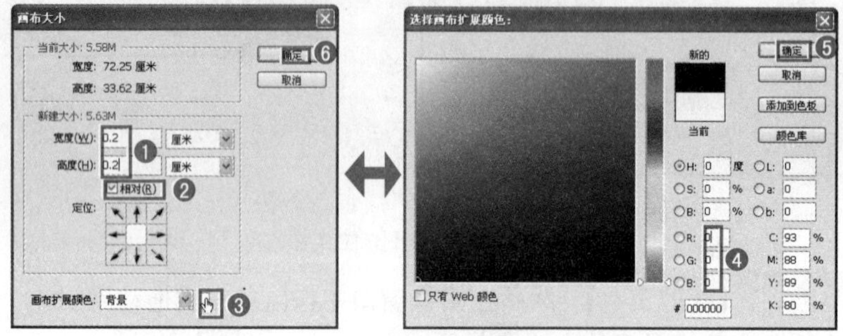

图 2-47　调整画布大小

05 在 Photoshop CS3 菜单栏中执行【图像】/【画布大小】菜单命令，在弹出的【画布大小】对话框中选择【相对】复选框，再设置画布的宽度为 20 厘米，画布背景颜色为米黄色，如图 2-48 所示。

图 2-48　调整画布宽度大小

06 在 Photoshop CS3 菜单栏中执行【图像】/【画布大小】菜单命令，在弹出的【画布大小】对话框中选择【相对】复选框，设置画布的高度为 8 厘米，如图 2-49 所示。

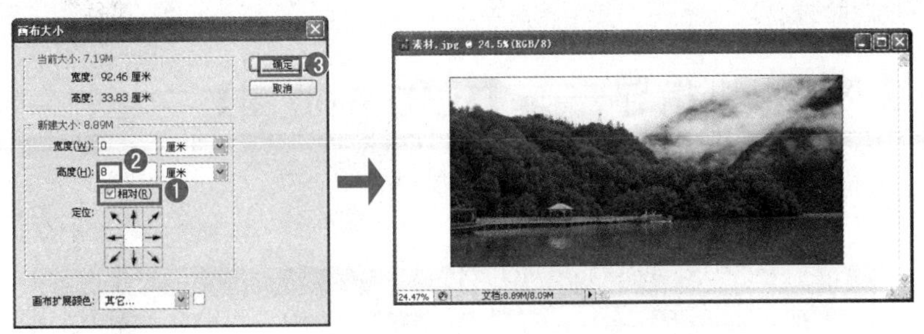

图 2-49　调整画布高度大小

07 在 Photoshop CS3 菜单栏中执行【文件】/【存储为】菜单命令，在弹出的【另存为】对话框中选择存储格式为“Photoshop(*.PSD;*.PDD)”，再输入存储文件名“风景画”，最后单击【保存】按钮完成图像的保存操作，如图 2-50 所示。

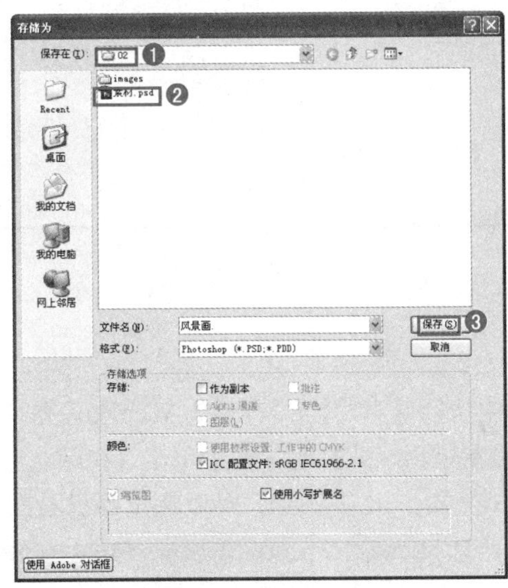

图 2-50　保存图像文件

2.7　疑难解答

问 1：为什么【新建】对话框中的【大小】选项不能用？

答：在 Photoshop CS3 中，只有在【新建】对话框中的【预设】选项栏中选择预设的选项类型，【大小】选项才能使用，如在【预设】下拉列表中选择【国际标准纸张】选项，此时，【大小】选项呈亮色，单击右侧的下拉按钮即可选择需要的纸张大小。

问 2：为什么在【打开】对话框中不是显示的图片的缩略图？

答：在【打开】对话框中单击【查找范围】右侧的 按钮，此时将弹出其下拉列表框，从中选择【缩略图】即可。

问 3：调整图像大小与调整画布大小有什么不同？

答：调整图像大小主要用来更改图像长度与宽度，而调整画布大小主要是调整绘图空间的大小，不影响图像。

2.8 上机指导——【优化 Web 图】

实例效果：

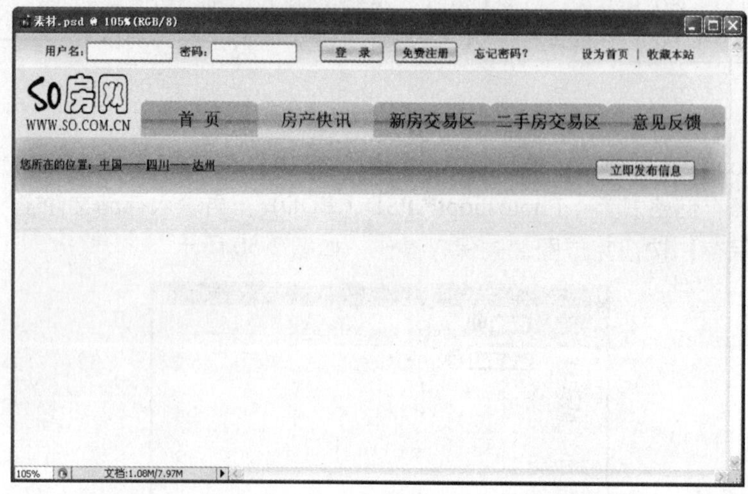

图 2-51 实例效果网页

操作提示：

01 打开“02\素材.psd”文件。

02 在 Photoshop CS3 菜单中执行【文件】/【存储为 Web 和设备所用格式】菜单命令，在弹出的【存储为 Web 和设备所用格式】对话框中单击【在默认浏览器中预览】按钮，此时将打开系统的 Web 浏览器，用户可通过 Web 浏览器查看图像效果，如图 2-52 所示。

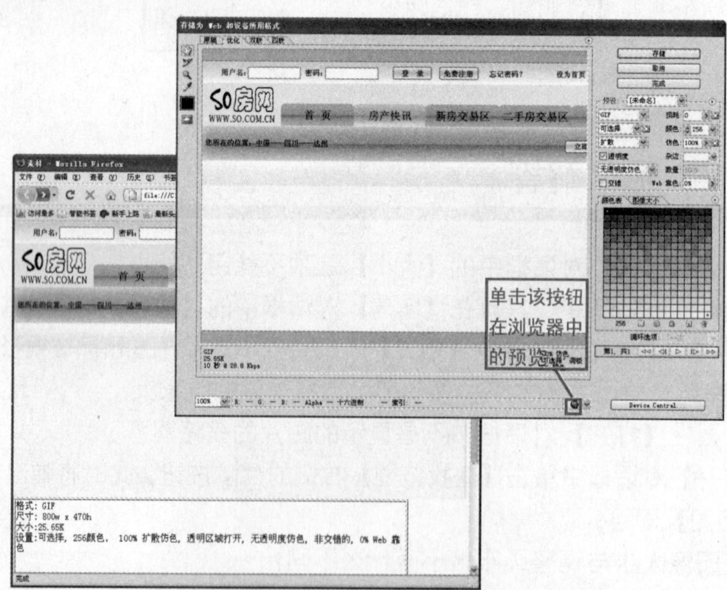

图 2-52 预览优化后的效果

03 若浏览器显示图片效果时反应速度较快，并显示效果也较好，则表明已达到优化效果，则在【存储为 Web 和设备所用格式】对话框中单击【存储】按钮，在弹出的【将优化结果存储为】对话框中选择保存类型为“HTML 和图像（*.html”），再输入保存文件名单击【保存】按钮即可，如图 2-53 所示。

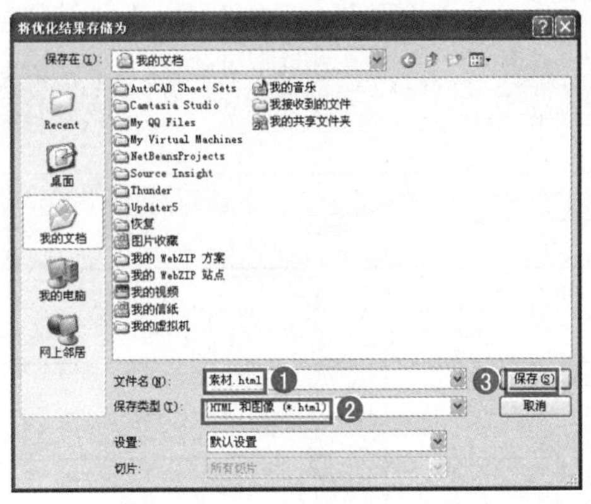

图 2-53　将优化结果存储为网页

2.9　习题

一、填空题

（1）在 Photoshop CS3 中有四种屏幕显示模式：________________、________________、________________、________________。

（2）________________命令一般用于旋转或翻转整幅图像，以满足某些操作的需要，但是它不能将单个的图层、部分图像、选区和路径进行翻转。

（3）若当前画布不能完全显示出图像时，执行________________菜单命令即可显示出全部图像，并自动调整文档大小。

二、选择题

（1）在 Photoshop 中，新建文件的快捷键是（　）。

A．【Ctrl+N】　　B．【Ctrl+O】

C．【Ctrl+W】　　D．【Ctrl+S】

（2）在 Photoshop 中，打开文件的快捷键是（　）。

A　【Ctrl+W】　　B．【Ctrl+S】

C．【Ctrl+N】　　D．【Ctrl+O】

（3）按（　）键，可以快速切换屏幕显示模式。

A．【V】　　B．【O】

C．【F】　　D．【P】

读书笔记

第3章 对图像进行选取

在处理和编辑图像时，只有选定需要操作的区域范围或图层，才能有效地进行编辑。本章全面介绍了Photoshop CS3提供选取范围的工具和命令，以及对选区进行移动、修改、变换等基本操作，通过本章的学习，用户能够快速、准确地选取图像，从而提高编辑和处理图像的质量和效率。

3.1 使用选择工具选择图像

使用Photoshop CS3提供的选择工具创建选区，是学习Photoshop最基本的技能。为了满足创建选区的需要，Photoshop CS3提供了三种选择工具组，即选框工具组、套索工具组、快速选择工具组。

只有在工具箱中显示为被选中状态的工具，才可以在图像窗口中绘制或者编辑选区，其他隐藏的工具不能使用。按鼠标左键不放，即可打开工具下拉列表，在列表中选择适当的工具即可用来在窗口中创建选区。

无论使用哪种选区工具创建选区，都将以沿顺时针转动的黑白线在窗口中显示，俗称蚂蚁线，蚂蚁线包围的区域为选择区域。

3.1.1 选框工具组

选框工具是直接勾勒出选择范围的工具，这也是Photoshop中创建选区最基本的方法。选框工具适用于选择矩形和椭圆形等比较规则的区域或对象，选框工具组中的工具包括【矩形选框工具】、【椭圆选框工具】、【单行选框工具】和【单列选框工具】。

【矩形选框工具】用于创建矩形、正方形选区。

【椭圆选框工具】用于创建椭圆形选区或圆形选区。

【单行选框工具】用于创建高度为一个像素的单行选择区域。在选框工具组中选择单行选框工具，然后在文档窗口中单击即可建立一个单行选区。

【单列选框工具】主要用来创建宽度为一个像素的单列选区。其创建方法与单行选框工具相同。

这4种工具的使用方法类似，下面以【矩形选框工具】为例进行说明其使用方法。单击【矩形选框工具】，然后将鼠标移至文档窗口，拖动鼠标即可创建矩形选区。

矩形选框工具选项栏包括修改方式、羽化与消除锯齿、样式等选项，如图3-1所示。

图3-1 【矩形选框工具】选项栏

1. 修改方式

修改方式分为新选区、添加到选区、从选区减去、与选区交叉四种，各种选区的修改效果如图3-2所示。各种修改方式的含义如下：

- 新选区：去掉旧的区域，选择新的区域。
- 添加到选区：在旧的选择区域的基础上，增加新的选择区域，形成最终的选区。
- 从选区减去：在旧的选择区域中，减去新的选择区域与旧的选择区域相交的部分，形成最终的选择区。
- 与选区交叉：新的选择区域与旧的选择区域相交的部分为最终的选择区域。

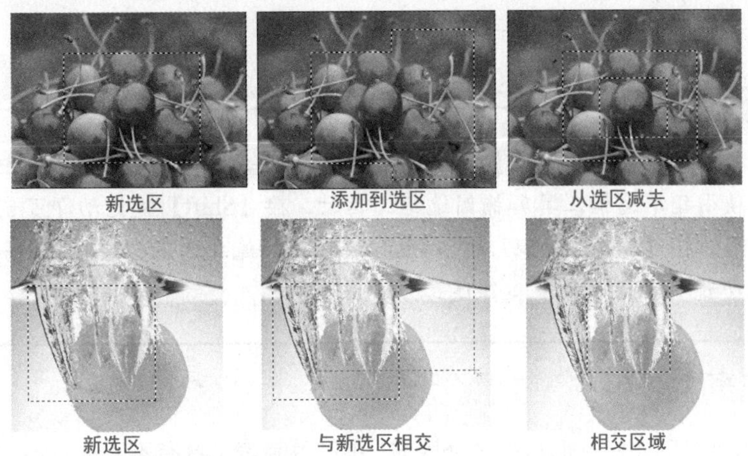

图3-2 选区的修改方式

注 意

如果窗口中已经有一个选区存在，且需要通过与原选区的运算生成新的选区。不管在工具选项栏中选择哪种运算模式，只要按【Shift】键，就等于选择了【添加到选区】按钮；按【Alt】键，等于选择了【从选区减去】按钮；按【Alt+Shift】组合键就等于单击了【与选区交叉】按钮。

2．羽化

羽化 羽化: 0 px 用于单击选择区域的正常边界，也就是使边界产生一个过渡段，其取值在0~250像素之间。当设置羽化值大于0时，选区边缘将将生成由选区中心向外渐变的半透明效果，以模式选区的边缘。

需要创建带有羽化效果的选区，必须在选项栏中设置好羽化值，然后在窗口中绘制选区。

3．样式

样式 样式: 正常 是用来规定拉出的矩形选框的形状。样式下拉菜单中有3个选项，分别是正常、固定长宽比、固定大小，其含义如下：

- 样式: 正常：默认的选择方式，也最为常用。可以用鼠标拉出任意矩形。
- 样式: 固定长宽比 宽度: 1 高度: 1 ：可以任意设定矩形的宽高比，只需在"宽度"和"高度"栏中输入相应的数字即可，默认值为1:1。
- 样式: 固定大小 宽度: 64 px 高度: 64 px ：可以通过输入宽和高的数值来精确矩形的大小，在"宽度"和"高度"栏中输入即可，系统默认为64 × 64像素。

4．调整边缘

该选项为Photoshop CS3的新增选项。所有的选择工具都有【调整边缘】选项，比如定义边缘的半径、对比度、羽化程度等，可以对选区进行收缩和扩充。另外还有多种显示模式可选，比如快速蒙版模式和蒙版模式等。

注　意

选框工具组的快捷键为【M】，按【Shift+M】组合键可在选框工具组中切换工具。在使用矩形选框工具和椭圆选框工具时，按【Shift】键拖动即可创建正方形或圆形；按【Alt】键拖动，将以起始点为中心建立选区；按【Shift+Alt】组合键拖动将以起始点为中心创建正方形或圆形。

3.1.2　套索工具组

套索工具组可以创建任意形状的选择区域，不同的套索工具有不同的特性。右击工具箱上的"套索工具"，将打开套索工具组，包含【套索工具】、【多边形套索工具】、【磁性套索工具】。

1.　套索工具

套索工具是以徒手画的方式描绘出不规则形状的选取区域。

如果选取的曲线终点和起点未重合，则Photoshop CS3会自动封闭完整的曲线。在按【Alt】键的同时，拖动鼠标，也能形成任意曲线，只需在起点和终点单击就会以直线相连。

按【Delete】键，可清除最近所画的线段，直到剩下想要的部分，松开【Delete】键即可。

2．多边形套索工具

【多边形套索工具】可以在图像中选取出不规则的多边形。将鼠标移动到图像处单击，然后再单击每一个点，来确定每一条直线。当回到起点时，光标下就会出现一个小圆圈，表示选择区域已封闭，再单击鼠标即可完成此操作。配合【Delete】键和【Alt】键的应用可以得到所需的结果。

注　意

使用【多边形套索工具】选取范围时，同时按【Shift】键，则可以选取水平、垂直或45°角方向的线段；同时按【Delete】键，则可以删除最近选取的线段；若按【Delete】键不放，则可以删除所有被选取的线段；若按【Esc】键，则取消选取范围操作。在使用【套索工具】或者【多边形套索工具】绘制选区时，若按【Alt】键，则可以在两者之间快速切换，以满足绘制选区直线和曲线的要求。

3．磁性套索工具

磁性套索工具是一种可识别边缘的套索工具，能在图像中选出不规则的但图形颜色和背景颜色反差较大的图形。选中按钮，选项栏也就相应地显示为磁性套索工具的选项，如图3-3所示。与以上套索不同，它多了套索宽度和频率，前者用于设置磁性套索工具在选取时探查距离，后者是用来制定套索连接点的连接频率。

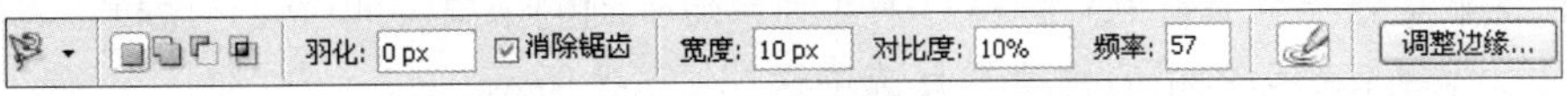

羽化: 0 px　☑消除锯齿　宽度: 10 px　对比度: 10%　频率: 57　调整边缘...

图 3-3　磁性套索工具选项栏

鼠标移到图像上单击选取起点，然后沿图形边缘移动鼠标，无需按鼠标，回到起点时会在鼠标在右下角出现一个小圆圈，表示区域已封闭，此时单击鼠标即可完成此操作。

注　意

使用【磁性套索工具】选取范围时，如果在对象的边缘外生成了多余的节点，按【Delete】键或【Backspace】键可以按节点生成的前后顺序反向删除。

3.1.3　快速选择工具组

【快速选择工具】是Photoshop CS3版本中的新增功能，其功能非常强大，它能为用户提供智能的创建选区解决方案。因为【快速选择工具】功能比【魔术棒工具】更为强大，所以CS3版本中将【快速选择工具】与【魔术棒工具】放在一组，并将【魔术棒工具】隐藏起来。

1．快速选择工具

【快速选择工具】是Photoshop CS3的新增工具，该工具为魔术棒的快捷版本，可以不用任何快捷键进行加选，按只需在预选择选区上单击就可以像绘画一样自动跟该对象的边缘选择选区，非常神奇。

【快速选择工具】的选项栏如图3-4所示。

图 3-4　【快速选择工具】选项栏

【快速选择工具】的选项参数说明如下：

- 运算模式：【快速选择工具】创建选区较为特殊，它提供有3种选区的运算模式，包括新选区、添加到选区和从选区中减去，选择【快速选择工具】时，默认为添加到选区模式，在创建选区的过程中，可以按【Alt】键快捷快速切换到从选区中减去模式。
- 画笔: 30：用于设置快速选择工具的笔头大小，单击下拉按钮，在弹出的下拉面板中可以设置画笔的硬度、大小等参数。
- □对所有图层取样：选中该项时将不再区分选择哪个图层，而是将所有可视图层都直接选中。
- □自动增强：使绘制选区的过程中自动增加选区的边缘。

2．魔棒工具

【魔棒工具】名称的由来是因为它具有魔术般的奇妙作用，主要用于选取图像中颜色相近或大面积单色区域的图像。当用魔棒单击某个点时，与该点颜色相似和相近的区域将被选中，可以在某些情况下节省大量的精力来达到意想不到的结果。通过设定魔棒工具的选项栏参数，可以控制其颜色的相似程度，其选项栏如图3-5所示。

容差: 2 ☑消除锯齿 □连续 □对所有图层取样 调整边缘...

图3-5 【魔棒工具】选项栏

- 容差: 32 ：用来控制颜色的误差范围。值越大，选择区域越广，数值范围在0~255之间，默认值为32。
- ☑消除锯齿 ：用于设置在选取图像时消除边缘的锯齿。
- ☑连续 ：选择此复选框，只选择与单击处相连的同色区域；不选择此复选框，将选择与单击处颜色相近的所有区域。
- □对所有图层取样 ：选择此复选框，在所有可见图层中选取和鼠标单击处颜色相近的区域；不选择此复选框，只在当前图层选取与单击处颜色相近的区域。

3.2 灵活编辑选区的图像

在处理和编辑图像之前，常常需要选择需要编辑的区域，在Photoshop CS3中，除了可以使用工具建立选区外，还可以使用【选择】菜单中的相关命令创建一些特殊的选区，从而方便操作。

3.2.1 建立选区

使用工具建立选区的方法在前面已做介绍，这里将向读者介绍使用【选择】菜单中的命令建立选区。

1．使用【全部】命令建立选区

执行【选择】/【全部】菜单命令将选中当前图层中的全部像素，从而快速对当前图层中的内容进行编辑。

2．使用【色彩范围】命令建立选区

【色彩范围】命令建立选区的原理与魔棒工具类似，都是选取具有相近颜色的像素。但【色彩范围】命令更加方便灵活，它是以特定的颜色范围来建立选区的，并且还可以控制颜色的相似程度。

具体的操作步骤如下：

01 打开光盘"03\3.2.1.jpg"图像文件，如图3-6所示。

02 执行【选择】/【色彩范围】菜单命令，打开【色彩范围】对话框，如图3-7所示。

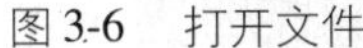

图3-6 打开文件

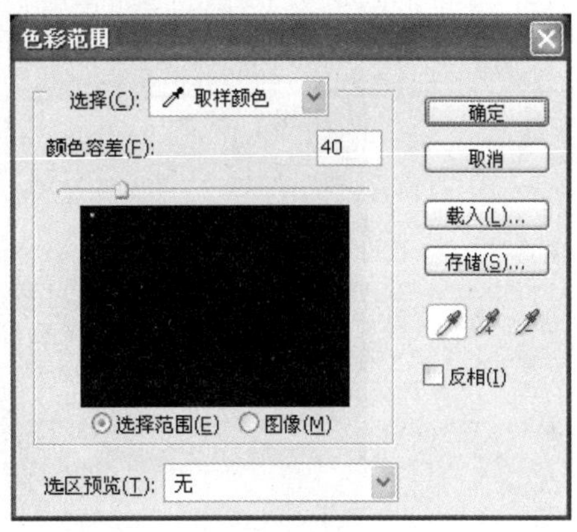

图3-7 【色彩范围】对话框

03 在【色彩范围】对话框设置各项参数，如图3-8所示，各选项含义如下：

- 【选择】：单击下拉按钮，将打开如图3-9所示的下拉列表框，在其中可以指定选取的颜色或者色调范围。一旦指定了选取颜色，【颜色容差】选项将不能调整。选择列表框最下面的【溢色】选项，可以将RGB模式图像中无法印刷的颜色范围选中。
- 【选择范围】：选择该单选按钮，可以在对话框中预览被选中的颜色范围。
- 【图像】：选择该单选按钮，在预览框中将显示整幅图像。
- 【选区预览】：单击下拉按钮，在打开的下拉列表框中可以选择在图像窗口显示的选区预览效果。
- 【吸管工具】：在【色彩范围】对话框中设置了3种吸管工具，即选择颜色范围吸管、增加颜色范围吸管和删除颜色范围吸管。利用吸管工具可以很方便地在图像窗口或者预览框中设置选取颜色的范围。
- 【反相】：选择该复选框可以选中设置颜色范围以外的区域。
- 【存储】：用于保存对话框中设置的所有参数。
- 【载入】：用于将保存的对话框参数载入重复使用。

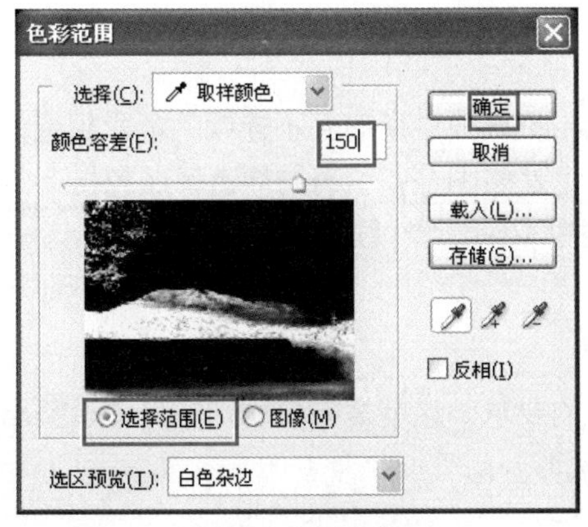

图3-8 各项参数

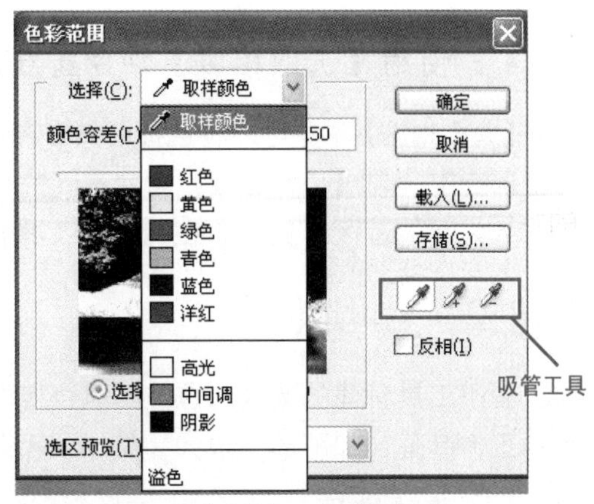

图3-9 【选择】 下拉列表框

04 设置完毕后，单击【确定】按钮，即可查看到所需的选区，如图3-10所示。

图3-10　通过【色彩范围】选择的区域

3. 使用【扩大选取】命令建立选区

在Photoshop中，如果初步绘制的选区太小，没有全部覆盖需要选取的区域，可以利用【扩大选取】菜单命令来扩大选取。

执行【选择】/【扩大选取】菜单命令可以将图像窗口中原有选取范围扩大。该命令是在原有选区的基础上使选区在图像上延伸，将连续的、色彩相近的图像一起扩充到选区内，如同将魔棒工具的容差改大后又一次进行选择。使用【扩大选取】命令，可以更加灵活地控制选取范围，避免了许多重复操作。

注　意

尽管【扩大选取】是由魔棒工具选项栏中的【容差值】决定扩大选取颜色的近似程度，但并不是只有使用魔棒工具创建的选区才可以执行【扩大选取】命令。

4. 使用【选取相似】命令建立选区

【选取相似】命令可以将选择区域在图像上延伸，把画面中所有互不连续的色彩相近的图像全部选中。与【扩大选取】命令不同的是，该命令是将图像中所有与原选区颜色接近的区域扩大为新的选区。类似于在【魔棒工具】选项栏中取消选择【连续】复选框。

3.2.2　编辑选区

使用工具创建的选区，往往不能直接满足制作的要求，这就需要借助别的方法调整出所需的工作选区，如移动、放大、缩小、羽化选区等。

1. 移动选区

移动选区可以将已创建的选区移动到目标位置，而且不影响图像内的任何内容。移动选

区通常有两种方法，一是使用鼠标移动，另一种方法是使用键盘移动。

使用鼠标移动选区时需要注意，只有在选中任意一种选择工具时才可移动选区，并且保证选项栏中建立选区方式为【新选区】，移动鼠标到选区内，此时鼠标呈状态，拖动鼠标即可移动选区。

使用键盘移动选区比鼠标移动选区要精确得多，因为每按一下方向键，鼠标会向相应的方向移动 1 个像素的长度，按【Shift+ 方向】组合键则会以 10 个像素的长度来移动选区。

2．修改选区

修改选区主要用于精确调整当前选区，通过修改选区，可以创建出一些特殊的选区，如圆环选区、圆角选区等。它包括【边界】、【平滑】、【扩展】、【收缩】和【羽化】5 个命令，其命令位于【选择】/【修改】子菜单中，各命令含义如下：

- 【边界】：使用该命令，可以创建框住原选区的条形选区。在宽度框中输入像素值，则可在原选区的选取框线外建立以所输入的像素值为宽度的选取区域，使用该命令修改选区的效果如图 3-11 所示。

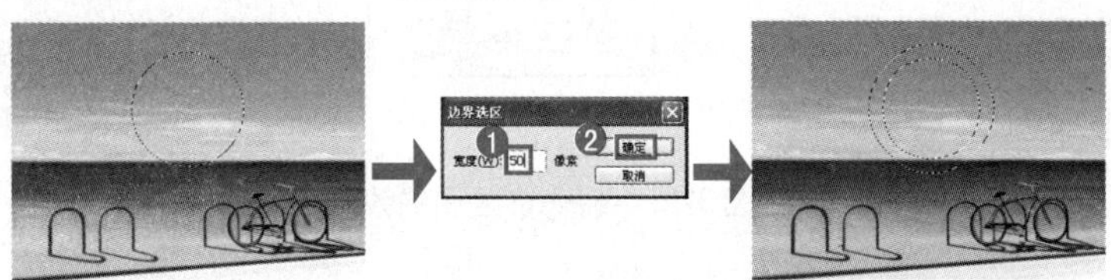

图 3-11　修改选区边界后的效果

- 【平滑】：通过改变取样半径来改变选区的平滑程度，使用该命令修改选区的效果如图 3-12 所示。

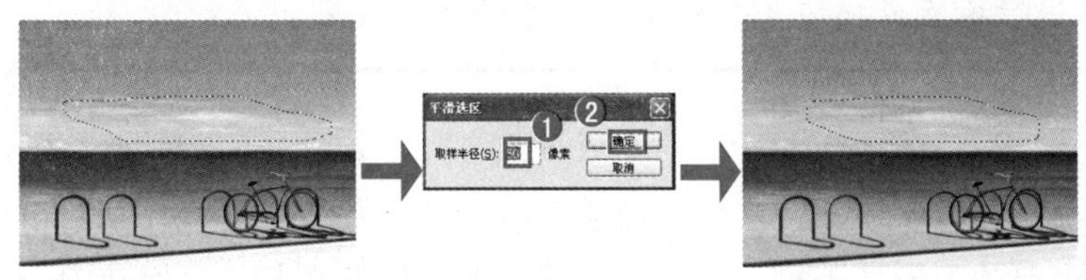

图 3-12　平滑选区后的效果

- 【扩展】：将当前选区按照设定的数值向外扩展，数值越大，扩展的范围越大，取值范围在 0~100 像素之间，使用该命令修改选区的效果如图 3-13 所示。

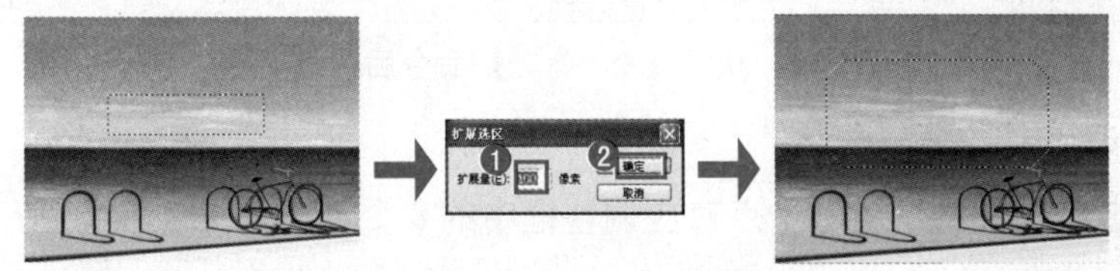

图 3-13　扩展选区后的效果

- 【收缩】：此命令与“扩展”命令相反，是将当前选区按照设定的数值向内收缩，数值

越大，收缩的范围越大，使用该命令修改选区的效果如图 3-14 所示。

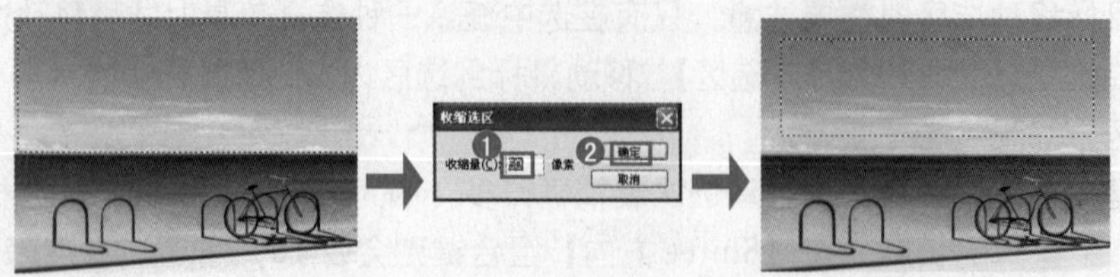

图 3-14　收缩选区后的效果

- 【羽化】：该命令是通过建立选区和选区周围像素之间的转换边界来模糊边缘。模糊边缘会丢失选区边缘的一些细节。该命令与选择工具选项栏中的【羽化】选项功能一样，使用该命令修改选区的效果如图 3-15 所示。

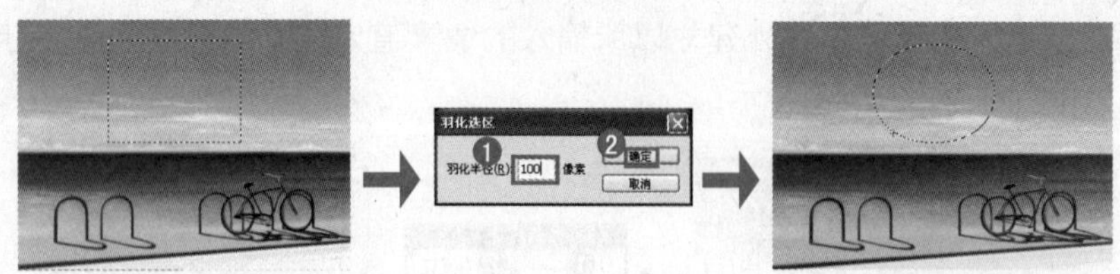

图 3-15　羽化选区后的效果

提　示

在 Photoshop 以前的版本中，【羽化】命令都是单独存在于【选择】菜单中，而在 Photoshop CS3 中，将其列入了【修改】子菜单中，使用【羽化】命令后，要对选区进行填充或描边才会观察到边缘的过渡效果。

3．变换选区

执行【选择】/【变换选区】菜单命令可以对选区进行变形操作。执行该命令后，在选区的四周将出现自由变形调整框，该调整框带有 8 个控制点和 1 个旋转中心点，拖动调整框中相应的节点，可以自由变换和旋转选区。

执行【变换选区】命令后，工具选项栏如图 3-16 所示，在其中对应的选项文本框中可以直接输入数值以精确控制变形效果。

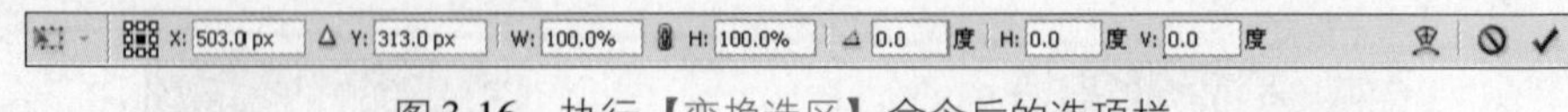

图 3-16　执行【变换选区】命令后的选项栏

各选项功能如下：

- ：此选项图标中的 9 个点对应调整框中的 8 个节点和 1 个中心点，单击选中相应的点可以确定为变换选区的基准点。
- X: 503.0 px ：输入数值用于确定选区在水平方向位移的距离。
- △：选中该按钮，在 X、Y 文本框中输入的数值为相对于基准点的距离；取消选择，

在X、Y文本框中输入的数值为相对于坐标原点的距离。

- Y: 313.0 px ：输入数值用于精确定位选区在垂直方向位移的距离。
- W: 100.0% ：输入数值用于控制相对于原选区宽度缩放的百分比。
- ：选中该按钮，可以变换后的选区保持原有的宽高比。
- H: 100.0% ：输入数值用于控制相对于原选区高度缩放的百分比。
- 0.0 度 ：输入数值用于控制旋转选区的角度。
- H: 0.0 度 ：输入数值用于控制相对于原选区水平方向斜切变形的角度。
- V: 0.0 度 ：输入数值用于控制相对于原选区垂直方向斜切变形的角度。
- ：在自由变换和变形模式之间切换，当切换为变形模式时，还可对选区进行弯曲操作。
- ：单击该按钮，取消对选区的变形操作。
- ：单击该按钮，确认执行对选区的变形操作。

通常情况下，执行【变换选区】命令后，将鼠标移至调整框内，当指针变为形状时，单击并移动鼠标，可以在任意方向移动选区；当指针变为形状时，单击并移动鼠标，可以移动选区旋转的中心点。在调整框中单击鼠标右键，将打开【变换】快捷菜单，如图3-17所示，该菜单与【编辑】/【变换】命令相同，选择需要的变形命令，即可使用鼠标选择调整框节点，对选区执行相应的变形操作。

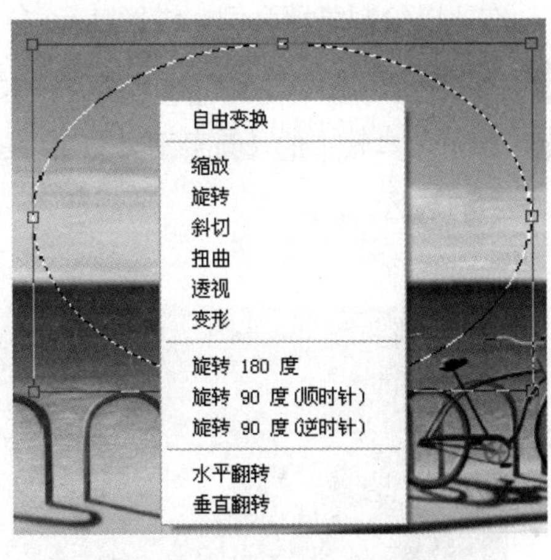

图3-17 【变换】快捷菜单

注 意

执行【变换选区】命令后，按【Ctrl】键，使用鼠标拖动节点可以使选区斜切变形。按【Ctrl+Shift+Alt】组合键，拖动4个角点，可以使选区透视变形；拖动左右两边中间的节点，当鼠标指针呈形状显示时，可以使选区在垂直方向产生倾斜变形；拖动上下两边中间的节点，当鼠标指针呈形状显示时，可以使选区在水平方向产生倾斜变形。按【Shift+Alt】组合键，拖动4个角点，可以使选区以中心点为基准向四周长宽等比例缩放。将鼠标放到控制点上，当指针呈状态时，拖动鼠标即可对选区进行缩放操作。将鼠标放到控制框周围，当指针呈状态时，拖动鼠标即可对选区进行旋转操作。

4．反选选区

当图像窗口中存在选区时，执行【选择】/【反向】菜单命令将选中当前选区以外的部分，主要用于将当前图层中的选择区域和非选择区域进行互换。

注 意

按【Ctrl+Shift+I】组合键可快速执行“反选”命令。

3.2.3 修饰选区

在 Photoshop 中，创建选区后，除了可以选取用于编辑对象的操作区域外，还可以修饰选区得到奇特的图像效果。本节将重点介绍使用【填充】和【描边】菜单命令修饰选区的操作方法。

1．填充选区

在图像窗口中创建好选区后，执行【编辑】/【填充】菜单命令可以为选区填充颜色和渐变色彩。还可以使用工具箱中的【油漆桶工具】和【渐变工具】进行填充，详见第 4 章。

在此以绘制草坪为例，讲解使用【填充】命令进行填充的具体方法，其步骤如下：

01 打开光盘“03\3.2.3.1.jpg”图片，如图 3-18 所示。

02 单击工具箱中的【套索工具】，在选项栏中设置参数，然后在画布中绘制如图 3-19 所示的选区。

图 3-18 打开图片

图 3-19 描出选区

03 执行【编辑】/【填充】菜单命令，在弹出的【填充】对话框中，单击“使用”右侧的下拉按钮，在其下拉列表中选择“颜色”，此时将弹出【选取一种颜色】对话框，从中选择一种深绿色，然后再连续单击【确定】按钮，即可将深绿色填充到选区中，效果如图 3-20 所示。

04 再次执行【编辑】/【填充】菜单命令，在弹出的【填充】对话框中，单击“使用”右侧的下拉按钮，在其下拉列表中选择“图案”，此时下方的“自定图案”将呈亮

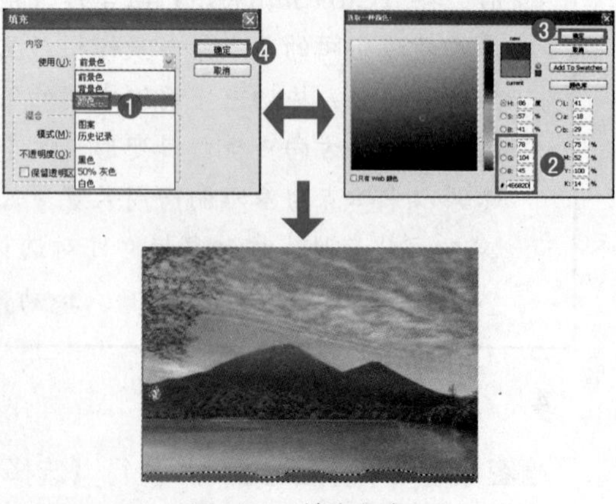

图 3-20 填充颜色

色，单击下拉按钮，将打开图案下拉面板，在该面板中单击右上角的小三角按钮，在弹出的菜单中选择“自然图案”，此时将打开提示对话框，单击【追加】按钮，即可将选择的图案追加到当前图案列表中，如图3-21所示，然后从中选择需要的图案，并设置混合模式为“柔光”，不透明度为“50%”，单击【确定】按钮，即可将选中的图案以柔光的方式填充到选区中，以完成绿色草地的制作，最终效果如图3-22所示。

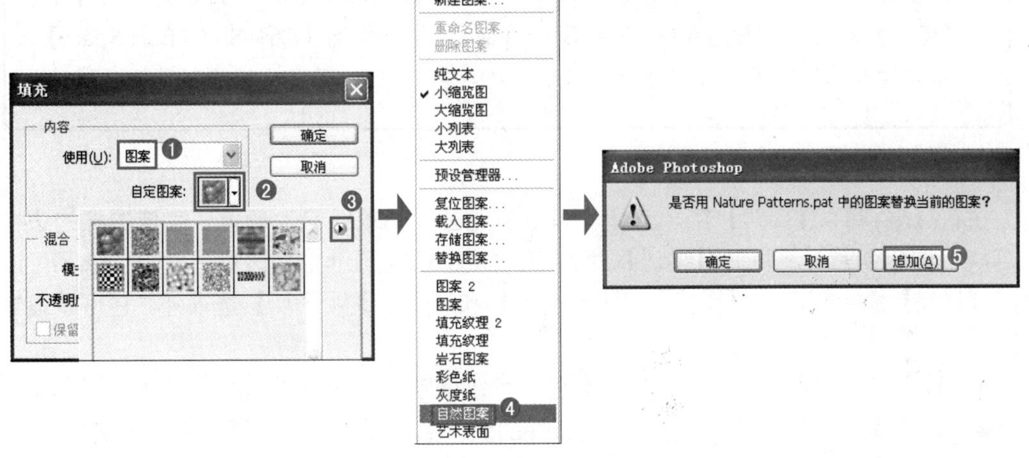

图3-21　追加图案

图3-22　填充图案

【填充】对话框中的各参数说明如下：

- 【使用】：单击该文本框右侧的下拉按钮，将打开其下拉列表框，在列表框中可以选择填充选区的内容，如前景色、背景色、颜色、图案等选项。当选择【颜色】选项时，将打开【选取一种颜色】对话框，在该对话框中可以设置填充选区的颜色；当选择图案选项时，对话框中的【自定图案】列表框被激活，单击右侧的下拉按钮，在打开的下拉列表框中可以选择Photoshop自带图案或者用户自定义图案填充选区。
- 【模式】：可以设置填充选区后生成的图像与原图像的混合模式。
- 【不透明度】：可以控制填充选区生成图像的不透明度。

- 【保留透明区域】：对图像某一图层中带有透明区域的选区填充时，可以保留部分不填充。

提 示

按【Ctrl+BackSpace】组合键，可以直接用背景色填充选区；按【Alt+BackSpace】组合键，可以直接用前景色填充选区；按【Shift+BackSpace】组合键可以打开【填充】对话框；按【Alt+ Shift+BackSpace】组合键及【Ctrl+Shift+BackSpace】组合键在填充前景色及背景色时只填充已存在的像素(保留选区中的透明区域)。

2．描边选区

执行【编辑】/【描边】菜单命令，可以为选区的蚂蚁线涂上颜色，生成图像的边框效果。执行该命令时，将打开【描边】对话框，如图3-23所示，在该对话框中，除了可以设置同【填充】命令相同的【模式】、【不透明度】和【保留透明区域】选项外，还可以设置如下选项：

- 【宽度】：在右侧文本框中输入数值，可以确定使用颜色描边的宽度值。
- 【颜色】：单击右侧的颜色框，在打开的颜色拾色器中可以设置用于选区描边的颜色。
- 【位置】：控制描边效果相对于蚂蚁线的位置。分别可以选择【居内】、【居中】和【居外】选项。

【描边】命令的操作和设置非常简单，在实际处理图像过程中经常使用，如利用【描边】命令制作特效文字或者为图像添加边框效果。

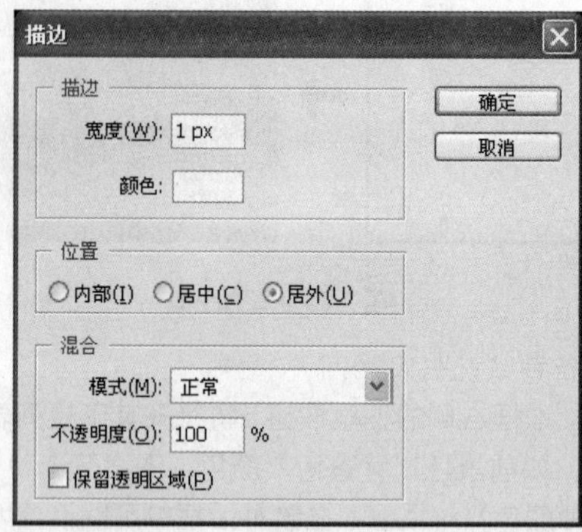

图3-23 【描边】对话框

接下来将通过制作一个简单的标志来讲解描边命令的具体使用方法，操作步骤如下：

01 执行【文件/新建】菜单命令，在打开的【新建】对话框中设置各项参数值，然后单击【确定】按钮即可新建一个图像文件，如图3-24所示。

02 在工具箱中选择【椭圆选框工具】，然后按【Shift】键在图像窗口中拖动鼠标绘制一个圆形选区，然后使用【矩形选框工具】，并按【Shift】键进行绘制，对圆形选区添加矩形选区，再次切换到【椭圆选框工具】，并按【Shift】键进行绘制，对选区添加圆形选区，如图3-25所示。

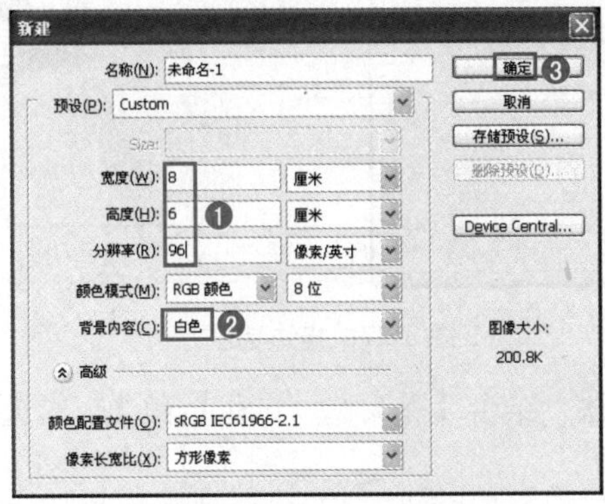

图3-24　新建图像文件

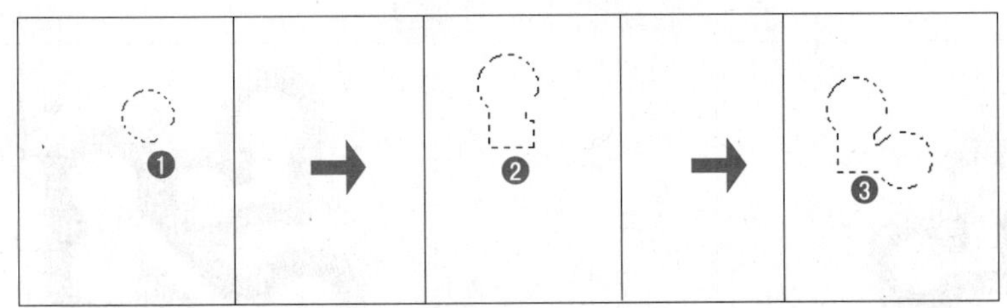

图3-25　绘制选区

03 执行【编辑】/【描边】菜单命令，在弹出的对话框中设置各参数值，并单击确定【确定】按钮，效果如图3-26所示。

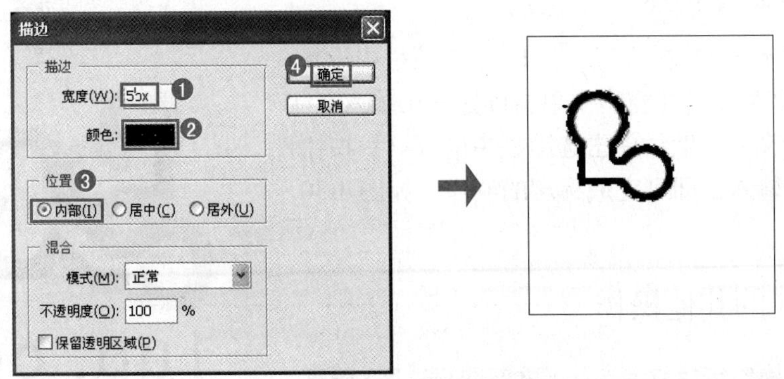

图3-26　描边选区

04 再次执行【编辑】/【描边】菜单命令，在弹出的对话框中设置各参数值，并单击确定【确定】按钮，效果如图3-27所示。

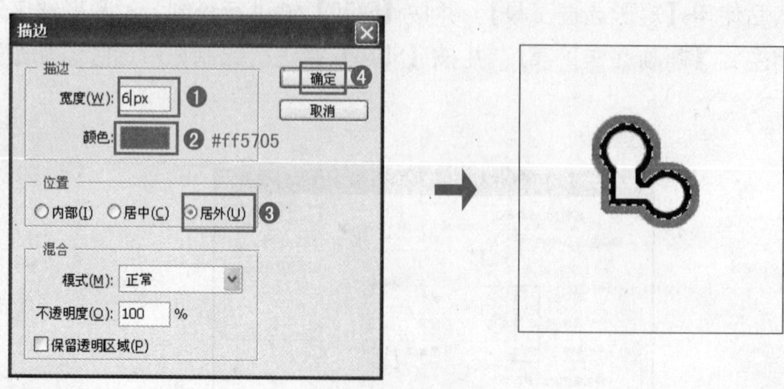

图 3-27　描边选区

05 使用步骤（2）提供的方法，结合【椭圆选框选区】和【矩形选框工具】制作出如图 3-28 所示的选区。

06 重复执行步骤（3）和（4），并按【Ctrl+D】组合键取消选区，将得到如图 3-29 所示的效果。

图 3-28　绘制选区

图 3-29　描边选区

07 在工具箱中单击【横排文字工具】，在选项栏中设置各参数值，然后在图像窗口中单击确定一个输入点，为标志添加文字，然后单击选项栏中的【✓】按钮提交文本的输入，即可完成标志的制作，如图 3-30 所示。

图 3-30　标志最终效果

3.2.4　选区的其他操作

选区的其他操作包括取消选区、重新选择选区、隐藏选区、存储和载入选区。对这些内容的掌握，将有助于提高工作效率。

1．取消选区

在编辑选区时，不管对选区进行什么处理，只能够编辑选区内的部分。这部分才是画布

上唯一被激活的内容。其次，建立选取区域后，就能够在上面进行所需要的操作。但是如果要转到其他区域，必须先取消该选区。

取消选区可以将当前的选区去除，此操作在设计制作时经常使用。

取消选区有以下 3 种方法：

- 执行【选择】/【取消选择】菜单命令即可取消选区。
- 在工具箱中选中选框工具，并且在选项栏中选择【新选区】选项，然后在任意位置单击鼠标即可取消选区。
- 按【Ctrl+D】快捷键即可快速取消选区。

2．重新选择选区

执行【选择】/【重新选择】菜单命令可以将最近一次取消的选区恢复，此命令只有在取消选区后才能被激活。1

注　意

按【Ctrl+Shift+D】组合键可快速执行【重新选择】命令。

3．隐藏选区

隐藏选区可以将当前创建的选区隐藏，但仅仅是隐藏，并不影响选区的工作范围。如果在隐藏选区后，用"画笔工具"在画面上涂抹，涂抹的范围将仅限在原来的选取范围内。

在图像上建立选区后，执行【视图】/【显示】/【选区边缘】菜单命令即可将选区隐藏，再次执行该命令可将隐藏的选区再次显示。

4．存储选区

存储选区可以将多个选区保存，并可以将保存选区和现有选区进行合并运算。

存储选区的操作方法如下：

首先创建一个选区，然后执行【选择】/【存储选区】菜单命令，此时将打开【存储选区】对话框，如图 3-31 所示，在【名称】文本框中为选区取名，单击【确定】按钮即可将该选区保存起来。

该对话框中各选项说明如下：

- 【文档】：显示当前文件的名称。
- 【通道】：此选项用来选取保存的选区，如果是第一次保存选区，只能选择【新建】选项。
- 【名称】：此项可以命名选区，如果不设置此项，系统将自动为选区命名，在【通道】面板中可以看到，自动命名的名称为 Alpha1、Alpha2…

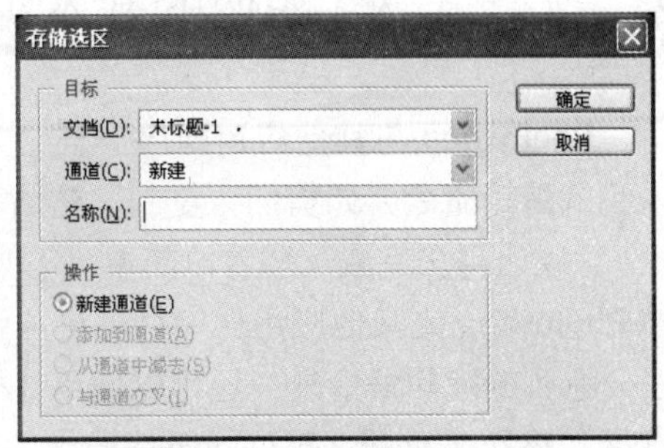

图 3-31　【存储选区】对话框

当在【通道】选项中选择【新建】时，操作栏下面的选项中将只有【新通道】选项可用，也就是说只能创建新通道。

存储选区后，再次执行【选择】/【存储选区】菜单命令，然后在【存储选区】对话框的【通道】选项中选择已存储选区的名称，【操作】选项组下的所有选项将变为可用状态，各项含义如下：

- 【替换通道】：选择此项，当前选区将替换通道栏中的选区，并以通道栏中的名称保存。
- 【添加到通道】：选择此项，当前选区将加入到通道栏中的选区，即将两个选区相加，并以通道栏中的名称保存。
- 【从通道中减去】：选择此项，通道中的选区将减去当前的选区，即两个选择区域进行相减运算，并以通道栏中的名称保存。
- 【与通道交叉】：选择此项，当前选区与通道选区交叉的部分将作为新的选区，即两个选区进行相交运算，并以通道栏中的名称保存。

5．载入选区

执行【选择】/【载入选区】菜单命令可对保存的选区进行调用，或与现有选区做相加、相减、相交运算。

3.2.5 调整边缘

调整边缘是 Photoshop CS3 的新功能之一，通过该功能可以对选区进行微调操作。用来改变选区的大小和羽化效果，同时该功能还提供快速遮罩形式来查看选区，分别提供了标准模式、快速蒙版、黑色背景蒙版、白色背景蒙版和定义选区模板 5 种查看方式。

在 Photoshop CS3 中，选择任意一种选区工具，在其选项栏中都将出现【调整边缘】按钮，单击该按钮即可打开其对话框，如图 3-32 所示，如果当前工具不是选区工具，而图像窗口中存在选区，可以通过执行【选择】/【调整边缘】菜单命令，打开【调整边缘】对话框。

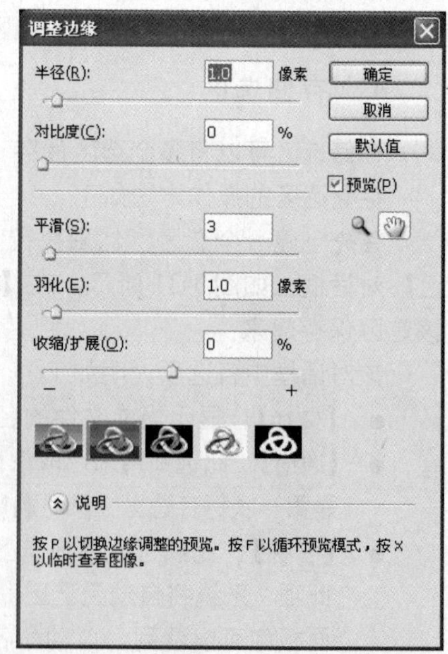

图 3-32 【调整边缘】对话框

3.3 图像的基本编辑操作

Photoshop 与其他应用程序一样，为用户提供了一系列的编辑命令，如剪切、复制、粘贴等。通过这些命令，可以让用户完成一些看似简单，实则繁杂的工作。当然 Photoshop 比其他应用程序功能更加强大，除了提供了一系列的编辑命令外，还可以使用【移动工具】进行选择、移动、复制、排列图像等操作。

3.3.1 移动工具的选项说明

移动工具是 Photoshop 中使用最为频繁的工具，它的主要作用是对图像或选区进行选择、

移动、变换、排列和分布。在工具箱中选择【移动工具】后，其选项栏如图3-33所示。

图3-33 【移动工具】选项栏

各选项说明如下：

"工具预设选取器"：用于存放各项参数已经设置完成的工具。当再次使用该工具时，直接单击其下拉按钮，从弹出的菜单中选择该工具即可。

自动选择: 组：选择此复选项，会自动选择鼠标单击对象所在的图层组或图层。

显示变换控件：选择此复选项，所选对象会被一个矩形虚线定界框包围，拖动定界框的不同位置，可以执行缩放、旋转等操作。

：当选择多个图层或链接图层时，这些按钮将呈亮色，各按钮含义如下：

- "顶对齐"：以当前图层中的图形顶端为基准，对齐选中图层或链接图层内容的顶端。
- "垂直居中对齐"：以当前图层中的图形水平中线为基准，对齐选中图层或链接图层内容的水平中线。
- "底对齐"：以当前图层中的图形底端为基准，对齐选中图层或链接图层内容的底端。
- "左对齐"：以当前图层中的图形左端为基准，对齐选中图层或链接图层内容。
- "水平居中对齐"：以当前图层中的图形垂直中线为基准，对齐选中图层或链接图层内容。
- "右对齐"：以当前图层中的图形右侧为基准，对齐选中图层或所有链接图层内容。

：当选择3个（或3个以上）图层或链接图层时，这些按钮将呈亮色，各按钮含义如下：

- "按顶分布"：以每个图层中的图形顶端为基准，垂直均匀分布图层内容。
- "垂直居中分布"：以每个图层中的图形水平中线为基准，垂直均匀分布图层内容。
- "按底分布"：以每个图层中的图形底端为基准，垂直均匀分布图层内容。
- "按左分布"：以每个图层中的图形左侧为基准，水平均匀分布图层内容。
- "水平居中分布"以每个图层中的图形垂直中线为基准，水平均匀分布图层内容。
- "按右分布"：以每个图层中的图形右侧为基准，水平均匀分布图层内容。
- 自动对齐图层：当选择3个或3个以上图层时，该按钮将呈亮色，单击该按钮，将弹出【自动对齐图层】对话框，如图3-34所示，在该对话框中根据自己的需要进行选择，然后单击【确定】按钮，即可自动对齐图层内容。

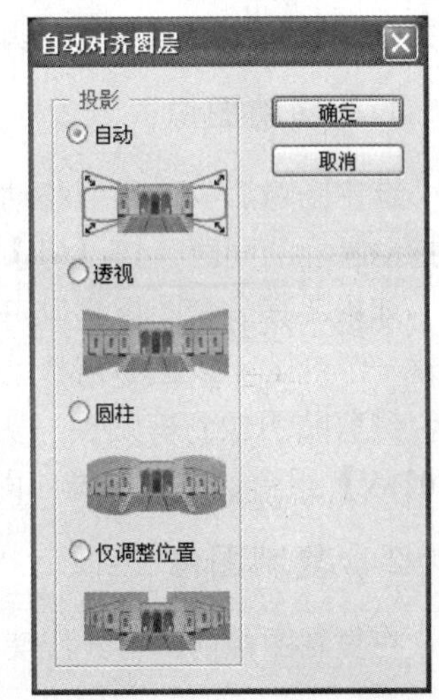

图3-34 【自动对齐图层】对话框

提　示

按【Tab】键或【Shift + Tab】组合键可显示或隐藏工具箱和控制面板，以释放最大的屏幕空间，从而方便图像的编辑与处理。

3.3.2　选择图像

在Photoshop CS3中，除了可以通过选区选择图像外，还可以使用【移动工具】选择图像。

使用【移动工具】选择图像其实就是选择图层。如果当前图像窗口中有多个图层，使用【移动工具】在图像窗口中右击，此时将打开其快捷菜单，从中选择需要的图层名称即可选择当图层，当然也可在【图层】面板中单击图层进行选择。

另外，执行【选择】/【所有图层】菜单命令将选中除“背景”图层以外的所有图层；执行【选择】/【相似图层】菜单命令将选中与当前图层属性相似的所有图层，例如，当前图像窗口中有多个文本图层，选中其中一个后，执行【选择】/【相似图层】菜单命令将选中所有的文本图层。

执行【选择】/【取消选择图层】菜单命令将取消当前的选择。

提　示

在使用【移动工具】时，如果在选项栏中选择了☑自动选择: 图层 复选框，使用鼠标在图像窗口中单击，即可选中单击处的图像。按【Ctrl】键在图层面板中单击即可同时选中多个不相邻图层，按【Shift】键单击即可选中多个相邻图层。

3.3.3　移动与复制图像

在编辑图像时，经常需要对图像进行移动和复制操作，在Photoshop CS3中，可以通过相关的菜单命令和【移动工具】进行移动或复制图像。

1．移动图像

选中图像后，使用【移动工具】，并按鼠标左键不放进行拖动即可对图像进行移动操作，在拖动鼠标的同时，按【Alt】键，即可复制图像。

如果要在多个图像窗口中移动图像，只需打开需要编辑的多个文件，然后使用选区工具创建一个选区，以选中需移动的部分，然后执行【编辑】/【剪切】菜单命令或按【Ctrl+X】组合键剪贴图像到剪贴板，切换到目标文件窗口，并执行【编辑】/【粘贴】菜单命令或按【Ctrl+V】组合键粘贴图像，即可完成操作。

2．复制图像

在复制图像前，首先应使用任意选取工具创建一个选区，以选中需要复制的图像，接着

执行【编辑】/【复制】菜单命令或按【Ctrl+C】组合键复制图像，然后执行【编辑】/【粘贴】菜单命令或按【Ctrl+V】组合键粘贴图像，即可在当前图像窗口中复制选区中的图像，并创建一个单独的图层。如果要将图像复制到其他图像窗口中，只需切换到目标窗口，然后执行【编辑】/【粘贴】菜单命令或按【Ctrl+V】组合键粘贴图像即可。

使用鼠标也可复制图像，只要同时打开要编辑的两个文件，然后使用【移动工具】在源文件图像中按下鼠标拖动到目标文件窗口中，就可以完成复制操作。

3.4 现场练兵——【制作胶片】

在使用PS制作墙报时，很多平面设计师都喜欢将精彩的照片按胶片的方式进行排列，既美观，又方便制作。

本例在制作过程中，主要使用【矩形选框工具】、【移动工具】及【填充】命令等，使制作出的胶片效果非常逼真，如图3-35所示。

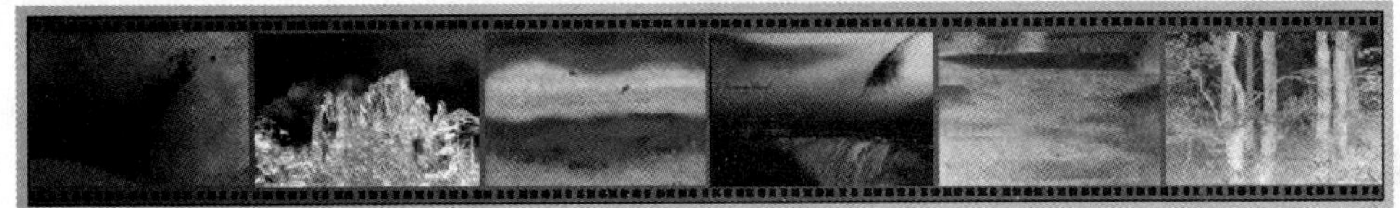

图3-35 制作胶片

操作步骤：

01 执行【文件】/【新建】菜单命令，在打开的【新建】对话框中设置各参数，设置宽度和高度分别为30cm、4cm，单击【确定】按钮，即可完成新建文件操作。

02 使用矩形选框工具在图像窗口中绘制一个矩形，并在工具箱中单击“前景色色块”，在弹出的【拾色器】对话框设置前景色为“#815317”，然后按【Alt+Delete】组合键将前景色填充到选区，如图3-36所示。

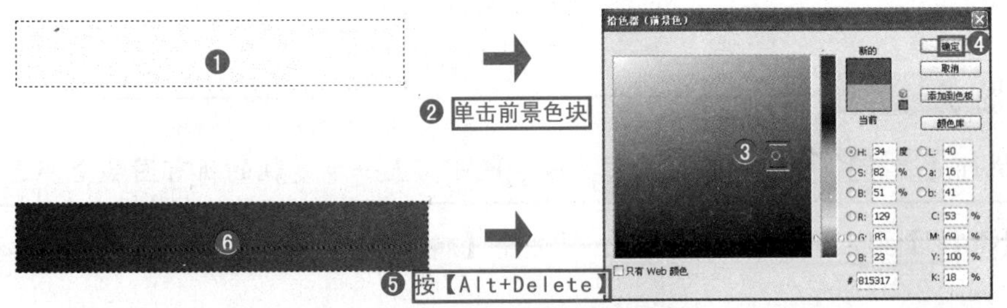

图3-36 绘制选区并进行填充

03 在图层面板中单击【创建新图层】按钮，创建“图层1”，使用矩形选框工具绘制一个矩形选区，按【D】键恢复前景色和背景色的默认设置，并按【Ctrl+Delete】组合键为选区填充白色，然后执行【选择】/【取消选择】菜单命令取消选区，如图3-37所示。

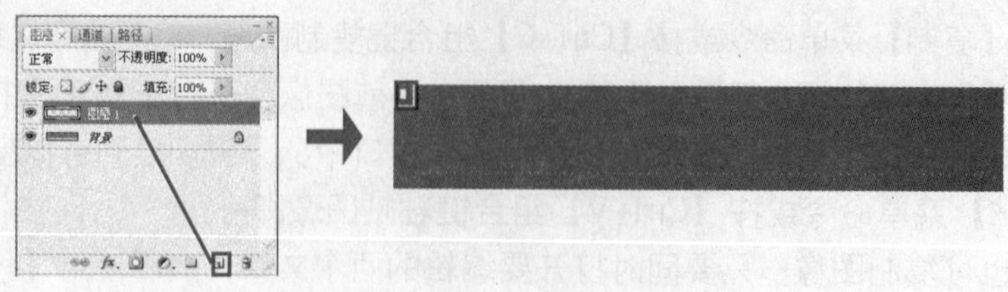

图3-37　绘制选区并填充白色

04 单击工具箱中的【移动工具】，然后按【Shift+Alt】组合键并拖动鼠标对上一步绘制的图形进行水平复制，如图3-38所示。

图3-38　水平复制图像

05 按【Ctrl】键并在图层面板中单击上一步复制的所有图层将其全部选中，在选项栏中单击【水平居中分布】按钮将复制的图像进行平均分布，然后按【Ctrl+E】组合键将其合并为一个图层，如图3-39所示。

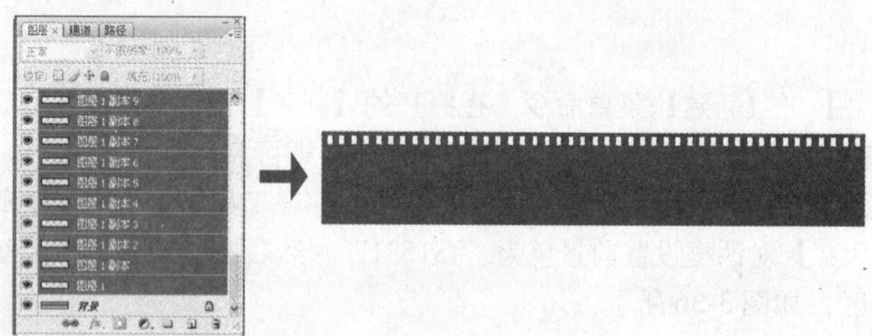

图3-39　平均分布图像

提　示

执行【选择】/【相似图层】菜单命令也可将上一步复制的所有图层全部选中。

06 按【Ctrl+J】组合键复制当前图层，并使用【移动工具】将复制的图层内容调整适当的位置，如图3-40所示。

图3-40　复制图层并调整位置

07 执行【文件】/【打开】菜单命令，打开光盘中的"03\胶片素材"文件夹中的所有素材图片，如图3-41所示。

08 使用移动工具将打开的图片文件逐一拖动到前面新建的文档窗口中，此时图层面板中将自动建立独立的图层放置调入的图片，如图3-42所示。

图3-41 打开素材

图3-42 调入图片

09 在图层面板中选中上一步调入图片时建立的所有图层，然后按【Ctrl+T】组合键将其置入自由变换状态，并按【Shift】键拖动角点，对其进行等比例缩小如图3-43所示。

图3-43 缩小图片

10 缩放到适当大小后，按【Enter】键确认缩放，然后使用移动工具将图片调整到适当位置，将其平铺在胶片上，这时会发现调入的图片太多，可以在图层面板中将多余的图片隐藏，然后选中平铺的所有图片，并在移动工具选项栏中单击【水平居中分布】按钮对其进行平均分布，然后按【Ctrl+E】组合键合并选中的图层，如图3-44所示。

图3-44 平铺图片并将其合并

11 执行【图像】/【调整】/【反相】菜单命令将其反相，即可完成胶片负冲效果的制作。

技　巧

移动工具的快捷键为【V】，使用移动工具移动图像时，按【Shift】键可沿水平、垂直、45°三个方向移动；按【Alt】键拖动图像可对图像进行复制，如果当前工具不是“移动工具”，按【Ctrl+Alt】组合键也可复制图像。

3.5　现场练兵——【绿色字】

本例在制作过程中，使用【椭圆选框工具】、【填充】及【描边】命令等，绘制出绿色字，如图 3-45 所示。

图 3-45　制作绿色

操作步骤：

01 执行【文件】/【新建】菜单命令，在打开的【新建】对话框中根据如图 3-46 所示设置各项新文件参数，最后单击【确定】按钮完成文件的新建。

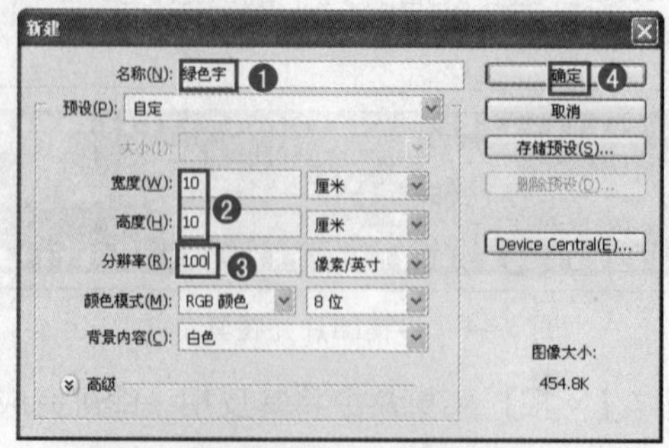

图 3-46　新建文件

02 在工具箱中选择【矩形选框工具】，在图像窗口中任意绘制一个矩形，再在绘制好的矩形选区中右击，在弹出的快捷菜单中执行【变换】命令，如图 3-47 所示。

图 3-47　创建矩形选区

03 当选区处于自由变换状态时，将鼠标指针移到左侧中间位置的控制点上，按鼠标左键向左拖动，直至图像左边框为止，以同样的方法调整选区右边中间位置的控制点，将其拖到图像右边框为上，如图 3-48 所示。

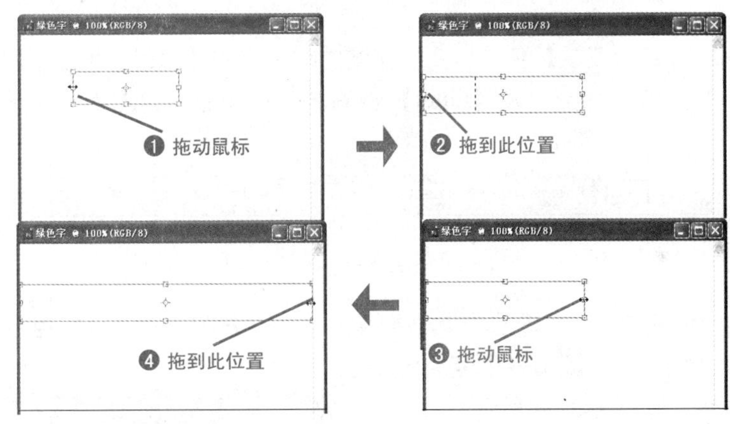

图 3-48　调整矩形选区的宽度

04 保持矩形选区处于自由变换状态，再在属性栏中按如图 3-49 所示设置参考点位置和选区高度。

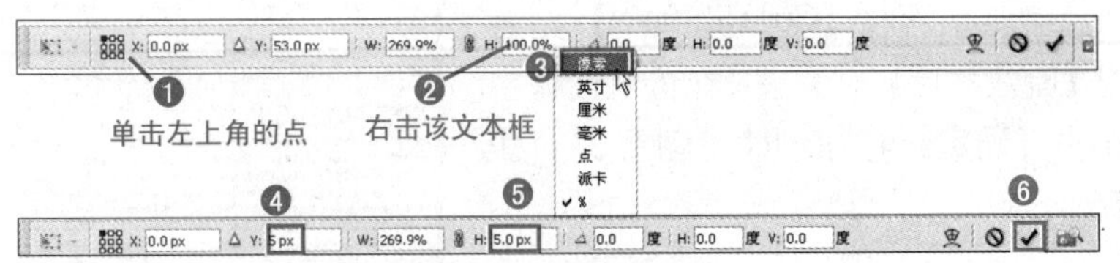

图 3-49　变换选区

05 执行【窗口】/【图层】菜单命令将图层面板展开，在图层面板中单击【新建图层】按钮创建一个新的图层，如图 3-50 所示。

06 执行【编辑】/【填充】菜单命令，在弹出的【填充】对话框命令下拉列表中选择【颜色】

选项，设置填充色为绿色，如图3-51所示。

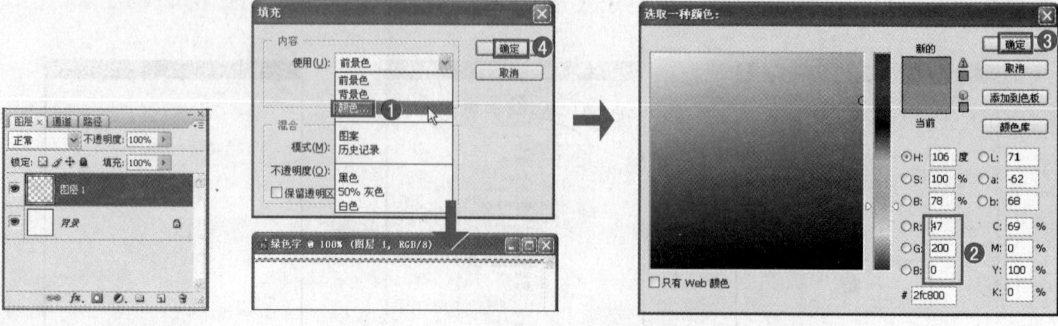

图3-50 创建新图层 图3-51 填充选区

07 执行【选择】/【变换选区】菜单命令，再在属性栏中设置其选区大小，如图3-52所示。

图3-52 变换选区

08 执行【编辑】/【自由变换】菜单命令，在属性栏中选中【使用参考点相对定位】按钮，再在Y文本框中输入10px，按【Enter】键确定位移操作，如图3-53所示。

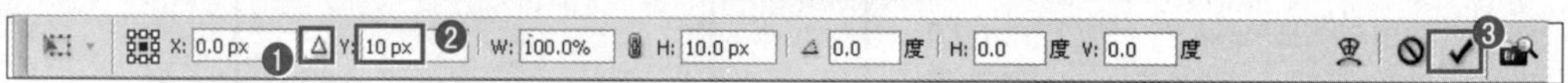

图3-53 自由变换对象的位置

09 在上一步骤操作完成后，不要进行其他操作，按【Ctrl+Alt+Shift+T】组合键50次，即可绘制出横向网格线，按【Ctrl+D】组合键取消选区，最终效果如图3-54所示。

10 在工具箱中选择【椭圆选框工具】，再在图像窗口中绘制一个椭圆，并调整旋转角度和大小，如图3-55所示。

11 调整好选区的形状和大小后，按【Enter】键确定选框变形，再按【Ctrl+Shift+N】组合键弹出【新建图层】对话框，在该对话框中直接单击【确定】按钮创建“图层2”，如图3-56所示。

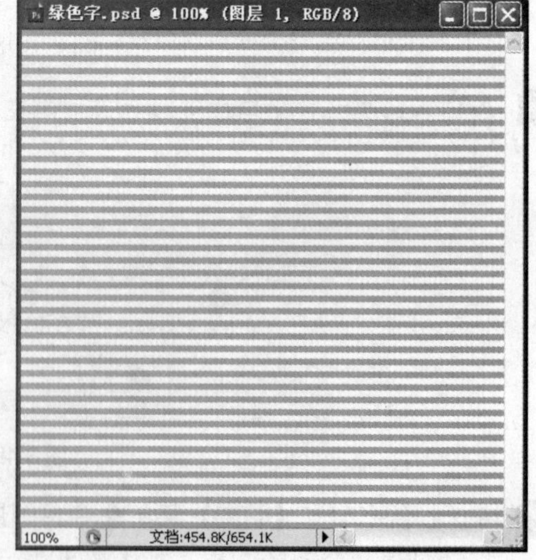

图3-54 创建完成的横线网格

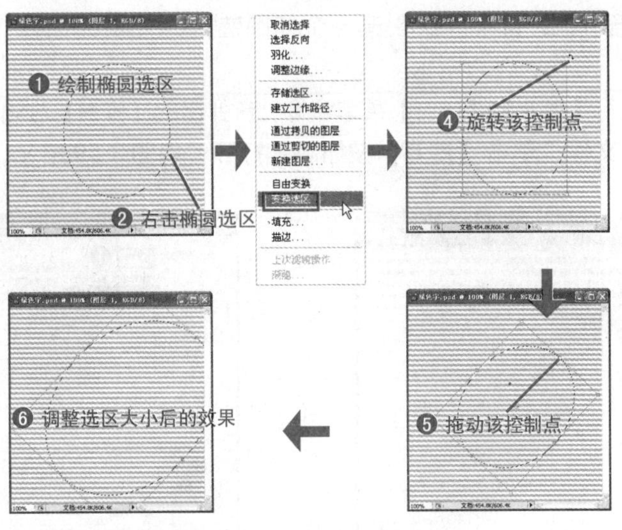

图 3-55 变换椭圆选区

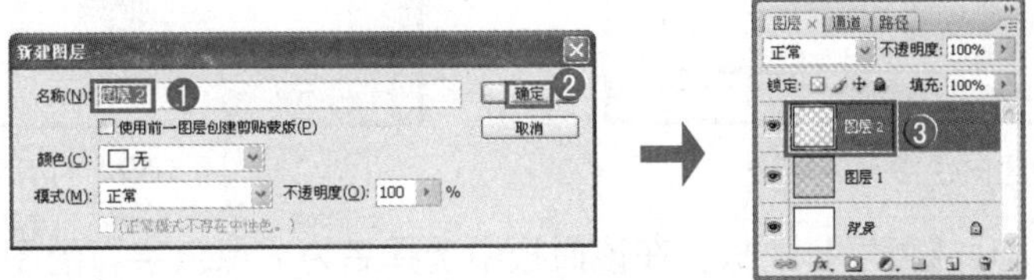

图 3-56 创建新图层

12 在菜单栏中执行【编辑】/【填充】菜单命令，在弹出的【填充】对话框【使用】下拉列表中选择“颜色”选项，在弹出的【选取一种颜色】对话框中选择绿色，再单击【确定】按钮完成颜色填充，如图 3-57 所示。

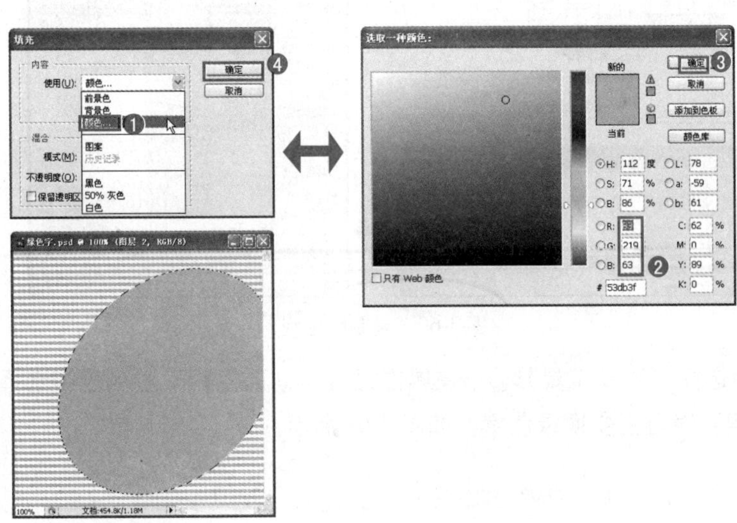

图 3-57 填充选区

13 重复步骤 10 至 12 的操作再次创建一个椭圆选区，并填充白色，最终效果如图 3-58 所示。

14 在菜单栏中执行【文件】/【打开】菜单命令，在弹出的【打开】对话框中选择光盘中“03\素材 1.psd”文件，单击【打开】按钮将其打开，如图 3-59 所示。

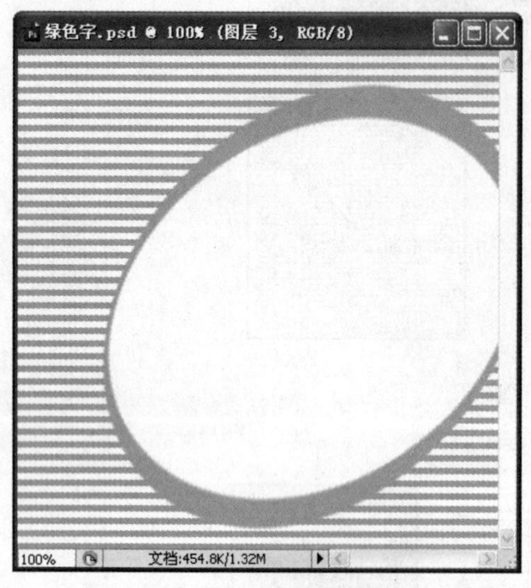

图 3-58　创建白色填充区域

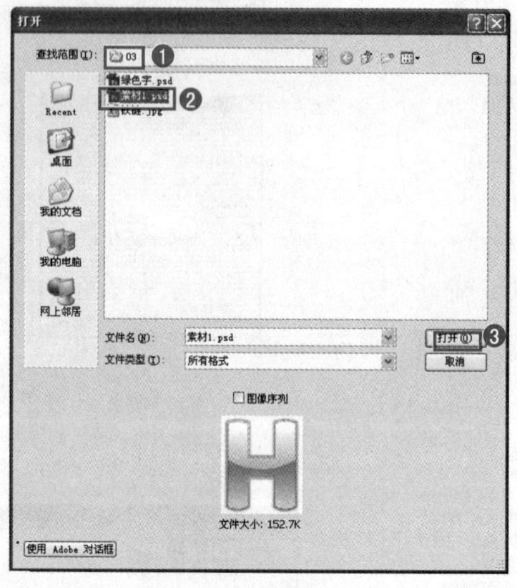

图 3-59　打开素材文件

15 按【F7】键打开【图层】面板，在该面板中选择名为“绿色字”的图层组，并在该图层组上右击，在弹出的快捷菜单中执行【复制组】命令，在弹出的【复制组】对话框【文档】下拉列表中选择“绿色字.psd”选项，再单击【确定】按钮完成图层组的复制，如图 3-60 所示。

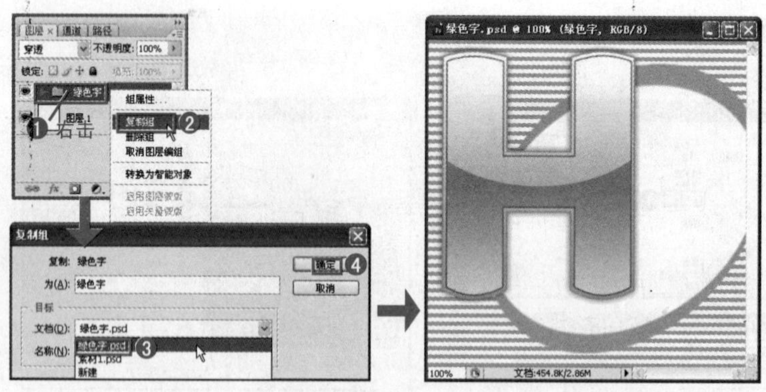

图 3-60　复制图层组

16 在工具箱中选择【移动工具】，在属性栏【自动选择】下拉列表中选择“组”，再按【Ctrl+T】组合键自由变换绿色字，如图 3-61 所示。

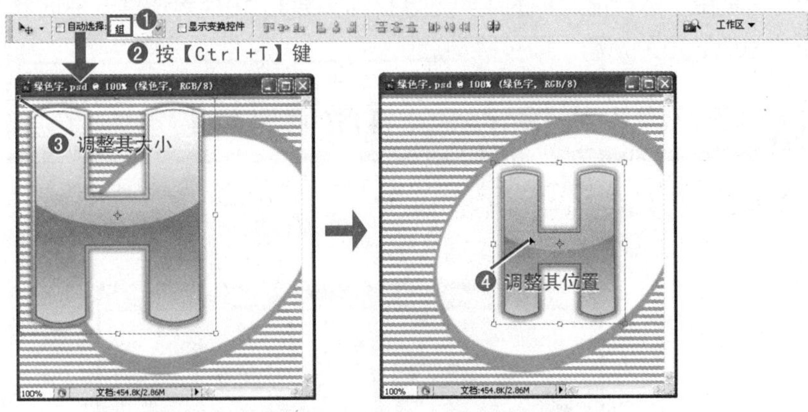

图 3-61　自由变换绿色字的形状

17 完成上述的文字变换后，按【Enter】键确定变换，再按【Ctrl+S】组合键保存文件，整个案例制作完成，最终效果如图 3-62 所示。

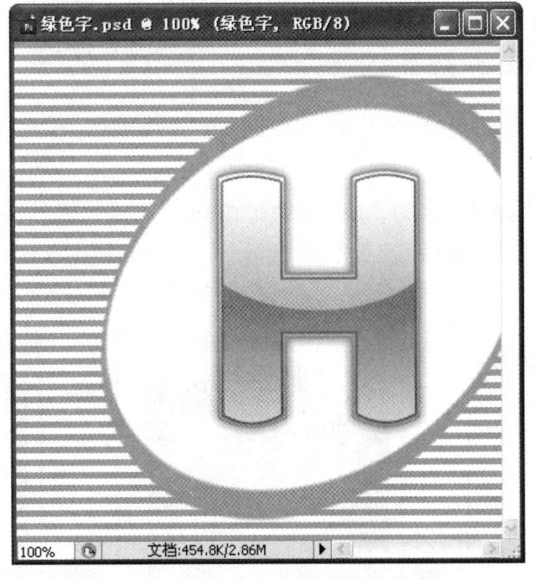

图 3-62　最终效果图

3.6　疑难解答

问 1：为什么【编辑】菜单中的【描边】命令呈灰色呢？

答：这有两种情况，一是图像窗口中没有需要描边的选区；二是图像窗口存在选区，但是所选图层为文本图层。

问 2：为什么使用【魔棒工具】创建的选取范围非常小呢？

答：这是由于设置的容差值的关系，在选项栏中设置的容差值越大选取的范围就越大，反之亦然。

问 3：为什么将鼠标移动到选区然后拖动将拖动选区中的图像，而不是移动选区呢？

答：这是由于你当前选择的工具是【移动工具】，切换到任意一种选取工具，然后将鼠标指针移动到选区中并拖动，即可移动选区。

3.7 上机指导——【激情燃烧】

实例效果：

图3-63 最终效果

操作提示：

01 将光盘中"03\素材2.psd、素材3.jpg和素材4.jpg"文件打开，将"素材2"和"素材3"的图像画布分别增加3厘米，如图3-64所示。

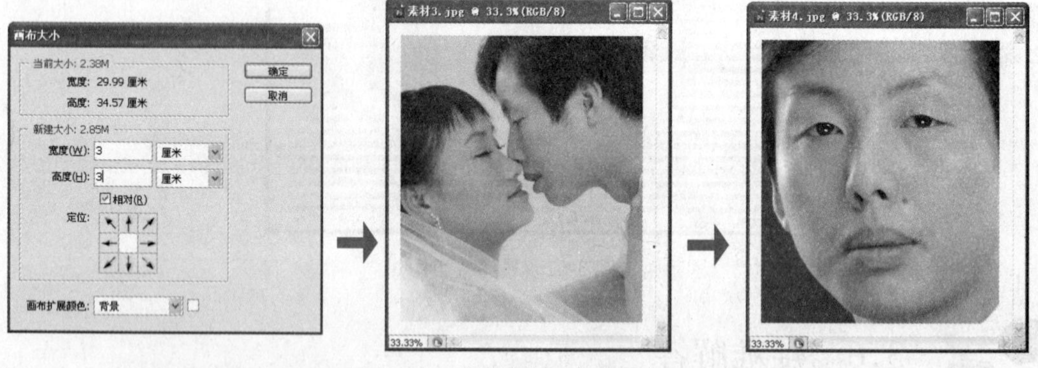

图3-64 扩大素材图像的画布

02 按【F7】键展开【图层】面板，选择"素材3"图像窗口，在该面板的背景图层上右击，在弹出的快捷菜单中执行【复制图层】命令，再在弹出的【复制图层】对话框中选择目标文档为"素材2.psd"，最后单击【确定】按钮完成图层的复制，如图3-65所示。

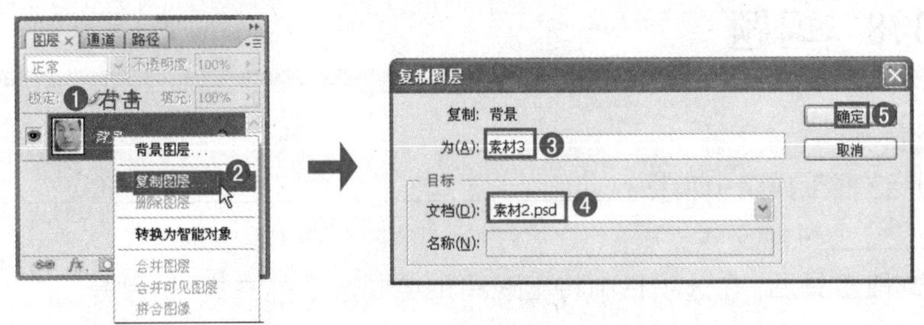

图 3-65 复制图层

03 与步骤 02 相同的方法将“素材 4”图像复制到“素材 2.psd”文档中，选择“素材 2”图像文档，在图层面板中选择“素材 3”图层，单击【图层】面板下方的【添加图层样式】 fx 按钮，再执行【外发光】命令，并按如图 3-66 所示设置外发光参数。

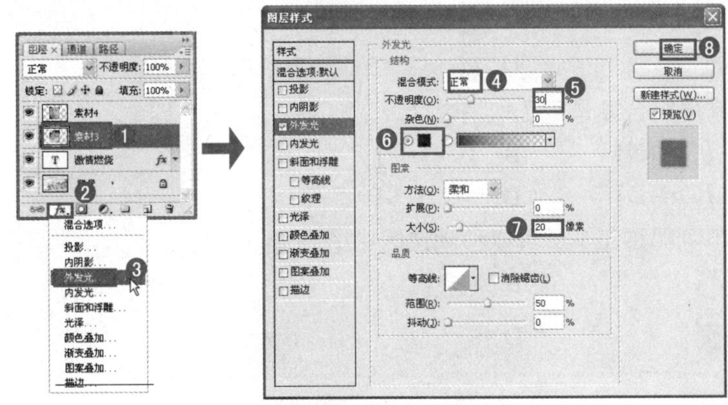

图 3-66 设置“素材 3”图层的样式

04 重复上一步骤的操作设置“素材 4”图层的样式，保持“图层 4”处于被选中状态，按【Ctrl+T】组合键对其进行自由变换，并将其旋转一定的角度，其效果如图 3-67 所示。

图 3-67 自由变换后的效果

3.8 习题

一、填空题

(1) 在矩形选框工具组中包括________、________、________和________4 种工具。

(2) 选择选取工具后，在选项栏中将出现四种绘制选区的方式，分别是________、________、________和________。

(3) 在 Photoshop CS3 中，【选择】菜单下的【修改】子菜单中包括______、______、______、______、______5 个命令。

二、选择题

(1) 单击工具选项栏中的（ ）按钮，可以生成与图像原选区相减的选区效果。

A.　　B.

C.　　D.

(2) 下列哪项组合键是用于取消选区（ ）。

A.【Ctrl+N】　B.【Ctrl+O】

C.【Ctrl+D】　D.【Ctrl+S】

(3) 利用下列哪种工具，可以移动选区中的图像（ ）。

A.　　B.

C.　　D.

第4章 Photoshop CS3绘图工具的使用

在工具箱中，包含了许多用于绘制和修饰图像的工具，如画笔工具、铅笔工具、修复画笔工具、修补工具、历史画笔工具、填充工具、图章工具、擦除工具等，灵活掌握这些工具的使用方法，可以方便快捷地绘制出漂亮的图像。

4.1 绘图工具公共选项设置

Photoshop CS3具有强大的绘图功能，使用工具箱中提供的绘图和填充工具可以绘制出非常精美的图像。

Photoshop中有许多绘画和修饰图像工具。这些工具各具特色，但都有一个共同的特点，就是在工具箱中选择该工具后，可以在工具选项栏和【画笔】面板中设置参数，如设置画笔笔触的大小、形状、模式、不透明度、流量和喷枪等属性，如图4-1所示。

图4-1 部分绘图和修饰工具选项栏

从图4-1中可以发现众多绘图工具选项栏中，具有很多相同的参数，如画笔、模式、不透明度、流量等，它们在功能使用上也相同。接下来将介绍这些公共选项的功能及作用。

4.1.1 画笔预选取器

利用【画笔预设选取器】选项可以调节画笔工具的笔触大小和画出线条的柔和度。单击右侧的下拉按钮，将弹出如图4-2所示的【画笔预设】选取器下拉面板。

该下拉面板各项设置功能如下：

- 主直径：用来设置当前画笔的笔头大小。在右侧的输入框中输入数值或拖动下面的滑块，均可设置笔头的大小，还可在“主直径”下方的窗口中直接选择系统预置的笔头样式。
- 【创建新画笔预设】按钮：单击此按钮，可将新设置的画笔保存在画笔预设窗口中。单击右侧的按钮，将弹出如图4-3所示的菜单，此菜单提供了设置画笔的详细命令。

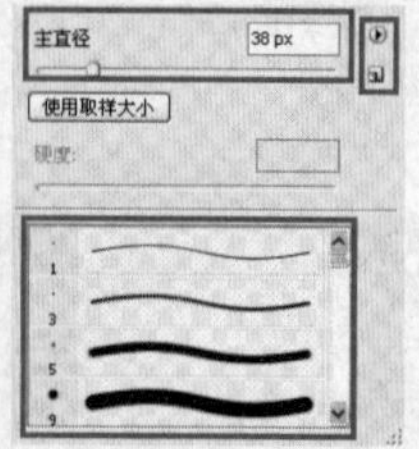

图4-2 “画笔预设”选取器下拉面板

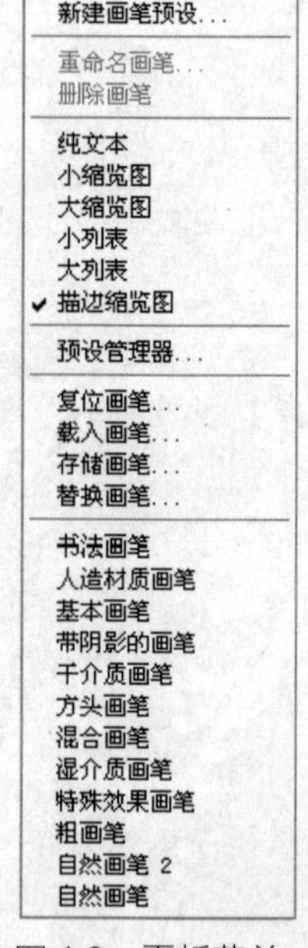

图4-3 面板菜单

● 笔触选择区：位于对话框的最下方，笔触选择区不但可以选择笔触的粗细，还可以选择画笔的样式。

4.1.2 画笔面板

大多数绘图和修饰工具选项栏的最右端都有一个【切换画笔调板】按钮，单击此按钮将切换到画笔面板，在此面板中可以更加灵活地设置笔触的大小、形状及各种效果，如图4-4所示。

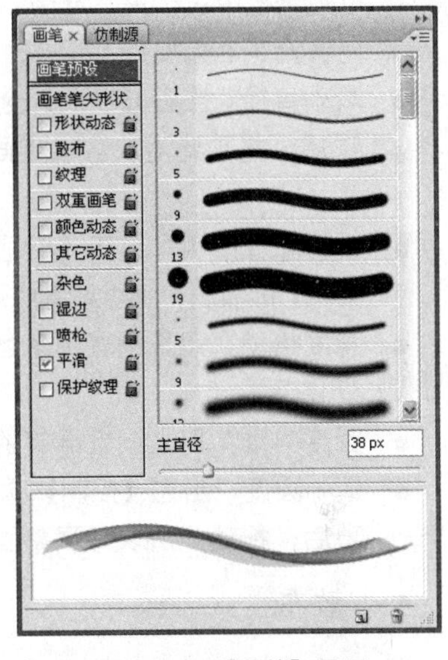

图4-4 【画笔】面板

1. 画笔预设

此选项主要用于选择画笔的形状及大小，如图4-4所示，可在右边的笔触选择区中选择一种画笔的样式。

2. 画笔笔尖形状

此选项主要用来设置笔画的笔头形状。选择该选项后，系统将打开如图4-5所示的笔尖设置面板，各项含义如下：

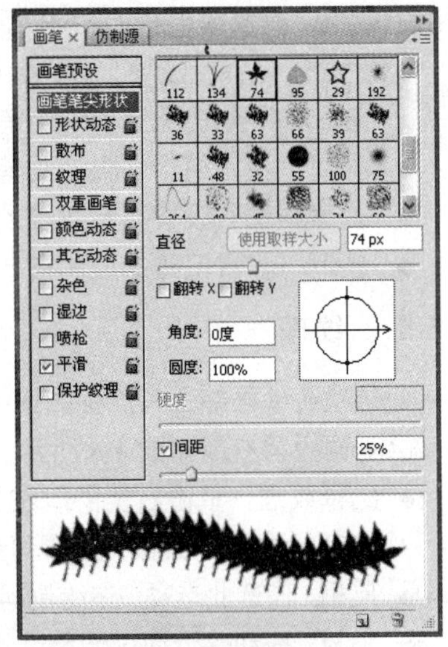

图4-5 画笔笔尖设置

● 笔尖选择区：可在选择区中选择一种笔尖样式。
● 直径：通过修改后面窗口的数值或拖动其下的滑块可设定画笔笔头的直径。
● 角度：其右侧的数值决定当前画笔笔头的倾斜角度。
● 圆度：决定画笔的变形程度，100%无变形，100%以下为向内侧压缩。
● 圆度右侧的图形：显示当前画笔的笔头变形状态，当改变"角度"和"圆度"的值时，其形状将会随之而改变，也可用鼠标直接拖动图形来改变"角度"和"圆度"选项中的值。
● 硬度：用来设置画笔边缘的虚化程度。通过修改后面的数值或拖拽下面的滑块可改变画笔边缘的虚化程度，"硬度"值越大，画笔边缘就越清晰。
● 间距：勾选此选项后，可设置画笔的间距。其右侧的数值决定了画笔相邻两点间的距离，数值越大，距离就越大。

3. 动态形状

通过调节此选项中的设置可使画笔工具绘制出的线条产生一种自然的笔触流动效果。其【画笔】面板如图4-6所示，各项含义如下：

- 大小抖动：该选项用来控制画笔运行轨迹中笔头最大值和最小值的变形程度。
- 控制：用来设置画笔运动轨迹的控制方式，在其下拉列表框中包括关、渐隐、钢笔压力、钢笔斜度和光笔轮 5 个选项。
- 最小直径：当在【控制】选项中选择了【渐隐】选项后，拖动此滑块可设定画笔轨迹渐隐端笔迹的最小直径。
- 倾斜缩放比例：当在【控制】选项中选择了【钢笔斜度】选项后，拖动此滑块可调整画笔的倾斜角度。
- 角度抖动：用来设置画笔运动时笔尖旋转角度的变化范围。
- 圆度抖动：用来设置画笔的圆度变化范围。
- 最小圆度：当在【控制】选项中选择了【渐隐】选项后，拖动此滑块可调整画笔渐隐端的最小圆度。

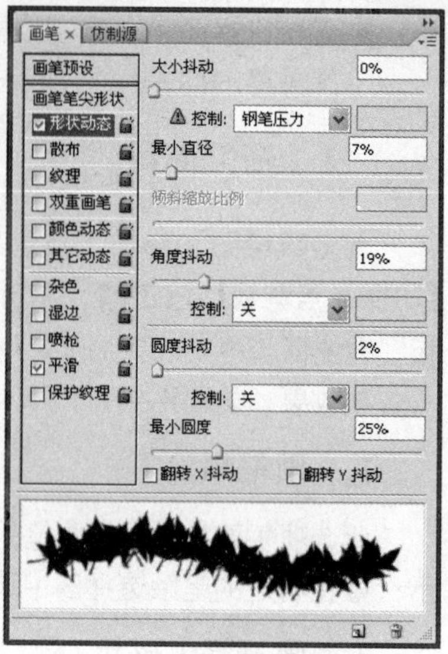

图 4-6　动态画笔设置

4．散布

此选项可以使画笔工具绘制出来的线条产生一种笔触散射的效果。其画笔调板如图 4-7 所示，各项含义如下：

- 两轴：选择此选项，画笔标记以辐射方向向四周扩散；如不勾选此选项，画笔标记按垂直方向扩散。
- 数量：决定每个间隔处画笔笔迹的数目。
- 数量抖动：设置画笔数量的变化范围。
- 控制：设置笔迹的控制方式。

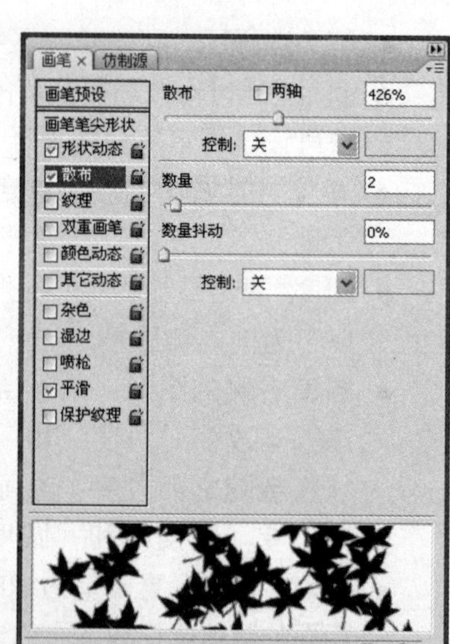

图 4-7　画笔散布设置

5．纹理

此选项可使画笔工具产生图案纹理效果。选中此选项后，画笔调板将变成如图 4-8 所示，各选项含义如下：

- 选择纹理：单击右侧窗口左上角的方形纹理图案将打开纹理样式面板，从中可选择所需纹理。
- 反相：勾选此选项，在绘制时会将选择的纹理反相。
- 缩放：拖动此滑块可调整选择图案纹理的比例。

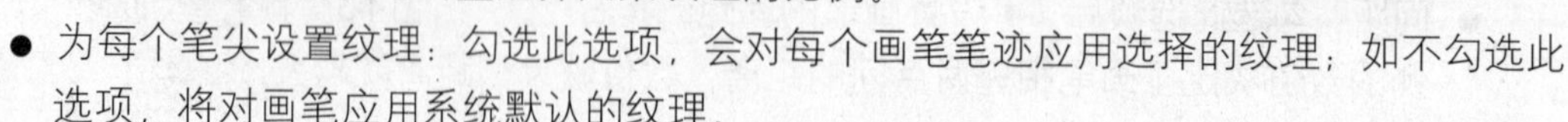

- 为每个笔尖设置纹理：勾选此选项，会对每个画笔笔迹应用选择的纹理；如不勾选此选项，将对画笔应用系统默认的纹理。

6．双重画笔

用来设置含有两种不同笔尖形状的笔刷绘制纹理的效果。选择此选项后，【画笔】面板将变为如图 4-9 所示，各项含义如下：

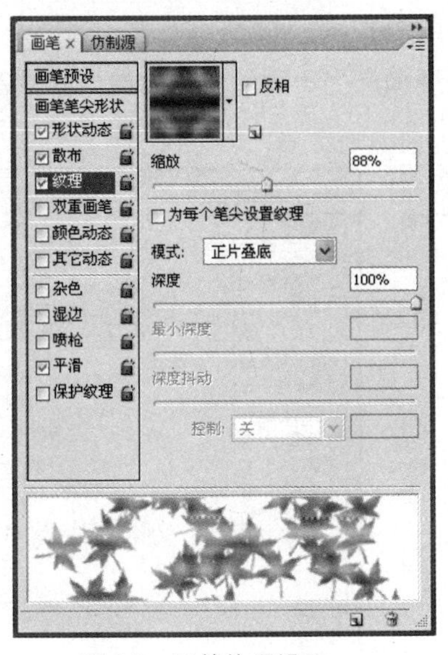

图 4-8 画笔纹理设置

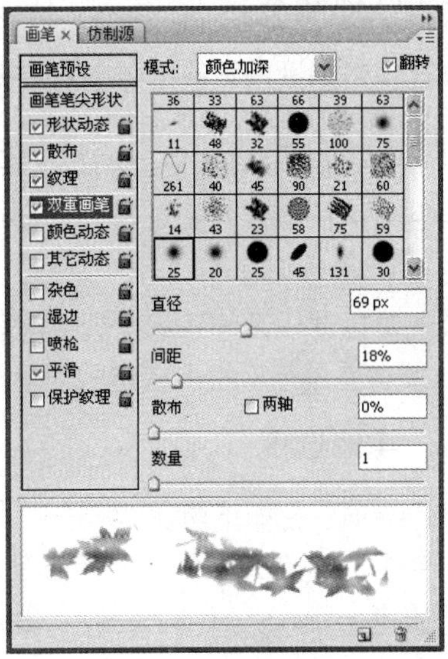

图 4-9 双重画笔

- 模式：用来设置纹理和画笔的混合模式。
- 直径：设置两个笔尖的直径大小。
- 间距：设置两个笔尖的间隔距离。
- 散布：设置两个笔尖的分散程度。
- 数量：设置两个笔尖绘制图像时画笔标记的数目。

7．颜色动态

此选项可将两种颜色以及图案进行不同程度的混合，还可以调整混合颜色的色调、饱和度、亮度等。选择此选项后，画笔调板如图 4-10 所示。各项含义如下：

- 前景 / 背景抖动：设置画笔绘制出的前景色和背景色之间的混合程度。
- 色相抖动：设置描边时色彩、色相可改变的百分比。较低的值在改变色相的同时保持接近前景色的色相，较高的值增大色相间的差异。
- 饱和度抖动：设置描边时色彩饱和度可改变的百分比。较低的值在改变饱和度的同时保持接近前景色的饱和度。较高的值增大饱和度级别之间的差异。
- 亮度抖动：设置描边时色彩亮度可改变的百分比。较低的值在改变亮度的同时保持接近前景色的亮度，较高的值增大饱和度级别之间的差异。
- 纯度：增大或减小颜色的饱和度。如果该值为 -100，则颜色将完全去色；如果该值为 100，则颜色将完全饱和。

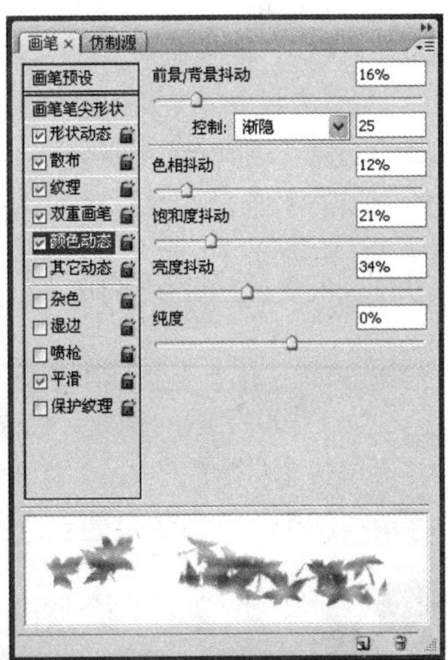

图 4-10 动态颜色

8．其他动态

此选项用来设置画笔绘制出的图像颜色的不透明度和产生不同的流动效果。其画笔调板如图 4-11 所示，各项含义如下：

- 不透明度抖动：设置画笔描边时油彩不透明度如何变化，最高值是选项栏中指定的不透明度值。
- 流量抖动：设置画笔描边中色彩流量的变化方式，最高值是选项栏中指定的流量值。

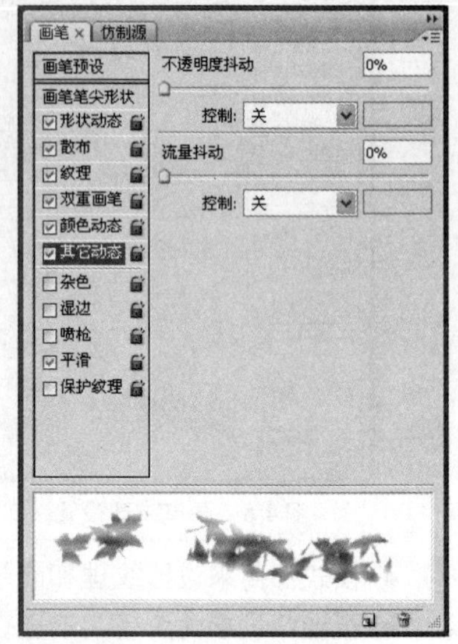

图 4-11　其他动态设置

9．其他选项

其他选项包括如下内容：

- 杂色：勾选此选项，画笔绘制出的颜色出现杂色效果。
- 湿边：勾选此选项，画笔轨迹边缘颜色减淡，出现湿润效果。
- 喷枪：勾选此选项，画笔具有喷枪的性质，即在图像中指定位置处按下鼠标后，画笔颜色将加深。
- 平滑：勾选此选项，画笔绘制出的形状边缘较平滑。
- 保护纹理：勾选此选项，将对所有的画笔执行相同的纹理图案和缩放比例。勾选后，当使用多个画笔时，可模拟一致的画布纹理效果。

4.1.3　模式与不透明度

“模式”选项主要用于当前绘图或修饰工具绘制出的图像与其下层图像的混合模式。

“不透明度”主要用于设置绘图工具应用的最大油彩覆盖量。当其值为 0 时，将看不到绘制的图像；当其值为 100% 时，原图像将被绘制出的图像所覆盖；当其值在 0~100% 之间时，绘制出的图像呈半透明状态。

4.1.4　流量与喷枪

“流量”用于设置绘图工具应用油彩的速度。在绘图工具选项栏的“流量”文本框中输入范围为 1-100 之间的整数可调整选定颜色的浓度，数值越大，画出的颜色就越深。

单击【喷枪】按钮即可启动喷枪功能，在使用绘图或修饰工具时，开启该功能，鼠标停留得越久，将对该位置颜色不断加深。

4.2　绘图工具

Photoshop CS3 具有强大的绘图功能，使用工具箱中提供的绘图和填充工具可以绘制出非常精美的图像。

绘图工具组包括画笔工具、铅笔工具、颜色替换工具，使用它们可以在图像上用前景色绘画。

4.2.1 画笔工具

画笔工具可以模拟传统的毛笔效果，创建柔和的彩色线条，并且可以自由地选择笔头的大小和形状。

选择工具箱中的画笔工具，选项栏将出现画笔工具的各项参数，根据需要进行设置，然后在图像窗口中拖动鼠标即可绘制图形。

提 示

在使用画笔工具进行绘图时，按键盘上的【[】键可缩小笔头，按【]】键可扩大笔头；按【Shift+[/]】组合键可切换画笔为软边或硬边；在使用画笔工具绘制图形时，按【Shift】键可绘制直线；画笔工具组的快捷键是【B】，按【Shift+B】组合键可在画笔工具组中切换工具。

4.2.2 铅笔工具

铅笔工具中的所有选项与画笔工具相同，用铅笔工具绘制的图形都比较生硬，不像画笔工具那样平滑柔和，可以用它创建出硬边的曲线或直线。在铅笔工具栏中，增加了【自动抹掉】选项，当选中【自动抹掉】选项后，铅笔工具可当做橡皮擦来擦除图像。

4.2.3 颜色替换工具

颜色替换工具可用前景色来替换图像的当前颜色，也可简化图像中特定颜色的替换及校正颜色在目标颜色上绘画。颜色替换工具的选项栏如图 4-12 所示。

图 4-12　颜色替换工具选项栏

颜色替换工具的选项栏参数功能如下：

- 模式: 颜色 ：颜色替换工具有四种模式，分别是“色相”、“饱和度”、“颜色”和“亮度”。在此选择不同的色彩模式产生的效果将不一样。
- （取样按钮）：从左至右依次是“取样：连续（指在拖移时可对颜色连续取样）”、“取样：一次（指只替换第一次颜色所在区域中的目标颜色）”和“取样：背景色板（指只抹去包含当前背景色的区域）”。

- 限制: 连续 : 限制包括三个选项，分别是"不连续"、"连续"和"查找边缘"。"不连续"用于替换出现在指针下任何位置的样本颜色；"连续"用于替换与紧挨在指针下的颜色邻近的颜色；"查找边缘"用于替换包含样本颜色的相连区域，同时更好地保留形状边缘的锐化程度。
- 容差: 30% : 可在后面的文本框中输入一个百分比值（范围为1到100）或者拖动下面的移滑块改变其容差值。选取较低的百分比可以替换与所点按像素非常相似的颜色，而增加该百分比则可替换范围更广的颜色。
- ☑消除锯齿 : 可为所校正的区域定义平滑的边缘。

4.3 图像的修复工具

使用修复工具可以轻松地消除图片中的尘埃、划痕、脏点和褶皱，同时可以保留图片和纹理等效果。

修复工具包括污点修复画笔工具、修复画笔工具、修补工具和红眼工具。在工具箱中右击【修复画笔工具】即可打开修复工具组。

4.3.1 污点修复画笔工具

污点修复画笔工具在使用之前不需要选取选区或者定义源点。使用它可以轻松修复图片。在选项栏中可以为修复选择混合模式，并能在近似匹配和创建纹理两者中选择。还可以选择所有允许用户使用污点修复工具的图层，从而在一个新图层中进行无损编辑。

使用污点修复画笔工具，只需在想移除的瑕疵上单击或拖拽，即可消除污点。

4.3.2 修复画笔工具

使用该工具可以对图像进行复制操作。它实际上是借用周围的像素和光源来修复一幅图像。初次使用，会发现它很像图章工具。

选择修复画笔工具后，其选项栏如图4-13所示。

图4-13 修复画笔工具选项栏

各选项的含义如下：

- 源：包括"取样"和"图案"两个选项。取样是取原图中的某部分进行修改，使用该选项编辑图像，必须先按【Alt】键才可以采集样本；图案是取选择的图案在图像中进行修改，勾选此选项，可以从右侧的下拉菜单中选择图案来修复图像。
- □对齐 : 当勾选该选项后，修复画笔工具所画出的图像是一个整体，会以当前取样点

为基准连续取样。这样，无论是否连续进行修补操作，都可以连续应用样本像素；不勾选此选项，则每次停止和继续绘画时，都会从初始取样点开始应用样本像素。

- 样本: 当前图层：该选项主要用于设置修复画笔工具取样的图层，共有“当前图层”、“当前和下方图层”和“所有图层”三个选项。

4.3.3　修补工具

修补工具也是用来修复图像的，但修补工具是通过选区来完成对图像的修复。它实际上是修复画笔工具的一个扩展。

具体使用方法是：用修补工具画一个选区，然后拖动这个选区到需要的图像上进行修补或者移动选区内的图像修补其他区域。

修补选项包括源和目标两种修补方式：

- 源：勾选该选项，将会用采集来的图像替换当前选区内的图像。
- 目标：勾选该选项，将会用选区中的图像替换当前图像。

技　巧

在使用【修补工具】时，可以先使用其他选取工具创建一个精确的选区，然后再使用该工具进行修补操作。

4.3.4　红眼工具

红眼工具与【替换颜色】命令有一些相似之处，可用来替换任何部位的颜色，并保留原有材质的感觉和明暗关系。许多影楼都用它来处理照片上的红眼。红眼工具选项栏中包含两个选项，即“瞳孔大小”和“变暗量”，其含义如下：

- 瞳孔大小：用于设置处理红眼时所涉及的大小。在文本框中输入数值可改变瞳孔的范围。
- 变暗量：用于设置光线的明暗程度。文本框中的百分数越大，光线就越暗，反之则越亮。

4.4　图章工具

图章工具组通常用于复制原图像的部分细节，以弥补图像在局部显示的不足之处，包括仿制图章工具和图案图章工具两种。

4.4.1　仿制图章工具

仿制图章工具可以复制图像的一部分或全部，从而产生某部分或全部的复制部分。它的操作方法是从已有的图像中取样，然后将取到的样本应用于其他图像或同一图像中。

使用方法：选择仿制图章工具后，将鼠标移动到需要仿制的图像上按【Alt】键，鼠标变成取样形状后，单击鼠标，然后将鼠标移到需要覆盖的地方按住鼠标左键来回拖动，即可将

图像复制到新的位置。

在Photoshop CS3中，新增了一个【仿制源】面板，结合该面板使用仿制图章工具，可以定义多个取样点。

4.4.2 图案图章工具

图案图章工具主要是使用图案绘画，从图案库中可以选择图案，还可以创建自己的图案。该工具主要用于样本填充。图案图章工具的使用与仿制图章类似，但它不是以定义采样点的方式进行图像填充，而是通过定义图案来进行操作。在工具箱中选择图案图章工具后，其选项栏如图4-14所示。

画笔: 21 模式: 正常 不透明度: 100% 流量: 100% 对齐 印象派效果

图4-14　图案图章工具选项栏

下面对选项栏中的陌生选项进行讲解：

- ：单击右侧的下拉按钮，可从中选择任意一个图案。
- 印象派效果：此选项可以使复制的效果类似于印象派艺术画的效果。

4.5 历史画笔工具

历史记录画笔工具组包括历史记录画笔工具和历史记录艺术画笔工具。它们和画笔工具一样，都是绘图工具，但是它们又有其独特的作用。

4.5.1 历史记录画笔工具

历史记录画笔工具可以非常方便地恢复图像至任意操作，而且可以结合选项栏上的笔刷形状，不透明度和色彩混合模式等选项制作出特殊的效，还可结合历史记录面板一起使用，但它比历史记录面板更具弹性，可以有选择地恢复到图像的某一部分。

历史记录画笔工具选项栏中的各项参数前面已经介绍过，在此不再赘述。

4.5.2 历史记录艺术画笔工具

历史记录艺术画笔工具也具有恢复图像的功能，它可以将局部图像依照指定的历史记录转换成手绘图的效果。

选择历史记录艺术画笔工具，其选项栏如图4-15所示。

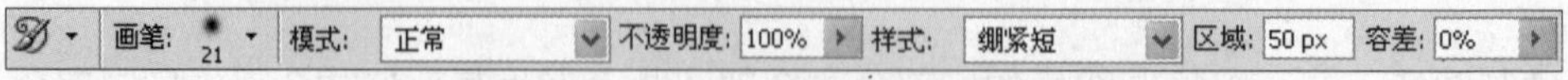

画笔: 21 模式: 正常 不透明度: 100% 样式: 绷紧短 区域: 50 px 容差: 0%

图4-15　历史记录艺术画笔工具选项栏

下面对选项栏中的陌生选项进行讲解：

- 样式: 绷紧短：此项可以选择历史记录艺术画笔的艺术风格，单击右边的下拉

箭头，可以从中选择各种不同的艺术风格选项。

- 区域: 50 px ：此选项可以控制产生艺术效果的范围。数值越大，产生的区域越大，反之越小。
- 容差: 0% ：此选项可以控制图像的色彩保留程度，数值越大与原图像的色彩越接近。

4.6　擦除工具

在Photoshop中进行绘制和处理图像时，误操作不可避免，利用橡皮擦工具可以很方便地纠正错误。

擦除工具组包含三种工具，即橡皮擦工具、背景色橡皮擦工具和魔术橡皮擦工具。

4.6.1　橡皮擦工具

橡皮擦工具是最基本的擦除工具，它主要用于擦除不同的图像区域中的颜色。在使用的时候，可以结合选项栏的各项设置来进行使用。

在选项栏中勾选☑抹到历史记录选项后，橡皮擦就具有了历史记录画笔工具的功能，在历史面板中首先要确定擦除到的状态，然后选择此复选框，再进行擦除，将以历史面板中选定的图像状态覆盖当前的图像。

使用橡皮擦工具时，只需选中该工具，然后设定各选项，移动鼠标至页面，并拖拽鼠标即可将图像擦除。当在背景图层上擦除时，被擦除的区域将显示出工具箱上的背景色，当擦除普通图层时，被擦除的区域显示的是透明背景。

4.6.2　背景橡皮擦工具

背景橡皮擦工具和橡皮擦工具一样，用于擦除图像中的颜色，但两者有所区别。选中背景橡皮擦工具后，在图像中拖动鼠标，被擦除颜色不会填充为背景色，而是将擦除内容变为透明。

技　巧

如果所擦除的图层是背景层，那么使用【背景橡皮擦工具】擦除后，会自动将背景层变为透明，背景层变成了“图层0”。

4.6.3　魔术橡皮擦工具

魔术橡皮擦工具可以进行智能化的擦除，与魔棒工具的工作原理相似，使用时只需在需要清除的地方单击一下，即可擦除与该点颜色相近的所有区域，擦除颜色后不会以背景色来填充擦除颜色，而是变成一个透明图层。

4.7 填充工具

填充工具包括渐变工具的油漆桶工具，主要用来对图像进行颜色填充。在工具箱中右击渐变工具按钮，将打开填充工具组，利用填充工具组中的工具不仅可以填充单色和渐变色，还可以填充图案，灵活运用该组工具可以制作出丰富的视觉效果。

4.7.1 渐变工具

渐变工具是指在整个图像区域或图像选择区域填充一种或多种颜色间的渐变混合色。选中工具箱中的渐变工具，其选项栏如图4-16所示。

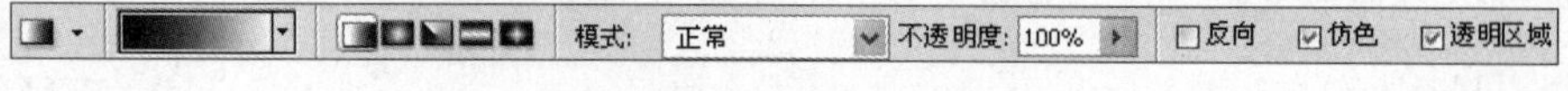

图4-16 渐变工具选项栏

1．渐变编辑器

渐变编辑器主要用于编辑渐变颜色。单击右侧的下拉按钮，将弹出【渐变编辑器】下拉列表框，在Photoshop CS3中有15种预置渐变颜色供选择，如图4-17所示，单击右侧的按钮，还可以从弹出的对话框中加载或删除渐变选项。单击渐变编辑器的颜色块，将弹出【渐变编辑器】对话框，在该对话框中可对渐变颜色进行更为详细的设置，如图4-18所示。

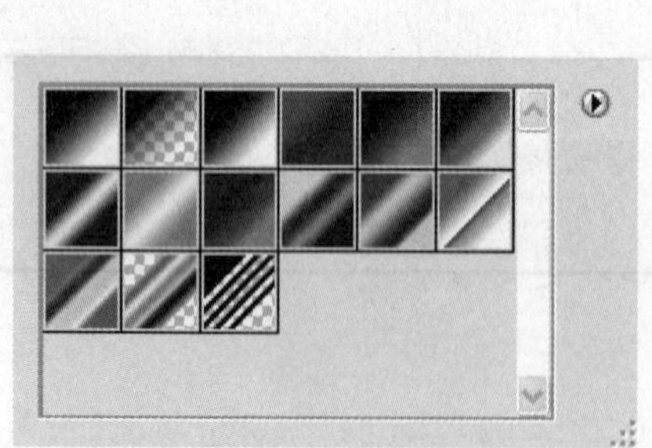

图4-17 15种预置渐变颜色

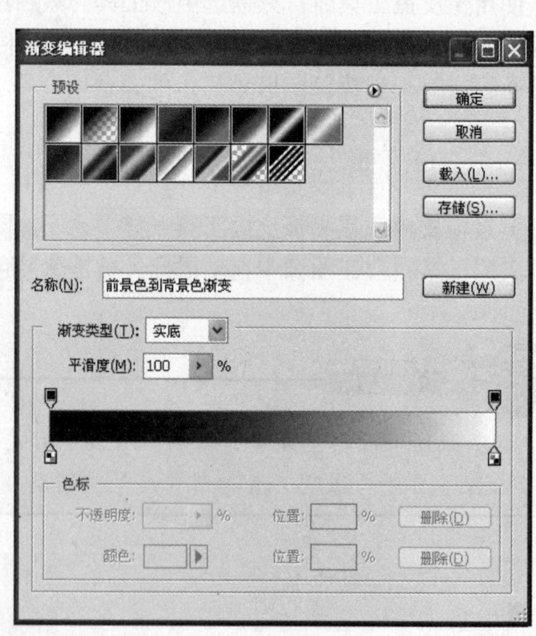

图4-18 【渐变编辑器】对话框

【渐变编辑器】对话框中各选项含义如下：

- 预设：在预设框中显示了“渐变拾色器”对话框中的15种渐变效果。用户可直接用鼠标单击其中一种。
- 名称：用于显示当前选中的渐变的名称。

- 渐变类型：渐变类型包括“实底”和“杂色”两个选项。选择不同的选项可产生不一样的渐变效果。
- 平滑度：用于设置渐变的光滑程度，设置的值越大，渐变就越光滑。若将上面渐变类型设置成“杂色”，这里的平滑度就会变成粗糙度，其设置与平滑度一样。使用“杂色”类型可制作出产品条码的效果。
- 渐变控制器：主要用于编辑渐变的颜色。在渐变控制器上方的“■”表示不透明色标，用来设置颜色的不透明度，“△”表示色标，用于设置渐变的颜色。双击渐变控制器下方的“▲”按钮可打开【拾色器】对话框，用户可通过【拾色器】对话框选择所需的颜色。

2．渐变方式

在Photoshop CS3中，渐变方式共有5种，分别是线性渐变、径向渐变、角度渐变、对称渐变和菱形渐变。

- 线性渐变：从起点到终点线性渐变。
- 径向渐变：可以产生以鼠标光标起点为圆心、鼠标拖拽的距离为半径的圆形渐变效果。
- 角度渐变：可以产生以鼠标光标起点为中心、鼠标拖拽的方向旋转一周的锥形渐变效果。
- 对称渐变：在起点两侧对称线性渐变。
- 菱形渐变：可以产生以鼠标光标起点为中心、鼠标拖拽的距离为半径的菱形渐变效果。

3．反向

反向是指反转渐变填充中的颜色顺序。勾选此复选框，可以颠倒颜色渐变的顺序。

4．仿色

仿色是指用较小的带宽创建较平滑的混合。勾选此复选框，可以使渐变颜色间的过渡更加柔和。

5．透明区域

透明区域用来设定修整渐变色的透明度或填充使用透明区域蒙版。

4.7.2 油漆桶工具

油漆桶工具是用来给对象填充前景色或图案的。选择此工具可以在图像和选区内填充颜色和图案，其选项栏中有几个主要选项，含义如下：

- 前景：是指填充的内容，它包括前景色和图案两种方式。选择了图案填充方式后，“图案”选项将成可选状态，单击下拉箭头则可弹出图案选择框。
- 容差：可控制油漆桶工具每次填充的范围。如果输入的数值越大则油漆桶工具允许填充的范围也就越大。

- 连续的：选择此复选框，只填充与鼠标单击点处颜色相同或相近，并且相连的图像区域；若不选择此复选框，将填充与鼠标单击点处颜色相同或相近的所有区域。

4.8 修饰工具

在Photoshop中，除了可以绘制和处理图像外，还可以使用一系列的修饰工具对图像进行修饰，如对图像进行涂抹、模糊、锐化、减淡、加深等操作。

4.8.1 涂抹、模糊和锐化工具

模糊工具组包括三种工具，即模糊工具、锐化工具和涂抹工具。这三种工具的选项栏参数基本相同，选项栏中的【强度】选项主要用于控制涂抹的程度，数值越大，效果越明显。

1．模糊工具

模糊工具主要用于降低图像中相邻像素的对比度，将较硬的边缘柔化，使图像变得柔和。模糊工具是一种通过画笔使图像变得模糊的工具。

2．锐化工具

锐化工具可以增加相邻像素的对比度，将模糊的边缘锐化，使图像聚焦。正好和模糊工具相反，它通过增加像素间的对比度来使图像更加清晰。

3．涂抹工具

涂抹工具能制造出用手指在未干的颜料上涂抹的效果，而且还可以用来在图像上产生水彩般的效果。

在工具箱中选择涂抹工具，选项栏中【手指绘画】选项是指每次涂抹时，都是利用前景色进行涂抹的。勾选此选项，相当于用手指蘸着前景色在图像中进行涂抹；不勾选此选项，将只拖动图像处的色彩进行涂抹。

4.8.2 减淡、加深和海绵工具

1．减淡工具

减淡工具也称为加亮工具，主要是对图像进行加光处理以达到对图像的颜色进行减淡，可以对图像的阴影、中间色和高光部分进行增亮和加光处理。

选择减淡工具后，其选项栏如图4-19所示。

图4-19 【减淡工具】选项栏

- 范围: 中间调 ：单击“范围”右侧的下拉按钮，将弹出“阴影”、“中间调”和“高光”三个选项，“阴影”只对图像中较暗的区域起作用；“高光”只对图像中的高光区域起作用；“中间调”只对图像中的中间色调区域起作用。
- 曝光度: 50% ：用于控制图像的曝光强度，数值越大，曝光强度越明显。

2．加深工具

加深工具，与减淡工具相反，也可称为减暗工具，主要是对图像变暗以达到对图像的颜色加深。

3．海绵工具

海绵工具的主要作用是调整图像中颜色的浓度，可以改变图像的色彩饱和度。

选择海绵工具后，其选项栏如图4-20所示。

图4-20 【海绵工具】选项栏

- 模式: 去色 ：模式选项中包含有“去色”和“加色”两个选项。选择“去色”选项，将降低图像颜色的饱和度，使图像中的灰度色调增强；选择“加色”选项，将增加图像颜色的饱和度，使图像中的灰度色调减少。
- 流量: 50% ：此选项可以控制饱和度的大小，数值越大，饱和度效果就越明显。

4.9 现场练兵——【制作风景壁画框】

本例主要使用【描边工具】和【填充】工具，来制作风影壁画框，如图4-21所示。

图4-21 风影壁画框

操作步骤：

01 按【Ctrl+N】组合键打开【新建】对话框，在对话框中设置各项参数，如图4-22所示，单击【确定】按钮，即可新建一个文件。

02 按【Ctrl+O】组合键打开“04\黄山.jpg”图片，并使用移动工具将其拖入新建的图像窗口中，如图 4-23 所示。

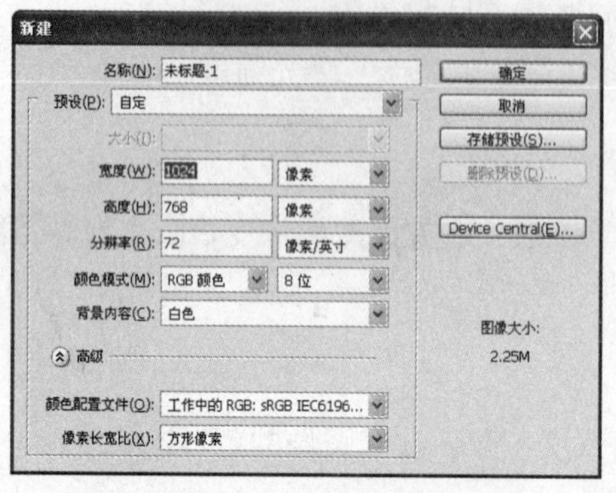

图 4-22　设置【新建】对话框参数

图 4-23　调入素材图片

03 执行【编辑】/【自由变换】菜单命令或按【Ctrl+T】组合键将调入的图片置为自由变换状态，按【Shift +Alt】组合键并拖动控制角点将图像进行等比缩小后，按【Enter】键确定，如图 4-24 所示。

图 4-24　缩小图像

04 按【Ctrl】键并在【图层】面板中单击“图层 1”，将其载入选区，执行【编辑】/【描边】菜单命令，设置描边宽度为 5px，描边颜色为黄色（#f7a10b），并选择“居中”单选按钮，然后单击【确定】按钮，其描边的效果如图 4-25 所示。

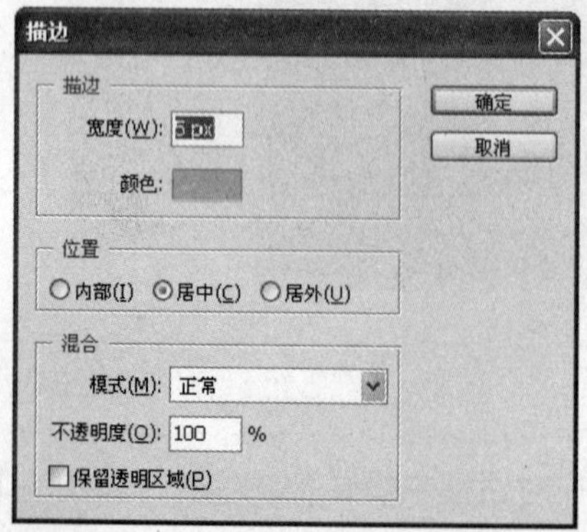

图 4-25　对图形进行描边

05 在【图层】面板中双击“背景”图层，使该图层转换为可写的“图层0”，如图4-26所示。

图4-26　转换图层

06 执行【编辑】/【填充】菜单命令，设置填充为图案，并设置自定义的图案为“TieDye”，并设置不透明度为50%，然后单击【确定】按钮，即可将“图层0”填充为指定的图案，如图4-27所示。

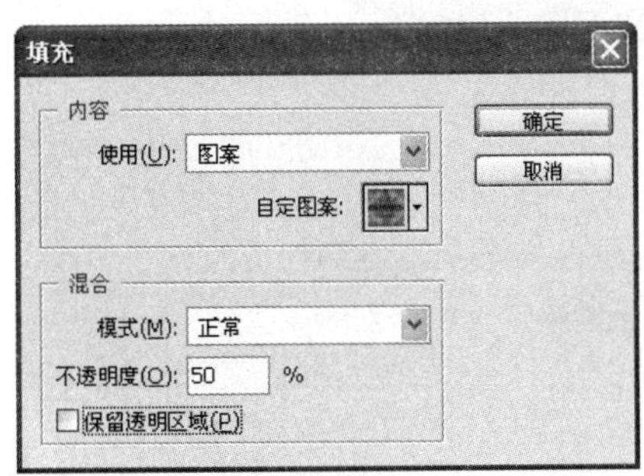

图4-27　进行图案填充

07 单击【横排文字工具】T，在其选项栏中设置文字的大小为60点，字体为隶书，颜色为黄色（#f7a10b），在图像的右上角输入文字内容，如图4-28所示。

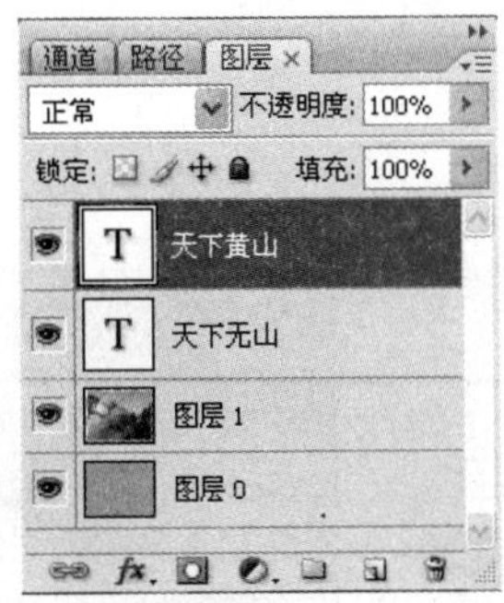

图4-28　输入的文字

技　巧

用户可先输入“天下黄山”文字内容，然后在【图层】面板中对该文字图层进行复制，再修改复制的文本图层中的文字内容，并移动该图层对象到适当的位置。

4.10 现场练兵——【制作轻纱飘带】

在Photoshop中创作广告作品时，经常为作品绘制一条飘带，以创作出特殊的图像效果，本实例将制作出轻纱飘带，如图4-29所示。在制作过程中，主要应用了钢笔工具、画笔工具及【路径】面板等。

图4-29　制作轻纱飘带

操作步骤：

01 执行【文件】/【新建】菜单命令新建一个文件色彩，并使用【钢笔工具】画出如图4-30所示的路径。

02 单击【画笔工具】，在选项栏中单击右侧的下拉按钮，然后在打开的下拉面板中设置各项参数，如图4-31所示。

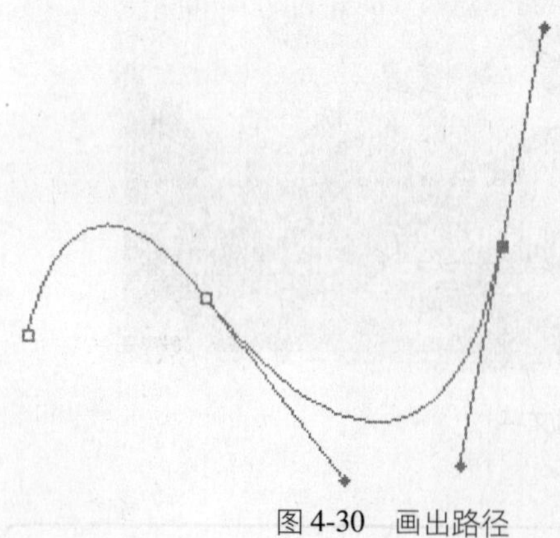

图4-30　画出路径

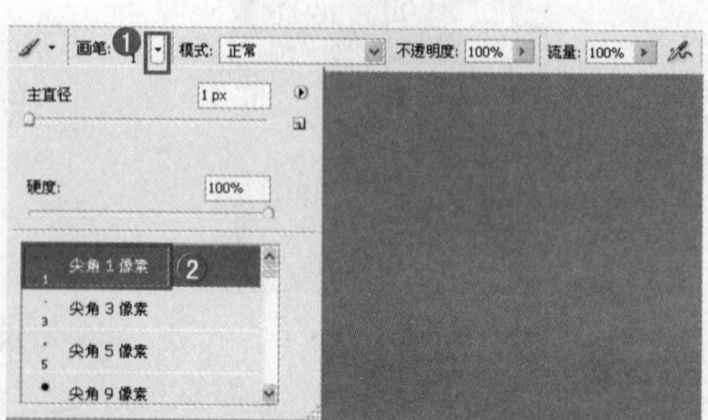

图4-31　设置【画笔工具】选项栏参数

03 执行【窗口】/【路径】菜单命令打开【路径】面板，然后单击下方的【用画笔描边路径】按钮，对路径进行描边，如图4-32所示。

04 在【路径】面板中单击除“工作路径”以外的灰色区域即可隐藏路径，然后执行【编辑】/【定义画笔预设】菜单命令，将打开【画笔名称】对话框，设置名称后，单击【确定】按钮即可定义一个画笔样式，如图4-33所示。

05 在【画笔工具】选项栏中单击按钮即可打开画笔调板，在打开的画笔调板中设置各项参数如图4-34所示。

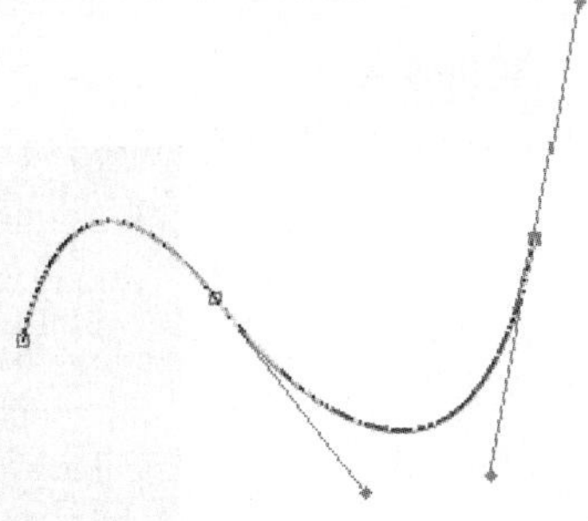

图4-32　描边路径

图4-33　定义画笔样式

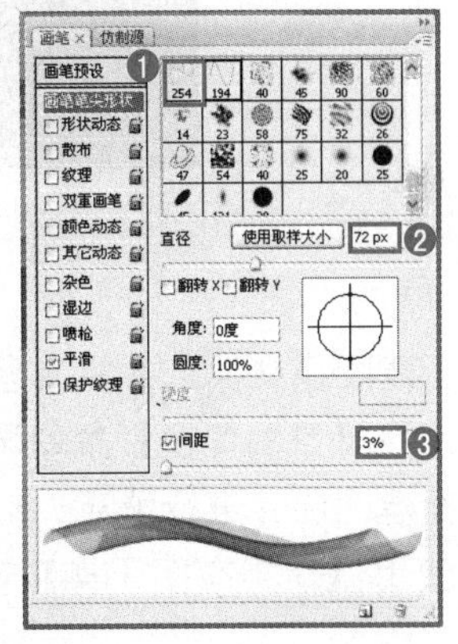

图4-34　设置画笔调板参数

06 执行【文件】/【打开】菜单命令打开光盘中“04\素材2.jpg”文件，设置前景色“#ff00ff”，然后使用【画笔工具】在图像窗口中随意拖动，即可绘制出漂亮的轻纱飘带，最终效果如图4-29所示。

4.11　疑难解答

问1：为什么使用【画笔工具】绘图时颜色比较淡呢？

答：这是因为在【画笔工具】选项中设置的“不透明度”值较小，调整其参数值到100%，再进行绘图即可。

问2：如何才能使模糊的图像变清晰呢？

答：首先可以使用减淡和加深工具对图像进行处理，以调整出对比度，然后使用锐化工具对图像进行处理，即可使模糊的图像变得更加清晰。

问3：为什么使用【魔术橡皮擦工具】只能擦除单击处的图像颜色呢？

答：这是因为在【魔术橡皮擦工具】选项栏中选择了“连续”复选框，取消该复选框的选择，然后再擦除图像，即可擦除与该点颜色相近的所有区域。

4.12　上机指导——【制作邮票式画框】

实例效果：

图 4-35　邮票式画框效果

操作提示：

(1) 新建图像文件，并将光盘中“04\素材3.jpg”文件打开并调入到新建文件中。

(2) 使用【自由变换】命令调整图像大小。

(3) 新建图层并进行填充，然后使用【橡皮擦工具】将边缘制作成邮票边缘效果。

(4) 使用【横排文字工具】输入邮票中的文字。

4.13　习题

一、填空题

(1) 画笔工具组包括________、________、________，使用它们可以在图像上用前景色绘画。

(2) ________也称为加亮工具，主要是对图像进行加光处理以达到对图像的颜色进行减淡，可以对图像的阴影、中间色和高光部分进行增亮和加光处理。

(3) ________的主要作用是调整图像中颜色的浓度，可以改变图像的色彩饱和度。

二、选择题

(1) 下面的（　）选项可以将图案填充到选区内。

A.【画笔工具】　　B.【图案图章工具】

C.【仿制图章工具】　　D.【油漆桶工具】

(2)“自动抹掉”选项是（　）中的功能。

A.【画笔工具】　　B.【油漆桶工具】

C.【铅笔工具】　　D.【直线工具】

(3) 关于【切片工具】，以下说法错误的是（ ）

A．使用【切片工具】将图像划分成不同的区域，可以加速图像在网页浏览时的速度

B．将切片以后的图像输出时，可以针对每个切片设置不同的网上链接

C．可以调节不同切片的颜色、层次变化

D．切片可以是任意形状的

(4) 当使用绘图工具时，按（ ）将切换到【吸管工具】。

A．【Alt】键　　B．【Ctrl】键

C．【Ctrl+Alt】组合键　　D．【Shift】键

读书笔记

第5章 图形与路径绘制

Photoshop以强大的编辑和处理位图图像功能著称于世。但是放大位图图像，将呈现马赛克效果。为了弥补这一缺陷，Photoshop开发了制作矢量图像的功能——路径工具，用于绘制矢量形状和线条，并可以使用路径工具的编辑功能创建精确的形状或选区，以提高在图像编辑领域的综合实力，特别是在特殊图像的选取和各种特效文字与图案的制作方面，路径工具具有较强的灵活性。

5.1 路径概述

路径是由多个节点组成的矢量线条，放大或缩小图像对其没有任何影响，它可以将一些不精确的选区转换为路径后，再进行编辑和微调，也可以将路径转换为选区，然后进行处理。如图5-1所示为路径的构成说明图，其中角点和平滑点都属于路径的锚点。

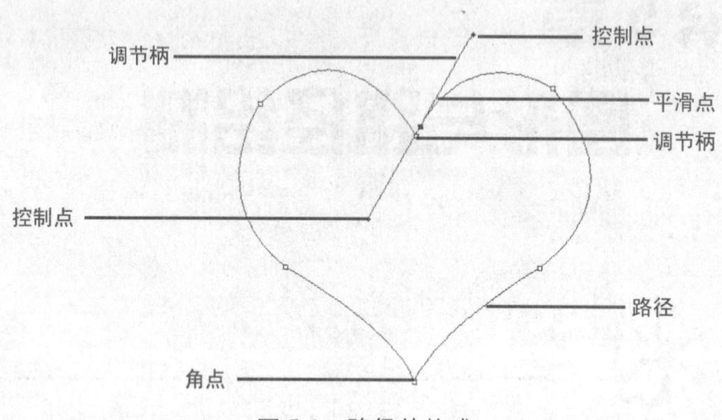

图5-1 路径的构成

接下来介绍几种路径的术语：

- 闭合路径：创建的路径其起点与终点重合为一点的路径为闭合路径。
- 开放路径：创建的路径其起点与终点没有重合的路径为开放路径。
- 工作路径：创建完成的路径为工作路径，它可以包括一个或多个子路径。
- 子路径：利用钢笔工具或自由钢笔工具创建的每一个路径都是一个子路径。

5.2 认识路径组件

在使用路径绘制图像之前，首先来认识一下路径的组件，主要包括【路径】面板、路径工具以及路径工具选项栏。

5.2.1 路径面板

【路径】面板是编辑路径的一个重要操作窗口，显示在Photoshop工作窗口中创建的路径信息。利用【路径】面板可以实现对路径的显示、隐藏、复制、删除等操作，还可以将图像文件中的路径转换为选区，或将选区转换为路径，然后通过【描边】或【填充】菜单命令制作出各种复杂的图形效果。

在图像文件中创建工作路径后，执行【窗口】/【路径】菜单命令，即可打开【路径】面板。如图5-2所示。

图5-2 路径面板

该面板中各选项含义如下：

- 路径的缩略图：路径缩略图位于窗口的左边，它的作用和"图层缩略图"一样，单击右上角的小三角形可打开路径的面板菜单，在菜单中单击【调板选项】可以改变缩略图的大小。
- 路径的名称：缩略图右边的是路径的名称，以便于用户在多个路径之间区分。若用户在新建路径时，不输入新路径的名称，photoshop会自动依次命名为"路径1"、"路径2"、"路径3"……依此类推。从图5-2中可知这是一个工作路径，用鼠标双击，将打开【存储路径】对话框，如图5-3所示。

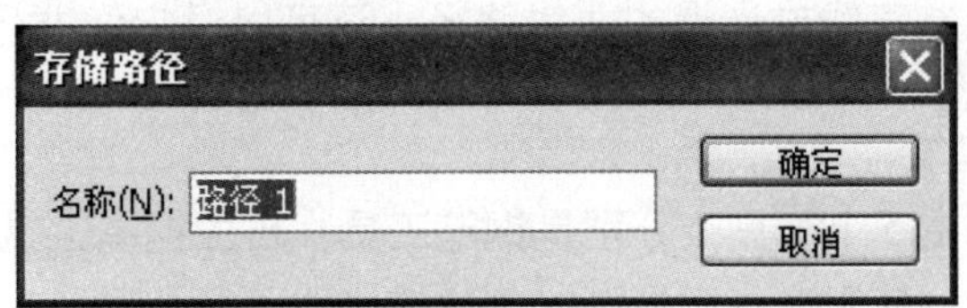

图5-3 【存储路径】对话框

- 用前景色填充路径按钮：在面板中单击该按钮，即可将前景色填充到当前路径中。
- 用画笔描边路径按钮：单击面板中的按钮，可以用画笔工具和前景色颜色沿着路径进行描边。
- 将路径载入选区按钮：单击面板中的按钮，可将当前路径转换为选区。
- 将选区载入路径按钮：单击该按钮，可将当前选区转换为路径。
- 创建新路径按钮：单击面板中的按钮，可创建一个新路径。
- 删除路径按钮：单击面板中的按钮，将删除当前路径，也可选中要删除的路径，拖动到此图标上进行删除。
- 路径面板菜单：单击路径面板右上角的小三角形即可打开路径的下拉菜单，如图5-4所示。此菜单中的命令与前面所讲基本相似。

存储路径...
复制路径...
删除路径
建立工作路径...
建立选区...
填充路径...
描边路径...
剪贴路径...
调板选项...

图5-4 路径面板菜单

此外，【路径】面板的快捷操作方式如下：

- 按【Tab】键可以隐藏工具箱和浮动面板，同样按【Shift+Tab】组合键，可以隐藏浮动面板（保留工具条可见）。
- 按【Shift】键单击浮动面板的标题栏可以使其吸附到最近的屏幕边缘。
- 双击浮动面板上的第一栏（也就是标题栏）可以使其最小化。通过浮动面板上的最小化按钮可以在紧凑模式（只有最少的选项和内容可视）和正常模式（显示面板上所有的选项和内容）之间切换。
- 可以通过按【Enter】键（或双击工具箱上的工具按钮）来打开当前工具的选项面板。
- 按【Alt】键，然后在路径控制板上的垃圾桶图标上单击可以直接删除路径。
- 单击路径面板上的空白区域可隐藏所有路径。
- 在单击路径面板下方的几个按钮（用前景色填充路径、用前景色描边路径、将路径作为选区载入）时，按【Alt】键可以看见一系列可用的工具或选项。

- 在【路径】面板中的灰色区域单击鼠标，会将路径在图像文件中隐藏。再次单击路径的名称，即可将路径重新显示在图像文件中。
- 按【Ctrl+Enter】组合键可将路径转换为选区。
- 按【Ctrl+H】组合键可隐藏或显示路径。

5.2.2 路径工具

路径工具是一种矢量的绘图工具，包括钢笔工具组、形状工具组和选取工具组，利用这些工具可以精确地绘制直线或光滑的曲线路径，还可以对它们进行调整。

1. 钢笔工具组

钢笔工具组中包括5个工具，分别是钢笔工具、自由钢笔工具、添加锚点工具、删除锚点工具和转换点工具，使用这些工具可以创建或修改路径和图形，还可以将一些不够精确的选区转换为路径后再进行编辑和修改。

各工具介绍如下：

- 钢笔工具：绘制由多个点连接而成的贝塞尔曲线。
- 自由钢笔工具：可以自由手绘形状路径。
- 添加锚点工具：在原有路径上添加锚点以满足调整编辑路径的需要。
- 删除锚点工具：删除路径上多余的锚点以适应路径的编辑。
- 转换点工具：转换路径角点的属性。

2. 形状工具组

形状工具组包括【矩形工具】【圆角矩形工具】【椭圆工具】【多边形工具】【直线工具】、【自定形状工具】。

各工具介绍如下：

- 矩形工具：创建矩形路径。
- 圆角矩形工具：创建圆角矩形路径。
- 椭圆工具：创建绘制椭圆形路径。
- 多边形工具：创建多边形或星形路径。
- 直线工具：创建直线或箭头路径。
- 自定形状工具：利用Photoshop自带形状绘制路径。

3. 选取工具组

选择工具组包含有【路径选择工具】和【直接选择工具】。

各工具介绍如下：

- 路径选择工具：可以选择并移动整个路径。
- 直接选择工具：用来调整路径和节点的位置。

5.2.3 路径工具选项栏

无论使用哪种路径工具绘制路径，都可以在选项栏中进行相关的属性设置，系统会根据所选择工具的不同，而显示不同的选项栏参数。

1．绘制形状

当使用【钢笔工具】绘制路径时，如果选择绘制形状选项按钮，将创建一个形状图层，其工具选项栏如图5-5所示。绘制的路径将直接被前景色或者所选样式填充，并且可以使用路径调整工具编辑路径。

图5-5 路径工具选项栏

单击填充样式右侧的下拉按钮，在打开的下拉样式列表框中可以选择需要的填充样式。填充颜色中显示的是当前前景色，单击颜色框，将打开颜色拾色器，设置填充路径的颜色并替换前景色。

绘制形状选项，常用来绘制矢量图形，栅格化后转换为位图图像进行编辑。

在选项栏中可以选择运算模式，设置新建形状与窗口中原有形状的运算效果。各运算模式按钮的功能如下：

- ：新建形状。
- ：生成新建对象与原有形状或路径的合集。
- ：将新建路径与原有对象中删除。
- ：创建新建对象与原有形状或路径的交集。
- ：将新建对象与原有形状或路径相交部分删除。

2．绘制路径

当使用【钢笔工具】绘制路径时，如果选择绘制路径选项按钮，可以在工作窗口中只显示所绘制的路径。利用此方法，可以先绘制出矢量路径，然后将其转换为选区用于选择和编辑图像，如图5-6所示。

图5-6 路径工具选项栏

3．填充像素

当使用【填充像素】绘制路径时，路径工具选项栏如图5-7所示，在该模式下只可以使

用形状路径工具，将直接填充前景色，可以设置填充像素的混合模式和不透明度。

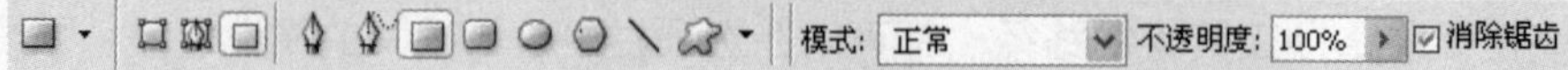

图 5-7　路径工具选项栏

5.3　创建路径

在 Photoshop 中，可以使用钢笔工具组和形状工具组创建路径，根据物体形状的需要，可以使用不同的路径工具进行绘制。

5.3.1　形状工具组

形状工具组包括矩形工具、圆角矩形工具、椭圆工具、多边形工具、直线工具和自定义形状工具。使用这些工具可以方便地绘制出各种矢量图形。它们的使用方法非常简单，选取相应的工具后，在图像文件中拖动鼠标，即可绘制所选的图形。

1．矩形工具

矩形工具可以在图像中快捷地画出一个矩形，并且可以控制矩形区域的形状和颜色。选择【矩形工具】后，可以在其选项栏中设置相关参数，如图 5-8 所示，形状工具组的所有工具都显示在选项栏上，直接单击所对应的按钮即可选中所需的形状工具。

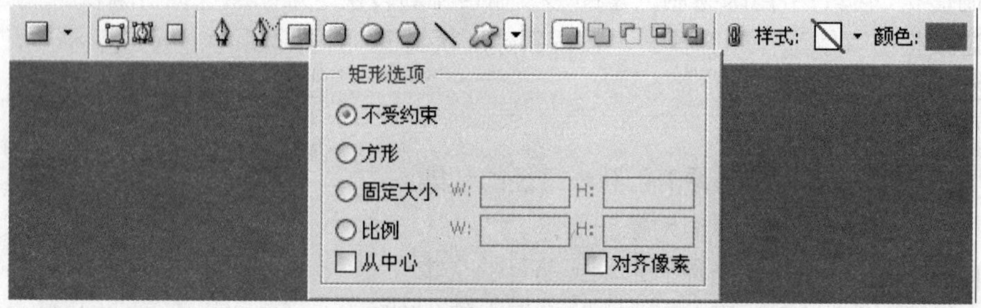

图 5-8　【矩形工具】选项栏

单击选项栏上的下拉箭头按钮，将弹出【矩形选项】下拉面板，各选项的功能如下：

- 不受约束：选择此单选按钮，在图像文件中创建矩形将不受任何限制。
- 方形：选择此单选按钮，则只能绘制正方形图形。
- 固定大小：选择此单选按钮，可在后面的输入框中输入固定的长宽值，绘制出的图形将按照输入的数值进行绘制。
- 比例：选择此单选按钮，在输入框中设置矩形的长宽比例后，绘制图形时将按照设置的比例进行绘制。
- 从中心：选择此单选按钮，绘制时将以图形的中心为起点绘制图形。
- 对齐像素：选择此单选按钮，矩形的边缘将同像素的边缘对齐，使图形的边缘不会出现锯齿。

在选项栏中根据自己的需要设置各项参数后，在图像窗口中拖动鼠标即可绘制矩形，如图5-9所示。

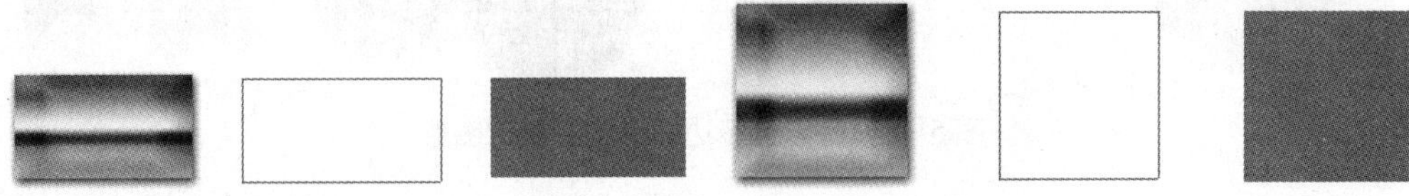

图5-9　绘制矩形

2．圆角矩形工具

圆角矩形工具和矩形工具的用法基本相同，都是用来在图像中绘制矩形的，但是圆角矩形工具画出来的矩形不是直角而是圆角。其使用方法同矩形工具一样。选择圆角矩形工具后，其选项栏如图5-10所示，在选项栏中有一个【半径】文本框，用来设置圆角的弧度。

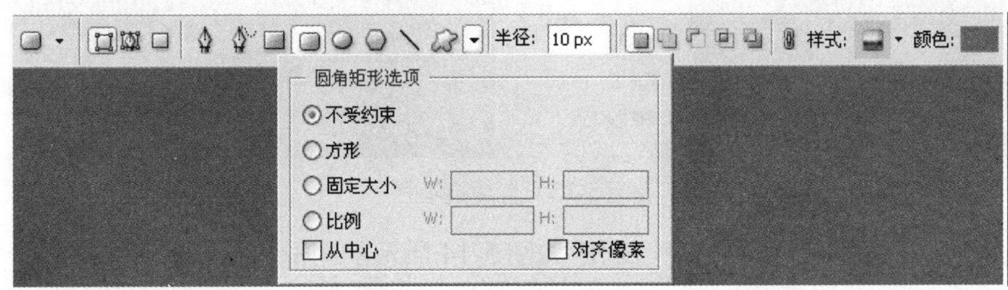

图5-10　【圆角矩形工具】选项栏

3．椭圆工具

椭圆工具用来绘制椭圆或圆形的，其用法和前面的矩形工具基本类似。如果在使用椭圆工具时按【Shift】键，可绘制圆形。

4．多边形工具

使用多边形工具可以绘制各种规则形状的多边形或星形。其绘制方法同矩形工具一样，在选项栏中可以设定多边形的“边”，如图5-11所示。

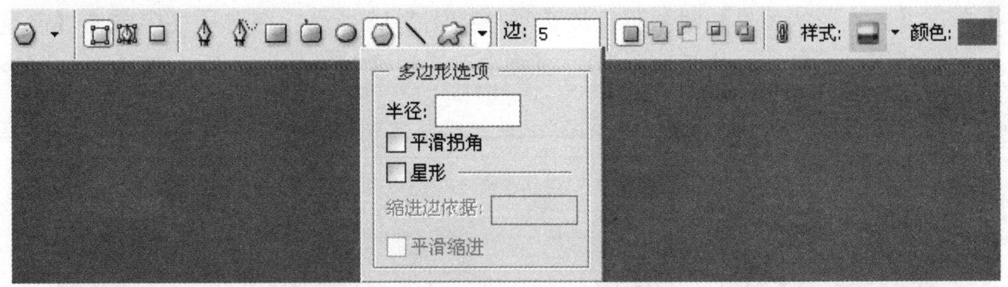

图5-11　【多边形工具】选项栏

在【多边形选项】面板中设置参数，可绘制出如图5-12所示的图形。

图5-12　使用【多边形工具】绘制图形

5．直线工具

直线工具的主要作用是绘制直线或绘制带有箭头的直线，其使用方法同其他形状工具类似。如果在使用直线工具绘制直线时按【Shift】键，可绘制出水平、45°或垂直的直线。

选择【直线工具】，其选项栏如图5-13所示。

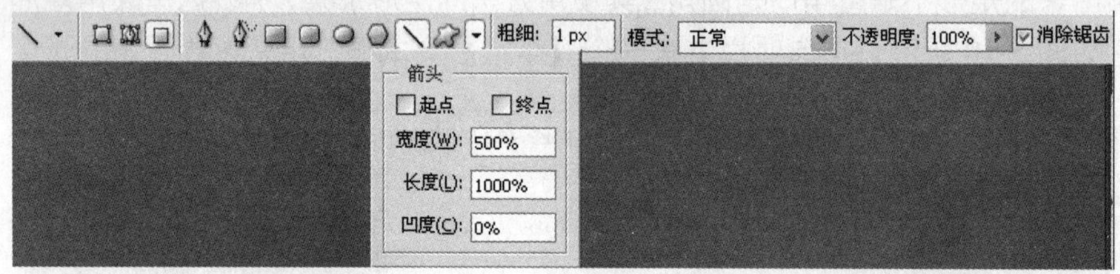

图5-13　直线选项栏

在选项栏中设置各项参数，可绘制出如图5-14所示的图形。

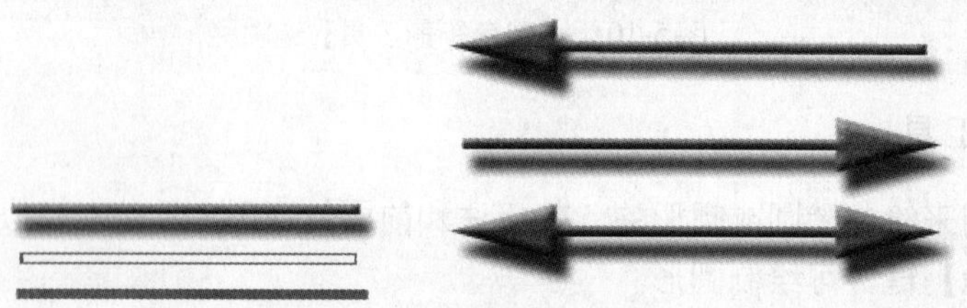

图5-14　使用直线工具绘制图形

6．自定形状工具

使用【自定形状工具】 可以绘制Photoshop中预设的形状，例如花边、动物等形状或路径。当单击【自定形状工具】时，其工具选项栏如图5-15所示，在选项栏中单击【自定形状工具】右侧的下拉按钮，在打开的下拉面板中可设置绘制形状的选项，其功能与【矩形选项】面板相同。

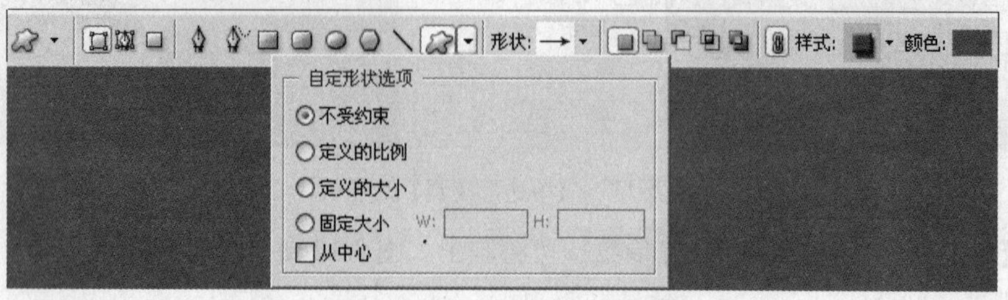

图5-15　【自定形状工具】选项栏

在选项栏中有一个【形状】选项，单击右侧的下拉按钮，将打开【自定义形状】选项面板，从中可以选取 Photoshop 预设的形状，然后在窗口中单击并拖动鼠标即可进行绘制，如图 5-16 所示。

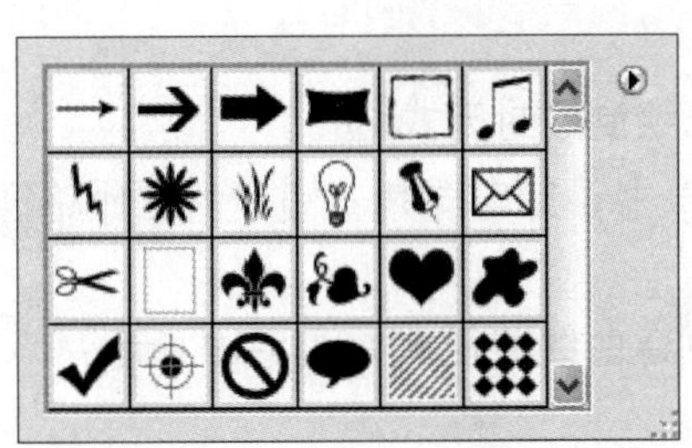

图 5-16　绘制自定形状

当单击【形状】面板右上角的三角形按钮时，将弹出下拉菜单，选择其中的命令，可以载入、保存、替换和重置面板预设的形状，以及改变面板中形状的显示方式。

技　巧

矢量图形工具组的快捷键为【U】，按【Shift+U】组合键可在矢量图形工具组中进行切换。

5.3.2　钢笔工具组

钢笔工具组中包括 5 个工具，分别是钢笔工具、自由钢笔工具、添加锚点工具、删除锚点工具和转换点工具，使用这些工具可以创建或修改路径和图形，还可以将一些不够精确的选区转换为路径后再进行编辑和修改。

1．钢笔工具

钢笔工具主要用于创建精确的直线和平滑的曲线图形。单击钢笔工具，其选项栏如图 5-17 所示。

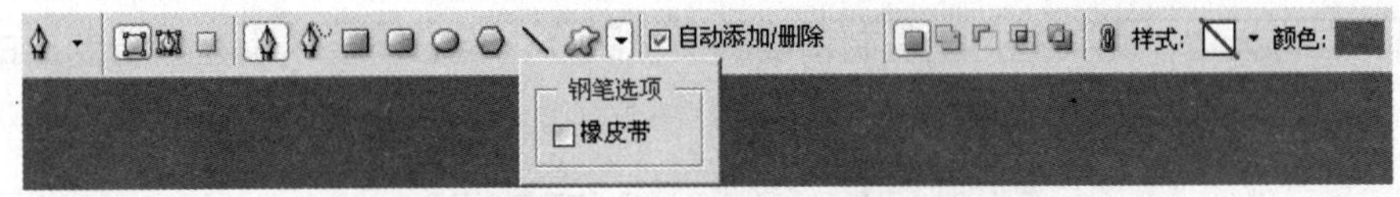

图 5-17　钢笔工具选项栏

在【钢笔选项】下拉面板，选择【橡皮带】选项，在创建路径过程中，光标移动时，将会显示光标移动的轨迹，仿佛光标上捆绑着一条橡皮筋。

在选项栏中选择☑自动添加/删除复选框，【钢笔工具】就具有了添加锚点和删除锚点的功能。

在使用【钢笔工具】创建路径时，根据工作状态的不同，鼠标指针将出现不同的显示图

标，其作用如下：

- ：绘制路径起点时的显示符号。
- ：确定下一个锚点时的显示符号。
- ：表示连接节点继续绘制路径。
- ：按【Alt】键，改变节点类型时的显示符号。
- ：表示连接两条开放式路径。
- ：终点与起点重合时的显示符号，表示已绘制成封闭式路径。

选择【钢笔工具】后，在页面上移动鼠标并单击，即可创建直线段的工作路径，如图5-18所示。

创建路径锚点时，按下鼠标左键拖动，即可创建曲线路径，如图5-19所示。

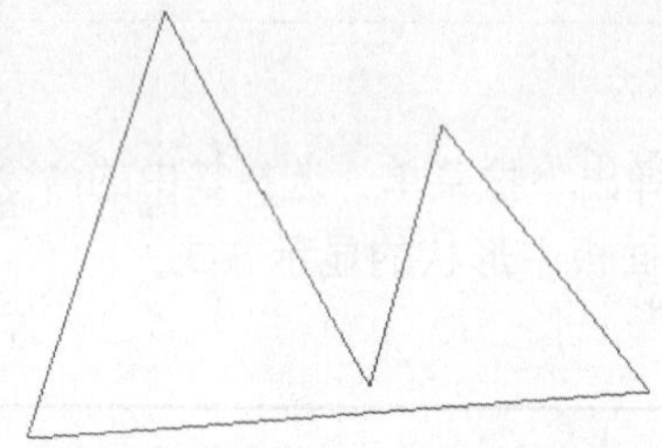

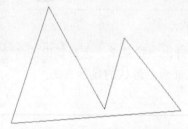

图5-18　创建直线段路径

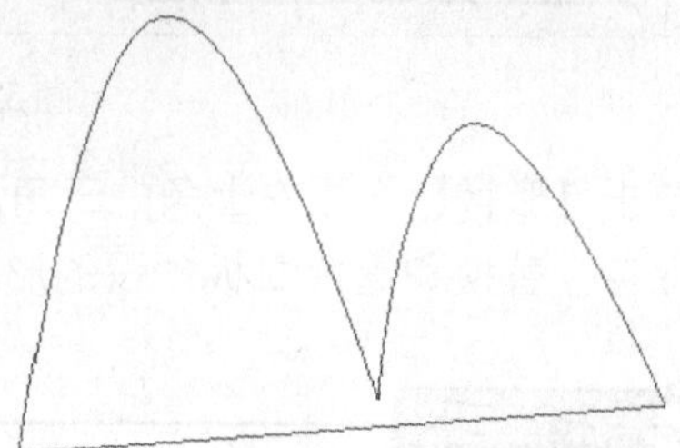

图5-19　创建曲线路径

技　巧

使用钢笔工具绘制路径时，将钢笔停放在路径上，钢笔工具将自动变为添加锚点工具；将钢笔停放在锚点上，钢笔工具将自动变为删除锚点工具；按【Alt】键，钢笔工具将自动变为转换点工具。

2．自由钢笔工具

自由钢笔工具类似于真实的钢笔，可随意绘制图形。

自由钢笔工具的选项栏和钢笔工具的选项栏很相似，如图5-20所示。其中有一个陌生的选项，即【磁性的】。当选择该选项时，鼠标指针将变成形状，自由钢笔工具会按鼠标经过的路线探测并绘制路径，系统将自动按照一定的频率生成路径。其功能与磁性套索工具类似，可以对物体进行描边，尤其适用于复制精确的图像路径，但它不能精确控制绘制出的线条是直线还是曲线。

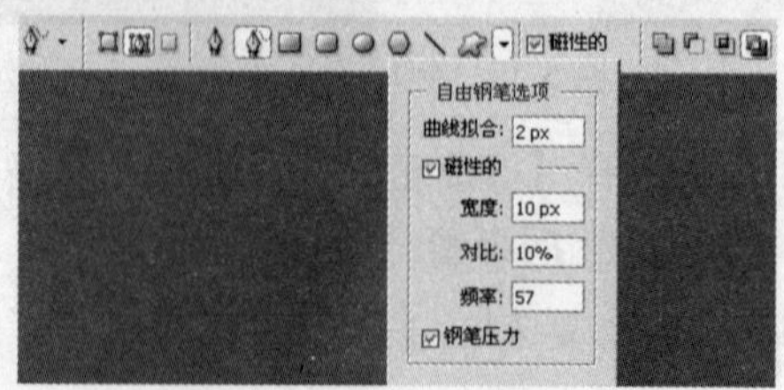

图5-20　【自由钢笔工具】选项栏

3．添加锚点工具

添加锚点工具可用来为已经创建的路径添加锚点。其方法是：选择添加锚点工具，然后移动鼠标到路径上，当鼠标的右下角出现"+"时单击鼠标，即可在工作路径上添加一个锚点。

技　巧

按【Alt】键，然后移动鼠标到锚点上，将变成删除锚点工具；按【Shift】键拖动锚点，可在水平、45°角和垂直三个方向移动；按【Alt】键，拖动路径可复制当前的路径。

4．删除锚点工具

删除锚点工具用来从路径中删除锚点。删除锚点工具正好与添加锚点工具的功能相反，也是对工作路径进行修改的一种工具。

需要删除路径上的锚点时，选择删除锚点工具，然后移动鼠标到工作路径的锚点上，当鼠标的右下角出现"－"时，单击鼠标左键，即可将工作路径上的锚点删除。

技　巧

移动鼠标到锚点上，按【Ctrl】键，将变为直接选择工具；移动鼠标到工作路径上，将变为直接选择工具，按【Alt】键，将变为添加锚点工具；移动鼠标到锚点上，按【Alt】键然后拖动鼠标，将复制当前的路径。

5．转换点工具

转换点工具是用来转换定位点的，它可以使锚点在角点和平滑点之间进行转换。其使用方法如下：

选择转换点工具，移动鼠标到路径的角点处单击并拖动鼠标，即可将角点转换为平滑点，如图 5-21 所示。

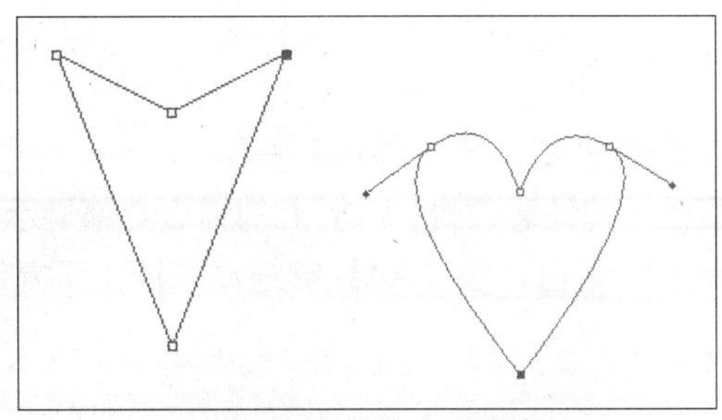

图 5-21　角点转换为平滑点

移动鼠标到路径的平滑点处单击鼠标可以将平滑点转换为角点，如图 5-22 所示。

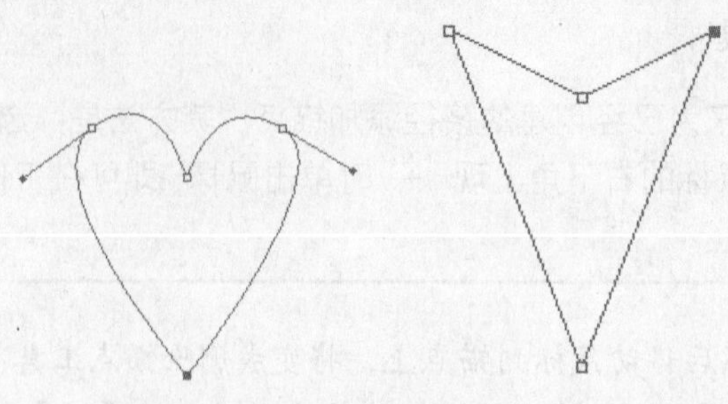

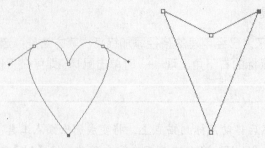

图5-22　平滑点转换为角点

- 将鼠标光标移动到控制点一侧的调控线上并拖动，可以只调整一侧的路径状态。移动鼠标到工作路径的路径段上，按【Alt】键拖动可对整个路径进行复制；按【Ctrl】键，可将鼠标转换为"直接选择工具"。
- 在未闭合路径前按【Ctrl】键，然后在文件中任意位置单击鼠标左键，可以创建不闭合的路径。按【Shift】键，可以创建45°角倍数的路径。
- 在图像文件中同一个工作路径中的子路径可以进行计算、对齐和分布等操作。
- 在使用转换点工具时，按键盘上的【Ctrl】键将鼠标光标移动到锚点位置按下鼠标移动，可以将当前选择的锚点移动位置。按键盘上的【Shift】键调整节点，可以确保锚点按45°角的倍数进行调整。
- 钢笔工具组的快捷键为【P】，按【Shift+P】组合键可在钢笔工具组中进行工具切换。

5.4　路径的基本操作

编辑路径主要是对路径的形状和位置进行调整和编辑，以及对路径进行移动、删除、关闭或隐藏等操作。

5.4.1　选取路径

在Photoshop中对已经绘制完成的路径进行编辑操作时，需要通过选择路径中的锚点和整条路径进行操作。Photoshop CS3提供了两种路径选择工具。

1．路径选择工具

使用此工具，可以对路径进行选择、移动和复制。

选择此工具，单击路径上的任意位置，路径上的锚点全部显示为黑色，表示路径被选择；按鼠标拖动路径，可移动整个路径；按【Alt】键拖动路径，可复制路径。

2．直接选择工具

使用此工具，可以选择或移动路径上的锚点，还可移动或调整平滑点两侧的方向点。

选择此工具后，在路径上单击并拖移可以直接调整路径；在路径锚点上单击并拖动可以直接移动锚点的位置；拖移锚点的控制手柄，可以调整路径；通过圈选可以选择多个锚点，单击并拖移可对选中的所有锚点进行调整。

技 巧

在使用【路径选择工具】或者【直接选择工具】编辑路径时，按【Ctrl】键并在窗口中单击鼠标可以在两者之间快速切换。使用【直接选择工具】选择路径时，按【Alt】键并单击路径，可以选中整条路径；按【Shift】键，可以选中多个锚点。选择工具组的快捷键为【A】，按【Shift+A】组合键可在选择工具组中进行工具切换。

5.4.2 显示或隐藏路径

当创建好一个路径后，为了避免执行其他操作时影响该路径，可以将路径隐藏起来。在【路径】面板中选择需要隐藏的路径名称，然后单击【路径】面板中的灰色区域，即可隐藏所选路径，如图5-23所示，当路径被隐藏后就不能对其进行填充、描边等操作，如果要对路径进行操作，可在【路径】面板中单击路径名称将其显示出来。

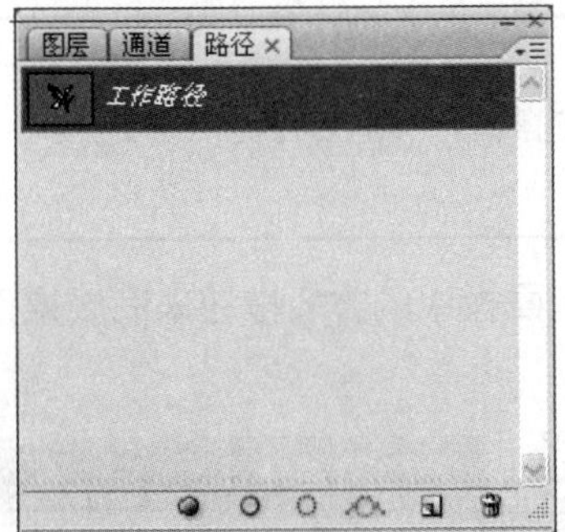

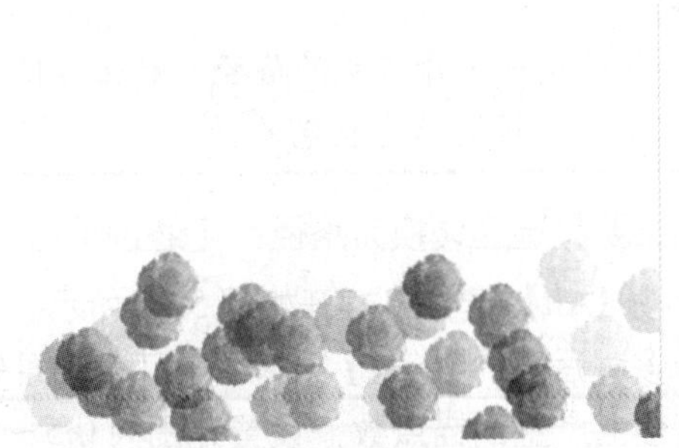

图5-23 关闭路径

当然，执行【视图】/【显示】/【目标路径】菜单命令或按【Ctrl+Shift+H】组合键也可显示或隐藏路径。另外，按【Shift】键在【路径】面板中单击路径名称，也可显示或隐藏路径。

5.4.3 复制路径

在使用各种路径工具绘制图形或创建选区时，经常需要对路径进行复制操作，以便能够在不修改原路径的前提下对路径的副本进行编辑。

复制路径的方法有很多，最常用的是选中需要复制的路径，然后在【路径】面板单击右上角的三角按钮，在弹出的路径菜单中，选择【复制路径】命令，即可打开如图 5-24 所示的对话框，在【名称】文本框中输入名称，单击【确定】按钮即可。

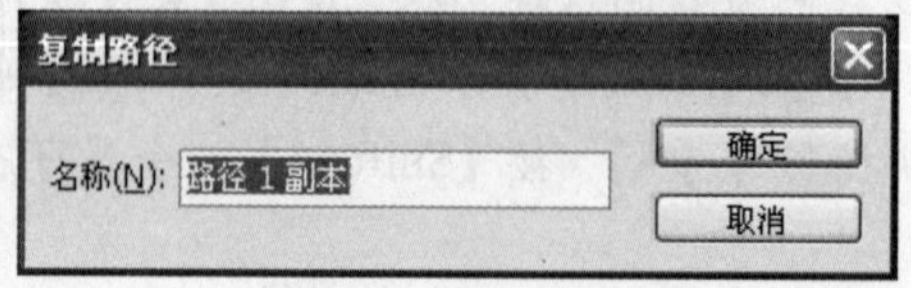

图 5-24 【复制路径】对话框

在【路径】面板中，直接将需要复制的路径名称拖动到【创建新路径】按钮上也可复制该路径。

5.4.4 路径与选区的转换

Photoshop 中路径的主要功能是用来创建选区，或者使用各种路径工具来修改选区。在实际工作中，经常需要将路径和选区进行相互转换来达到调整和编辑图像的目的。

将路径转换为选区，可通过单击【路径】面板中的 按钮或按【Ctrl+Enter】组合键完成操作。在单击 按钮的同时按【Alt】键，将打开如图 5-25 所示的对话框，在该对话框中可根据自己的需要进行设置。

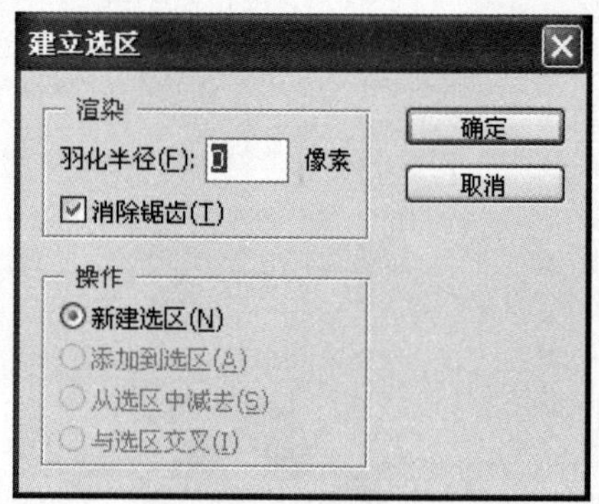

图 5-25 【建立选区】对话框

如果是一个开放式的路径，则在转换为选取范围后，路径的起点会连接终点成为一个封闭的选取范围。

如果要将选区转换为路径，可通过单击【路径】面板中的 按钮来完成操作。在单击的同时按【Alt】键，将打开如图 5-26 所示。

在该对话框的【容差】文本框中可以设置转换为路径后路径上产生的锚点数，设置范围为 0.5～10 像素，值越高，产生的节点越少，生成的路径就越不平滑；值越低，产生的节点就越多，生成的路径越平滑。

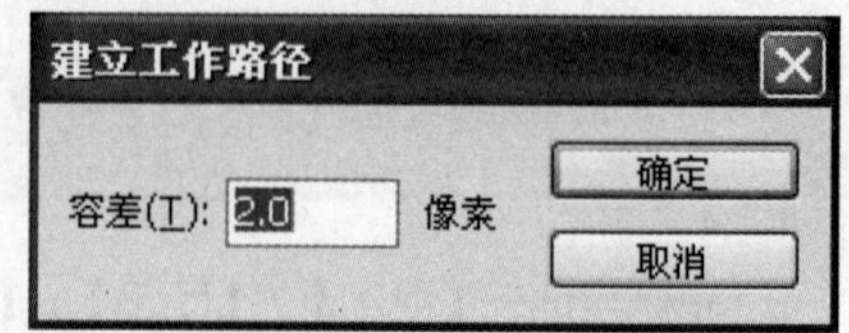

图 5-26 【建立工作路径】对话框

5.5　现场练兵——【绘制标志】

本例在制作过程中，主要是运用钢笔工具组绘制出“马”的路径，再通过一些常用的创建选区、填充选区及添加“图层样式”等操作，制作出最终的“飞马科技”标志，如图 5-27 所示。

图 5-27　标志效果

操作步骤：

01 执行【文件】/【新建】菜单命令新建一个 9cm × 9cm 的图像文件。

02 在工具箱中选择【钢笔工具】，在页面上依次单击鼠标左键并拖动，绘制“马”的路径，如图 5-28 所示。

03 继续单击鼠标左键绘制路径，在一些倒角处按【Alt】键，单击锚点，进行“角点”和“平滑点”的相互转换，如图 5-29 所示。

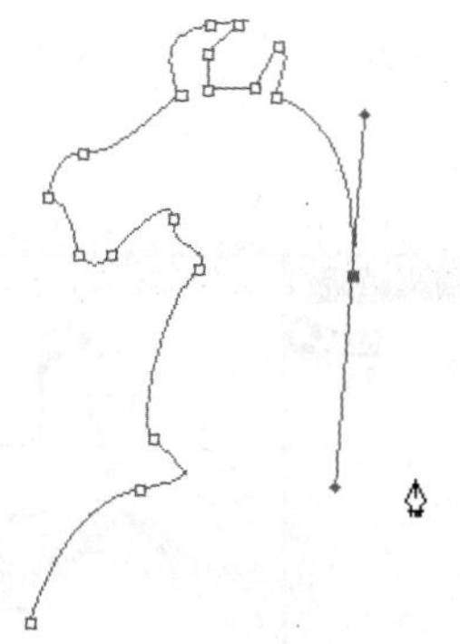

图 5-28　绘制路径

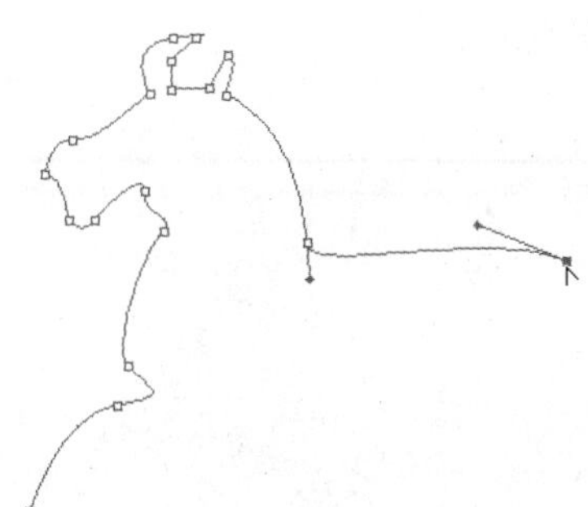

图 5-29　转换“平滑点”为“角点”

04 继续绘制路径，然后将光标移向路径起点，当光标的右下角出现一个小圆圈时单击鼠标左键，即可封闭路径，如图5-30所示。

图5-30　封闭路径

05 按【Ctrl】键，切换【钢笔工具】为【直接选择工具】，单击路径即可选择路径并对其进行编辑修改，如图5-31所示。

06 选择【钢笔工具】，在“马”路径的下端绘制云的路径，如图5-32所示。

图5-31　修改路径

图5-32　绘制“云”路径

07 按【Ctrl】键，切换到【直接选择工具】，单击“云”路径即可选择该路径并对其进行编辑修改，最终路径如图5-33所示。

08 在【图层】面板中新建一个图层，按【Ctrl+Enter】组合键将该路径转化为选区，并执行【编辑】/【描边】菜单命令，在弹出的对话框中设置参数，单击【确定】按钮，其效果如图5-34所示。

图5-33　“马”路径

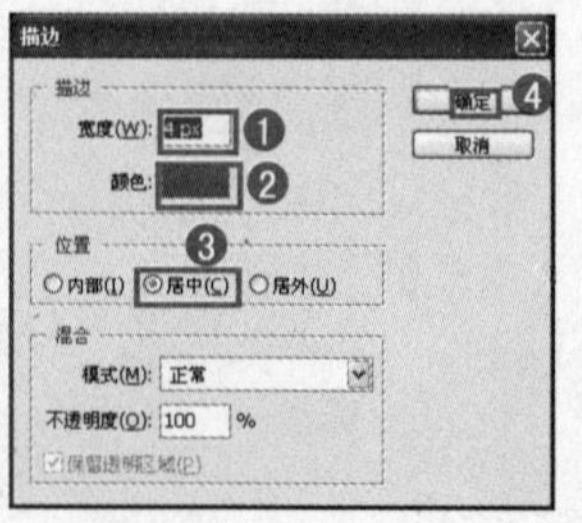

图5-34　描边路径

09 新建一个图层，按【Ctrl+D】组合键取消选区，选择【椭圆选框工具】，并按【Shift】键，在图像中创建一个圆形选区并填充为浅蓝色（#1cedfa），如图5-35所示。

10 按【Ctrl+D】组合键取消选区，单击【路径】面板中的"工作路径"，按【Ctrl+Enter】组合键将其转换为选区，切换到【图层】面板，单击"图层2"，按【Delete】键删除"图层2"选区中的图像，如图5-36所示。

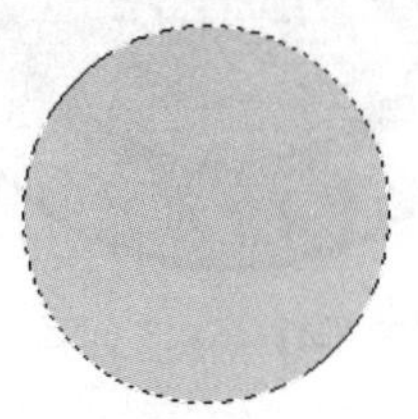

图5-35 填充选区

图5-36 删除选区内图像

11 执行【滤镜】/【纹理】/【纹理化】菜单命令，在弹出的【纹理化】对话框中设置各项参数，如图5-37所示，单击【确定】按钮即可完成操作。

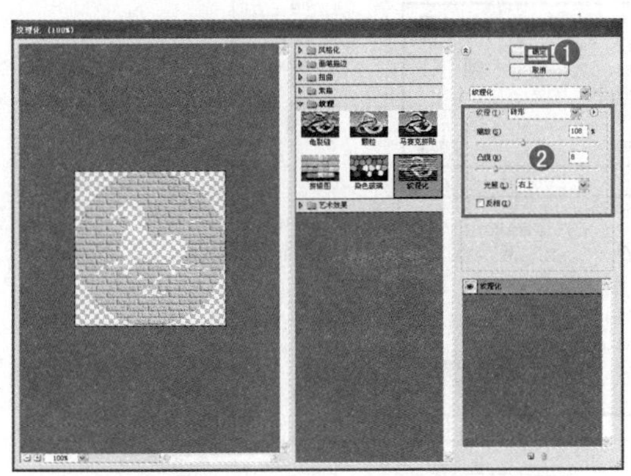

图5-37 应用【纹理化】滤镜

图5-38 创建选区

12 在"图层2"中创建如图5-38所示选区，按【Ctrl+J】组合键将"图层2"选区内的图像复制生成"图层3"，在"图层3"上双击，在弹出的【图层样式】对话框中选择并设置【斜面和浮雕】选项，单击【确定】按钮，如图5-39所示。

13 按【Ctrl+D】组合键取消选区，新建一个图层，使用【椭圆选框工具】绘制一个圆形选区并填充黄色，用红色描边，取消选区后将该图层置于底层，如图5-40所示。

14 在工具箱中选择【椭圆工具】，按【Shift】键不放创建圆形路径，选择【横排文字工具】在路径上单击，输入文字，并调整文字位置，如图5-41所示。

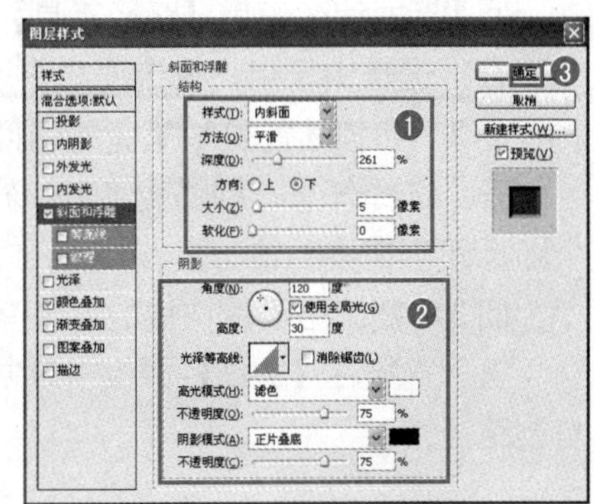

图5-39 应用图层样式效果

图 5-40　填充和描边

图 5-41　路径文字

15 在【图层】面板中双击文字图层，在弹出的【图层样式】对话框中选择并设置【斜面和浮雕】选项，如图 5-42 所示，最后单击【确定】按钮即可完成标志的制作。

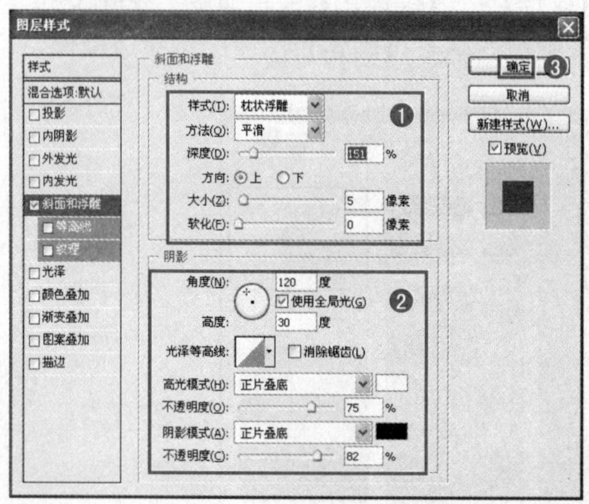

图 5-42　应用图层样式

5.6　疑难解答

问 1：为什么使用【路径工具】绘制的不是路径呢？

答：这是由于用户在选项栏中所设置的绘制模式不是路径。

问 2：如何才能更加快捷的切换路径工具呢？

答：选择任意一种路径工具，然后在选项栏中将出现用于绘制路径的所有工具，单击这个图标即可切换到该工具。

问 3：复制路径最快捷的方法有哪些？

答：直接在【路径】面板中复制路径或使用【直接选择工具】并按【Alt】键拖动，即可复制路径。

5.7　上机指导——【临摹标志】

实例效果：

图 5-43　临摹标志

操作提示：

(1) 首先打开标志的素材图片。

(2) 使用钢笔工具勾画路径，并使用选取路径工具组中的工具对路径进行调整。

(3) 将路径转换为选区并进行填充和添加文字。

5.8　习题

一、填空题

(1) 路径工具是一种矢量的绘图工具，包括__________、__________、__________。

(2) __________主要用于创建精确的直线和平滑的曲线图形。

(3) 使用__________可以选择或移动路径上的锚点，还可移动或调整平滑点两侧的方向点。

二、选择题

(1) 对创建的路径进行编辑调整的工具有（　）。

A．路径工具　　B．添加锚点或删除锚点工具

C．转换点工具　　D．路径选择或直接选择工具

(2) 在图像文件中同一个工作路中的子路径之间可以进行（　）。

A．计算操作　　B．对齐操作　　C．分布操作

(3) 在路径面板中单击（　）按钮，可将前景色填充到路径中；单击（　）按钮，可用画笔描边路径；单击（　）按钮，可将选区转换为路径。

A．　　B．　　C．

（4）若将曲线点转换为直线点，应（   ）。

A．使用“路径选择”工具单击曲线点

B．使用“钢笔”工具单击曲线点

C．使用“转换点”工具单击曲线点

D．使用“铅笔”工具单击曲线点

第6章 文字处理

Photoshop CS3不仅是一款优秀的图像处理软件，同时也具有强大的文字处理功能。使用文字工具可以把文字添加到图像中。掌握这一工具不仅可以把文字添入到图像中，同时也可以产生各种特殊的文字效果。例如，使用【变形文字】对话框可以使文字弯曲或延伸，还可以使用Photoshop CS3对文字沿路径进行编辑，从而得到艺术文字。

6.1　文字图层

文字图层是一种特殊的图层，不能通过传统的选取工具来选择某些文字，而只能在编辑状态下，在文字中拖动鼠标去选择某些字符。如果选择多个字符，字符之间必须是连续相连的，例如要将"Photoshop"文本中的字符P和字符S改为红色，由于它们之间不相连，只能先选择P并更改，再选择S进行更改。如果是更改字符P和h，就可以一次拖动选择Ph，然后统一更改。

6.1.1　创建文字图层

在工具箱中选择【横排文字工具】或【直排文字工具】，在图像窗口中单击，Photoshop将自动生成一个文字图层，并且把文字光标定位在这一层中，文字图层的缩略图都是一个大写的"T"文字，输入的文字内容将作为文字图层的名称。输入文字后，可以把将其作为矢量图形输出。

输入文字后，屏幕上出现的文本颜色是当前的前景色或选项栏中设置的颜色，可以很容易地通过空格键或鼠标拖动等方式对文字进行编辑。同时也可以在屏幕上通过拖动鼠标改变其位置，当然也可以在文字之间进行插入、删除、复制和粘贴等操作。

文字图层具有和普通图层一样的性质，如更改图层混合模式、不透明度等，也可以使用图层样式。

技　巧

双击文字图层缩略图可以快速选中该文字图层中的所有文本。

6.1.2　将文字图层转换为普通图层

如果要想对文字进行调整图像的方法进行调整，如调整亮度/对比度、曲线、色彩平衡等，就必须将其转换为普通图层，也称为栅格化图层，如图6-1所示。

技　巧

在对文字图层添加滤镜效果时往往会提示将文字图层栅格化，也就是说文字将变为由像素构成的普通图层。

将文字图层转换为普通图层，可以通过以下两种方法之一：

- 在【图层】面板中选择文字图层，然后执行【图层】/【栅格化】/【文字】菜单命令即可。
- 在【图层】面板中右击文字图层，然后在弹出的菜单中执行【栅格化文字】命令。

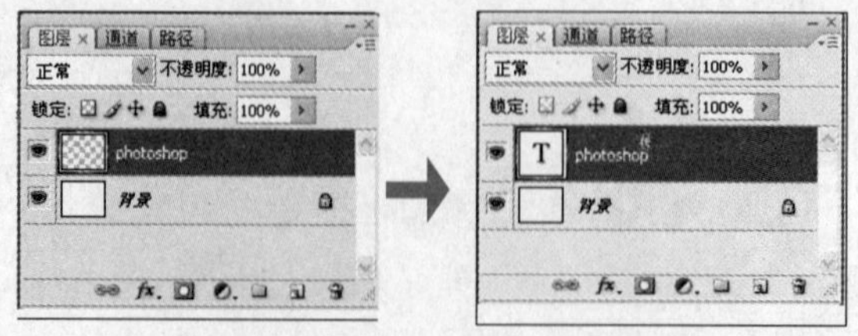

图6-1　将文字图层转换为普通图层

6.2　文字的选项设置

在 Photoshop CS3 中，共提供了四种文字工具，即横排文字工具、直排文字工具、横排文字蒙版工具和直排文字蒙版工具。按键盘上的【Shift+T】组合键可在这四个工具之间切换。该组工具主要用来输入和编辑文字，在工具箱中右击横排文字工具按钮，将弹出文字工具组，它是 Photoshop 中使用频率较高的一组工具。

所有文字工具的选项设置都一样，选中其中一种文字工具后，其选项栏如图 6-2 所示。

图 6-2　文字工具选项栏

各选项含义如下：

- 更改文本方向：单击此选项可将当前为水平方向的文字转换为垂直方向，当前为垂直方向的文字转换为水平方向。
- 黑体 设置字体：用户在输入文本前或选择文本后，可从该选项中选择所需的字体作为当前文字的字体。
- 设置字形：可控制输入字体的形态，共包括“规则的”、“仿斜体”、“仿粗体”、“粗斜体”四个选项。
- 24 点 设置字体大小：该选项用于控制输入文本的大小。可从下拉列表框中选择字体大小，也可以直接在字体大小文本框中输入数值，精确设置字体的大小。
- 平滑 消除锯齿：可控制文本边缘的平滑程度，包括“无”、“锐化”、“犀利”、“浑厚”和“平滑”五种方式。
- 对齐方式：当选择横排文字工具时，“对齐方式”分别为左对齐、水平中心对齐和右对齐；当选择直排文字工具时，“对齐方式”选项将变为，分别为顶部对齐、垂直中心对齐和底部对齐。
- 设置文本颜色：此选项用于改变输入的文本颜色。单击此按钮，将弹出【拾色器】对话框，在对话框中可设置文字的颜色。
- 创建变形文本：此选项用来设置输入文本的变形效果。单击此按钮，将弹出【变形文字】对话框。
- 显示/隐藏字符和段落面板：单击此按钮，将弹出“字符”和“段落”面板，主要用于对输入的文字进行精确的编辑。

6.3　输入文本

因为文字有时被称为文本，因此文字工具有时也被称为文本工具。为了方便使用 Photoshop 处理平面设计中的文字效果，它提供了四种文字工具：横排文字工具、直排文字工具、横排文字蒙版工具和直排文字蒙版工具。使用前两个工具将自动建立一个文字图层，放置当前文本，使用后两个工具则只建立文字形状选区。

可以在图像中的任何位置创建横排文字或直排文字。根据使用文字工具的不同方法，可以输入点文字或段落文字。段落文字对于以一个或多个段落的形式输入文字并设置格式非常有用。

6.3.1 输入点文字

使用文字工具直接单击并输入文字，称作点文字，通常用来输入标题文本。

点文字对于输入一个字或一行字符非常有用，输入点文字时，每行文字都是独立的，行的长度随着编辑增加或缩短，但不会自动换行。

具体输入步骤如下：

01 选择【横排文字工具】T或【直排文字工具】IT。

02 在图像窗口中单击，为文字设置插入点。穿过I型光标的短线标记文字基线的位置。对于横排文字，基线表示文字底线；对于直排文字，基线表示文字字符的中轴线。

03 在选项栏中设置文字选项。

04 输入所需的字符，在输入时可按主键盘中的【Enter】键进行换行。

05 输入完毕后，单击选项栏中的【提交】✔按钮提交文字的输入。

技　巧

1.文字输入完毕后，在数字键盘上按【Enter】键；按【Ctrl+Enter】组合键或选择工具箱中的任意工具均可提交文字的输入。

2.在Photoshop中，因为“多通道”、“位图”或“索引颜色”模式不支持图层，所以在这些模式的图像中输入文本时，不会创建文字图层。

6.3.2 输入段落文字

输入段落文字时，文字基于定界框的尺寸换行，可以输入多个段落并选择段落调整选项，也可以调整定界框的大小，这将使文字在调整后的矩形中重新排列。可以在输入文字时或创建文字图层后调整定界框。还可以使用定界框旋转、缩放和斜切文字。

输入段落文字的具体步骤如下：

01 选择【横排文字工具】T或【直排文字工具】IT。

02 在图像窗口中单击鼠标左键，并沿对角线方向拖移，为文字定义定界框。如果按【Alt】键单击，将打开【段落文字大小】对话框，如图6-3所示，输入“宽度”和“高度”值后，并单击“确定”按钮即可创建一个固定大小的段落文本。

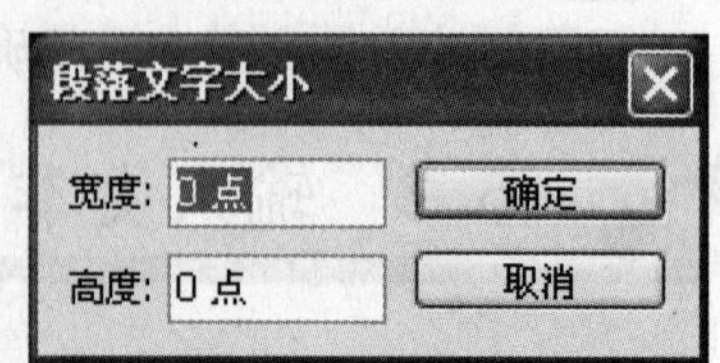

图6-3　【段落文字大小】对话框

03 在选项栏中设置文字选项。

04 输入所需的字符，在输入时在按键盘中按【Enter】键将另起一段。如果输入的文字超出定界框所能容纳的大小，定界框上将出现溢出图标。

05 根据需要调整定界框的大小，还可对其进行旋转或斜切操作。

06 输入完毕后，单击选项栏中的【提交】按钮✔提交文字的输入。

6.3.3 点文本与段落文本的转换

在【图层】面板中选择文字图层，然后执行【图层】/【文字】/【转换为点文本】或【图层】/【文字】/【转换为段落文本】菜单命令即可在点文本与段落文本之间进行转换。

6.3.4 创建文字选区

使用【横排文字蒙版工具】或【直排文字蒙版工具】，即可创建文字选区。文字选区出现在现用图层中，并可像任何其他选区一样被移动、复制、填充或描边。

创建文字选区的具体操作步骤如下：

01 选择希望文字选区出现在其上的图层。

02 选择【横排文字蒙版工具】或【直排文字蒙版工具】。

03 设置文字选项，并在某一点或在定界框中输入文字。

04 输入完毕后，单击选项栏中的【提交】按钮✔提交文字的输入，此时所输入的文字将转换为选区。

6.4 设置文本格式

除了前面所讲的通过文本工具选项栏可以设置文本的格式外，还可以通过【字符】面板和【段落】面板进行更加详细的设置。

6.4.1 字符面板

在 Photoshop CS3 中，可通过以下几种方式打开【字符】面板：

- 选择任意一种文字工具，在选项栏中单击【调板】按钮。
- 执行【窗口】/【字符】菜单命令。
- 在 Photoshop CS3 的界面中，单击界面右侧扩展停放面板栏中的按钮。
- 使用文本工具单击图像窗口确定一个输入点，然后按【Ctrl+T】组合键。

无论通过哪种方法，都将打开如图 6-4 所示的【字符】面板。

在该调板中，可以设置所输入文字的字体、字形、大小与颜色。另外，还可以设置一些在选项栏中没有的属性。

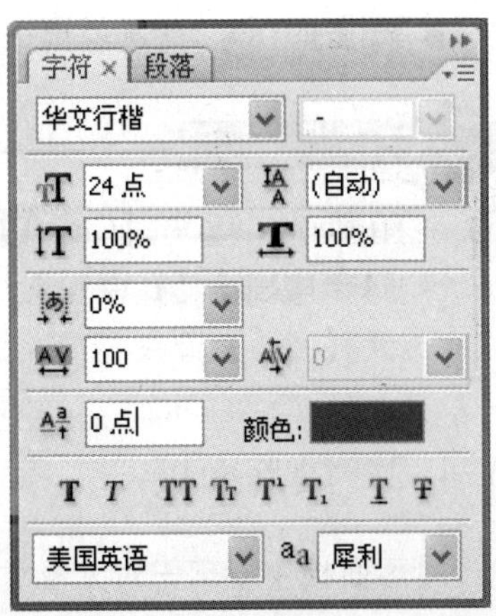

图 6-4 【字符】面板

各选项的功能如下：

- 华文行楷：用于设置文字的字体。
- -：用于设置输入文字的字形，与选项栏上的“设置字形”功能相同。
- 24 点：用于设置输入文本的字体大小。
- (自动)：用于设置文本中行与行之间的距离。
- 100%：用于设置文字的高度。
- 100%：用于设置文字的宽度。
- 0：用于设置两个字符之间的字距微调。
- 0：用于设置文本中字与字之间的距离。
- 0 点：用于设置所选文字在默认文字高度的基础上向上或向下偏移，正值向上偏移，负值向下偏移。
- 颜色：用于设置文字的颜色。单击右侧的色块，将弹出【拾色器】对话框，在该对话框中可选择文字的颜色。

T T TT Tr T¹ T₁ T T 文字样式按钮，其含义如下：

- T 粗体：可将当前选择的文字加粗显示。
- T 斜体：可将当前选择的文字斜体显示。
- TT 全部大写：可将当前选择的小写字母全部变为大写字母显示。
- Tr 小型大写字母：可将当前选择的字母变为小型大写字母显示。
- T¹ 上标：可将当前选择的文字变为上标显示。
- T₁ 下标：可将当前选择的文字变为下标显示。
- T 下画线：可在当前选择的文字下方添加下画线。
- T 删除线：可在当前选择的文字中间添加删除线。
- 美国英语：此选项用于设置文字语言，单击右侧的下拉按钮，从弹出的下拉列表中可选择不同国家的语言。
- aa 犀利：此选项用于设置文本图像边缘的平滑方式。

技 巧

在Photoshop中，【Ctrl+T】组合键为两个命令的快捷键，一般情况下，按【Ctrl+T】组合键执行【自由变换】命令，但使用文字工具时，按【Ctrl+T】组合键则打开【字符】面板。

6.4.2 段落面板

段落面板主要用于对大量文字进行设置和调整。在 Photoshop CS3 中，将【段落】面板

和【字符】面板放在了一组，因此，打开【字符】面板后，单击【段落】选项卡即可切换到【段落】面板，当然也可以直接执行【窗口】/【段落】菜单命令进行打开，打开的面板如图 **6-5** 所示。

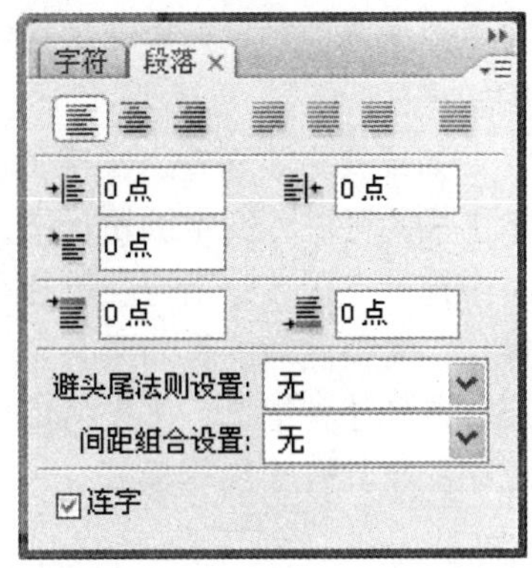

图 6-5　【段落】面板

该面板中，各选项功能说明如下：

- ：该组按钮用来调整整行或整段文字的对齐方式，从左到右分别为左对齐、居中对齐和右对齐。
- ：该组按钮用于调整整行或整段文字的对齐方式的，从左到右分别为最后一行左边对齐、最后一行居中对齐、最后一行右边对齐和全部对齐。
- 当使用直排文字工具输入文本后，段落面板最上面一行的按钮将变为直排文字按钮。
- ：该组按钮用来调整整行或整段文字的对齐方式，分别为顶对齐、中间对齐和底对齐。
- ：该组按钮也是用于调整整行或整段文字的对齐方式的，分别为最后一行顶边对齐、最后一行居中对齐、最后一行底边对齐和全部对齐。
- 0点：此选项用于控制段落左侧的缩进量。
- 0点：此选项用于控制段落右侧的缩进量。
- 0点：此选项用于控制段落第一行的缩进量。
- 0点：此选项用于控制每段文本与前一段的距离。
- 0点：此选项用于控制每段文本与后一段的距离。
- ☑连字：选择此选项，允许使用连字符连接单词。

技　巧

按键盘中的【Ctrl+Shift】组合键，可在Windows系统安装的输入法之间进行切换；按键盘中的【Ctrl+空格】组合键，可在当前使用的输入法与英文输入法之间进行切换；当选择英文输入法时，按键盘中的【CapsLock】键，可以在输入英文字母时切换输入字母的大小写。

6.5　编辑文本

本小节主要讲解如何将文本置于编辑模式，并对其进行拼写检查，或对文本进行查找、替换操作。

6.5.1　将文字置于编辑模式

在对文本进行编辑之前，首先应将文本置于编辑模式。若要确定文字是否处于编辑模式，可以查看选项栏，如果选项栏中显示有【提交】按钮✔和【取消】按钮⊘，则表明文字处于编辑模式。

如果要更改已输入文字的内容，在选择了文字工具的前提下，将鼠标停留在文字上方，单击后即可进入文字编辑状态。编辑文字的方法和使用通常的文字编辑软件一样，可以在文字中拖动选择多个字符后单独更改这些字符的相关设置，或对文字进行移动、复制、粘贴等操作。需要注意的是如果有多个文字图层存在且在画面布局上较为接近，有可能误选了文字层。遇到这种情况，可先将其他文字图层隐藏，或在图层面板中双击需要编辑的文字图层的缩略图将其置为编辑模式。

6.5.2　文本拼写检查

在检查文档的拼写时，Photoshop将对其词典中没有的任何字进行询问。如果被询问的字的拼写正确，则可以通过将该字添加到词典中来确认其拼写。如果被询问的文字的拼写错误，则可以更正它。

检查和更正拼写的具体操作步骤如下：

01 打开【字符】面板，从面板底部的 美国英语 选项中选取一种语言。这将设置用于拼写检查的词典。

02 执行下列操作之一：

- 选择文字图层。
- 要检查特定的文本，请选择该文本。
- 要检查一个单词，请在该单词中放置一个插入点。

03 执行【编辑】/【拼写检查】菜单命令。

04 当Photoshop找到不认识的字和其他可能的错误时，将出现一个对话框，根据需要执行下列操作之一：

- 单击【忽略】以继续进行拼写检查而不更改文本。单击【全部忽略】对要进行拼写检查的其余部分忽略该字。
- 要改正一个拼写错误，确保【更改到】文本框中的字拼写正确，然后单击【更改】按钮。如果建议的字不是想要的字，则可以在【建议】文本框中选择一个不同的字，或者在【更改到】文本框中输入该字。
- 要改正文档中重复的拼写错误，在【更改到】文本框中输入拼写正确的文字，然后单击【更改全部】按钮。
- 单击【添加】按钮，使Photoshop将无法识别的字存储在词典中，以便后面出现的这样的字不会被标记为错误的拼写。
- 如果选择了一个文字图层并且只想检查该图层的拼写，应取消选择“检查所有图层”。

6.5.3　文本的查找与替换

在Photoshop中，可以查找单个字符、一个单词或一组单词。找到要查找的内容后，可以将其更改为其他内容。

查找和替换文本的具体操作步骤如下：

01 选择需要查找和替换的文本的图层。

02 执行【编辑】/【查找和替换文本】菜单命令，此时将弹出相应的对话框，如图6-6所示。

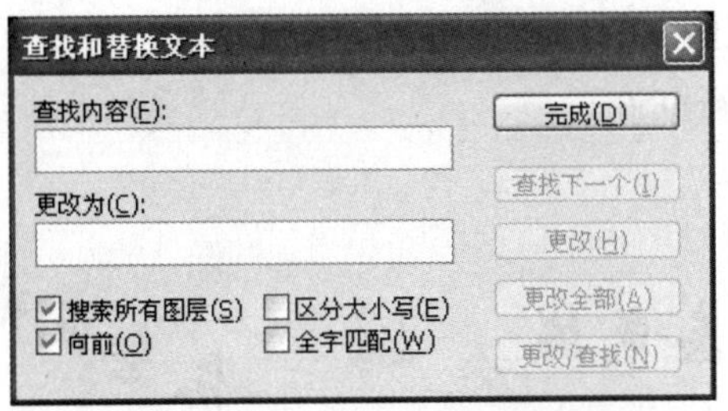

图6-6 【查找和替换文本】对话框

03 在【查找内容】文本框中，输入或粘贴想要查找的文本。要替换该文本，应在【更改为】文本框中输入新的文本。

04 如果要查找与【查找内容】文本框中文本的大小写精确匹配的一个或多个单词，则应选择【区分大小写】复选框。

05 如果要忽略嵌在一个更长的单词中的搜索文本，则应选择【全字匹配】复选框。例如，如果以全字的方式搜索"Photo"，则将忽略"Photoshop"。

06 单击【查找下一个】按钮即可开始搜索。

07 根据需要单击【下一步】按钮要执行的操作的按钮。

- 单击【更改】按钮将用修改后的文本替换找到的文本。要重复该搜索，应单击【查找下一个】按钮。
- 单击【更改/查找】按钮将用修改后的文本替换找到的文本，然后搜索下一个匹配项。
- 单击【更改全部】按钮将查找并替换所查找文本中的所有匹配项。

6.6 文本的高级操作

在Photoshop CS3中，文字图层与普通图层、形状图层以及路径之间可以进行转换，从而制作出绚丽的文字效果。

6.6.1 调整文字的外框

如果要调整文字的外框，首先需显示文字的控制句柄，在文字工具处于选择状态，选择【图层】面板中的文字图层，按【Ctrl+T】组合键即可显示控制点，通过更改文字外框，可以对文字进行旋转、倾斜、斜切等操作。

- 改变文字的大小：将光标定位到控制角点，当鼠标指针形状变为箭头调整状态时，拖动鼠标即可调整文字的大小。按【Shift】键可以按比例对文字大小进行缩放，如图6-7所示。

图6-7　改变文字大小

- 旋转外框：将光标定位在控制角点外侧，当鼠标指针形状变为↻时，按【Shift】键拖动鼠标将按照每次15°的倍数进行旋转，如图6-8所示。如果将中心点的位置改变，将以新的中心点进行默许。

图6-8　旋转外框

- 斜切外框：将光标定位到外框的中间控制点上，按【Ctrl】键当鼠标指针形状变为↻时，向左或向右拖动鼠标即可，如图6-9所示。

图6-9　斜切外框

技　巧

使用【编辑】菜单中【变换】子菜单下的命令变换文字图层，该子菜单中的【透视】与【扭曲】命令除外。

6.6.2　将文本转换为选取范围

在Photoshop中，除了可以通过【横排文字蒙版工具】或【直排文字蒙版工具】创建文字选区外，还可按【Ctrl】键在【图层】面板中单击文字图层缩略图，将其载入选区。

如果要对文字选区进行填充、描边等操作，应确保当前选中的图层不是文字图层。

6.6.3　将文本转换为形状

转换为形状图层是将文字图层转换为具有矢量蒙版的图层，然后可以编辑矢量蒙版对文字图层应用样式，编辑形状图层中的路径将得到变形的文字效果。

选择文字图层，然后执行【图层】/【文字】/【转换为形状】菜单命令，即可将文字图层转换为矢量蒙版图层，即形状图层，如图6-10所示。

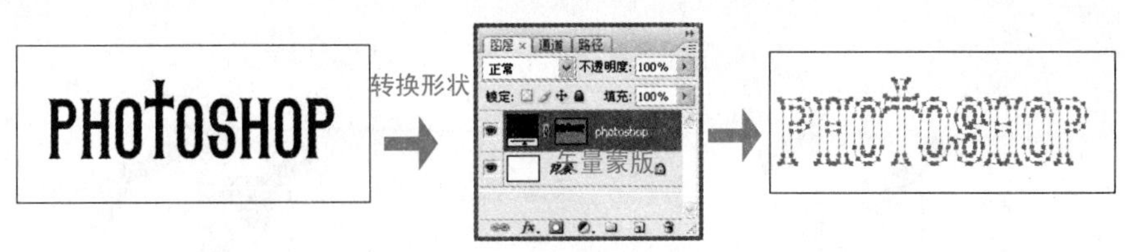

图 6-10 转换为形状

6.6.4 沿文本边缘创建工作路径

沿文本边缘创建工作路径，主要有以下两种方法：

- 选择文字图层，将文字载入选区，然后在【路径】面板中单击【从选区生成工作路径】按钮即可将文字转换为路径。
- 直接执行【图层】/【文字】/【创建工作路径】菜单命令，也可沿文本边缘创建工作路径。

为文本创建工作路径后，可能效果不是很明显，为了方便观察，可以将文本移开，如图 6-11 所示，此时可以使用路径工具对其进行变形或编辑，以制作出艺术文字。

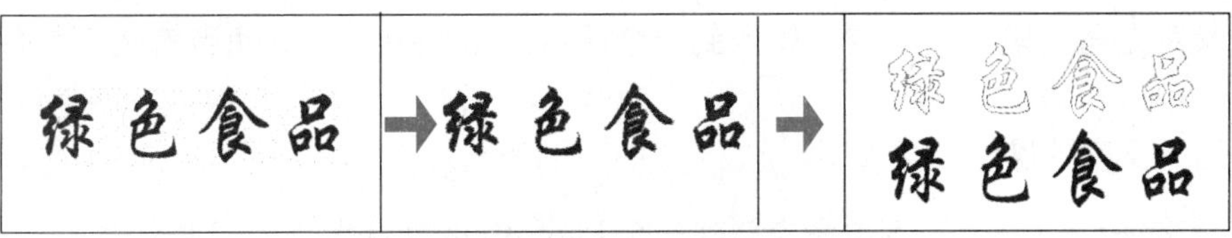

图 6-11 沿文本边缘创建工作路径

6.7 文本的高级排版

在 Photoshop CS3 中，可以将文本沿路径排列，还可以制作区域文字或制作图文混排等操作。

6.7.1 沿路径排列文本

使用文字工具单击被选中的路径可以使文字沿路径排列，称为路径文字。使用黑箭头可以调整路径文字的位置。

具体操作步骤如下：

01 在 Photoshop CS3 软件打开光盘中图像文件“06\红酒.jpg”。

02 在【工具箱】中选择【钢笔工具】，在工具选项栏中单击【路径】按钮，然后绘制如图 6-12 所示的路径。

03 在【工具箱】中选择【横排文字工具】，将光标定位到路径上，单击鼠标在路径中创建文本光标，然后输入所需的文字即可，如图 6-13 所示。

图6-12　创建路径

图6-13　输入文字

04 如果要改变文字参数设置，可以将光标沿路径排列的文字拖动鼠标选择文字，然后在工具选项栏或【字符】面板中设置相应的参数即可。

05 如果要改变文本的路径，可以在【工具箱】中选择【直接选择工具】或【路径选择工具】调整路径，此时文字将自动沿路径重新排列；将光标定位到路径上的文字中，当光标形状变为可调整状态时，单击即可改变文字相对于路径的位置。

6.7.2　区域文字排版

区域文字是将一段文本内容，输入到一个闭合的路径中，从而使当前文字具有路径的外观。

制作区域文字的操作步骤如下：

01 执行【文件】/【新建】菜单命令新建一个Photoshop默认大小的图像文件。

02 在【工具箱】中选择【自定形状工具】，在选项栏中设置各项参数，然后在图像中绘制一个心形，如图6-14所示。

图6-14　创建路径

03 在【工具箱】中选择【横排文字工具】，并在【字符】面板中设置文字的参数，然后将光标定位到路径中，单击鼠标并输入文字，即可制作区域文字，如图6-15所示。

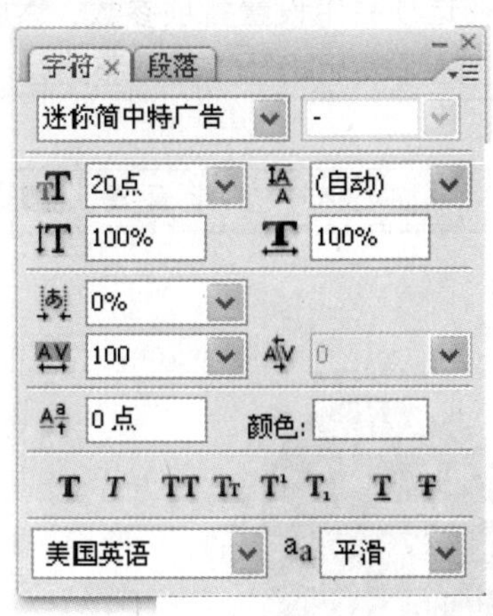

图6-15 制作区域文字

04 在【工具箱】中选择【横排文字工具】，并在选项栏中设置文字的参数，然后将光标定位到路径边缘，单击鼠标并输入文字，此时输入的文字将沿路径边缘进行排列，如图6-16所示。

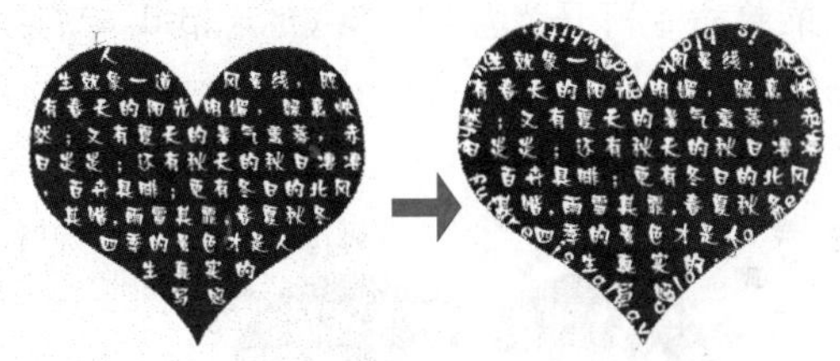

图6-16 输入文字并沿路径排列

05 选中上一步输入的文字，在选项栏中设置文字的颜色为黑色，按键盘中的【Enter】键提交设置，并按【Ctrl+T】组合键将文字及路径置为自由变换状态，然后按【Shift】键拖动角点进行等比例放大，如图6-17所示。

06 在工具箱中单击【钢笔工具】，在选项栏中选择绘制模式为路径，然后绘制如图6-18所示的路径。

图6-17 调整文字及路径

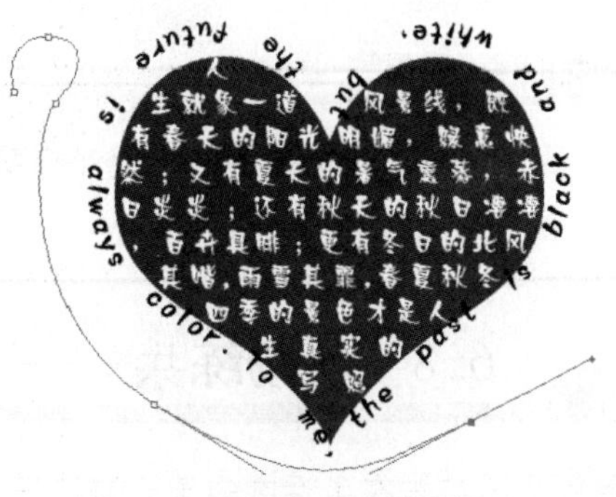

图6-18 绘制路径

07 在【工具箱】中选择【横排文字工具】，并在选项栏中设置各项参数，然后将光标定位到路径边缘，单击并输入文字，输入完毕后，还可使用路径工具调整路径，随着路径的调整文字也将进行重新排列，如图6-19所示。

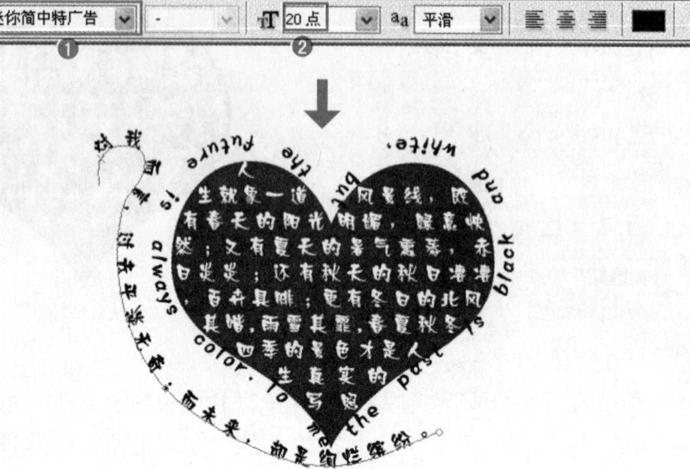

图6-19　制作路径文字

08 执行【文件】/【打开】菜单命令打开光盘中"06\标志.psd"文件，然后使用移动工具将其拖动到当前制作的图像窗口中，如图6-20所示。

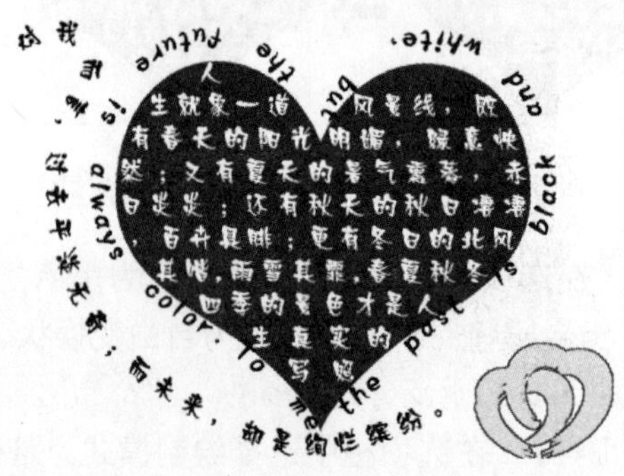

图6-20　调入图片

09 按【Ctrl+S】组合键进行存储。

技　巧

区域文字的外形是受路径的外形所限制的，所以可以利用路径制作出各种各样的形状文字。

6.8　现场练兵——【制作餐厅招牌】

餐厅招牌广告在生活中应用比较广泛，利用一些简单的字和图片，便能快速制作一幅餐厅招牌广告，最终效果如图6-21所示。

图 6-21 餐厅招牌效果

操作步骤：

01 执行【文件】/【新建】菜单命令新建一个 5cm × 2cm，分辨率为 300 像素的图像文件。

02 单击工具箱中的【前景色】按钮，在打开的【拾色器】对话框中设置颜色参数值为"#8c3e34"，如图 6-22 所示，单击【确定】按钮。

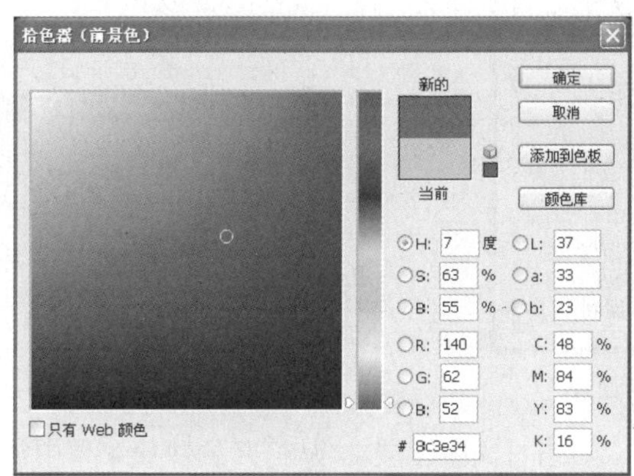

图 6-22 【拾色器】对话框

03 在工具箱中选择【矩形选框工具】，在画布中创建如图 6-23 所示的矩形选区。

04 在【图层】面板中，单击底部的【创建新图层】按钮，创建一个新图层。按【Alt+Delete】组合键对选区进行填充，效果如图 6-24 所示。

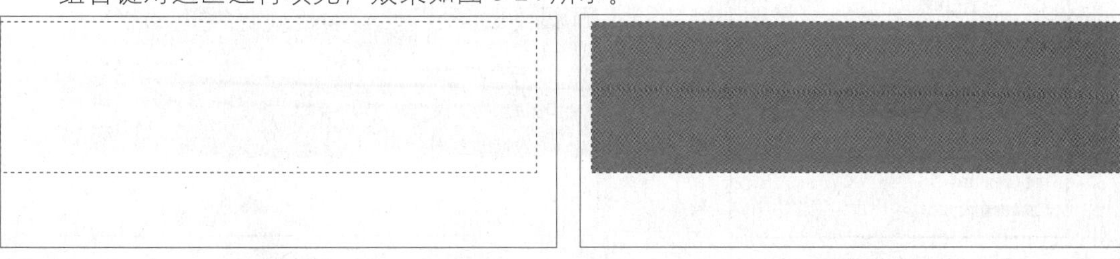

图 6-23 绘制的矩形选区　　图 6-24 填充选区后效果

05 执行【选择】/【变换选区】菜单命令，将选区调整到如图 6-25 所示大小。

06 设置前景色为"#f57b09"，按【Alt+Delete】组合键对选区进行填充，然后按【Ctrl+D】组合键取消选区，效果如图 6-26 所示。

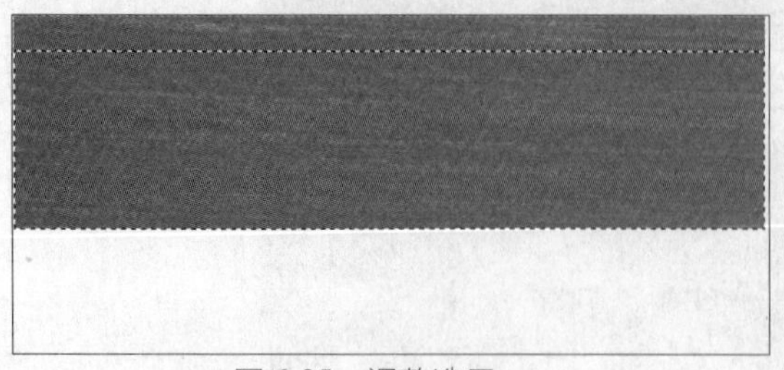
图6-25　调整选区

图6-26　填充颜色

07 单击工具箱中的【横排文字工具】T，在画布中输入文字“我家”。选中文字，单击选项栏中的【切换字符调板和段落调板】按钮，在打开的【字符】面板中设置各参数如图6-27所示，设置完成后效果如图6-28所示。

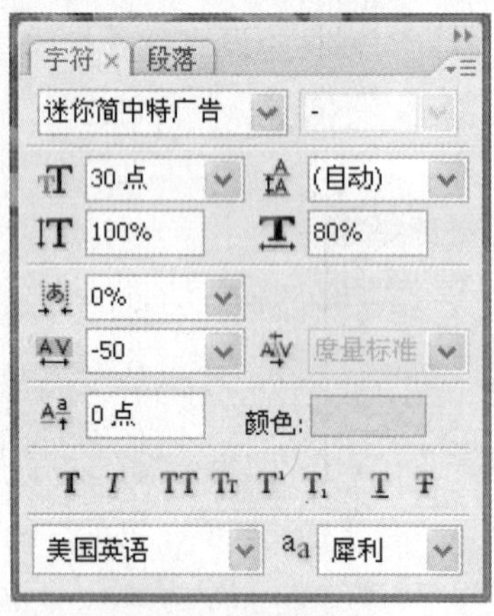

图6-27　【字符】面板

图6-28　输入文字

08 在【图层】面板中，右击“文字图层”，从打开的快捷菜单中执行【栅格化文字】命令，执行【编辑】/【描边】菜单命令，在打开的【描边】对话框中设置各参数如图6-29所示，单击【确定】按钮，效果如图6-30所示。

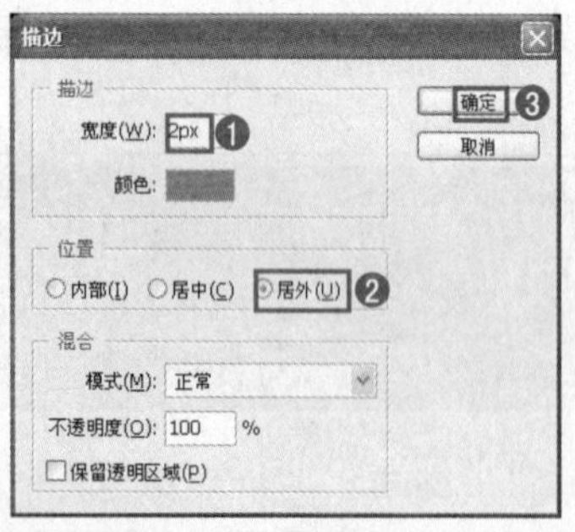

图6-29　【描边】对话框

图6-30　描边效果

09 单击工具箱中的【横排文字工具】T，在画布中输入文字“大碗菜”。选中文字，在【字符】面板中设置各参数如图6-31所示，文字效果如图6-32所示。

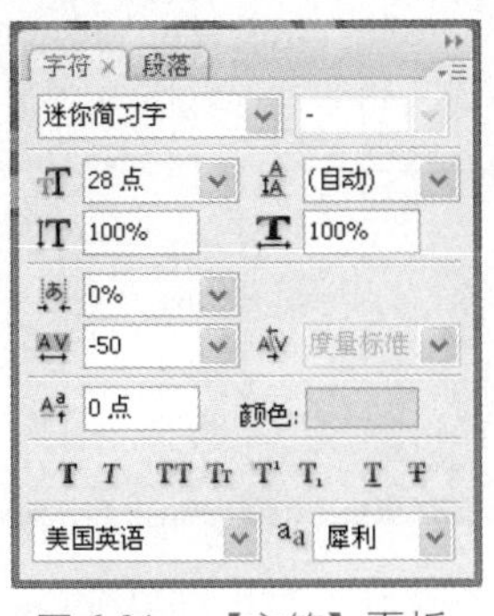

图6-31 【字符】面板

图6-32 输入文字

10 执行【文件】/【打开】菜单命令打开光盘中"06\菜1.jpg～菜6.jpg"图像文件，然后利用工具箱中的【移动工具】，将这些图片放入到前面新建的图像文件中并进行排列，即可完成餐厅招牌的制作。

6.9 疑难解答

问1：为什么按【Ctrl+T】组合键不能打开【字符】面板呢？

答：在Photoshop中，【Ctrl+T】组合键为两个命令的快捷键，一般情况下，按【Ctrl+T】组合键则执行【自由变换】命令，使用文字工具时，确定一个输入点，然后按【Ctrl+T】组合键则可打开【字符】面板。

问2：为什么输入的文字看不见呢？

答：这是设置的文字颜色与背景色相同，打开【图层】面板，即可查看到所输入的文字，将其选中后，重新设置一种颜色即可。

问3：为什么滤镜命令不能用呢？

答：这是由于文字图层还没有被栅格化，必须执行【图层】/【栅格化】/【文字】菜单命令将其栅格化后，才能使用滤镜命令对其进行编辑。

6.10 上机指导——【墙体广告】

实例效果：

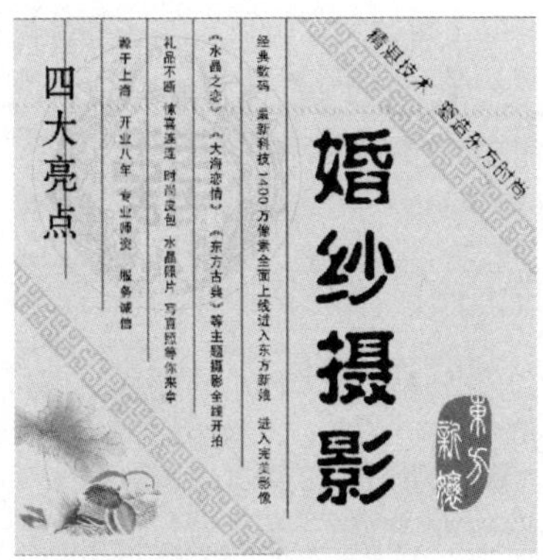

图6-33 墙体广告

操作提示：

（1）结合【自定形状工具】制作广告背景。

（2）调入素材图片。

（3）使用【文字工具】添加文字内容。

6.11 习题

一、填空题

（1）在Photoshop CS3中，文字工具组包括________、________、________和________四种工具。

（2）要输入水平排列的文字应使用________工具，要输入垂直排列的文字应使用________工具。

（3）使用文字工具，可以创建________和________两种文本。

（4）设置文本的字符属性，可通过【字符】面板和________进行设置。

（5）如果要对文字图层使用滤镜、画笔等工具或命令时，必须使用________命令将文字图层转换为普通图层。

（6）在输入文本的同时，按________键可以对文字的位置、大小和形状等参数进行编辑。

二、选择题

（1）在图像文件中创建的文字类型有（ ）。

A．美工文字　　B．单行文字

C．多行文字　　D．段落文字

（2）利用（ ）可以设置文字的行间距。

A．菜单栏　　B．文字工具选项栏

C．【字符】面板　　D．【段落】面板

（3）如果要将文字图层转换为普通图层，应执行以下哪种命令（ ）。

A．执行【图层】/【栅格化】/【文字】菜单命令。

B．执行【图层】/【栅格化】/【形状】菜单命令。

C．执行【图层】/【栅格化】/【填充内容】菜单命令。

D．执行【图层】/【文字】/【转换为工作路径】菜单命令。

第7章 辅助工具及辅助功能

在Photoshop中，为了使操作更加精确和方便，提供了一系列的辅助工具及辅助功能，如使用附注工具组添加注释、使用吸管工具组吸取精确的颜色值、配合使用抓手工具和缩放工具使操作更加快捷等。

7.1 辅助工具

在 Photoshop CS3 中，辅助工具主要包括附注工具组、吸管工具组、抓手工具和缩放工具，灵活应用这些工具，可以使操作更加精确，并大大提高工作效率。

7.1.1 附注工具组

附注工具组包含【附注工具】和【语音批注工具】两种。在图像上增加注释和语音注释可以作为该图像的说明文件，起到提示的作用。使用这两种工具的方法相同。只不过创建语音注释说明文件，计算机必须配备麦克风。

1．附注工具

附注工具的作用是为图像添加文字注释。选择附注工具，其选项栏如图 7-1 所示。

图 7-1 附注工具选项栏

各选项作用如下：

- 作者: User ：可以输入作者的姓名，在图像文件中添加注释后，作者的姓名将显示在注释框上方的标题栏中。
- 大小: 中 ：用于控制文字的大小，包含最小、较小、中、较大和最大五个选项。
- 颜色: ：此项控制注释图标的颜色，单击其右侧的色块，可打开【拾色器】对话框。
- 清除全部 ：此按钮可以清除图像文件中的所有注释，只有在有注释时才启用。

2．语音批注工具

语音批注工具的作用是为图像添加语音注释，要为图像添加语音注释，必须配备麦克风等语音输入设备。

7.1.2 吸管工具组

吸管工具组包含【吸管工具】、【颜色取样器工具】、【标尺工具】、【计数工具】。下面将对它们进行介绍。

1. 吸管工具

吸管工具是用来选取图像中颜色的工具，在填充颜色前，常常需要用吸管工具选取所需颜色。在利用吸管工具的同时，在信息面板中将显示光标所处位置的RGB模式、CMYK模式的颜色值，以及此点的坐标值，如图 7-2 所示，这些数值将随着光标的移动而变化。

选中吸管工具，其选项栏只包含一个"取样大小"选项，主要用来设置取样的范围，单击右侧的下拉按钮，将弹出其下拉菜单，如图 7-3 所示，可根据需要进行选择。

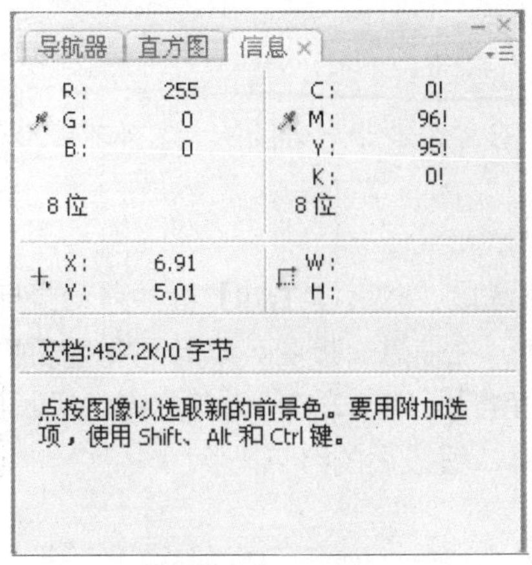

图 7-2 信息面板

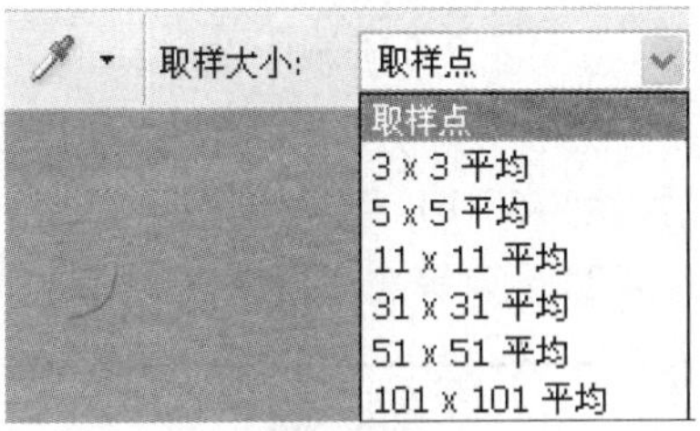

取样大小: 取样点
取样点
3 x 3 平均
5 x 5 平均
11 x 11 平均
31 x 31 平均
51 x 51 平均
101 x 101 平均

图 7-3 吸管选项栏

2. 颜色取样器工具

颜色取样器工具的主要作用是查看颜色信息，在色彩调整过程中起着很重要的作用，它最多可以在图像文件内定义4个取样点，而且颜色信息将在信息面板中保存，如图7-4所示。

单击取样点，按鼠标左键拖动可以改变取样点的位置。将取样点拖出画布范围即可删除该取样点。

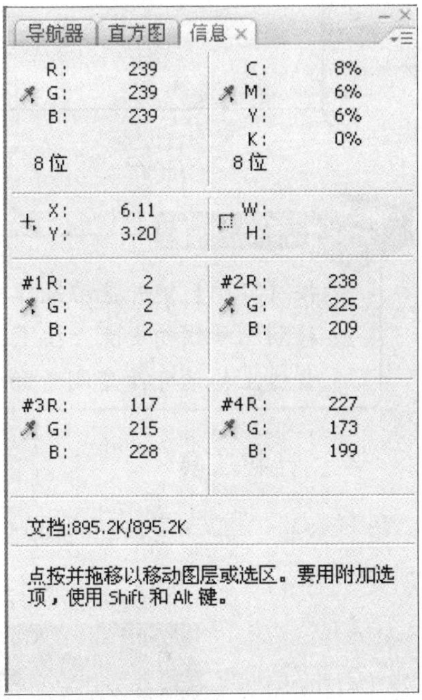

图 7-4 使用颜色取样器

3. 标尺工具

在Photoshop CS3中，标尺工具就是以前版本中的度量工具，主要用于测量任意两点间的距离，以及在水平和垂直方向上的距离，线段的长度和角度。

在工具箱中选择【标尺工具】，然后移动鼠标至图像窗口中拖动即可进行测量。若要测量多边形的某条边的长度，在线条起始位置按下鼠标拖动至线条的末尾处即可。

此时，测量的结果将显示在选项栏中，如图7-5所示。从选项栏中可以看到测量出的长度和线条所在位置的角度以及该线条的水平、垂直距离。

X: 62.00 Y: 142.00 W: 106.00 H: 0.00 A: 0.0° L1: 106.00 L2: 使用测量比例 清除

图 7-5 标尺工具选项栏

初学者可能对信息面板中的X、Y、W、H、A、L等字母不理解，下面将解释它们所代表的含义：

- X、Y：指定鼠标在图像窗口中当前位置的横坐标和纵坐标。当选择测量器工具后，则指定测量的起点坐标值或最终坐标值。

- W、H：分别显示测量的两个端点在水平和垂直方向的距离。
- A、L：分别显示测量的角度和长度值。

使用标尺工具必须配合使用信息面板，懂得各字母的含义是非常必要的，这样才能准确、有效地测量物体。

使用标尺工具还可以测量角度，其操作方法如下：

先按如图7-6所示中的（a）图拖动需测量的第一条线段，然后按【Alt】键并移动鼠标至终点，当光标变成形状时拖动出另一条边即可。此时，在信息面板中可以看到测量后的结果，如图7-6（b）所示。其中“A：135.0°”为测量的角度，“L1：2.47”为第一条线段长度，“L2：4.24”为第二条线段的长度，而X、Y则为测量第二线段后的终点坐标。

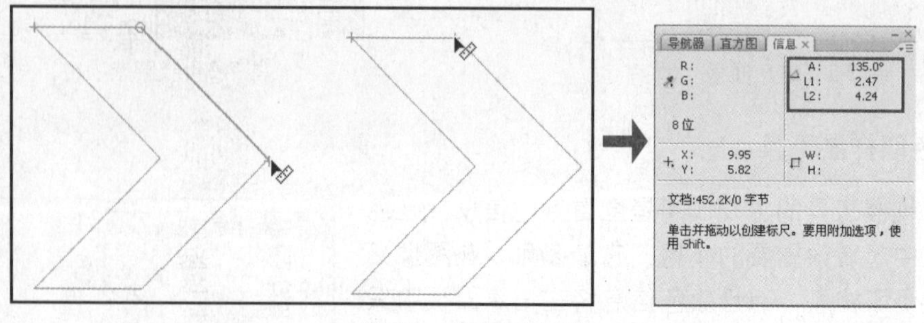

图7-6　使用标尺工具

技　巧

按【Shift】键并拖动鼠标可以沿水平、垂直或45°角的方向进行测量；将鼠标移到测量线的支点上按下鼠标拖动，可改变测量的长度和方向；将鼠标移到测量线上拖动可改变测量的位置。切换到其他工具则可隐藏测量线。

4．计数工具

计数器工具是Photoshop CS3的新增工具，主要用来在图像上计数并标记，如图7-7所示。

图7-7　计数工具

7.1.3 抓手工具

抓手工具的主要作用是用来移动画面，使用它能够看到卷动栏以外的图像区域。抓手工具只能在文档窗口无法完全显示图像时才可用，使用时不改变图像的实际位置，其选项栏如图 7-8 所示。

图 7-8 抓手工具选项栏

选项栏中各选项的具体含义如下：

- 实际像素：单击此按钮，图像将以实际像素显示，也就是以 100% 的比例显示。
- 适合屏幕：单击此按钮，图像将以最合适的比例显示在文档窗口中。
- 打印尺寸：单击此按钮，窗口将缩放为打印分辨率。

7.1.4 缩放工具

缩放工具是用来放大或缩小画面的，其选项栏如图 7-9 所示。

图 7-9 缩放工具选项栏

各选项含义如下：

- 放大/缩小按钮：这两个按钮分别是放大按钮和缩小按钮。在单击缩放工具时，Photoshop CS3 默认为“放大”模式，按【Alt】键可切换为“缩小”模式。
- □调整窗口大小以满屏显示：选择该复选框后，窗口会在放大或缩小图像视图时调整大小。
- □忽略调板：是指使用缩放工具放大窗口时忽略调板。

按【Ctrl+＋】组合键可放大画面；按【Ctrl+－】组合键可缩小画面；按【Ctrl+0】组合键将以最大范围显示画面。缩放工具的快捷键为【Z】，在使用缩放工具时，按【Ctrl＋空格】组合键为放大工具，按【Alt＋空格】组合键为缩小工具。

7.2 辅助功能

在处理图像时，需要创建准确的选区和图形，Photoshop 提供了辅助功能，帮助用户精确定位，以提高工作效率。

7.2.1 标尺

标尺可以显示出当前光标所在位置的坐标值，使选择更加准确。执行【视图】/【标尺】

菜单命令或按【Ctrl + R】组合键可以显示或隐藏标尺。为了方便操作，可以调整原点，将鼠标指向标尺左上角的方格内按下鼠标拖动，在适当处释放鼠标后，其原点即可改变，如图7-10所示。

图7-10 更改标尺原点

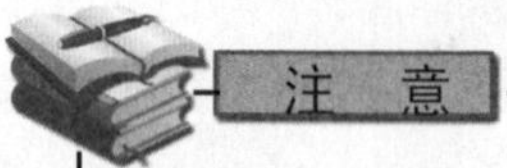

注 意

若要还原标尺的原点位置，在标尺左上角的方框内双击即可。

标尺一般情况下是以“厘米”为单位，若习惯用其他单位时，在标尺上右击，将打开右键菜单，根据需要进行选择即可。

7.2.2 网格

网格主要用来对齐物体。依次执行【视图】/【显示】/【网格】菜单命令或按【Ctrl+′】组合键即可显示或隐藏网格，如图7-11所示为显示网格后的图像。

图7-11 显示网格

在显示网格的情况下，物体将自动贴齐网格或者在创建选取区域时自动沿网格位置进行定位选取。

7.2.3 参考线

参考线与网格一样也是用来对齐物体，它比网格要方便得多，可以任意设定其位置。在使用参考线之前，首先必须显示标尺，然后在标尺上按下鼠标拖动至窗口中，放开鼠标即可出现参考线，如图 7-12 所示。可以建立多条参考线，并可按水平和垂直的方向建立。

图 7-12 建立参考线

此外，还可以对参考线进行移动、显示或隐藏、锁定和删除等操作。

- 移动参考线：按【Ctrl】键拖动参考线即可移动参考线，或者选择移动工具，再将鼠标指向参考线并拖动，也可移动参考线。
- 显示或隐藏参考线：执行【视图】/【显示】/【参考线】菜单命令或按【Ctrl+；】组合键 即可显示或隐藏参考线。
- 锁定参考线：执行【视图】/【锁定参考线】菜单命令即可，锁定后的参考线不能移动。
- 清除参考线：执行【视图】/【清除参考线】菜单命令即可清除图像中所有参考线。如果只想清除其中某一条参考线，可以用拖动参考线至标尺的方法进行删除。
- 新建参考线：执行【视图】/【新建参考线】菜单命令，将弹出【新建参考线】对话框，如图 7-13 所示，在该对话框中根据需要设置参考线的方向及位置，然后单击【确定】按钮即可。

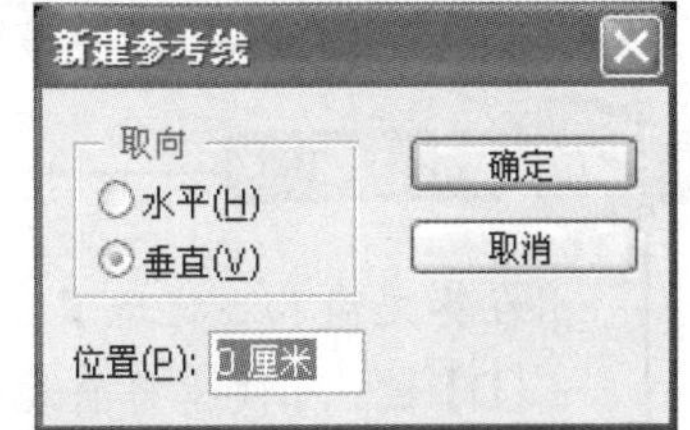

图 7-13 【新建参考线】对话框

- 设置参考线颜色：参考线和网格都可以更改颜色和线型，执行【编辑】/【首选项】/【参考线、网格和切片】菜单命令，系统将打开预置对话框，从中可以设定网格和参考线的线型和颜色。

注 意

若按【Alt】键并单击辅助线可使参考线在水平和垂直方向之间切换。执行【视图】/【对齐到】/【参考线】菜单命令可以使物体自动贴齐参考线或者是在选取区域内自动沿网格位置进行定位选取；执行【视图】/【显示额外内容】菜单命令可以隐藏或显示所有的额外内容，如参考线、网格、切片、选区边缘等，执行【视图】/【显示】/【显示额外选项】菜单命令，然后在弹出的对话框中可以设置显示或隐藏的额外选项。

7.3 工具箱中的其他选项

除了前面所介绍的工具箱中的工具外，工具箱中还包括一些常用的按钮，如前景色、背景色、编辑模式按钮、屏幕显示模式按钮等。

7.3.1 前景色和背景色

工具箱中的前景色色块和背景色色块是用来设置前景色和背景色的，如图7-14所示。各按钮的作用如下：

- 前景色按钮：显示前景色，单击该按钮，将打开【拾色器】对话框。描绘工具如画笔、铅笔工具等都是使用前景色进行绘画的。
- 背景色按钮：显示背景色，单击该按钮也将打开【拾色器】对话框，在该对话框中可设置自己需要的背景色。

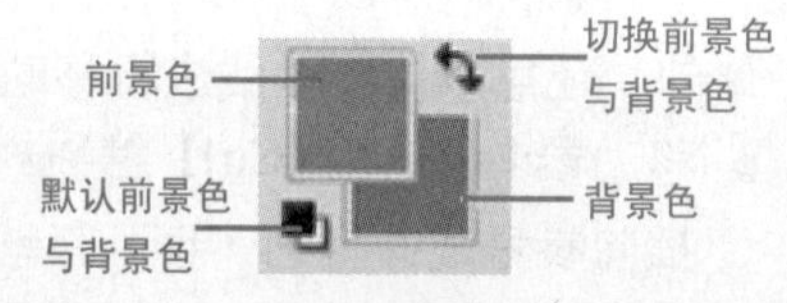

图7-14 前景色和背景色

- 默认前景色和背景色按钮：单击该按钮将恢复默认的前景色和背景色，即前景色为黑色，背景色为白色。
- 切换前景色和背景色按钮：单击该按钮将在前景色和背景色之间进行切换。

技 巧

在英文输入法状态下，按【X】键可快速在前景色和背景色之间来回切换；按【D】键，可快速将前景色设置为黑色，背景色设置为白色；按【Alt+BackSpace】组合键或【Alt+Delete】组合键，可以快速填充前景色；按【Ctrl+BackSpace】组合键或【Ctrl+Delete】组合键，可以快速填充背景色。

7.3.2 切换编辑模式

Photoshop CS3 将以前版本中的两个编辑模式按钮改为了一个按钮，单击这个按钮即可在标准模式和快速蒙版模式之间进行切换。

标准模式是 Photoshop 默认的编辑模式，快速蒙版模式可以在检验图像的同时，不需依靠通道面板的帮助，便可以编辑任意的选取范围。它的优点在于灵活、方便、快捷。几乎可以用 Photoshop 中的所有编辑工具或滤镜来编辑蒙版。

在工具箱中，双击编辑模式按钮，将弹出【快速蒙版选项】对话框，如图 7-15 所示。

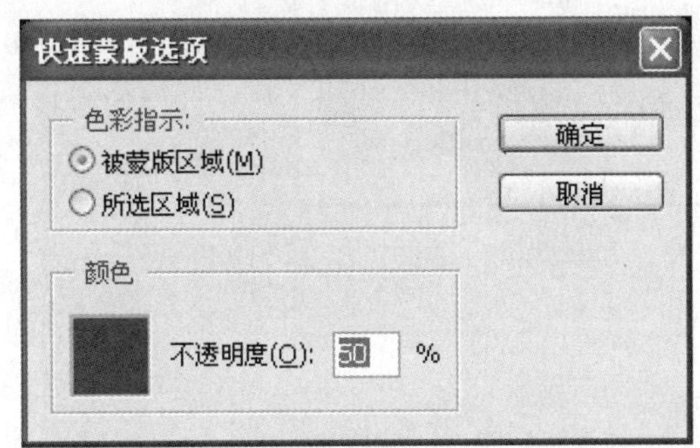

图 7-15 【快速蒙版选项】对话框

该对话框中各选项含义如下：

- 色彩指示：此项包括【被蒙版区域】和【所选区域】两个单选按钮。选择【被蒙版区域】，快速蒙版中不显示色彩的部分将作为最终的选区；选择"所选区域"，快速蒙版中显示色彩的部分将作为最终的选区。
- 颜色：其下的色块决定快速蒙版以何种颜色显示。单击此色块，将弹出【拾色器】对话框，在该对话框中可选择不同的颜色。
- 不透明度：用于控制快速蒙版的透明度，数值越小，透明度越低。

技 巧

在英文输入法状态下，按键盘上的【Q】键，可快速在"标准模式"和"快速蒙版模式"之间进行切换。

7.3.3 切换屏幕显示模式

在以前的旧版本中，屏幕显示模式有三种，并分别设置了三个按钮放置在工具箱中，在 Photoshop CS3 中，屏幕显示模式共有四种，即标准屏幕模式、最大化屏幕模式、带有菜单栏的全屏模式、全屏模式，并且为了节约空间，将这四种模式放在一个组中，在工具箱中单击最底端的屏幕显示模式按钮即可在这四种模式之前进行切换，右击该按钮即可查看到这四种显示模式。

标准屏幕模式是 Photoshop 默认的显示模式，在该模式下会显示所有的组件，如图 7-16 所示。

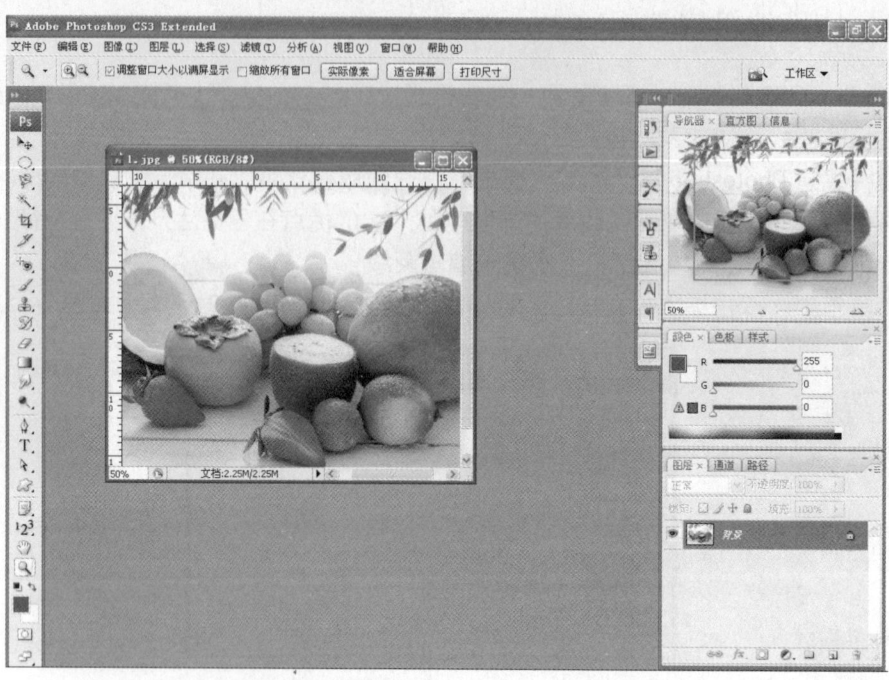

图 7-16　标准屏幕模式显示

切换到【最大化屏幕模式】，窗口将最大限度放大图像窗口进行显示，如图 7-17 所示。

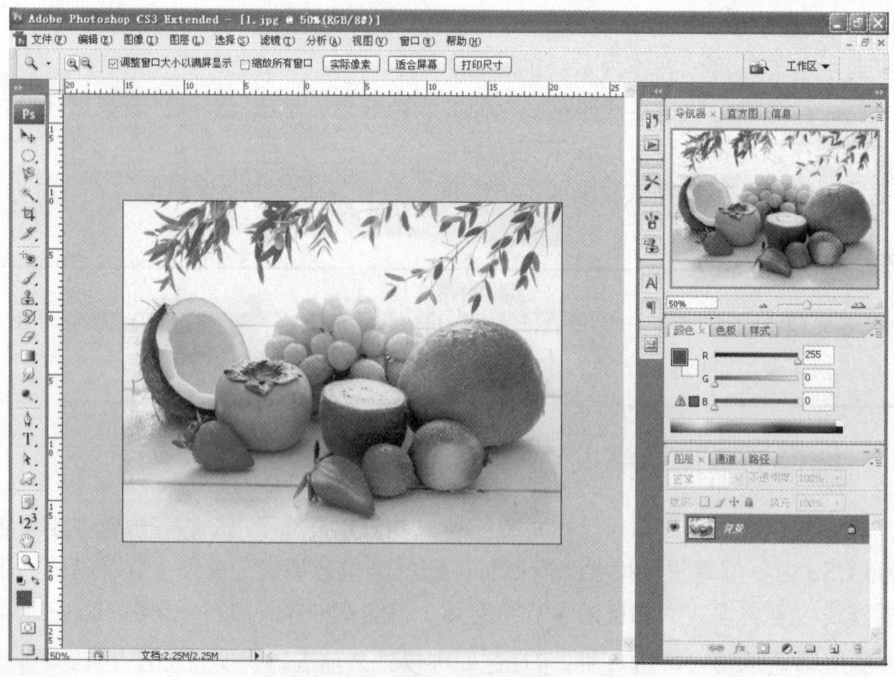

图 7-17　最大化屏幕模式显示

切换到【带有菜单栏的全屏模式】，窗口将以带有菜单栏的全屏模式显示，如图 7-18 所示。

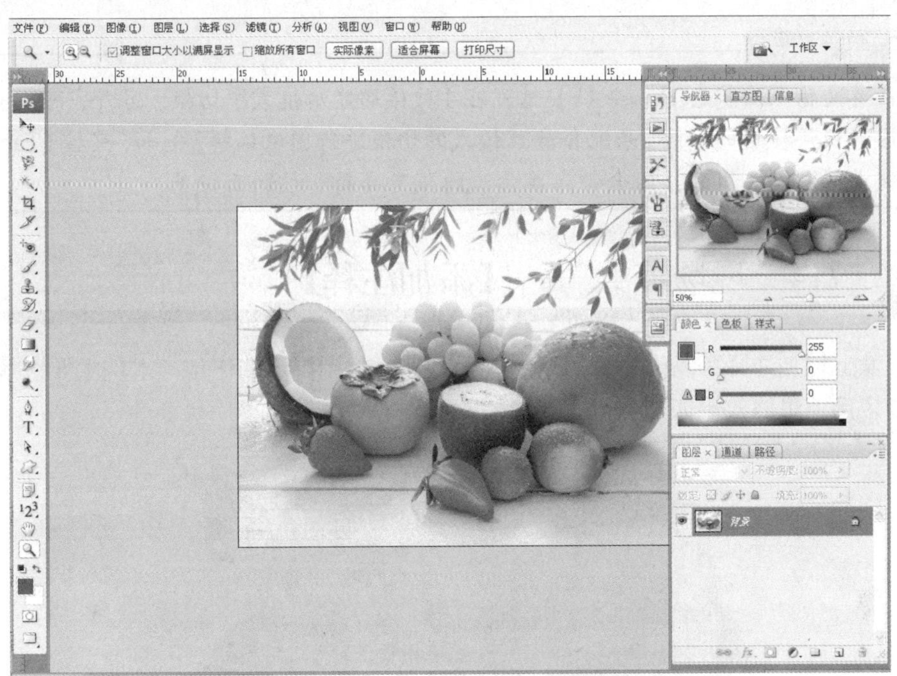

图7-18　带有菜单栏的全屏模式显示

在全屏模式下，图像以外的区域以黑色显示，并隐藏除当前图像之外的所有文档窗口，如图7-19所示。

图7-19　全屏模式显示

提 示

在英文输入法状态下，按【F】键可在4种屏幕显示模式中切换。另外，可以使用其他快捷键的功能，来配合屏幕模式的切换进行图像编辑。例如，可按【Tab】键或【Shift + Tab】组合键来显示或隐藏工具箱和控制面板等。

7.4 现场练兵——【添加注释】

在图像上增加注释可以作为该图像的说明文件，起到提示的作用，本例主要讲解【附注工具】的应用，最终效果如图7-20所示。

图7-20 添加注释

操作步骤：

01 执行【文件】/【打开】菜单命令打开光盘中“07\1.jpg”图像文件，如图7-21所示。

图7-21 打开文件

02 在工具箱中选择【附注工具】，根据需要设置其选项栏参数如图 7-22 所示。

图 7-22 设置选项栏参数

03 单击需设定注释的位置点，或者按鼠标左键在图像窗口中拖出注释窗口，如图 7-23 所示。

04 单击注释窗口内部，输入所需文本"2008 年 5 月 10 日拍摄于汉唐水果超市"，如图 7-24 所示。

图 7-23 拖拉出注释窗口

图 7-24 输入文本

05 单击注释窗口右上角的关闭窗口图标，即可关闭注释窗口，而只留有注释图标，如图 7-25 所示。在此图标上单击鼠标右键，在弹出的菜单中选择【打开注释】选项，即可打开原先创建的注释。

图 7-25 关闭注释窗口

7.5 现场练兵——【为帽子换颜色】

本例在制作过程中，主要使用吸管工具吸取颜色，并进行填充，从而使帽子的颜色变得更加鲜艳夺目，如图 7-26 所示。

图 7-26　为帽子换颜色

操作步骤：

01 执行【文件】/【打开】菜单命令打开光盘中“07\帽子.jpg”图像文件，如图 7-27 所示。

02 在工具箱中选择【魔术棒工具】，单击图像的黑色背景，即可将黑色区域载入选区，如图 7-28 所示。

图 7-27　打开图像

图 7-28　创建选区

03 在工具箱中选择【吸管工具】，将光标移到【颜色】面板中的颜色条上，单击选取颜色如图 7-29 所示。

04 按【Alt+Delete】组合键对选区进行填充，如图 7-30 所示。

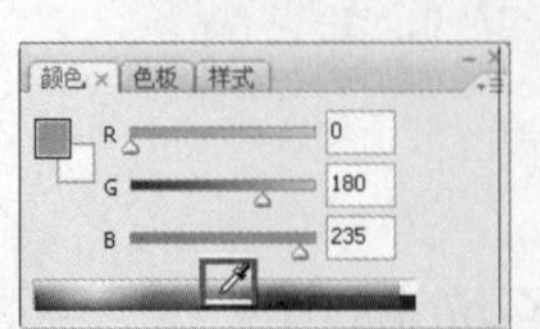

图 7-29　用吸管工具选取颜色

图 7-30　填充选区

05 按【Ctrl+D】组合键取消选区。在工具箱中选择【钢笔工具】沿帽檐绘制路径，按【Ctrl+Enter】组合键将路径转化为选区，如图7-31所示。

06 在工具箱中选择【吸管工具】，并在【颜色】面板中吸取深红色，然后按【Alt+Delete】组合键对选区进行填充，如图7-32所示。

图7-31　将路径转化为选区

图7-32　填充选区

07 在工具箱中选择【魔术棒工具】，在图像中创建选区如图7-33所示，并使用同样的方法为选区填充黄色，然后按【Ctrl+D】组合键取消选区，即可得到最终效果。

图7-33　创建选区

7.6　疑难解答

问1：如何根据自己的需要在图像中创建大小适合的注释框呢？

答：在工具箱中选择【附注工具】后，在画面中拖动鼠标即可绘制一个注释框，达到满意的大小后，释放鼠标即可。

问2：如何放大图像的局部区域呢？

答：使用【缩放工具】在图像窗口中单击即可放大图像，如果要对操作的局部区域放大，以便精确处理，可按鼠标左键不放，拖出一个选区，然后释放鼠标即可。

7.7 上机指导——【添加注释】

实例效果：

图 7-34 添加注释

操作提示：

（1）打开图像文件。

（2）使用【附注工具】为图像添加注释文字。

7.8 习题

一、填空题

（1）吸管工具组包含________________、________________、________________和________________4 种工具。

（2）________________的主要作用是用来移动画面，使用它能够看到卷动栏以外的图像区域。

（3）执行________________菜单命令或按【Ctrl+'】组合键即可显示或隐藏网格。

二、选择题

（1）颜色取样器工具的主要作用是查看颜色信息，在色彩调整过程中起着很重要的作用，它最多可以在图像文件内定义（ ）个取样点。

A．5　　B．4

C．6　　D．3

（2）执行【视图】/【标尺】菜单命令或按（ ）组合键可以显示或隐藏标尺。

A．【Ctrl+N】　　B．【Ctrl+O】

C．【Ctrl+D】　　D．【Ctrl+R】

（3）在英文输入法状态下，按（ ）键可在屏幕显示模式中切换。

A．F　　B．D

C．E　　D．V

第8章 颜色调整

在Photoshop中处理与调整图像，实际上是控制与调整图像的像素色彩与色调，在调整图像之前，必须对图像的色彩与色调有清晰的认识，掌握颜色理论和色彩与色调的关系，才能快捷而准确地处理与调整图像。

8.1 色彩基础

色彩是日常生活中最常见、最熟悉的，从大自然中的天空、大地、山川、河流到日常生活中的衣、食、住、行、用，无时不有，无处不在，可以说是人们最常见的东西。

8.1.1 色光三原色

让一束太阳光通过三棱镜投射到白色的屏幕上，会显示出一条由红、橙、黄、绿、蓝、青、紫组成的光带，这条光带叫做可见光谱。光谱中的主要颜色为红、绿、蓝，这三种色光可以模拟出自然界的各种颜色，所以把红、绿、蓝色称为色光的三原色（英文简称为RGB）。日常生活中的彩色电视机、计算机的显示器，其成像原理都是基于色光的三原色。

色光的相加（混合）所获得的新色光其亮度增加，故称色光的混合为加色法，如图8-1所示。改变色光三原色中任意两种或三种色光的混合比例，可以得到各种不同颜色的色光。色光的颜色感觉是光波直接刺激人眼的结果，而光波具有能量，色光混合的数量越多，光的能量值越大，形成的色光也就越明亮。

色光加色法的呈色原理可用下面的公式表达：

- 红（R）+绿（G）=黄（Y）
- 红（R）+蓝（B）=品红（M）
- 蓝（B）+绿（G）=青（C）
- 红（R）+绿（G）+蓝（B）=白（W）

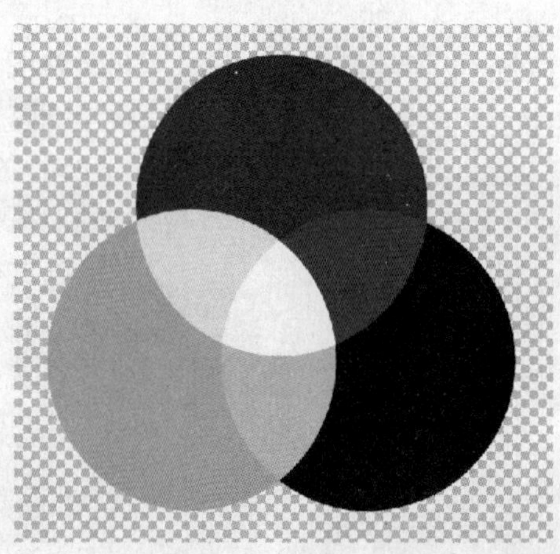

图8-1　加色三原色

8.1.2 色料三原色

所谓色料，就是指油墨、颜色料等物质。在印刷材料中，纸和油墨是不发光的，也就是说，它们实际上没有颜色，只是在被光照射时显现出"颜色"。色料选择性地吸收部分波长的光，反射其余波长的光，改变了光波的成分，就能产生"颜色"的效果。

色料的三原色是青、品红和黄（英文简写为CMY）。从理论上说，色料三原色可以匹配

出成千上万种颜色。色料三原色呈现的色相是从白光中减去某种单色光，得到的另一种色光的效果，所获得的颜色其明度降低，故称色料的混合为减色法，如图8-2所示。

色料减色法的呈色原理可以用下面的公式表达：

- 黄（Y）+品红（M）=白（W）-蓝（B）-绿（G）=红（R）
- 黄（Y）+青（C）=白（W）-红（R）-红（R）=绿（G）
- 青（C）+品红（M）=白（W）-红（R）-绿（G）=蓝（B）
- 黄（Y）+品红（M）+青（C）=白（W）-蓝（B）-绿（G）-红（R）=黑（K）

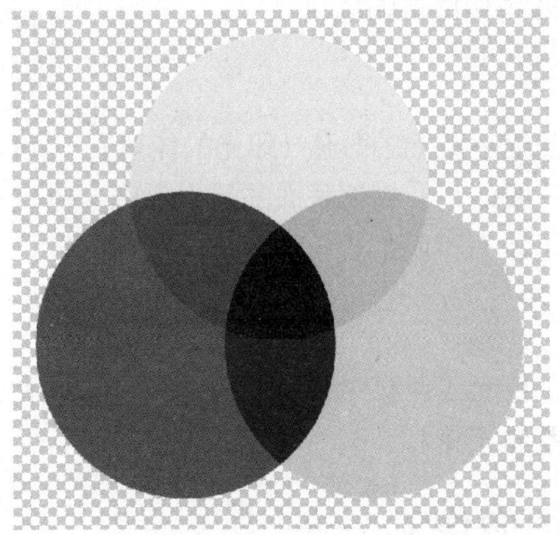

图8-2 减色三原色

8.1.3 非彩色

颜色分为非彩色和彩色两大类。非彩色就是黑、白及从黑暗到最亮的各级灰色，它们可以排列成一个系列，称为灰度系列。该系列中由黑到白的变化可以用一条灰色带表示，一端是纯黑，另一端是纯白，如图8-3所示。物质将可见光全部反射，反射率等于100%为纯白；物质将可见光全部吸收，反射率等于0%为纯黑。

实际生活中没有纯白和纯黑的物质。在印刷中，纸张表面对可见光反射率一般在80%～90%以上，视觉上的感觉便是白色；图文部分对可见光的反射率在4%以下则感觉是黑色。

图8-3 非色彩色带

8.1.4 色彩原理

要理解和运用色彩，必须掌握进行色彩归纳整理的原则和方法。其中最主要的是掌握色彩的属性。

色彩可分为无彩色和有彩色两大类。无彩色有明有暗，表现为白、黑，也称色调。有彩色表现很复杂，但可以用三个属性来确定，即色相、亮度和饱和度。这三个量是颜色的基本特征，而且缺一不可。

1．色相

色相是色彩最基本的特征，用以区别于另外一种颜色，人们根据色彩来称呼颜色，如红色、黄色、绿色等。色光的色相是其辐射的光波对人眼的刺激产生的感觉；色料的色相取决于色料本身对可见光选择性吸收和反射的结果。

2．亮度

在光度学上把颜色的亮度描述成光的数值（即光的能量），也可以把亮度理解为人眼所能感觉到的色彩的明暗程度。一般认为，物体表面的反射率高，亮度就大。亮度和色相之间没有必然的联系，相同的色相可以有不同的亮度。

3．饱和度

饱和度指颜色的纯洁度。色光或色料中各种原色成分是最饱和的颜色。在色光中加入白光成分或黑色成分越多时，就越不饱和。

8.2 分析图像像素分布

在使用各种命令对图像进行色彩调整前，首先应观察图像像素的分布情况。执行【窗口】/【直方图】菜单命令，在打开的【直方图】面板中即可观察图像像素的分布情况。

"直方图"以图形的形式表现图像的每个亮度色阶处像素的数量，通过观察直方图可以分析出图像在暗调、中间调和高光部分中是否包含足够的细节，以便进行相应校正。

在【直方图】面板中单击右上角的倒三角按钮，将打开其面板菜单，从中选择相应的菜单命令即可展开直方图面板，以便详细观察图像像素分布情况，如图8-4所示。

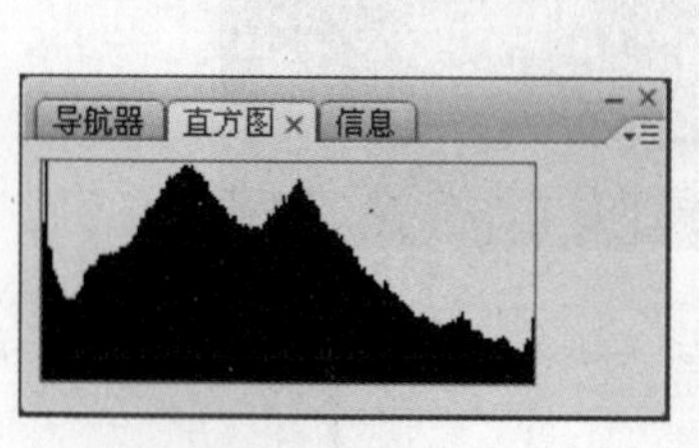

紧凑视图

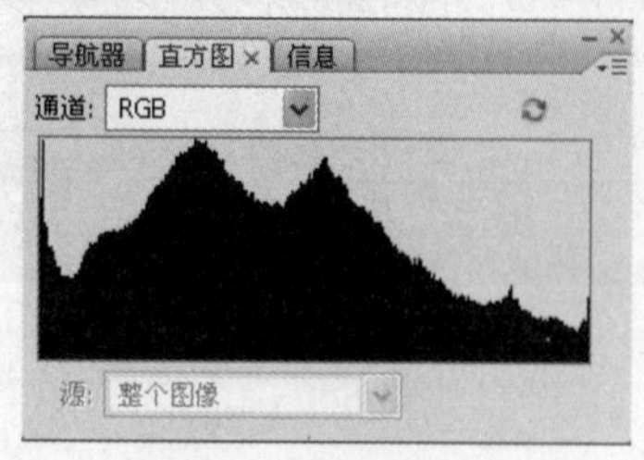

扩展视图

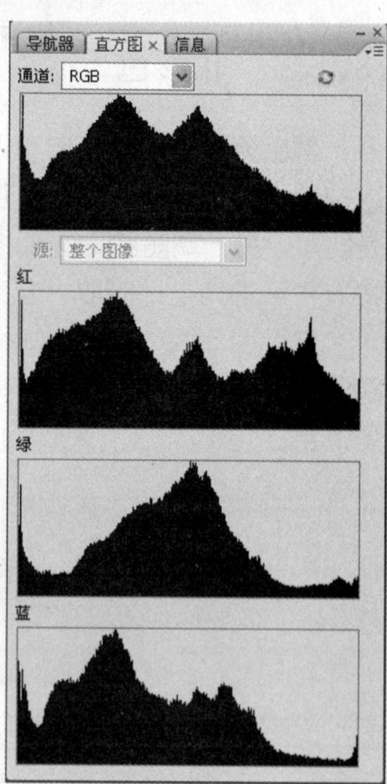

全部通道视图

图8-4 【直方图】面板

8.2.1　整体观察

“直方图”的水平轴表示亮度值或色阶，从最左端的最暗值 0 到最右端的最亮值 255；“直方图”的纵坐标为图像中拥有对应横轴上某亮度值的像素量。

如果在水平轴的右侧聚集有过多的像素，则表示该图像过亮或亮调区域占图像的面积过大，此类图像往往类似于如图 8-5 所示的图像。

图 8-5　亮调较多的图像

反之，如果水平轴的左侧聚集过多的像素，则表示该图像过暗，如图 8-6 所示。

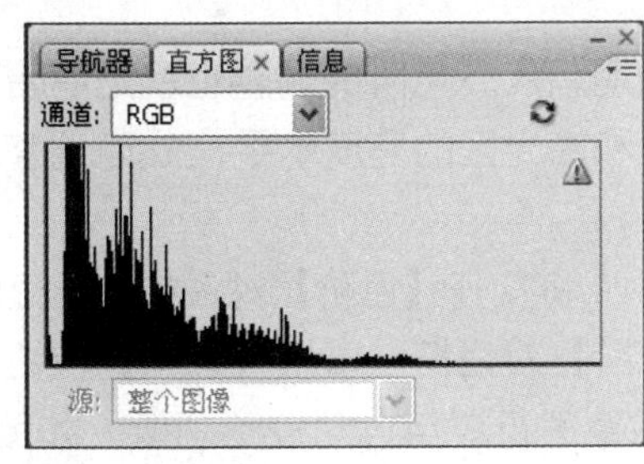

图 8-6　暗调较多的图像

一幅亮度均匀的图像，其直方图上往往类似于如图 8-7 所示，即像素较为平均地分布在各个色调范围。

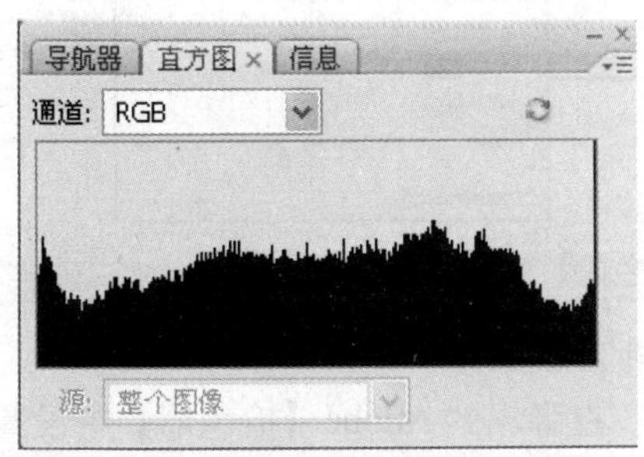

图 8-7　亮度均匀的图像

8.2.2 认识参数值

当以“扩展视图”和“全部通道视图”方式显示直方图面板时，其下方有许多参数，利用这些参数可以获得当前图像的信息，从而更准确地分析图像。各项参数的含义如下：

- 平均值：图像平均亮度值。
- 标准偏差：像素亮度值的变化范围。
- 中间值：亮度值范围内的中间值。
- 像素：用于计算直方图的像素总数。
- 色阶：光标当前位置区域的亮度级别。
- 数量：相当于光标当前位置亮度级别的像素总数。
- 百分位：光标所指的级别或该级别以下的像素累计数。该值表示为图像中所有像素的百分数，从最左侧的0%到最右侧的100%。
- 高速缓存级别：图像高速缓存的设置。

8.3 图像色调调整

调整图像的色调，主要是对图像的明暗进行调整。调整色调的命令主要有色阶、自动色阶、自动对比度、自动颜色、曲线、色彩平衡和亮度/对比度命令。

8.3.1 色阶调整

色阶是指各种图像色彩模式下图形原色的明暗度，色阶的调整也就是明暗度的调整。色阶命令允许通过修改图像的阴影区中间色调区和高光区的亮度水平，从而调整图像的色调范围和颜色平衡。

执行【图像】/【调整】/【色阶】菜单命令，将打开【色阶】对话框，通过该对话框可以对整个图像或某一选取范围进行调整。在【色阶】对话框中单击【选项】按钮，将弹出【自动颜色校正选项】对话框，从中可以设置对图像进行应用自动校正功能，如图8-8所示。

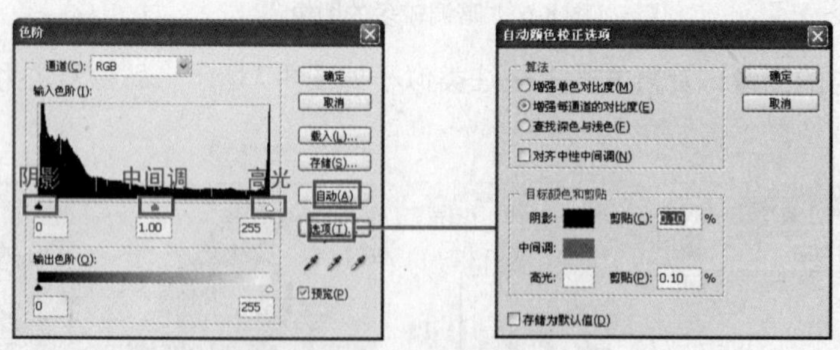

图8-8 【色阶】对话框

如果要调整中性色调，可以通过以下两种方法操作：

- 双击【色阶】对话框中的吸管工具，在弹出的Adobe【拾色器】中设置中性灰色指定的值，单击【确定】按钮，然后单击图像中应为中性灰色的部分。
- 单击【色阶】对话框中的【选项】按钮，然后单击“中间调”色块，将弹出Adobe【拾

色器】，在其中设置中性灰色指定的值，单击【确定】按钮。

8.3.2　自动调整图像色调

Photoshop 提供了三种对图像色彩的自动调整功能，即自动色阶、自动对比度、自动颜色。这三种命令可以不用手动调整其设置参数，由 Photoshop 执行推荐的设置参数。

1．自动色阶

【自动色阶】命令的作用是自动调整图像的明暗度。它可以把图像中不正常的高光或暗调进行初步处理，并按比例重新分布像素值，而不用在【色阶】对话框进行操作。对于比较明显的缺乏对比度的图像，可以用自动色阶调整命令，如图 8-9 所示。

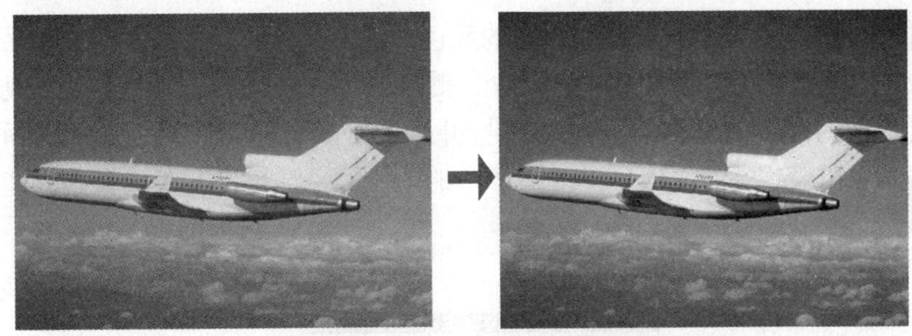

图 8-9　应用【自动色阶】命令调整图像

2．自动对比度

【自动对比度】命令主要用于自动调整图像高光和暗部的对比度。它可以把图像中最暗的像素变成黑色，最亮的像素变成白色，使得高光区显得更亮，阴影区显得更暗，从而使图像的对比更加强烈，如图 8-10 所示。

图 8-10　应用【自动对比度】命令调整图像

【自动对比度】命令可以较好地改进照片或其他色调连续的图像。但对那些色调单一的图像不会起什么作用。

3．自动颜色

【自动颜色】命令的作用是自动调整图像整体的色彩，如图像中的颜色过暗、饱和度过高等，都可使用该使用进行调整，如图 8-11 所示。

图 8-11　使用【自动颜色】命令调整图像

8.3.3　曲线调整图像颜色

使用【曲线】命令可以调整整幅图像的颜色。它与【色阶】命令类似，曲线命令同样可以调整图像的整个色调范围。比【色阶】命令更能进行精确调整，【曲线】命令可以对图像的阴影到高光范围内最多调整 14 个不同的点，并且可以微调到 0～255 色调值之间的任何一种亮度级别，还可以使用【曲线】命令对图像中的个别颜色通道进行精确调整。如图 8-12 所示为【曲线】对话框。

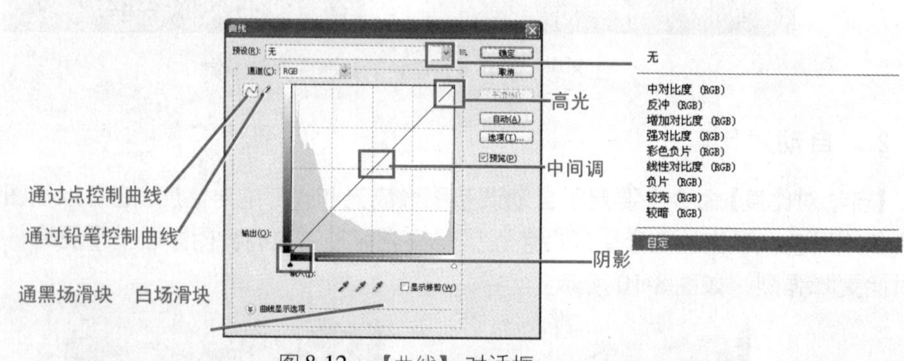

图 8-12　【曲线】对话框

也可以通过“铅笔”绘制曲线，然后通过平滑曲线来调节图像，其操作步骤如下：

01 单击【曲线】对话框中的【铅笔】按钮。

02 拖动鼠标在【曲线】的图表区绘制曲线。

03 单击【平滑】按钮将绘制的曲线平滑至适合状态。

Photoshop CS3 版本同时还提供了预设曲线调整方案功能，用户除了手工对曲线进行编辑外，还可以通过单击【预设】选项栏右侧的下拉按钮，从弹出的菜单中选择预设的曲线调整方案。

8.3.4　色彩平衡

【色彩平衡】命令可以简单快捷地调整图像阴影区域、中间色调区域和高光区域的各个色彩成分，并混合各色彩达到平衡。

执行【图像】/【调整】/【色彩平衡】菜单命令，将弹出【色彩平衡】对话框，如图8-13所示。

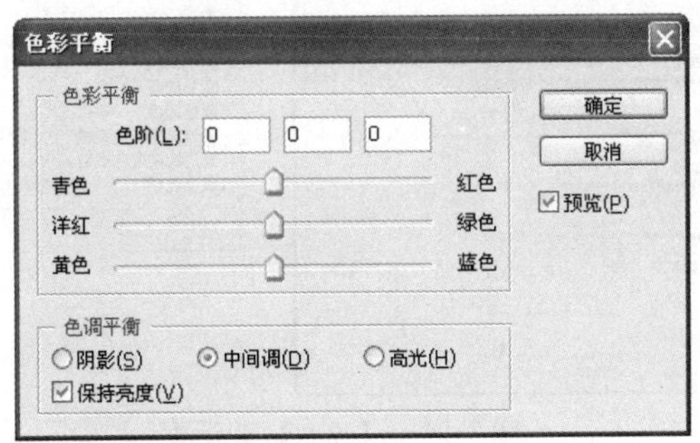

图8-13 【色彩平衡】对话框

在【色彩平衡】对话框中各选项参数说明如下：

- 颜色调节滑块：在此可以调整互补的CMYK和RGB色，通过拖动相应的滑块即增加相应颜色和减少该颜色的补色在图像中的比例。如要增加图像中的红色，只需拖动滑块向红色方向即可。
- 色调平衡：用于分别调整图像中区域的阴影、中间调和高光，选中相应的单选按钮，即可调整相应区域的颜色值。
- 保持亮度：选择【保持亮度】复选框，可以在调整图像颜色值的同时，不改变图像的亮度值，保持图像色调的平衡。

8.3.5 亮度／对比度

【亮度/对比度】命令能一次性对整个图像做亮度和对比度的调整。它不考虑原图像中不同色调区的亮度/对比度差异的相对悬殊，对图像的任何色调区的像素都一视同仁。所以它的调节虽然简单却并不准确。但对各色调区的亮度/对比度差异相对悬殊不太大的图像还是能起到一些作用。

CS3版本中【亮度／对比度】命令运用了新的图像调整方式，在调整图像亮度和对比度的同时，不再对图像的色彩进行大幅的修改，如果用户习惯使用旧版的【亮度／对比度】命令，只需在【亮度／对比度】对话框中选择【使用旧版】复选框即可。

8.4 图像色彩调整

调整图像的色彩主要是对图像的色相、饱和度进行调整。Photoshop CS3中提供了一系列的色彩调整命令，接下来将对其进行讲解。

8.4.1 黑白

【黑白】命令是Photoshop CS3版本的新功能，此命令可以快速地将彩色图像转换为灰度图像，或选择一种颜色转换为单一色彩图像，如图8-14所示为【黑白】对话框。

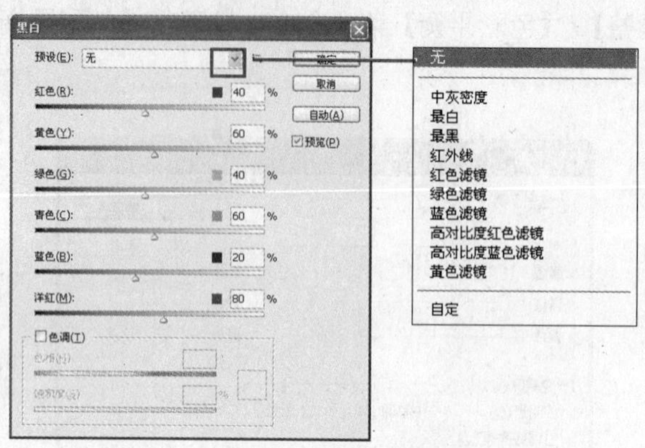

图 8-14　【黑白】对话框

在【黑白】对话框中，其参数选项说明如下：

- 预设：在该项下拉菜单中，Photoshop CS3 预设了多种图像处理方案，可以快捷地将图像处理各种灰度效果。
- 调整颜色：在调整颜色区域时，可以分别对【黑白】对话框中所提供的 6 种颜色进行调整，即对图像中所对应的色彩进行灰度处理。
- 色调：使用色调功能可以对图像添加一个叠加颜色，即对图像进行着色处理；同时可以使用右边的拾色器进行颜色选择。

8.4.2　色相 / 饱和度

【色相 / 饱和度】命令可以调整整个图像或图像中单个颜色成分的色相、饱和度和亮度。

所谓色相，简单地说就是颜色，即红橙黄绿青蓝紫。所谓饱和度，简单地说就是一种颜色的鲜艳程度，颜色越浓，饱和度越大，颜色越浅，饱和度越小。亮度就是明亮程度。

执行【图像】/【调整】/【色相 / 饱和度】菜单命令，将弹出如图 8-15 所示的对话框。

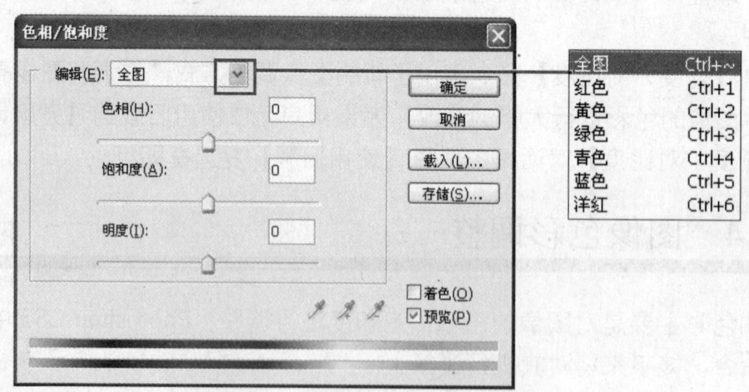

图 8-15　【色相 / 饱和度】对话框

【色相 / 饱和度】对话框各参数说明如下：

- 编辑：如果在该项中选择【全图】选项即对图像中所有的颜色进行调节，也可以单独选择其一种颜色进行调节。

- 色相：使用该项可以调节图像的色调，向左或向右拖动滑块都将得到一个新的色相。
- 饱和度：使用该项可以调节图像的饱和度，增加饱和度向右拖动滑块，减少饱和度向左拖动滑块。
- 明度：使用该项可以调节图像的亮度，向右拖动滑块增加亮度，向左拖动滑块减少亮度。
- 着色：该项用于将当前图像转换成某一种色调的单色图像。

如果在【编辑】下拉列表框中选择某种颜色，那么在对话框的下方颜色带上将显示相对应的颜色选区，并同时激活吸管工具，如图 8-16 所示。

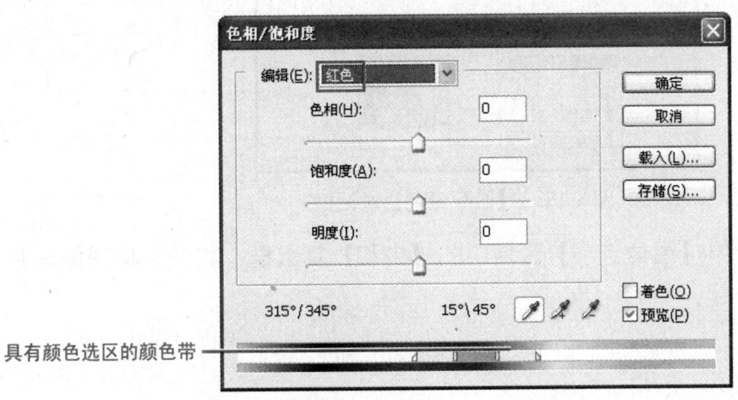

图 8-16 【色相／饱和度】对话框

8.4.3 去色

【去色】命令可以在不改变图像的颜色模式下，将图像的颜色去掉，得到灰度模式下的效果。在色彩被除去的过程中，每个像素保持原有的亮度值。

该命令能产生与在【色相／饱和度】对话框中将饱和度值调为 100 时相同的效果。

如果图像有多个图层，则去色命令只会作用于被选择的图层。

8.4.4 匹配颜色

【匹配颜色】命令可以在多个图像之间、多个图层之间或多个选区之间进行匹配，该命令只适合 RGB 模式的图像，通过【匹配颜色】命令还可以更改亮度和色彩范围以及中各色来调整图像中的颜色。

执行【图像】/【调整】/【匹配颜色】菜单命令，将弹出如图 8-17 所示的对话框。

在该对话框中的【源】下拉列表框中，选择源图像的名称，然后在【图像选项】区域中，调整明亮度、颜色强度、渐隐选项，各选项含义如下：

- 明亮度：调整目标图像的亮度。
- 颜色强度：调整目标图像颜色的饱和度。
- 渐隐：调整目标图像颜色与源图像颜色的融合程度。

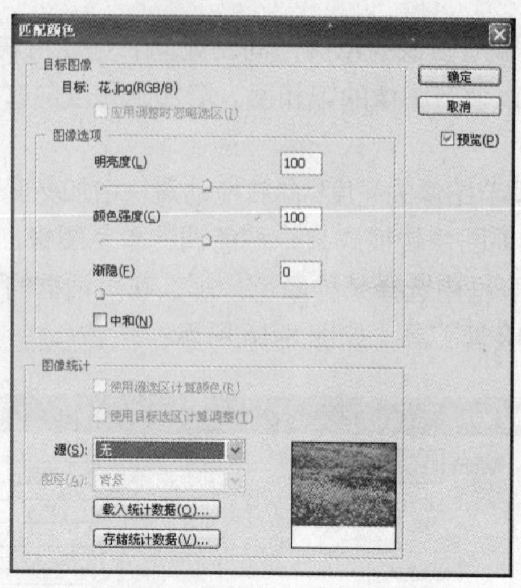

图 8-17　【匹配颜色】对话框

在调整图像时，选中【图像选项】区域中的【中和】复选框，将使目标图像与源图像的颜色更完美地融合在一起。

8.4.5　替换颜色

【替换颜色】命令可以替换图像中某个特定范围的颜色，执行【图像】/【调整】/【替换颜色】菜单命令，将打开如图 8-18 所示的对话框，在【替换颜色】对话框中可以对选定范围的色相、饱和度和亮度分别进行控制。

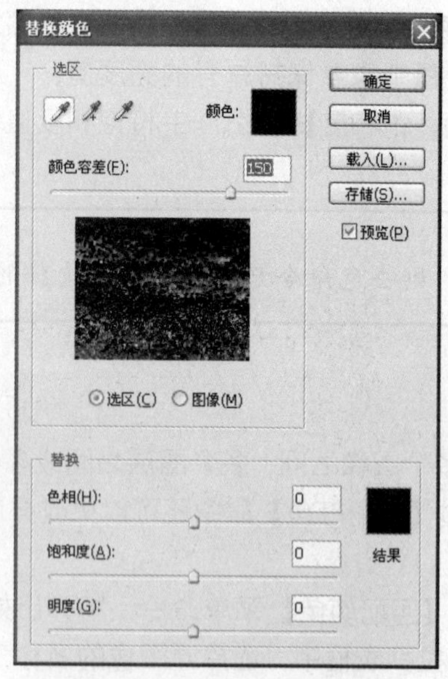

图 8-18　【替换颜色】对话框

8.4.6　可选颜色

【可选颜色】命令可以对某种颜色进行有针对性的修改，而且不影响其他的颜色。在【可选颜色】对话框中可以设定在颜色列表中的颜色。它是一种在高终端扫描仪和一些颜色分离程序中使用的技术。它基于组成图像某一主色调的四种基本印刷色，选择性地改变某一种主色调（如红色）的某一种印刷色（如青色）的含量，而不影响该印刷色在其他主色调中的表现，从而对图像的颜色进行校正。

执行【图像】/【调整】/【可选颜色】菜单命令，将打开如图 8-19 所示的【可选颜色】对话框。

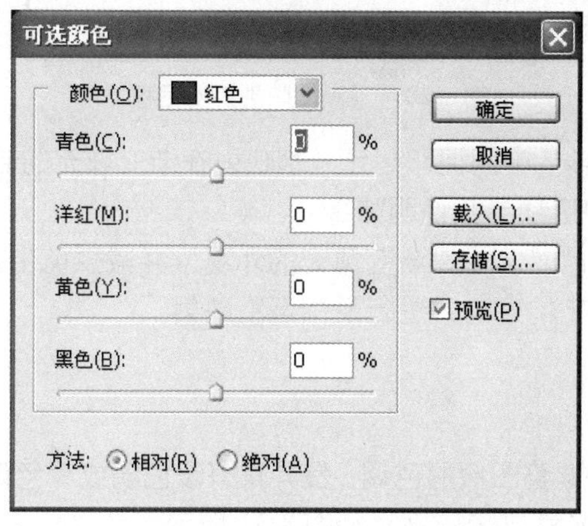

图 8-19　【可选颜色】对话框

在【可选颜色】对话框中，"方法"项的参数说明如下：

- 相对：调整时按照总量的百分比更改现有的青色、洋红、黄色或黑色的分量，如将 60% 的洋红减少 20%，则洋红的像素总量为 48%。
- 绝对：采用绝对值调整颜色，所做的调整无论是相加还是相减都是以累积的方式进行的，如将 60% 的洋红减少 20%，则洋红的像素总量变为 40%。

8.4.7　通道混合器

【通道混合器】命令可以通过对颜色通道的混合来修改颜色通道，产生图像合成的效果。用【通道混合器】命令可做如下一些操作：

- 创造一些其他颜色调整工具不易做到的调整效果。
- 从每种颜色通道选择一定的百分比来创作出高质量的灰度图像。
- 创作高质量的棕褐色图像或其他颜色的图像。
- 将图像转换到其他可选的颜色空间。
- 交换或复制通道。

8.4.8　渐变映射

使用【渐变映射】命令可将相等的图像灰度范围映射到指定的渐变填充色中。

利用渐变映射命令，可以将一幅图像的最暗色调映射为一组渐变色的最暗色调，将图像最亮色调映射为渐变色的最亮色调，从而将图像的色阶映射为这组渐变色的色阶。

执行【图像】/【调整】/【渐变映射】菜单命令，将打开如图8-20所示的【渐变映射】对话框。

图8-20　【渐变映射】对话框

默认情况下图像的阴影、中间调和高光分别映射在渐变填充的起始颜色到中点和结束颜色，【渐变填充】对话框中选项参数说明如下：

- 仿色：添加随机杂色以及平滑渐变填充的外观，并减少色带效果。
- 反向：切换渐变填充的方向，进行反向渐变映射。

8.4.9　照片滤镜

【照片滤镜】命令用于调整图像的色调，使其具有暖色调或冷色调，并可以自定义其他色调，它的原理是模拟传统光学滤镜特效，如图8-21所示。

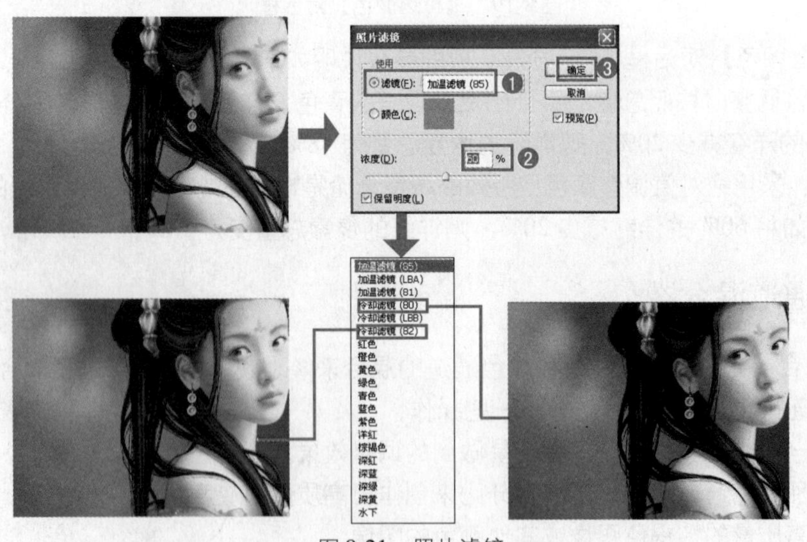

图8-21　照片滤镜

8.4.10　阴影/高光

【阴影/高光】命令主要用于修正曝光过度的照片，该命令可以分析出图像中局部过亮或过暗的细节，将图像完整地展现出来。

执行【图像】/【调整】/【阴影/高光】菜单命令，将打开如图8-22所示的【阴影/高光】对话框。

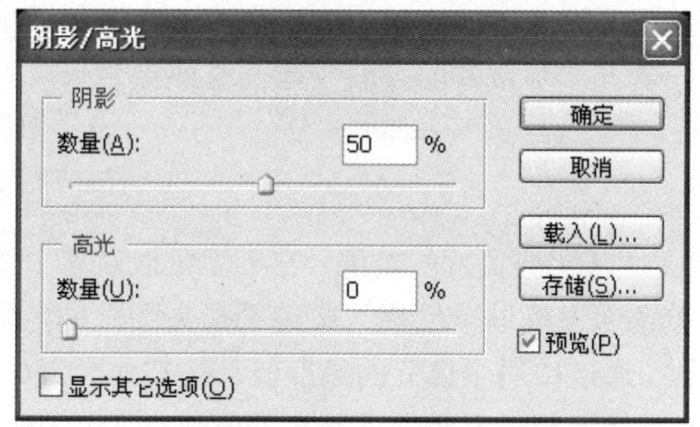

图8-22　【阴影/高光】对话框

其参数选项说明如下：

- 阴影：该项用于控制图像的暗部区域的明亮程度，数值越大则暗部区域越亮。
- 高光：该项用于控制图像的高光区域的明亮程度，数值越大则高光区域越暗。

8.4.11　曝光度

【曝光度】命令主要用于调整HDR图像的色调，同时也可以用于8位或16位图像；【曝光度】命令是通过在线性颜色空间执行计算而得出的。

使用【曝光度】命令调整图像的效果如图8-23所示。

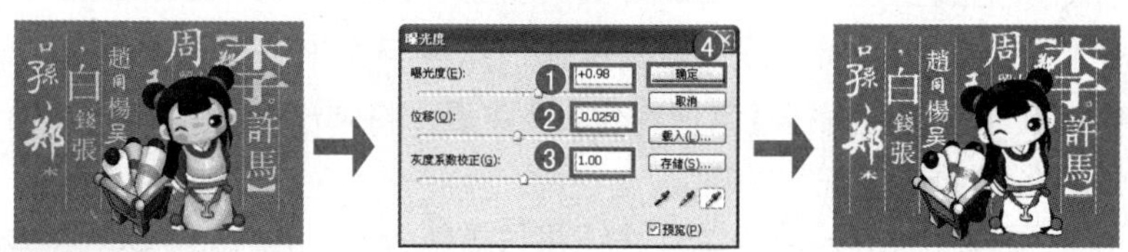

图8-23　设置图像的曝光度

【曝光度】对话框中各选项参数说明如下：

- 曝光度：调整色调范围的高光端，对极限阴影的影响很轻微。输入正值将增加图像的曝光度；负值将降低图像的曝光度，使图像黑色增加。
- 位移：使阴影和中间调变暗，对高光的影响很轻微。输入正值将增加图像中的曝光度范围，负值将减少图像中的曝光度范围。
- 灰度系数校正：使用简单的乘方函数调整图像灰度系数。
- 设置黑场：使用此工具在图像中单击时，将设置“位移”选项，同时将单击的点改为零。
- 设置白场：使用此工具在图像中单击时，将设置“曝光度”选项，同时将单击的点改变为白色。
- 设置灰点：使用此工具在图像中单击时，将设置“曝光度”选项，同时将单击的点改变为中度灰色。

8.5 特殊色调调整

特殊色调调整命令包括反相、色调均化、阈值、色调分离和变化5个命令。虽然其他命令也能实现这些命令的功能，但在执行时没有这些命令简单直接。

8.5.1 反相

【反相】命令可以把图像转化成负片的效果。它不但可以对整个图像进行反相，而且还可以对选取的局部范围、单色通道等进行反相，并且不损失图像的色彩信息。

当将一张图片反相时，通道中每个像素的亮度值都被转化为256种亮度级别上相反的值，就是说原来亮度值为-10的像素经过反相之后其亮度值变为256-10=246。

注 意

因为彩色胶片的最低层中含有一层橙色膜，所以反相命令不能将扫描的彩色胶片变成正片或负片。

8.5.2 色调均化

【色调均化】命令可以查找图像中最暗和最亮的像素，然后重新分配图像中各像素的亮度值，将最暗的像素变为黑色，最亮的像素变为白色，中间像素均匀颁布到相应的灰度上，这样可以让色彩分布更加均匀。

当扫描的照片显得比较暗时，就可以用色调均化命令来平衡亮度值，使图像变亮。

如果图像中存在选区，在执行【色调均化】命令后，将弹出如图8-24所示的【色调均化】对话框，该对话框各选项参数说明如下：

- 选择“仅色调均化所选区域”单选按钮将只重新分布选区内的图像像素。
- 选择“基于所选区域色调均化整个图像”单选按钮即通过选区内的图像最亮和最暗像素值的中间值来均化整个图像。

图8-24 【色调均化】对话框

8.5.3 阈值

【阈值】命令可以将一张灰度图像或彩色图像转变为高对比度的黑白图像，可以指定亮度值作为阈值，图像中所有亮度值比它小的像素都将变成黑色，所有亮度值比它大的像素都将变成白色。

8.5.4 色调分离

【色调分离】命令可以指定图像中每个通道的色调级（或亮度值）数目，然后将像素映射为最接近的匹配色调。例如，在RGB图像中选择两种亮度级就能得到6种颜色：

两红、两绿和两蓝。

【色调分离】命令在为色彩平淡乏味的图片创建特殊效果方面显得非常有用，若用色调分离命令减少一幅灰度图像的灰度级别，产生的效果更为明显。

8.5.5 变化

【变化】命令可以让用户在调整图像或选区的色彩平衡、对比度和饱和度的同时，看到图像或选区调整前和调整后的缩略图，使调节更为简单快捷。

该命令对于色调平均不需要精确调节的图像非常适用。

执行【图像】/【调整】/【变化】菜单命令，将打开如图8-25所示的【变化】对话框。

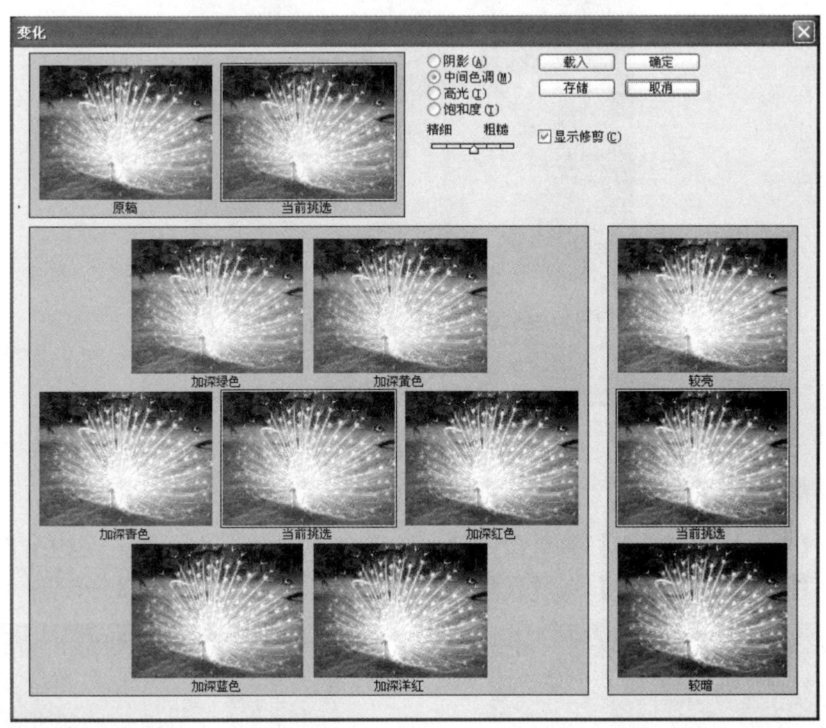

图8-25 【变化】对话框

该对话框参数说明如下：

- 原图、当前挑选：初始状态下两个缩略图是一致的，经过调整后，当前挑选中的缩略图将显示为调整后的状态。
- 较亮、当前挑选和较暗：单击较亮或较暗就可以调整图像的明暗程度，当前挑选即显示调整后的状态。
- 阴影、中间色调、高光、饱和度：可以分别调整相应区域的色相、饱和度和亮度。
- 精细、粗糙：拖动该项的滑块即可确定每次调整的数量；拖动滑块向“精细”方向移动一格，将使图像精度双倍增加。
- 调整色相：在对话框中分别有7个缩略图，单击相应的缩略图即执行相应的调整命令。

8.6 现场练兵——【还原图像本色】

本例在制作过程中，首先利用【反相】命令，将一幅严重曝光的照片进行色调的整体调整。接着又根据相片的需要，调整【照片滤镜】、【亮度/对比度】、【暗调/高光】等选项。从而将严重曝光的照片修复完成，最终效果如图8-26所示。

图8-26　最终效果

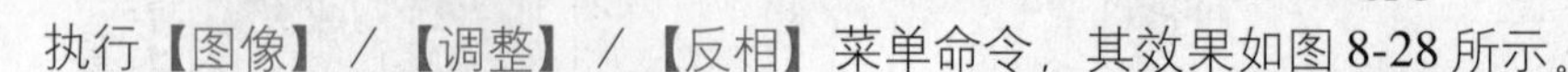

操作步骤：

01 执行【文件】/【打开】菜单命令打开光盘中"08\曝光照片.jpg"，如图8-27所示。

02 执行【图像】/【调整】/【反相】菜单命令，其效果如图8-28所示。

图8-27　打开图像

图8-28　【反相】后的效果

03 执行【图像】/【调整】/【照片滤镜】菜单命令，在弹出的【照片滤镜】对话框中设置其参数，单击【确定】按钮，效果如图8-29所示。

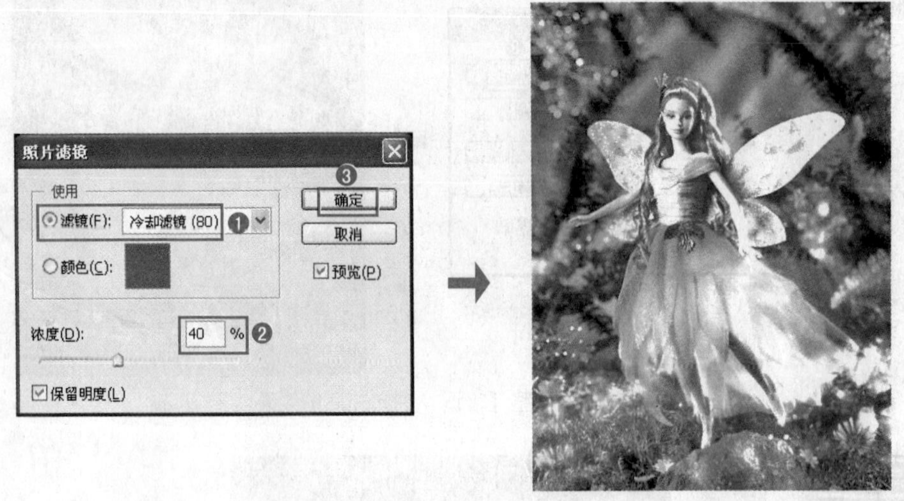

图8-29 应用【照片滤镜】效果

04 执行【图像】/【调整】/【亮度/对比度】菜单命令，在弹出的【亮度/对比度】对话框中设置其参数，单击【确定】按钮，其效果如图8-30所示。

图8-30 调整【亮度/对比度】后的效果

05 执行【图像】/【调整】/【阴影/高光】菜单命令，在弹出的【阴影/高光】对话框中设置其参数，单击【确定】按钮，效果如图8-31所示。

06 依次执行【自动色阶】、【自动颜色】、【自动对比度】菜单命令，从而完成曝光照片的修复，得到最终效果。

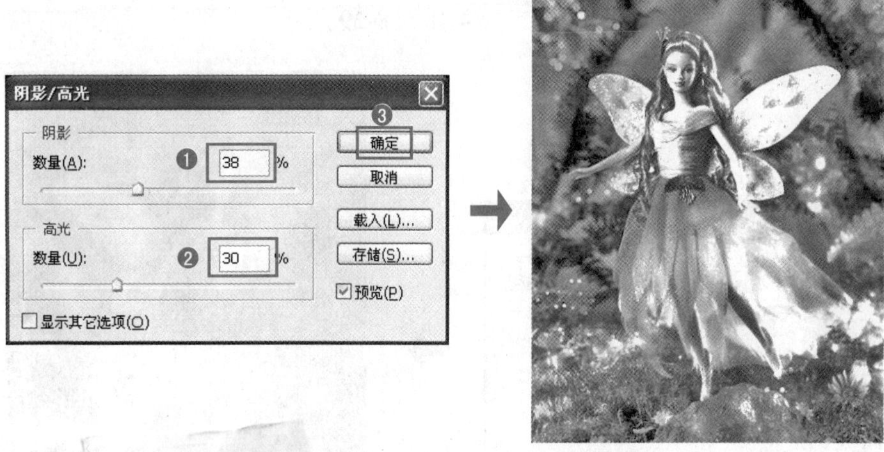

图 8-31　调整【暗调 / 高光】后的效果

图 8-32　最终效果

8.7　疑难解答

问 1：【调整】菜单与【调整】图层有什么不同？

答：【调整】菜单与【调整】图层的作用是相同的，使用【调整】菜单调整图像时将改变原图像中的像素，而【调整】图层则不会影响到原图像。

问 2：如果图像比较灰暗，如何使其更加清晰呢？

答：首先应使用【亮度 / 对比度】调整图像的亮度和对比度，然后再使用【阴影 / 高光】等命令对其进行调整即可。

8.8　上机指导——【照片负冲效果】

实例效果：

图8-33　最终效果

操作提示：

（1）打开图像文件，调整【亮度/对比度】选项。

（2）执行【图像】/【调整】/【反相】菜单命令对图像进行反相。

（3）使用【曲线】命令对图像进一步调整。

8.9　习题

一、填空题

（1）在Photoshop CS3中，色彩模式包括________、________、________、________、________、________、________和________共八种。

（2）色彩可分为两大类，即________和________。

（3）RGB颜色模式是由________、________和________三种颜色组成的。

二、选择题

（1）利用（　）命令可以为黑白图像上色。

A．【阈值】　　B．【自动色阶】

C．【色相/饱和度】　　D．【色调均化】

（2）要将RGB模式图像转换成位图，必须先将RGB模式图像转换成（　）模式图像。

A．CMYK　　B．Lab　　C．灰度　　D．负片

（3）下列哪种色彩模式是由256种颜色组成（　）。

A．双色模式　　B．CMYK模式

C．RGB模式　　D．位图模式

（4）使用下列哪种命令可以通过在图像中调整高光和阴影，使整个图像的色调重新分布（　）。

A．阴影/高光　　B．色调均化

C．相片滤镜　　D．匹配颜色

（5） 下列哪项组合键是用于为图像进行去色操作 （ ）。

A.【Shift+Ctrl +U】组合键　　B.【Ctrl+Alt+L】组合键

C.【Ctrl+Alt+B】组合键　　D.【Ctrl+Alt+W】组合键

第9章 图层的使用

图层可以将不同的对象分别放置到不同的层中，在每个图层中制作特殊效果，最终合成输出生成精美的平面作品。“图层”功能是非常强大的，如果能对其进行有效的管理，将会大大提高工作效率，节省出的时间用于创作，从而制作出千变万化的图像效果。

9.1 图层面板及图层的分类

可以将图层简单地理解为一张透明纸，将图像的对象绘制在透明纸上。透过这层纸，可以看到透明区域后面的对象。无论在每个图层上如何涂画，都不会影响到其他图层中的图像，也就是说可以单独编辑图层中的图像。

9.1.1 图层面板

【图层】面板在PhotoShop中起着极其重要的作用，它是进行图层编辑操作必不可少的工具，几乎所有的图层操作都可以通过它来实现。图层可以将一个图像中的各个部分独立出来，然后对其中的任何一个部分进行处理，而且这些处理不会影响到其他部分，这就是图层的强大优势。

在【图层】面板中可以调整图层的排列顺序、混合模式及不透明度等操作。执行【窗口】/【图层】菜单命令或按【F7】键，即可打开【图层】面板，如图9-1所示。

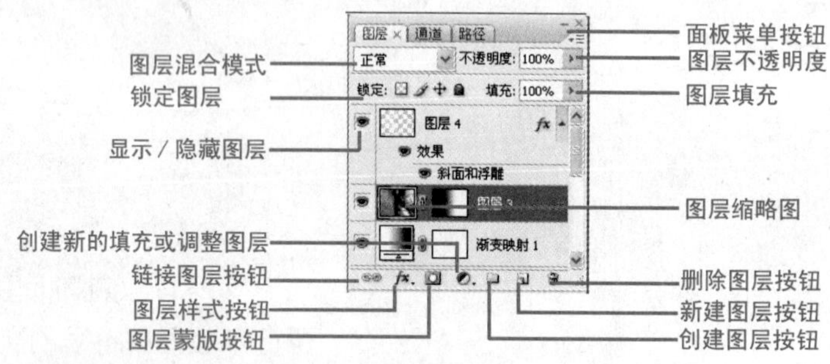

图9-1 【图层】面板

【图层】面板中各按钮与选项参数说明如下：

- 混合模式 正常 ：在列表框中可以选择当前图层的混合模式。
- 不透明度 不透明度: 100% ：单击右侧的小三角形可打开设置图层透明度的滑块，拖动滑块或直接在文本框中输入数值均可控制图像的不透明度。
- 锁定 锁定: ：用来锁定当前正在编辑的图层和图像的，锁定的意思就是使该图层处于无法编辑的状态。
- 填充 填充: 100% ：此选项和“不透明度”选项的作用和使用方法基本一致，使用它可改变填充色或图层的透明度。
- 眼睛图标：单击该图标可以控制当前图层的显示与隐藏状态。
- 图层缩略图：显示该层图像内容，它可以让读者迅速辨识每一个图层，当对图层中的图像进行编辑修改时，缩览图中的内容也将随之而改变。单击图层面板右上角的三角形，系统将打开图层快捷菜单，在其中选择【图层调板】命令，在打开的对话框中可以设置图层缩览图的大小。
- 链接按钮：用于将两个或两个以上的图层链接在一起。

- 添加图层效果fx.：单击该按钮可以在弹出的下拉菜单中选择图层样式命令，为图层添加图层样式。
- 添加图层蒙版：单击该按钮，可以为当前图层添加蒙版。主要用于屏蔽图层中的图像。
- 创建填充图层或调整图层：单击该按钮，可以在弹出的下拉菜单中选择一种命令，为作用图层创建新的填充或调整图层。
- 创建图层组：单击该按钮可以创建一个图层图。
- 创建新图层：单击该按钮，可以在当前图层上方新建一个图层。如果将面板上已有图层拖动到该按钮上，则可将该图层复制一个内容完全一样的新图层。
- 删除图层：单击该按钮，可以删除当前选中的图层。
- 面板菜单按钮：单击该按钮将弹出图层面板菜单，在该菜单中也可对图层进行一系列的操作。

9.1.2 图层类型

Photoshop中图层的种类很多，了解并掌握不同类型图层的功能及特点可以正确地处理图像。

从图层的可编辑性进行分类，图层可以分为两类：背景图层和普通图层。

从图层的功能进行分类，图层可以分为文字图层、形状图层、填充图层、调整图层和蒙版图层。

不同图层的图标及功能如下：

- 背景图层 背景：始终在【图层】面板的最底层，作为图像的背景。
- 普通图层 图层 1：可以执行所有Photoshop命令及编辑功能。
- 文字图层 T 美丽的孔雀：使用文字工具单击创建的图层，用于输入和编辑文本。
- 形状图层 形状 1：使用形状工具绘制矢量形状时创建的图层。
- 样式图层 图层 4 fx：单击fx.按钮创建的图层，主要用于对图层应用样式。
- 调整图层 渐变映射 1：单击按钮创建的图层，可以单独对其下方的图层执行图像调整命令。
- 蒙版图层 图层 3：单击按钮创建的图层，用于制作蒙版以编辑图像。

注 意

如果不想使用Photoshop强加的受限制背景图层，也可以将它转换成普通图层让它不再受到限制。具体操作方法：在图层面板中双击背景图层，打开新图层对话框，然后根据需要设置图层选项，并单击【确定】按钮即可将背景图层转换成普通图层。

9.2 图层的基本操作

在图像的编辑过程中，图层的操作非常重要，利用【图层】面板及其关联菜单中的命令，可以直观便捷地对图层进行各项操作，如新建、选择、显示、隐藏、移动、复制、删除、锁定等。

9.2.1 新建图层

新建图层是最基本的操作，在 Photoshop CS3 中可以使用多种方法新建图层，建立的图层一般为普通图层。

创建新图层的具体方法有如下几种：

- 单击【图层】面板下方的【创建新图层】按钮即可在当前图层上方创建一个普通图层；按【Ctrl】键，单击【创建新图层】按钮将在当前图层下方创建一个普通图层按【Ctrl+Alt+Shift+N】组合键也可创建一个普通图层。
- 执行【图层】/【新建】/【图层】菜单命令，将弹出如图 9-2 所示的对话框，在该对话框根据自己的需要设置图层的属性，然后单击【确定】按钮即可创建一个新图层。

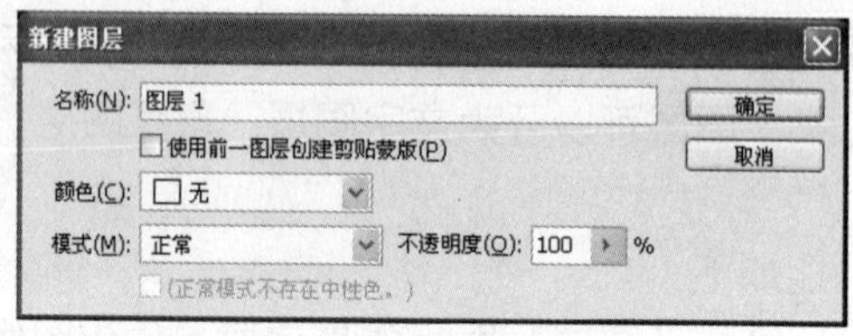

图 9-2 【新建图层】对话框

- 单击【图层】面板右上角的扩展按钮，在弹出的快捷菜单中执行【新建图层】命令，将弹出【新建图层】对话框，然后输入图层名称和设置其他参数，并单击【确定】按钮即可创建一个新图层，如图 9-3 所示。

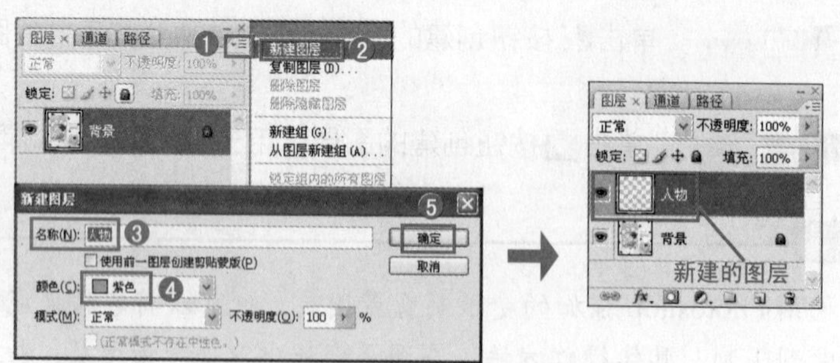

图 9-3 新建图层

9.2.2 选择、显示和隐藏图层

在一个图像文件中可创建多个图层，可以在众多的图层之间进行选择，使其成为当前操作层，并适当地对图层进行显示或隐藏操作，以达到特殊的图像效果。

1．选择图层

在 Photoshop 中，所有的操作都是针对当前图层的，如果图像有多个图层，在进行操作时必须选择所需的图层，对图像所做的更改只影响这一个图层，当前图层只有一个，该图层的名称会显示在文档窗口的标题栏中。

- 选择单一图层：如果要选择某一个图层，只需在【图层】面板中单击相应的图层即可对其进行选择，处于选择状态的图层将以蓝底显示，其他未被选中的图层以灰底显示。
- 选择多个相邻图层：选择相邻的多个图层可以按【Shift】键后单击要选择的第一个图层，然后再单击要选择的最后一个图层，这两个图层之间的所有图层将全部处于选择状态。
- 选择多个不相邻图层：选择多个不相邻的图层可以按【Ctrl】键后分别单击要选择的图层即可。
- 使用移动工具选择图层：按【Ctrl】键在图像中单击要选择的对象，即可将该对象所在的图层选中，如果在移动工具选项栏中选择【自动选择图层】复选框，即可不必按【Ctrl】键也能选中该对象所在的图层。

注　意

当前工具为移动工具时，单击鼠标右键画布可以打开当前点所有层的列表（按从上到下排序），从列表中选择层的名字可以将其置为当前层。

2．显示和隐藏图层

当用户不需要对某个图层上的内容进行修改时，可以将这个图层的内容隐藏起来，文档窗口中只留下要编辑的图层内容，这样就可以更清楚地对作品进行修改。在【图层】面板中单击眼睛图标就可以隐藏该层的内容，如图 9-4 所示，再次单击该处即可显示图层内容。

图 9-4　隐藏图层

注　意

按【Alt】键并单击眼睛图标，即可隐藏其他所有图层，再次按【Alt】键单击眼睛图标又将显示被隐藏的所有图层。

9.2.3 移动和复制图层

1．移动图层

移动图层包括在图像窗口中移动图层中的图像和调整图层的叠放次序两方面的内容。当图层的"不透明度"为100%时，该图层会完全遮住在它之下的所有图层的显示。因此，各图层所处位置的不同，图像窗口中的图层也就会发生相应的变化。

- 在图像窗口中的移动：在工具箱中选取【移动工具】，在图像窗口中按左键不放并任意拖动，当前图层以及链接图层中的图像都会随着鼠标指针的移动而移动。

> **注　意**
>
> *在移动图层时，按【Shift】键可做水平、垂直或45°角倍数进行移动或选取；在移动图层时，按键盘上的方向键可按"1像素/次"进行移动；在移动图层时，先按【Shift】键再按键盘上的方向键，系统将按"10像素/次"进行移动。*

- 调整图层的叠放次序：在【图层】面板中，单击需要移动的图层，按鼠标左键不放，同时向上或向下拖动，这时鼠标指针变成"手形"，如图9-5所示，在适当的位置释放鼠标即可完成对该图层的移动。另外，在【图层】菜单中的【排列】子菜单中，选择相应的命令也可对图层进行移动。

图9-5　移动图层

> **注　意**
>
> *按【Ctrl+[】组合键，可将当前图层下移一层；按【Ctrl+]】组合键，可将当前图层上移一层；按【Ctrl+Shift+[】组合键，可将当前图层置于最下层；按【Ctrl+Shift+]】组合键，可将当前图层置为最上层。*

2．复制图层

复制图层就是创建出与现有图层一模一样的图层。复制图层不但可以快速制作出图像效果，而且还可以保护源文件不受损坏。

复制图层的常用方法如下：

- 在【图层】面板中将需要复制的图层拖动到右下角的【创建新图层】按钮上，此时【图层】面板中将自动生成一个名为“……副本”的图层，而这个复制出来的图层将成为当前操作层，如图9-6所示。

图9-6　复制图层

- 执行【图层】/【复制图层】菜单命令，将弹出【复制图层】对话框，如图9-7所示。在该对话框中可以对复制后的图层进行“命名”和“选择目标文档”，单击【确定】按钮即可复制出所需 图层。

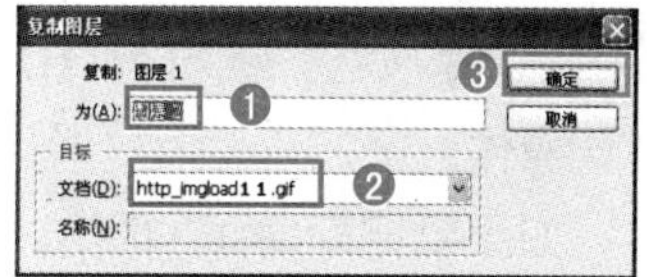

图9-7　【复制图层】对话框

在【复制图层】对话框中的“目标”设置区中，用户可在“文档”下拉列表框中选择复制图层所在的文件，或者新建一个图像文件。

- 在【图层】面板中单击右上角的扩展按钮，在弹出的菜单中选择【复制图层】命令，如图9-8所示，然后在弹出的【复制图层】对话框中进行设置，然后单击【确定】按钮即可。

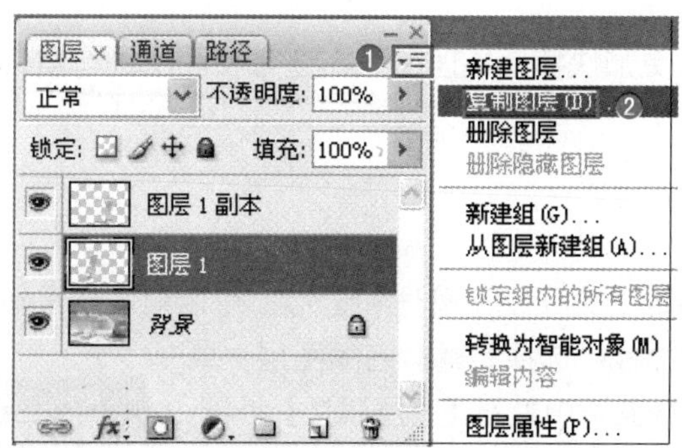

图9-8　选择【复制图层】命令

- 在【图层】面板中选择要复制的图层并右击鼠标，在弹出的快捷菜单中选择【复制图层】命令也可复制图层。
- 在不同图像窗口中复制图层可以通过复制和粘贴完成，也可以通过【移动工具】直接拖动图像进行复制。

9.2.4 锁定图层

锁定图层属性主要用来保护图层的非透明区域，从而使图像的像素或位置不被误编辑；锁定图层属性可通过【图层】面板中的锁定:按钮来实现，其参数说明如下：

- 锁定透明像素：该按钮可以锁定图层透明区域不被编辑，因此在编辑或绘图时，只对不透明的部分起作用。
- 锁定图像像素：该按钮可以锁定图像像素不被编辑。
- 锁定图层位置：该按钮可以将图层的位置锁定，使其不被移动。
- 全部锁定：通过该按钮可以将图层全部锁定。

9.2.5 删除图层

在【图层】面板中选择要删除的单个或多个图层，然后直接按【图层】面板右下角的【删除图层】按钮，或执行【图层】/【删除】/【图层】菜单命令，即可对当前选中的图层执行删除操作。

如果要删除隐藏的图层，在【图层】面板右上角单击扩展按钮，从弹出的快捷菜单中选择【删除隐藏图层】命令即可。

注 意

按【Alt】键，然后将光标移到图层面板上的按钮上单击鼠标即可直接删除图层。

9.3 管理图层

为了提高工作效率，更加快捷地处理图像，还可将图层进行重命名、群组、链接、对齐和分布操作。

9.3.1 重命名图层

当图像中的图层过多时，为了便于管理和记忆，可以对图层进行重命名操作，要更改图层的名称可以在【图层】面板中选择要重命名的图层，单击鼠标右键，在弹出的快捷菜单中执行【图层属性】命令，将弹出如图9-9所示的【图层属性】对话框，在【名称】文本框中输入名称即可。

图9-9 【图层属性】对话框

注　意

在【图层】面板中双击图层名称，将图层名称转换为可编辑状态，然后输入图层名称即可重命名图层。

9.3.2　链接图层

为了方便操作和管理，可将两个或更多的图层链接起来，同时对其进行操作。链接的图层可同时进行复制、粘贴、对齐、合并、应用变换和创建剪贴组等操作。

选择要链接的多个图层，然后单击【图层】面板左下角的【链接图层】按钮或执行【图层】/【链接图层】菜单命令，则所选择图层的右侧将显示链接图标，如图9-10所示。

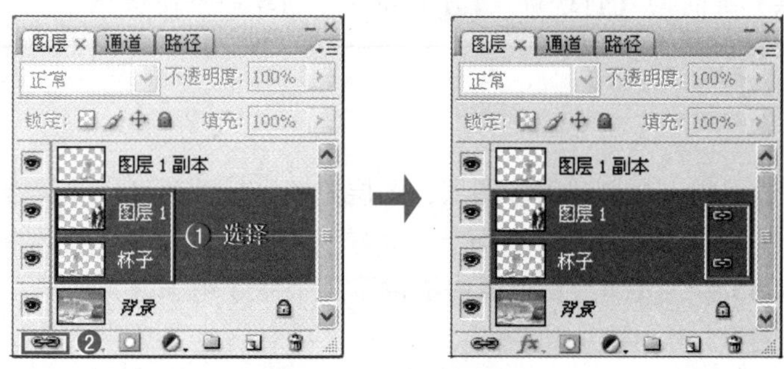

图9-10　链接图层

当图层链接后，选择链接图层中的任意一个图层，然后执行【图层】/【选择链接图层】菜单命令可同时选中与当前图层链接的所有图层。

如果要取消整体图层的链接状态，可以在链接图层被选中的情况下再次单击【链接图层】按钮，即可取消整体图层的链接。

注　意

切换到移动工具，按【Shift】键并单击鼠标右键，在弹出的菜单中选择需要链接的图层名称，也可链接图层。

9.3.3　对齐与分布图层

在图层操作中可以使用移动工具来调整图层的内容在设计界面中的位置，还可以应用【图层】菜单中的对齐和分布图层命令来排列这些内容的位置。

当图像窗口中存在选区或在图层图板中选择链接图层时，【图层】菜单中的【对齐】与【分布】菜单命令将呈亮色，单击该菜单命令，将打开其子菜单，根据需要进行选择，子菜单中的各命令与【移动工具】选项栏中的各按钮相对应，各命令的作用详见第3章中的3.3.1。

9.3.4 编组图层

图 9-11 群组多个图层

为了方便管理，还可以执行【图层】/【图层编组】菜单命令对图层进行编组，默认情况下执行该命令只对当前图层进行编组操作，当同时选择多个图层，执行该命令时，将会把选中的多个图层进行编组，如图 9-11 所示。

选中群组后的图层组，再次执行【图层】/【图层编组】菜单命令将创建一个嵌套图层组；执行【图层】/【取消图层编组】菜单命令即可将解除群组。

单击【图层】面板的【创建新组】按钮也可创建一个图层组。

9.3.5 合并图层

在制作图像的过程中，会创建很多图层。图层越多，处理速度也就越慢，所以在制作过程中，就需要将一些图层合并起来，从而节省系统资源，但合并后的图层将不能被拆分。

在 Photoshop CS3 中的【图层】菜单中提供了三个命令用于合并图层，即向下合并、合并可见图层、拼合图像。

1．向下合并

在【图层】面板中选择要合并的图层，执行【图层】/【向下合并】菜单命令或按【Ctrl+E】组合键，可以将当前图层与其下相邻的图层进行合并。

2．合并可见图层

通过合并可见图层操作，可以将图像中除隐藏图层外所有的可见图层进行合并。执行【图层】/【合并可见图层】菜单命令，此时将所有可见图层合并到背景图层中，如图 9-12 所示。

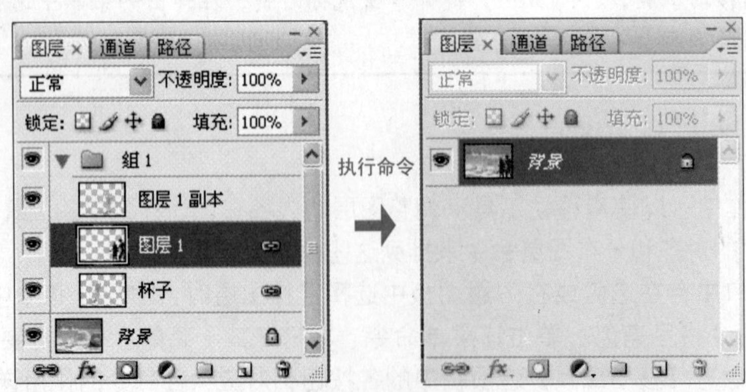

图 9-12 合并可见图层

3．拼合图像

拼合图像是将所有可见图层进行合并，并同时扔掉隐藏图层。执行【图层】/【拼合图像】菜单命令，此时将所有可见图层合并到背景图层中，当拼合图层后，图像中的透明图层将以白色进行填充，如图 9-13 所示。

注　意

选择一个图层组，【图层】菜单中的【向下合并】命令将变为【合并组】，执行该命令，将把图层组内的图层合并为一个图层。

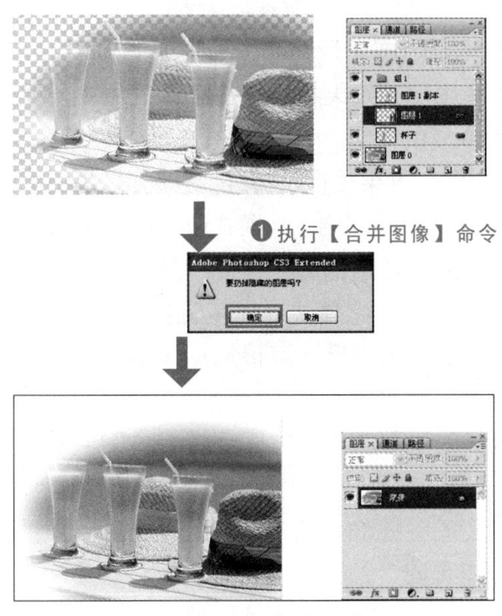

图 9-13　拼合图像

9.4　图层的混合模式

在 Photoshop 中，混合模式的应用非常广泛，大多数绘画工具或编辑调整工具都可以使用混合模式，正确、灵活使用各种混合模式，可以创作截然不同的图像效果。

9.4.1　混合模式概述

图层的混合模式主要控制图层在叠加后显示的图像效果，混合模式主要用于设置当前选定图像的颜色与图像的原有底色进行混合的方式。通常设置上方图层的混合模式。

在【图层】面板中单击图层混合模式的下拉列表框，将弹出 25 种混合模式命令的下拉列表菜单，选择不同的混合模式命令，就可以创建不同的混合效果。

- 正常：此选项是系统默认的设置，当图层使用该模式时，将完全显示该图层，如果透明度设置小于 100% 时，则透过当前图层可以看到下面图层中的内容。

- 溶解：如果上方图层具有柔和的透明边缘，选择该项则可以创建像素点状效果。
- 变暗：两个图层中较暗的颜色将作为混合的颜色保留，比混合色亮的像素将被替换，而比混合色暗像素保持不变。
- 正片叠底：整体效果显示由上方图层和下方图层的像素值中较暗的像素合成的图像效果，任意颜色与黑色重叠时将产生黑色，任意颜色和白色重叠时颜色则保持不变。
- 颜色加深：选择该项将降低上方图层中除黑色外的其他区域的对比度，使图像的对比度下降，产生下方图层透过上方图层的投影效果。
- 线性加深：上方图层将根据下方图层的灰度与图像融合，此模式对白色无效。
- 深色：根据上方图层图像的饱和度，用上方图层颜色直接覆盖下方图层中的暗调区域颜色。
- 变亮：使上方图层的暗调区域变为透明，通过下方的较亮区域使图像更亮。
- 滤色：该项与“正片叠底”的效果相反，在整体效果上显示由上方图层和下方图层的像素值中较亮的像素合成的效果，得到的图像是一种漂白图像中颜色的效果。
- 颜色减淡：和“颜色加深”效果相反，“颜色减淡”是由上方图层根据下方图层灰阶程序提升亮度，然后再与下方图层融合，此模式通常可以用来创建光源中心点极亮的效果。
- 线性减淡：根据每一个颜色通道的颜色信息，加亮所有通道的基色，并通过降低其他颜色的亮度来反映混合颜色，此模式对黑色无效。
- 浅色：该项与“深色”的效果相反，可根据图像的饱和度，用上方图层中的颜色直接覆盖下方图层中的高光区域颜色。
- 叠加：此项的图像最终效果取决于下方图层，上方图层的高光区域和暗调将不变，只是混合了中间调。
- 柔光：使颜色变亮或变暗让图像具有非常柔和的效果，亮于中性灰底的区域将更亮，暗于中性灰底的区域将更暗。
- 强光：此项和“柔光”的效果类似，但其程度远远大于“柔光”效果，适用于图像增加强光照射效果。
- 亮光：根据融合颜色的灰度减少对比度，可以使图像更亮或更暗。
- 线性光：根据事例颜色的灰度，来减少或增加图像亮度，使图像更亮。
- 点光：如果混合色比50%灰度色亮，则将替换混合色暗的像素，而不改变混合色亮的像素；反之如果混合色比50%灰度色暗，则将替换混合色亮的像素，而不改变混合色暗的像素。
- 实色混合：根据上下图层中图像颜色的分布情况，用两个图层颜色的中间值对相交部分进行填充，利用该模式可以制作出对比度较强的色块效果。
- 差值：上方图层的亮区将下方图层的颜色进行反相，暗区则将颜色正常显示出来，效果与原图像是完全相反的颜色。
- 排除：创建一种与“差值”模式类似但对比度更低的效果。与白色混合将反转基色值，与黑色混合则不发生变化。
- 色相：由上方图像的混合色的色相和下方图层的亮度和饱和度创建的效果。
- 饱和度：由下方图像的亮度和色相以及上方图层混合色的饱和度创建的效果。

- 颜色：由下方图像的亮度和上方图层的色相和饱和度创建的效果。这样可以保留图像中的灰阶，对于给单色图像上色和彩色图像着色很有用。
- 明度：选择该模式，生成混合图像的像素值由下层图像的色相、饱和度值以及上层图像的亮度构成。

9.4.2 常规混合模式

更改图层混合模式和不透明度在图像合成时非常重要。利用这两项功能可以创建出神奇的图像效果。在【图层】面板中可以很方便地设置常规混合模式。单击混合模式列表框右侧的下拉按钮，在打开的列表框中选择需要的混合模式即可。需要调整图像的【不透明度】时，可以直接在【不透明度】文本框中输入数值，也可以单击右侧的下拉按钮，此时将显示调整滑杆，拖动滑块即可。

9.4.3 高级混合模式

图层的高级混合模式是通过【图层样式】对话框来进行设置的。在设置之前，首先应打开【图层样式】对话框，打开该对话框的方法有很多种，其中最常用的方法是在【图层】面板下方单击fx按钮，在打开的关联菜单中执行【混合选项】命令，将打开如图9-14所示的【图层样式】对话框。

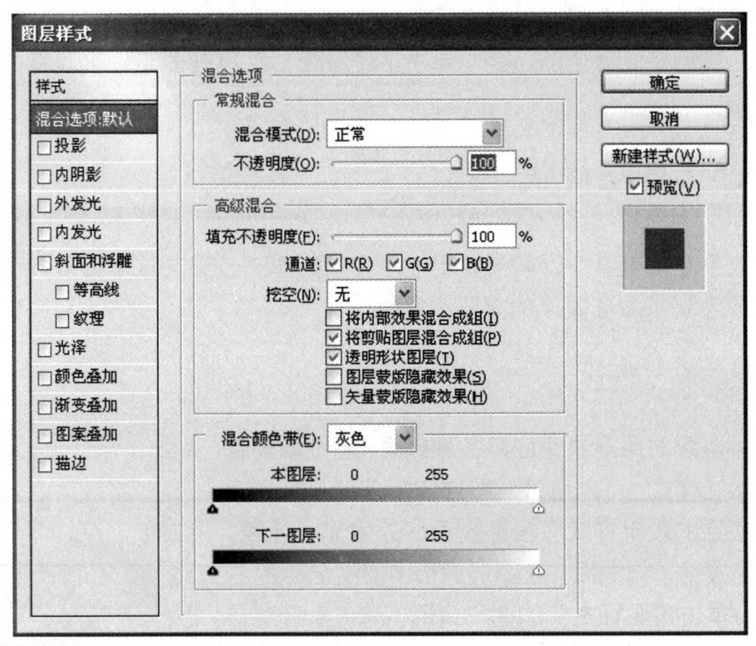

图9-14 【图层样式】对话框

在该对话框的【高级混合】区域即可进行设置，各选项说明如下：

- 填充不透明度：它只影响图层中绘制的像素或形状，对图层样式和混合模式不起作用。而对混合模式、图层样式不透明度和图层内容不透明度同时起作用的是【常规混合】

区域中的【不透明度】选项。

- 通道：在"通道"选项中可以选择在混合图层或图层组中，将混合效果限制在指定的通道内，未被选择的通道被排除在混合之外。
- 挖空：该选项决定了目标图层及其图层效果是如何穿透以显示其下面的图层的。默认选项为【无】，即没有特殊效果，图像正常显示；如果选择【浅】选项，可以挖空到当前图层组或者剪贴组的最底层；选择【深】选项，则挖空到背景图层。
- 将内容效果混合成组：选择该复选框，将会使图层效果连同图层内容一起，被图层混合模式所影响。
- 将剪切图层混合成组：选择该复选框，可保持将基底图层的混合模式，应用于剪切组中的所有图层。
- 透明形状图层：默认情况下该选项是被选择的，将图层效果或者挖空限制在图层的不透明度区域中。
- 图层蒙版隐藏效果和矢量蒙版隐藏效果：前者针对含有图层蒙版的图层，后者针对含有矢量蒙版的图层。其作用一样，都是把图层效果限制在蒙版所定义的区域。

9.4.4 混合颜色带

在如图9-14所示的【图层样式】对话框中，可以观察到下方有一个混合颜色带设置区域，调整该选项不但可以控制本图层的像素显示，还可以控制下一图层的显示。首先选择混合颜色通道的范围。灰色将混合全部通道，单击下拉按钮，在打开的下拉列表框中还可以选择单击通道。

9.5 图层样式

图层样式效果非常丰富，以前需要用很多步骤制作的效果在这里设置几个参数就可以轻松完成，从而成为制作图像效果的重要手段之一。

9.5.1 图层样式概述

图层样式可以帮助用户快速应用各种效果，还可以查看各种预定义的图层样式，可以通过对图层应用多种效果创建自定样式。可应用的效果样式有投影效果、外发光、浮雕、描边等。当图层应用了样式后，在图层调板中图层名称的右边会出现图标，单击该图标右侧的倒三角形，即可查看到该图层所应该的图层效果，如图9-15所示。

图9-15 应用图层样式

9.5.2 使用样式面板

样式面板中存放的是Photoshop预设的图层样式，单击

其中的样式图标，就会把所选的样式加入到当前图层中。用户可以通过单击将当前的图层样式加入到样式面板中保存起来。也可以将样式面板中不需要的图层样式拖到按钮上进行删除。在样式面板中有一个按钮，单击该按钮，可以清除当前图层中的图层样式。样式面板如图9-16所示。

单击【样式】面板右上角的扩展按钮，将打开如图9-17所示的菜单。通过该菜单也可对样式进行新建、复位、载入、存储和替换等操作，还可更改各种样式在面板中的显示方式，执行【Web样式】命令及以下的命令即可加载Photoshop预置的图层样式到【样式】面板中。

图9-16 【样式】面板

新建样式...
纯文本
✓ 小缩览图
大缩览图
小列表
大列表
预设管理器...
复位样式...
载入样式...
存储样式...
替换样式...
Web 样式
图像效果
抽象样式
按钮
摄影效果
文字效果 2
文字效果
玻璃按钮
纹理
虚线笔划

图9-17 【样式】面板菜单

9.5.3 图层样式对话框

在Photoshop中，作用图层设置效果和样式还可通过【图层样式】对话框来实现，打开【图层样式】对话框有以下几种方法：

- 执行【图层】/【图层样式】菜单命令，然后从打开的子菜单中选择需要添加的样式命令。
- 单击【图层】面板下方的按钮，从打开的关联菜单中选择相应的命令。
- 在【图层】面板中，双击需要添加样式的图层。

通过以上方法，均可打开【图层样式】对话框，该对话框左侧是不同种类的图层效果，包括投影、发光、斜面和浮雕、叠加和描边等几大类。对话框的中间是图层效果的选项参数调整区域。可以从右边小窗口中预览图层设置的效果。如果选择【预览】复选框，改变效果设置后，在图像窗口可以预览图像效果。

9.5.4 投影和内阴影效果

【投影】和【内阴影】效果就是在图像的外边缘或者内边缘添加阴影效果。

1. 投影

投影是最常用到的图层效果之一。在【图层样式】对话框中选择【投影】选项，如图9-18所示。

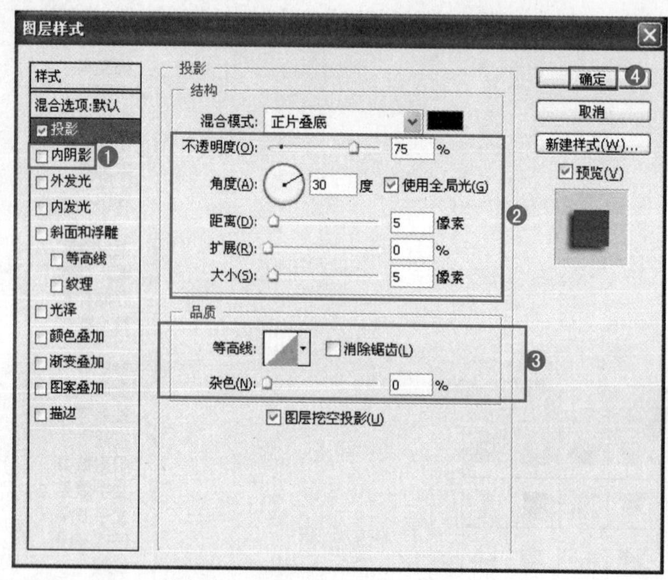

图9-18 【图层样式】对话框——投影

在所有图层效果选项中，混合模式和不透明度是必备的选项，图层效果以指定的不透明度和混合模式与下层图像混合。

在结构选项设置区域，Photoshop默认的投影不透明度为75%，阴影颜色为“黑色”，混合模式为“正片叠底”。也可根据图像需要调整相应的选项参数。除此之外，还可以设置投影生成的其他参数。

- 角度：设置图像生成投影时光线照射的方向。可以在文档窗口中拖动调整“投影”、“内阴影”或“光泽”效果的角度。
- 距离：用于指定阴影或光泽效果的偏离距离，可以拖动滑块或输入数值调整偏离距离。
- 扩展：控制投影效果到完全透明边缘过渡的平滑程度。
- 大小：指定模糊的数量或阴影的大小。
- 等高线：使用等高线可以定义图层样式效果的外观，类似【图像】/【调整】/【曲线】执行命令中曲线对图像的调整原理。
- 杂色：相当于图层混合模式中的溶解，也可以理解为【添加杂色滤镜】命令，它会在阴影区域中产生一些随机的颗粒，使图像出现特殊效果。

- 消除锯齿：此项对尺寸较小且具有复杂等高线的阴影最有用，也可以用于混合等高线或光泽等高线的边缘像素。
- 使用全局光：此设置用于设置图层样式的主光照角度，该角度可以用于图层使用的样式效果（如“投影”、“内阴影”和“斜面和浮雕”），在任意的一种效果应用了“全局光”效果，其他样式效果将自动继承该“全局光”设置。

2．内阴影

图像内阴影效果是从图像边缘向内生成阴影效果。在【图层样式】对话框左侧选中【内阴影】选项，其选项的设置参数如图9-19所示。

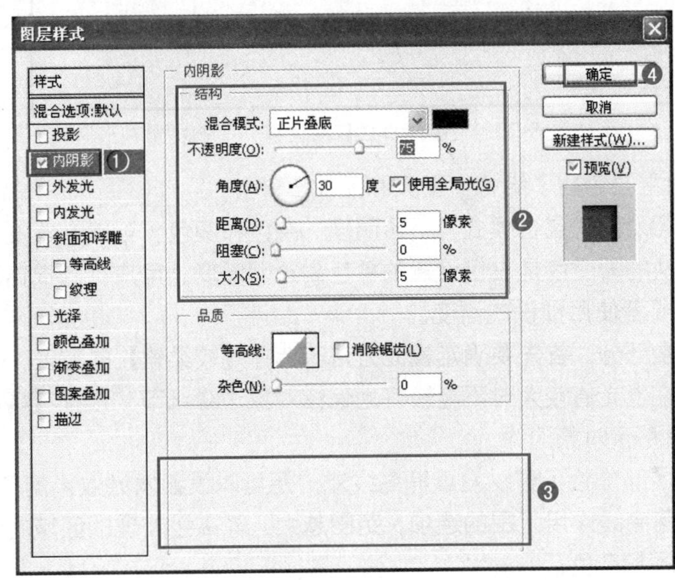

图9-19　【图层样式】对话框——内阴影

从图9-19中可以看出【内阴影】与【投影】效果的设置选项基本相同，只是【投影】选项中的【扩展】在这里变为了【阻塞】。它们的原理相同，调整【阻塞】选项可以控制【内阴影】向内收缩的效果。

9.5.5　外发光和内发光效果

图像的【外发光】和【内发光】效果，分别从图像的外边缘和内边缘添加发光效果。

1．外发光

在【图层样式】对话框左侧选中【外发光】选项，其选项的设置参数如图9-20所示。

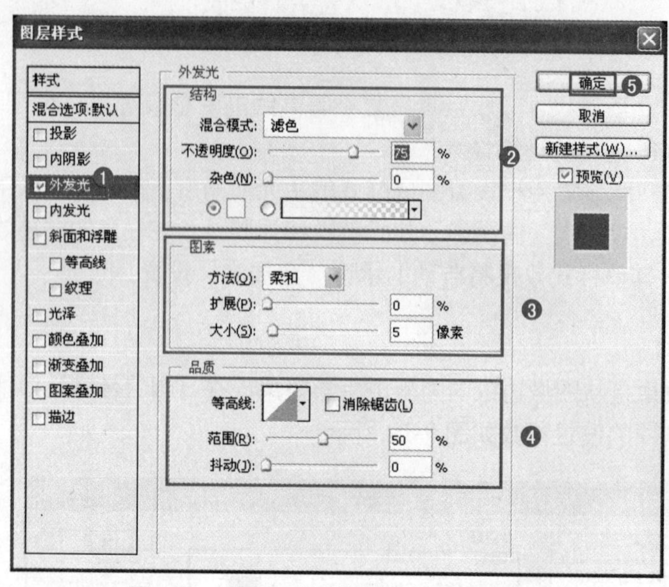

图 9-20 【图层样式】对话框——外发光

【外发光】选项主要包括了结构、图素和品质三部分。

- 结构：控制了发光的混合模式、不透明度、杂色和颜色。可以设置发光颜色为单色或渐变色。默认的渐变色是左侧设置的单色到透明渐变。用户可以根据图像需要编辑渐变发光颜色或者使用预设的渐变。
- 图素：在图素部分，首先要确定发光方法。选择【较柔软】的方法，将创建柔和的发光边缘，但在发光值较大时不能较好地保留对象边缘细节；选择【精确】的方法，比【较柔软】更贴合对象边缘。
- 品质：在品质部分除了可以设置等高线外，还可以设置发光效果的范围和抖动效果。范围是确定等高线作用范围的选项，范围越大，等高线处理的区域就越大；抖动相当于对渐变光添加杂色。

2．内发光

内发光效果和外发光效果的选项基本相同，在【图层样式】对话框左侧选中【内发光】选项，在其选项区中可以看出，除了将"图素"区的【扩展】变为了【阻塞】外，在图素部分还多了对光源位置的选择。选择【居中】，那么发光效果从图像的中心开始，直到距离对象边缘设定的数值为止；选择【边缘】，那么发光效果沿对象边缘向内。

9.5.6 斜面和浮雕效果

在制作图像或文字效果时，浮雕的应用比较广泛，比如雕刻作品、浮雕文字效果等，斜面和浮雕样式可以说是Photoshop图层样式中最复杂的，其中包括内斜面、外斜面、浮雕、枕形浮雕和描边浮雕，虽然每一项中包含的设置选项都是一样的，但是制作出来的效果却截然不同。其选项基本介绍如下：

- 内斜面：应用了内斜角的图层好像同时向内多出一个高光层（在其上方）和一个投影层（在其下方）。投影层的混合模式为“正片叠底”，高光层的混合模式为“屏幕”，两者的透明度都是75%。虽然这些默认设置其他几种图层样式都一样，但是两个层配合起来，效果就多了很多变化。
- 外斜面：应用了外斜面样式的图层将同时向外多出两个“虚拟”的图层，一个在上，一个在下，分别是高光层和阴影层，混合模式分别是正片叠底和屏幕，这些和内斜面都是完全一样的。
- 浮雕：前面介绍的斜面效果添加的“虚拟”层都是一上一下的，而浮雕效果添加的两个“虚拟”层则都在层的上方，因此我们不需要调整背景颜色和层的填充不透明度就可以同时看到高光层和阴影层。这两个“虚拟”层的混合模式以及透明度仍然和斜面效果的一样。
- 枕形浮雕：枕形浮雕相当复杂，添加了枕形浮雕样式的层会一下子多出四个“虚拟”层，两个在上，两个在下。上下各含有一个高光层和一个阴影层。因此枕形浮雕是内斜面和外斜面的混合体。
- 描边浮雕：描边浮雕主要用于创建边缘浮雕效果。

在【图层样式】对话框左侧选中【斜面和浮雕】选项，其选项的设置参数如图9-21所示。

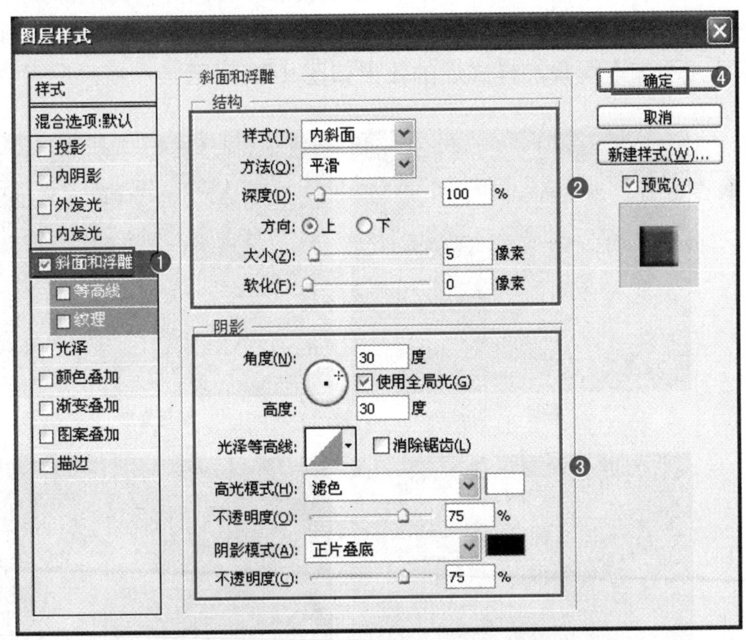

图9-21 【图层样式】对话框——斜面和浮雕

【斜面和浮雕】效果的选项共分为【结构】和【阴影】两部分。

- 结构：结构区域中的【样式】控制了制作浮雕效果的类型；【方法】用于设置雕刻效果的表现方法；深度控制浮雕效果的雕刻深度，还可以设置方向、大小、软化等参数。
- 阴影：控制了图像效果中高光和暗调的组合。在阴影选项调整区域，可以控制斜面的投影角度和高度，光泽等高线样式，高光和暗调的混合模式、颜色及不透明度等。

9.5.7 光泽样式

光泽样式效果通常用于创建光滑的磨光效果或金属效果，它可以在图层内部根据图层的形状应用投影效果，如图9-22所示。

图9-22　应用光泽样式后的效果

9.5.8 叠加样式

在【图层样式】面板中有三种叠加样式，即颜色叠加、渐变叠加和图案叠加。这三种叠加方式分别为图层添加“颜色”、“渐变”和“图案”效果，“颜色叠加”样式选项参数较少，主要是选择合适的颜色，调整不透明度即可；“渐变叠加”样式是为图层添加渐变效果；“图案叠加”样式是为图层添加图案效果，其选项参数少，只需选择合适的图案，调整其混合模式、不透明度即可，添加不同叠加样式后的效果如图9-23所示。

图9-23　应用叠加样式后的效果

9.5.9 描边样式

描边样式效果可以使用颜色、渐变和图案对图层中的对象描画轮廓，对于有硬边的图层

效果非常明显。

在【图层样式】对话框左侧选中【描边】选项，即可在设置区域中设置描边的各项参数，部分参数含义说明如下：

- 大小：此项用于控制“描边”的大小，数值越大所描画的边则越宽。
- 位置：此项用于设置描画的边缘在图层对象中的位置，可以选择“外部”、“内部”和“居中”。
- 填充类型：此项用于设置描画边缘的类型，可以选择“颜色”、“渐变”和“图案”。

9.5.10 隐藏／显示图层样式

在【图层】菜单下的【图层样式】子菜单中选择【隐藏所有图层效果】或【显示所有图层效果】命令，即可隐藏或显示图层的样式。在【图层】面板中展开图层样式，然后单击图层样式前面的可视性眼睛图标也可隐藏或显示图层样式。

9.5.11 复制／粘贴图层样式

在制作或处理图像时，经常会遇到对不同的图层应用相同的图层样式效果，这时就可以使用复制/粘贴功能，复制图层样式。首先选择要拷贝的图层样式，然后执行【图层】/【图层样式】/【拷贝图层样式】菜单命令即可拷贝样式，在图层面板中选择目标图层，执行【图层】/【图层样式】/【粘贴图层样式】菜单命令即可粘贴样式。除此之外，按【Alt】键，在【图层】面板中使用鼠标拖动图层样式，也可以复制样式。

9.5.12 删除图层样式

如果对应用的图层样式不满意，可以进行修改，如果不需要应用图层样式，可以对其进行删除操作，在图层面板中将图层样式效果栏拖动到【删除图层】按钮上，或者执行【图层】/【图层样式】/【清除图层样式】菜单命令即可。

9.6 图层蒙版

蒙版是Photoshop图层中的一个重要概念，使用蒙版可保护图层内容。编辑和处理蒙版可以对图层应用各种效果，不会影响该图层上的图像。

Photoshop中蒙版分两类：一是图层蒙版，二是矢量蒙版。

9.6.1 图层蒙版

图层蒙版是位图图像，与分辨率相关，通过编辑蒙版图层中的像素，控制图像相应区域的显示或者被遮蔽，从而更加方便地生成图像特殊效果，蒙版图层中黑色像素区域被遮蔽，白色区域显示图像中的像素，而灰色区域在图像中显示半透明状态。

直接在【图层】面板下方单击【添加图层蒙版】按钮即可创建图层蒙版。应用图像蒙版可以对图层中已编辑好的部分起到保护作用，以免被误操作所破坏。

如果当前图像中已经绘制了选区，需要基于选区为图像添加蒙版图层。同样在【图层】面板下方单击【添加图层蒙版】按钮，或者执行【图层】/【图层蒙版】/【显示选区】菜单命令，均可添加一个图层蒙版。此时，选区外的图像将被遮蔽。

9.6.2 矢量蒙版

矢量蒙版与分辨率无关，由钢笔或形状工具创建在图层面板中，图层蒙版和矢量蒙版都显示为图层缩览图右边的附加缩览图。

矢量蒙版可在图层上创建锐边形状，若需要添加边缘清晰分明的图像可以使用矢量蒙版。创建了矢量蒙版图层之后，还可以应用一个或多个图层样式。先选中一个需要添加矢量蒙版的图层，使用形状或钢笔工具绘制工作路径，然后执行【图层】/【矢量蒙版】/【当前路径】菜单命令即可创建矢量蒙版，还可以选择【图层】/【矢量蒙版】子菜单中的命令来编辑、删除矢量蒙版。若想将矢量蒙版转换为图层蒙版，可以选择要转换的矢量蒙版所在的图层，然后执行【图层】/【栅格化】/【矢量蒙版】菜单命令即可，但矢量蒙版删格化后，就不能将它转换为矢量对象，图层蒙版和矢量蒙版如图9-24所示。

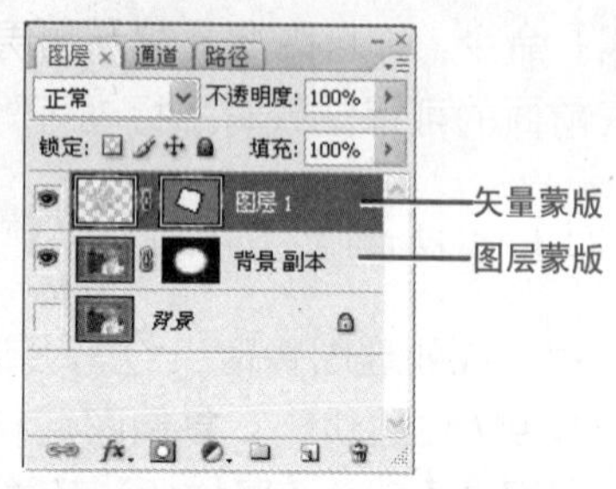

图9-24 图层蒙版和矢量蒙版

注 意

在使用【钢笔工具】和【形状工具】时，如果在选项栏中选择“形状图层”按钮，在绘制图形，将在图层面板中自动创建一个图层和矢量蒙版。

9.6.3 剪贴蒙版

剪帖蒙版也属于图层类蒙版，主要是通过一个图层作为基底图层，通过该基底图层的不透明度控制剪贴图层组内所有图层的显示或隐藏。

创建剪贴蒙版可以通过以下三种方法制作：

- 按【Alt】键将光标放置在【图层】面板中两个图层的分隔线上，当鼠标光标变为形状时，单击鼠标左键即可创建剪贴蒙版，如图9-25所示。

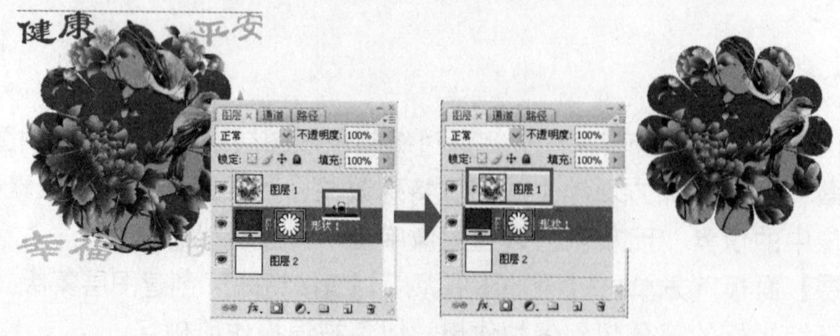

图9-25 创建剪贴蒙版

- 在【图层】面板中选择要创建剪贴蒙版的图层，然后执行【图层】/【创建剪贴蒙版】菜单命令，或按【Alt+Ctrl+G】组合键。
- 在【图层】面板中选择要创建剪贴蒙版的图层，并单击鼠标右键，从弹出的快捷菜单中选择“创建剪贴蒙版”命令。

取消剪贴蒙版的方法也有三种，分别如下：

- 按【Alt】键将光标放置在【图层】面板中两个图层的分隔线上，当鼠标光标变为形状时，单击鼠标左键即可取消剪贴蒙版。
- 在【图层】面板中选择剪贴蒙版中的任意一个图层，然后执行【图层】/【释放剪贴蒙版】命令，或按【Alt+Ctrl+G】组合键取消剪贴蒙版。
- 在【图层】面板中选择剪贴蒙版图层，并单击鼠标右键，从弹出的快捷菜单中选择【释放剪贴蒙版】命令。

9.6.4 编辑蒙版

单击图层面板中的【图层蒙版缩览图】将它激活，然后选择任意编辑或绘画工具在图像窗口中进行编辑。在编辑蒙版时，前景色与背景色默认为灰度模式，编辑蒙版应注意以下几点要求：

- 需要遮蔽图像时，使用黑色在蒙版中绘制或者使用白色擦除。
- 需要显示图像时，使用白色在蒙版中绘制或者使用黑色擦除。
- 需要图像可见部分平滑过渡时，使用灰色绘制或者擦除蒙版中的像素。

9.6.5 启用／停用蒙版

执行【图层】/【图层蒙版】/【停用】菜单命令，即可将当前图层的蒙版停用，在【图层】面板中可观察到停用后的蒙版缩略图上会出现一个“×”，再次执行【图层】/【图层蒙版】菜单命令，就会发现【停用】命令变成了【启用】，选择该命令即可启用蒙版。

9.6.6 应用及删除图层蒙版

当对蒙版修改完毕后，觉得效果不错，可执行【图层】/【图层蒙版】/【应用】菜单命令直接应用该效果，当然也可执行【图层】/【图层蒙版】/【删除】菜单命令删除该图层蒙版，再现图像中被覆盖的部分。

9.7 智能对象

智能对象是一个嵌入在当前文件中的文件，可以是栅格图像，也可以是矢量图像。矢量图像的优点是它与分辨率无关，所以在进行旋转、缩放等操作时,可以保持对象光滑无锯齿。

嵌入的矢量图像或栅格图像是当前Photoshop图像文件的子文件，而当前Photoshop图像文件是父级文件。子文件和父级文件保持着相对的独立性，修改其中一个文件时，并不会影

响到其他图像。也就是说，当编辑嵌入的智能对象文件时，只是改变嵌入的矢量文件或图像文件的合成图像，并没有真正改变嵌入的矢量文件或图像文件。

智能对象有以下一些优点：

- 便于管理：当使用 Photoshop CS3 进行复杂操作时，可以将某些图层转换为智能对象，以降低 Photoshop 图像中图层的复杂程度，以便于管理。
- 不失真：在 Photoshop CS3 中对图像进行多次缩放后，图像的显示质量将有所损失，使得图像越来越模糊；如果是对智能对象进行频繁的缩放操作，图像将不会模糊，不会引起图像失真的现象。
- 处理矢量文件：Photoshop CS3 本身不能处理矢量文件，矢量文件在 Photoshop CS3 中将被栅格化；如果是通过智能对象置入的矢量文件，将避免这个问题。

9.7.1 创建智能对象

要在 Photoshop CS3 创建智能对象，用户可通过以下任意一种方法来创建。

- 执行【文件】/【置入】菜单命令，将弹出【置入】对话框，从中选择需要置入的矢量文件或图像文件即可创建智能对象。
- 选择要创建智能对象的图层，然后执行【图层】/【智能对象】/【转换为智能对象】菜单命令，或在【图层】面板中单击鼠标右键，从弹出的快捷菜单中选择【转换为智能对象】命令。
- 将 PDF 文件或 AI 软件中的图层拖入（或通过复制、粘贴操作）到 Photoshop 文件中。

当转换为智能对象后，图层缩略图的下方将出现智能对象标志，如图 9-26 所示。

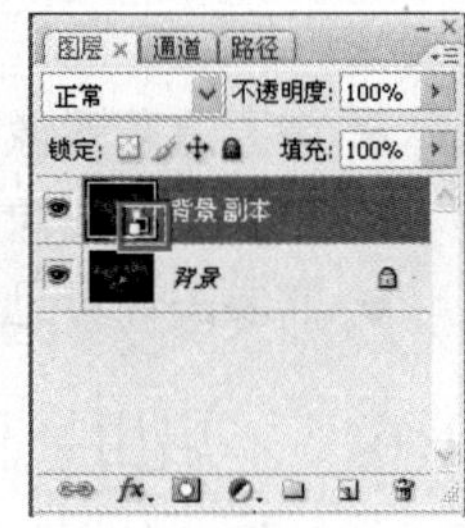

图 9-26　智能对象

9.7.2 编辑智能对象

当用户创建了智能对象后，可对智能对象进行编辑通过以下几种方法：

- 复制智能对象：在【图层】面板中选择智能对象图层，然后执行【图层】/【智能对象】/【通过拷贝新建智能对象】菜单命令即可复制智能对象。在【图层】面板中选择要复制的智能对象图层，然后将其拖到【图层】面板下【创建新图层】按钮上也可复制智能对象。
- 操作智能对象：可以对智能对象图层进行缩放、旋转或变形，但不能执行扭曲或透视等操作；也可以改变智能对象图层的混合模式、填充透明度或添加图层样式等。
- 导出内容：执行【图层】/【智能对象】/【导出内容】菜单命令，将打开【存储】对话框，在该对话框中设置导出的名称及路径，可将智能对象存储为一个文件。
- 替换内容：执行【图层】/【智能对象】/【替换内容】菜单命令，将打开【置入】对话框，从中选择需要的图像文件，然后单击【置入】按钮即可替换当前智能对象图层中的图像内容。
- 编辑智能对象源文件：对于智能对象图层可以通过外部对源文件进行编辑。在【图层】面板中双击智能对象中的缩略图即可对其进行编辑。

- 栅格化智能对象：由于智能对象具有很多编辑方面的限制，所以在需要对智能对象图层进行更多的编辑操作时，就可以将智能对象图层通过栅格化操作转换为普通图层。在【图层】面板中选择要栅格化的智能对象，然后单击鼠标右键，从弹出的快捷菜单中执行【栅格化图层】命令或执行【图层】/【智能对象】/【栅格化】菜单命令，即可将智能对象图层转换为普通图层。

9.8　现场练兵——【空心文字】

本例巧妙地应用了图层的混合模式功能，大家可以发挥自己的想象力制作出更加精美的作品。

在制作过程中，主要使用了【横排文字工具】、【图层混合模式】，最终效果如图 9-27 所示。

图 9-27　空心文字效果

操作步骤：

01 执行【文件】/【新建】菜单命令或按【Ctrl+N】组合键打开【新建】对话框，在该对话框中设置各项参数，如图 9-28 所示，单击【确定】按钮即可新建一个文件。

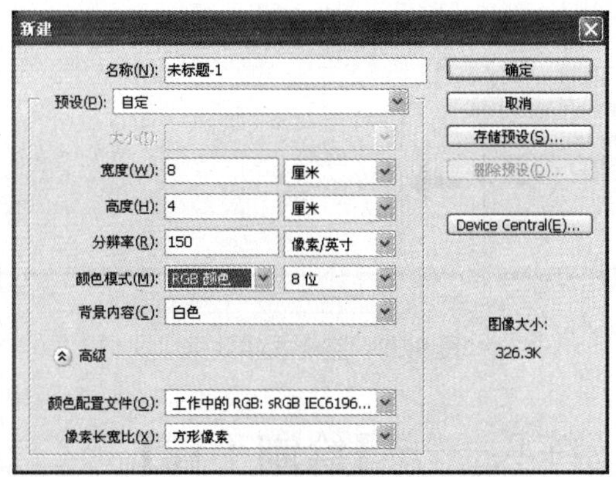

图 9-28　新建文件

02 设置前景色为“#FFFF00”，并按【Alt+Delete】组合键将前景色填充到“背景”图层中，接着单击文字工具，在选项栏中设置各项参数，文字颜色为“#FF0000”，然后在画面中输入文字“奥运会”，如图 9-29 所示。

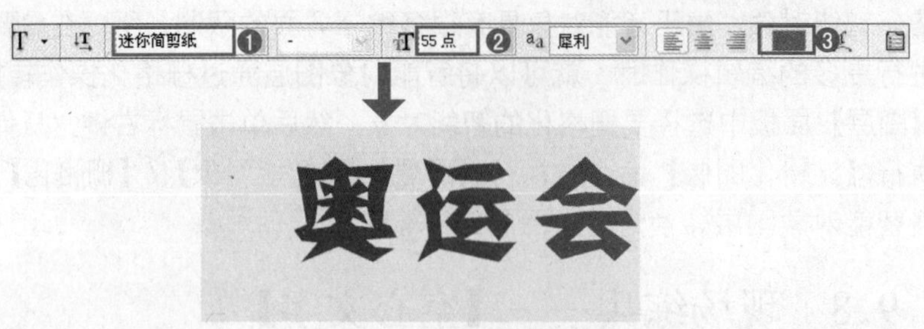

图 9-29　输入文字

03 按【Ctrl+A】组合键可全选，然后执行【图层】/【将图层与选区对齐】/【垂直居中】和【图层】/【将图层与选区对齐】/【水平居中】菜单命令，并按【Ctrl+D】组合键取消选区，效果如图 9-30 所示。

04 按【Ctrl+J】组合键复制当前图层，然后在图层面板中双击文字副本图层的缩略图，即可选中文本，设置文字颜色为"#00FF00"，按【Enter】键确认，效果如图 9-31 所示。

图 9-30　对齐图层

图 9-31　复制文字并更改颜色

05 选中复制的图层，然后在图层模式下拉菜单中选择"差值"，此时红色和绿色混色后出现的结果色为黄色，正好和背景色相同这样看起来两组文字重合的部分就成了空心效果，如图 9-32 所示。

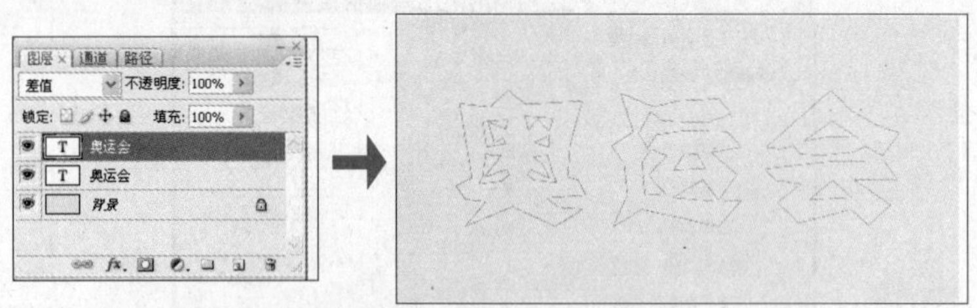

图 9-32　空心文字效果

9.9　现场练兵——【绘制手镯】

本例主要讲解图层样式的应用，通过对各种图层样式的配合使用，制作出一个漂亮的手镯效果。最终效果如图 9-33 所示。

操作步骤：

01 执行【文件】/【新建】菜单命令或按【Ctrl+N】组合键打开【新建】对话框，在该对话框中设置各项参数，如图9-34所示，单击【确定】按钮即可新建一个文件。

图9-33 手镯效果

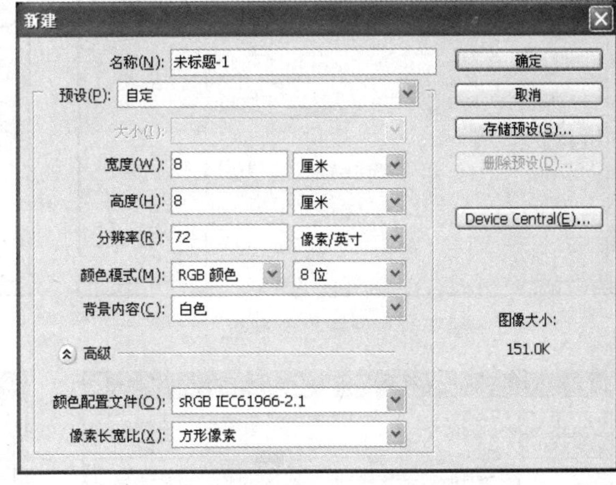

图9-34 新建文件

02 在【图层】面板中新建一个图层，接着单击【椭圆选框工具】，并按【Shift】键，绘制一个圆形选区，然后按【Alt+Delete】组合键将默认的前景色（黑色）填充到选区中，将鼠标移动到选区中并单击右键，系统将弹出快捷菜单，从中选择【变换选区】命令，最后按【Shift+Alt】组合键并拖动角点将其等比缩小，如图9-35所示。

03 按【Enter】键确定变换，并按【Del】键删除选区中的图像，然后按【Ctrl+D】组合键取消选区，效果如图9-36所示。

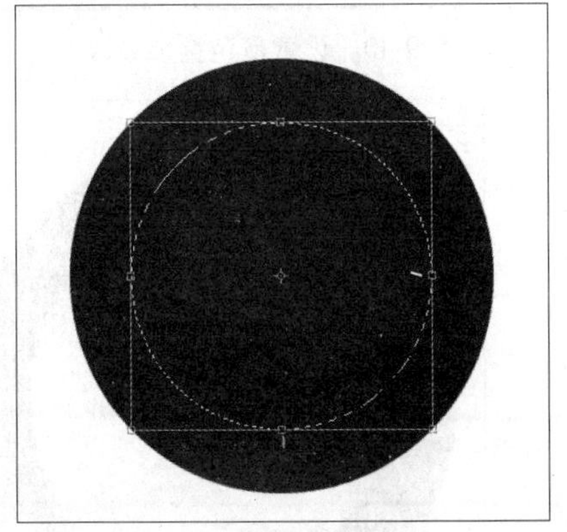

图9-35 绘制圆形选区并填充颜色

图9-36 制作圆环效果

04 接下来制作图层效果使其达到真实的手镯效果。在图层面板中双击“图层1”，系统将弹出【图层样式】对话框，在该对话框中设置“投影”、“斜面和浮雕”、“光泽”、“颜色叠加”、“图案叠加”效果，分别将其参数设置为如图9-37～图9-41所示，单击【确定】按钮，效果如图9-42所示。

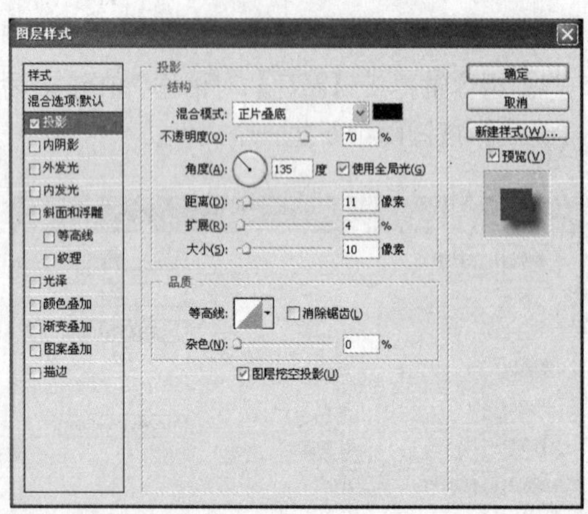

图 9-37　设置投影参数

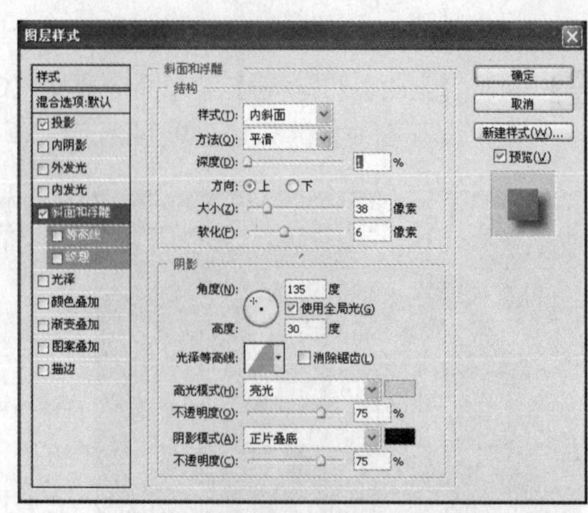

图 9-38　设置斜面与浮雕参数

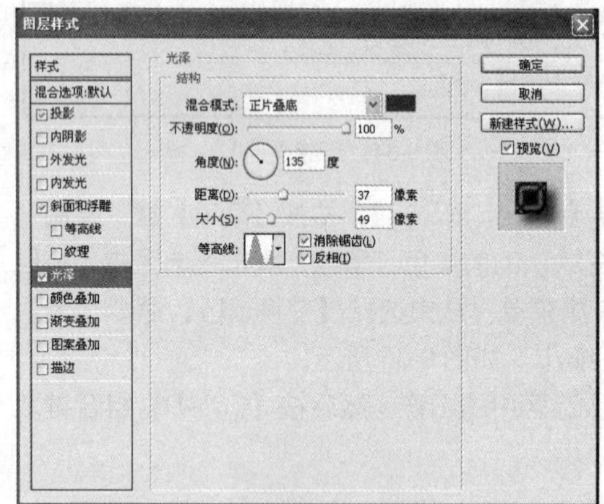

图 9-39　设置光泽参数

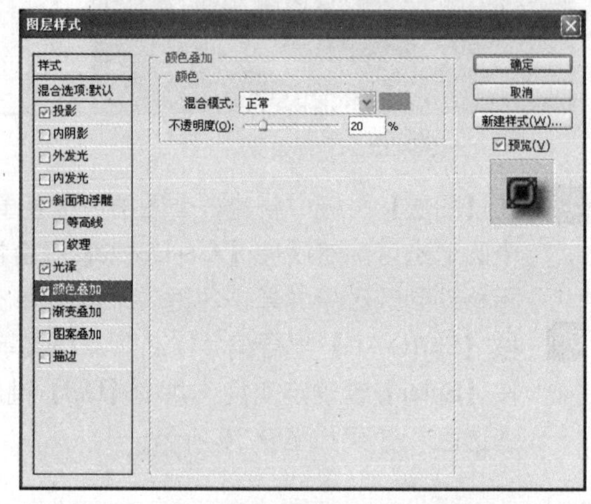

图 9-40　设置颜色叠加参数

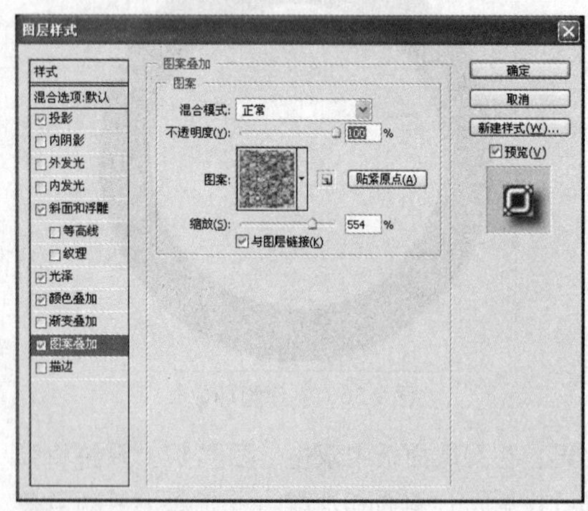

图 9-41　设置图案叠加参数

图 9-42　设置图层样式后的效果

05 设置背景色为"#006cff"，然后在【图层】面板中单击"背景"图层，并按【Alt+Delete】组合键将前景色填充到背景图层中，即可得到最终效果。

9.10 疑难解答

问1：为什么对【图层】进行填充时，没有看到效果呢？

答：这分三种情况，一是当前操作层被锁定；二是图层的“不透明度”被设置为“0%”；三是该图层被上方的图层遮盖。

问2：为什么【图层】菜单中的【更改图层内容】和【图层内容选项】命令呈灰色呢？

答：菜单中的命令呈灰色，表示不可用，【图层】菜单中的【更改图层内容】和【图层内容选项】命令，只有在选择“调整图层”或“填充图层”时才可用。

问3：【图层蒙版】与【矢量蒙版】有什么区别呢？

答：【图层蒙版】与【矢量蒙版】都是用来保护图层内容的。编辑和处理蒙版可以对图层应用各种效果，不会影响该图层上的图像，图层蒙版与分辨率有关，而【矢量蒙版】与分辨率无关。

9.11 上机指导——【绘制手镯】

实例效果：

图9-43 绘制手镯

操作提示：

(1) 利用【椭圆选框工具】创建椭圆选区，并填充颜色。

(2) 缩小选区，并删除图像，得到一个圆环效果。

(3) 为圆环添加图层样式效果。

9.12 习题

一、填空题

(1) 从图层的可编辑性进行分类，图层可以分为两类：__________和______________。

（2）从图层的功能进行分类，图层可以分为＿＿＿＿＿＿＿、＿＿＿＿＿＿＿＿＿、＿＿＿＿＿＿＿＿、＿＿＿＿＿＿＿＿＿、和＿＿＿＿＿＿＿＿。

（3）为了保护图层的非透明区域，从而使图像的像素或位置不被误编辑，可以＿＿＿＿＿＿＿。

（4）＿＿＿＿＿＿＿＿＿是一个嵌入在当前文件中的文件，可以是栅格图像，也可以是矢量图像。

二、选择题

（1）新建一个图层，而不需要弹出对话框的快捷键是（　）。

A.【Ctrl+N】　　B.【Ctrl+O】

C.【Ctrl+D】　　D.【Ctrl+Shift+Alt+N】

（2）合并可见图层的可以使用下列哪组快捷键进行操作（　）。

A.【Ctrl+G】　　B.【Ctrl+Shift+G】

C.【Ctrl+E】　　D.【Ctrl+Shift+E】

（3）新建一个图层，它将位于（　）的上一层。

A．背景图层　B．透明图层　C．当前图层　D．最上层

（4）在（）的情况下，将不能删除图层。

A．链接　B．锁定　C．隐藏　D．只有一个图层

（5）要将图层中的图像内容载入选区，可以（　）。

A．按【Ctrl】键单击图层缩览图

B．按【Shift】键单击图层缩览图

C．按【Alt】键单击图层缩览图

D．以上都不正确

（6）在【图层】面板中不能对图层进行下列哪项操作（　）。

A．锁定图层和隐藏图层　　B．移动图层中的图像

C．改变图层顺序　　D．删除图层

（7）下列哪个图标是链接图标（　）。

A.　B.　C.　D.

第10章 通道与快速蒙版的使用

在Photoshop中，通道与蒙版的作用可以说是举足轻重的，凡需要进行高级操作，都涉及通道、蒙版与其他工具和命令的联合使用。本章将介绍通道和蒙版的基本概念及操作技能。

10.1 通道的基础知识

通道是Photoshop处理图像不可缺少的利器，使用它能够更完美地表现出设计师的艺术才华，使制作出的创意设计达到更高的境界。

10.1.1 关于通道

通道用于存放图像像素的单色信息，在窗口中显示为一种灰度图像。打开一幅新图像时，Photoshop会自动创建图像的颜色信息通道。图像中默认的颜色通道数取决于其颜色模式。不同的颜色模式图像具有不同的通道数目与类型。

在一个包含多个图层的图像中，当显示的图像内容不同时，在通道面板中显示的通道内容也将不同，即通道中存放的颜色信息就是正在显示部分的颜色信息，也可以说每一个图层都有一套颜色通道与其对应，而通道面板中所显示的是所有正在显示的图层通道的混合。

10.1.2 通道的分类

通道主要分为复合通道、颜色通道、Alpha通道、专色通道和单色通道五种。

1．复合通道

复合通道不包含任何信息，实际上它只是同时预览并编辑所有颜色通道的一个快捷方式。通常被用来在单独编辑完一个或多个颜色通道后，使通道控制面板返回到默认状态。

2．颜色通道

颜色通道保存了图像的所有颜色信息。每一个颜色通道都包含一个8位灰度图像，灰度颜色的浓淡即代表色彩的浓淡，合成每一个通道的颜色后，就是该图像的颜色。

在Photoshop中编辑图像，实际上就是在编辑颜色通道，这些通道把图像分解成一个或多个色彩成分。

3．Alpha通道

Alpha通道最主要的用途是存储和编辑选区。Alpha通道和颜色通道一样，本身都是灰度图像，可以被编辑，还可重复运用到图像。

4．专色通道

专色通道是一种特殊的颜色通道，它可以使用除了青、品红、黄、黑以外的颜色来绘制图像。

5．单色通道

单色通道的产生比较特别，单击通道控制面板右上角的三角形按钮，在弹出的菜单命令中执行【分离通道】命令，图像的通道会自动分离成单色通道，并且所有的通道都将变成灰度图像，原有的彩色通道即使不进行删除也将变成灰色通道。

10.1.3　通道面板

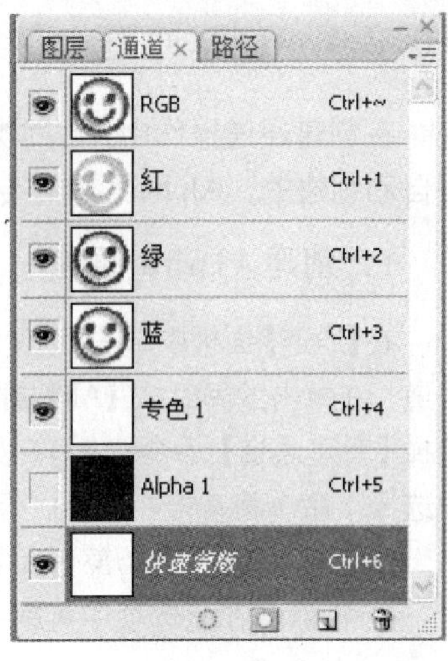

图 10-1　通道面板

通道面板是用来创建和管理通道的。执行【窗口】/【通道】菜单命令，即可打开通道面板，如图 10-1 所示。

在通道面板中列出了图像中的所有通道，处于最上方的是图像的复合颜色通道，下方是单色通道、专色通道、Alpha 通道、快速蒙版通道。

通道面板中各图标及按钮的功能如下：

- 眼睛图标：控制当前通道颜色在图像窗口中的显示或者隐藏效果。由于复合通道是原色的组成，在选中隐藏面板中的某一个原色通道时，复合通道将会自动隐藏。如果选择显示复合通道，那么它的原色通道将会自动显示。
- 通道缩略图：可以通过面板菜单中的【调板选项】命令来改变它的大小。
- RGB Ctrl+~ ：显示通道的名称和快捷键。
- 将通道作为选区载入按钮：单击该按钮则可将通道中颜色比较淡的部分当做选区加载到图像中。该功能也可以通过按【Ctrl】键并在面板中单击通道来实现。
- 将选区存储为通道按钮：单击该按钮则可将当前选区存储为新的通道，按【Alt】键单击该图标，可以新建一个通道并且为该通道设置参数，如果按【Shift + Ctrl】组合键再单击该按钮，则可将当前通道的选区加到原有的选区中。
- 创建新通道按钮：单击该按钮则可创建新的 Alpha 通道，如果同时按【Alt】键，即可设置新建通道的参数。如果按【Ctrl】键单击该按钮，可创建专色通道。
- 删除当前通道按钮：单击该按钮，则可删除选中的通道。也可以在通道面板中直接将该通道拖动到按钮上，将其删除。
- 单击通道面板右上角的扩展按钮，将打开其面板菜单，如图 10-2 所示，从中选择适当的命令可以对通道进行操作及管理。

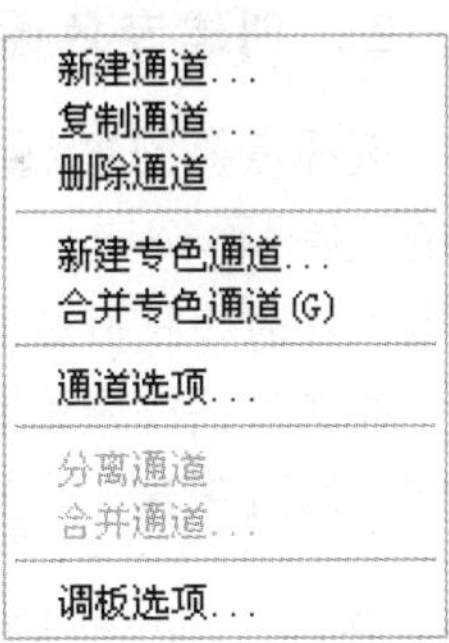

图 10-2　通道面板菜单

10.2　通道的操作

在对通道进行操作时，可以调整各原色通道的亮度和对比度，甚至可以单独为一原色通道选择滤镜功能。如果在【通道】面板中建立了 Alpha 通道，则可以在该通道中编辑出一个具有较多变化的蒙版，然后再将蒙版转换为选区，应用到图像中。本节将介绍通道的基本操作，如新建通道、复制和删除通道、分离与合并通道等。

10.2.1 创建通道

在创建通道操作中，不同类型的通道其创建方式都不同，“颜色信息”通道是在图像打开时自动创建的，Alpha通道和专色通道的创建方法如下：

1．创建Alpha通道

在【通道】面板中单击【创建新通道】按钮即可创建一个Alpha通道，在单击的同时按【Alt】键或在【通道】面板的下拉菜单中选择【新建通道】命令，将打开如图10-3所示的对话框，按【Alt】键选择该命令将直接在通道面板中新建一个Alpha通道。

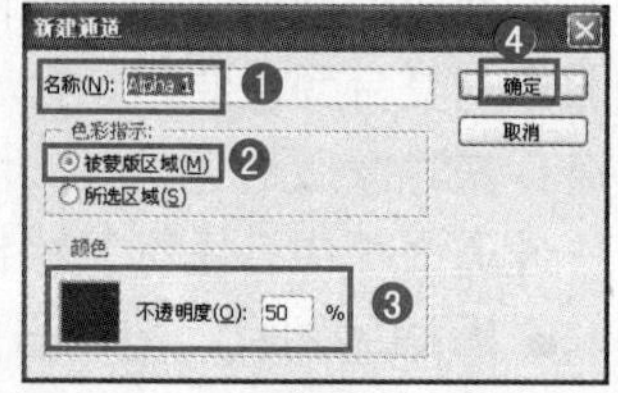

图10-3 【新建通道】对话框

该对话框包括三个部分：名称、色彩指示及颜色。

- 名称：在此选项中可输入新建通道的名称。系统默认的名称为Alpha1、Alpha2、Alpha3……
- 色彩指示：包含【被蒙版区域】和【所选区域】两个选项。选择【被蒙版区域】选项，则新建的通道中有颜色的区域表示被蒙住的范围，没有颜色的区域则是选择的范围；选择【所选区域】选项，则得到与上一选项刚好相反的结果。
- 颜色：在此区域中单击色块，可以选择合适的色彩。这时遮罩颜色的选择对图像的编辑没有影响，只是用来区别选区和非选区，这样可以方便选取范围。不透明度的设置也不影响到图像的色彩，只对遮罩起作用。
- 在该对话框中设置各项参数后，单击【确定】按钮即可新建一个通道。

2．创建专色通道

选择需要创建专色通道的图像文件，单击【通道】面板右上角的扩展按钮，在打开的面板菜单中选择【新建专色通道】命令，此时将打开如图10-4所示的【新建专色通道】对话框。

在该对话框中设置通道的名称、颜色及密度后，单击【确定】按钮，即可新建一个专色通道。

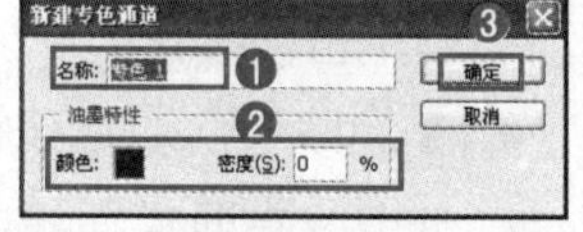

图10-4 【新建专色通道】对话框

10.2.2 复制和删除通道

在编辑图像过程中有时需要对某一颜色通道进行多种处理，以获得不同的效果，或者将一个图像的通道应用到其他图像中编辑，此时就需要复制通道。

在【通道】面板中选择需要复制的通道，然后单击【通道】面板右上角的扩展按钮，在打开的面板菜单中选择【复制通道】选项，此时将打开如图10-4所示的【复制通道】对话框。

在该对话框中可以设置的选项如下：

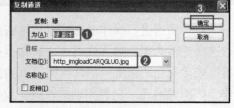

图10-5 【复制通道】对话框

- 为：设置复制后的通道名称。
- 文档：在该选项的下拉列表框中可以选择要复制的目标图像文件。选择【新建】选项，

表示复制到一个新建的文件中，此时【名称】文本框会被激活，在文本框中可以输入新建文件的名称。

- 反相：选择该复选框，复制后的通道颜色将以反相显示。
- 在该对话框中设置各项参数后，单击【确定】按钮即可完成复制通道操作。

注　意

在【通道】面板中将需要复制的通道拖至【创建新通道】按钮上，可以快速复制该通道。

对于在处理过程中已不再需要的通道，可以将其删除，以节省磁盘空间，提高运行速度。删除通道可以通过以下三种方法：

- 选择需要删除的通道，单击【通道】面板中的按钮。
- 选择需要删除的通道，在【通道】面板菜单中执行【删除通道】命令。
- 在【通道】面板中将需要删除的通道拖至按钮上。

注　意

主颜色通道即复合颜色通道不能被删除，当其他颜色通道被删除后复合通道自动消失，并将其他颜色通道转换为其他形式。

10.2.3　分离和合并通道

1．分离通道

在通道面板菜单中选择【分离通道】命令可以将一幅图像中的通道分离成为灰度图像，以保留单个通道信息，然后对其独立进行编辑和存储。分离后，原文件被关闭，每个通道均以灰度颜色模式成为一个独立的图像文件，并在其标题栏上显示文件名。文件名以原文件的名称再加上当前通道的英文缩写组成。

分离通道的具体步骤如下：

01 在 Photoshop CS3 中打开光盘中图像文件“10\分离通道.jpg”。

02 单击【通道】面板中右上角的扩展按钮，在弹出的快捷菜单中执行【分离通道】命令，如图 10-6 所示。

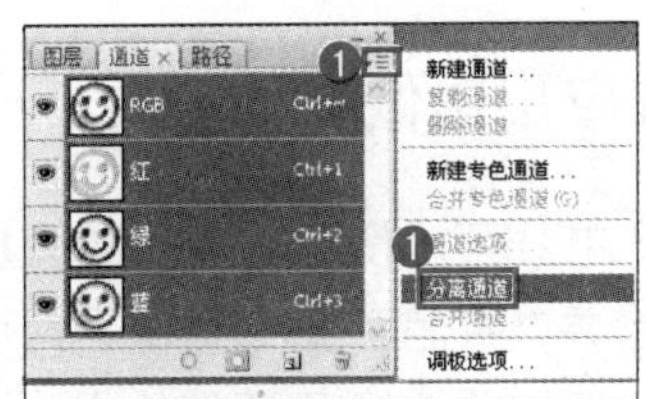

图 10-6　分离通道

03 此时，原文件将被关闭，然后弹出三个新的文档窗口，分别以R、G、B命名，如图10-7所示。

图10-7　分离的新图像

2．合并通道

在通道面板菜单中执行【合并通道】命令可以将【分离通道】命令生成的若干个灰度图像合并成一个图像，该命令甚至可以合并不同的图像，但是它们必须是宽度和高度像素一致的灰度图像。合并通道时其颜色模式取决于已打开的灰度图像的数量。

合并通道的操作步骤如下：

01 打开多个符合合并通道条件的灰度图像，单击【通道】面板中右上角的图标，从弹出的快捷菜单中执行【合并通道】命令，如图10-8所示。

02 此时将弹出【合并通道】对话框，在该对话框中即可选择颜色模式和通道数量，然后单击【确定】按钮，弹出【合并通道】对话框，在该对话框中选择各通道，然后再单击【确定】按钮即可合成通道，如图10-9所示。

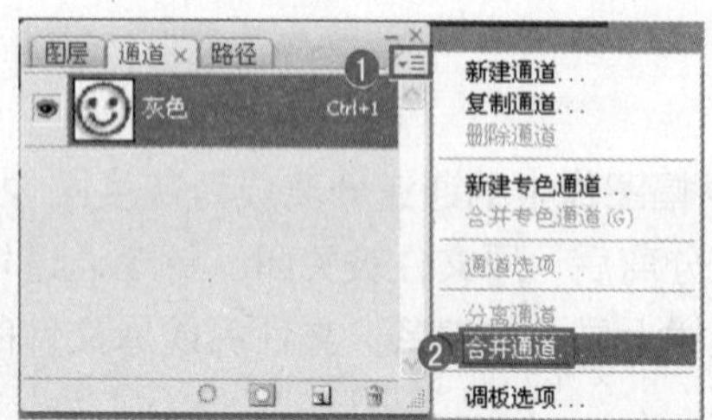

图10-8　选择【合并通道】命令

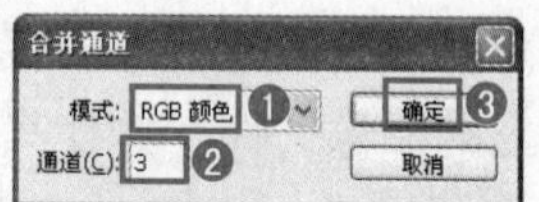

图10-9　合并通道

10.3　通道计算和应用图像

在Photoshop中，使用【计算】和【应用图像】命令可对通道进行计算，从而混合两个来自一个或多个图像的单个通道。

10.3.1　使用【应用图像】命令

在Photoshop CS3中，可以使用【应用图像】命令将同一图像或不同图像中的通道或图层与当前通道或图层合并，并且该命令提供了两种在图层面板中没有的图层混合模式——相加与减去。在通道的运算过程中运用数学的方法计算两个通道中相同位置上的像素，并把结果保存在合并后的通道中。

06 打开光盘中"10\图像素材 1.psd"文件和"图像素材 2.psd"文件，如图 10-10 所示。

图 10-10　打开素材文件

07 执行【图像】/【应用图像】菜单命令，在弹出的【应用图像】对话框中，可以选择应用图像的源，如图 10-11 所示。

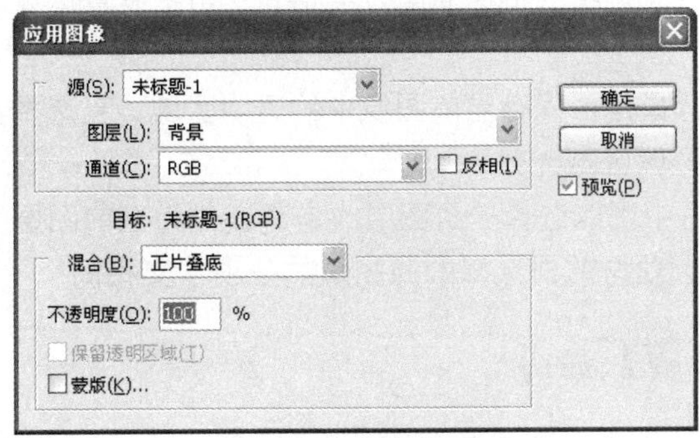

图 10-11　应用图像源

该对话框中各选项含义如下：

- 源：从下拉列表中可以选择一幅源图像与当前图像混合，这时要求这些图像与当前图像具有相同的分辨率与尺寸大小，如图 10-12 所示。

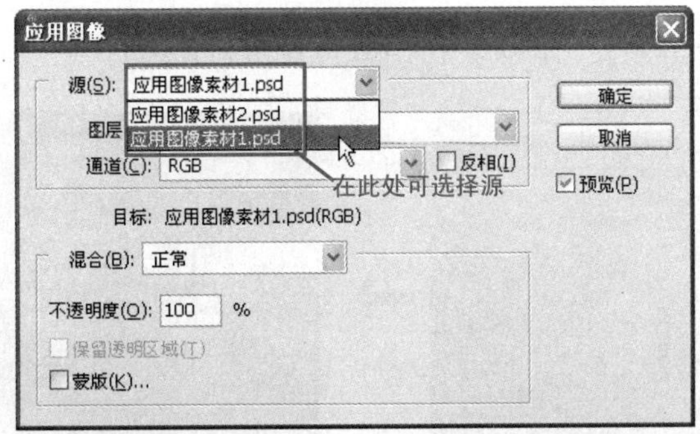

图 10-12　选择应用图像的源文件

- 图层：从列表中选择用哪一层与当前图层相混合，如果源图像中有多个图层，在该列表中除了源图像中的各个图层外，还将包含一项合并的选项，表示选定源图像中的所有层，相当于先将源图像拼合为单一的图层，然后与当前图层混合。

- 通道：选择使用源图像中的哪一个通道，其中除了各个颜色通道外，还包括用户自己创建的通道。
- 混合：用来选择源图像中所选图层的通道与当前图层的混合模式，除了前面在图层面板中所讲过的混合模式外，还增加了两个混合模式——相加或相减。当选择相加或相减时，图形效果如图 10-13 所示。

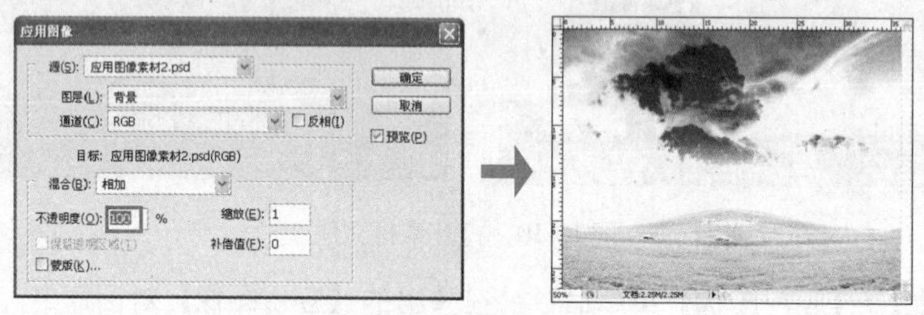

图 10-13　应用图像相加后的效果

- 不透明度：与图层面板中的不透明度效果相同，用于设置运算后所得图层与其下面图层覆盖的情况。
- 保留透明区域：选择是否保存当前图像中的透明区域，当选择该选项时，在对话框中的任何设置都对透明区域无效。
- 蒙版：在蒙版一栏中可以选择一个图层或是通道作为当前图层的蒙版来设置最后的混合结果。其中各选项与前面选择的源图像的各项含义相同。

10.3.2　使用【计算】命令

【计算】命令与【应用图像】命令的作用相似，但它们也有很大的区别。【应用图像】命令源可以是图层或通道，但目的必须为当前图层，且结果只能保存在当前图层中。而【计算】命令的设置对话框中有两个源，可以自由选择两个通道进行合并，但只能是通道，即运算命令不能将两个层进行合并，并且结果可以保存在当前图像的新建通道中或 Photoshop 新建的文件中，甚至可以将结果转化为选区。但【运算】命令也要求源图像与当前图像具有相同的分辨率与尺寸大小。

01 打开光盘中“10\计算素材 1.psd”和“10\计算素材 2.psd 文件”，如图 10-14 所示。

图 10-14　打开图像文件

02 执行【图像】/【计算】菜单命令，将打开如图 10-15 所示的对话框。

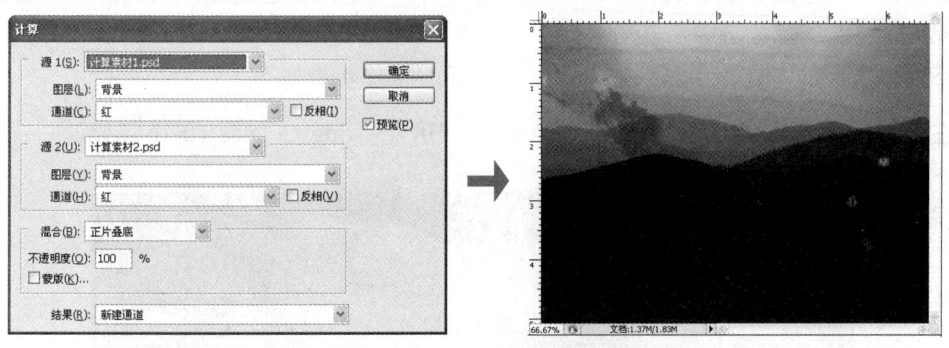

图 10-15 计算后的效果

对话框中各部分的含义与应用图像命令对话框中各选项基本相同，只是由一个源变成了两个源。

10.4 快速蒙版的使用

蒙版是一种来自摄影领域的技术，在 Photoshop 中，蒙版是一种高级选择功能，它能够方便地选择图像中的一部分进行描绘和编辑操作，而使图像的其他部分不受影响。熟练地对蒙版进行操作可以使设计者的水平得到进一步提升。

10.4.1 蒙版概述

蒙版实际上是一种屏蔽，可对图像进行选取或隔离，在图像处理时可以通过建立蒙版来保护一些特殊的图像区域不受编辑处理的影响，例如对图像的其他区域进行颜色变化、滤镜效果和其他颜色处理时，被蒙版蒙住的区域则不会发生变化。

在 Photoshop CS3 中，蒙版有 4 种类型，即快速蒙版、通道蒙版、矢量蒙版和图层蒙版。矢量蒙版和图层蒙版在上一章中已经进行了详细的讲解，在此就不再详解。

- 快速蒙版：创建快速蒙版，并且在通道控制面板中出现一个暂时的蒙版。
- Alpha 通道蒙版：以蒙版形式存储和载入选区。

10.4.2 快速蒙版

快速蒙版模式用于创建和查看图像的临时蒙版，可以不使用通道面板而将任何选区作为蒙版来编辑。把选区作为蒙版的好处是可以运用 Photoshop 中的任何工具或滤镜对蒙版进行调整。如当用选择工具在图像中创建了一个选区后，进入快速蒙版模式，这时可以用画笔来扩大（选择白色为前景色）或缩小选区（选择黑色为前景色），也可以用滤镜命令来修改选区，并且还可以运用选择工具进行其他选择。

当操作完毕后，单击工具箱中的【普通模式编辑】按钮，可以将图像中未被快速蒙版保

护的区域转化为选区。如果在对蒙版编辑时进行了各种特效处理，则将处理后的效果区域转化为选区，同时通道面板中的"快速蒙版通道"将自动消除，这时可以对选区中的图像进行各种操作。

下面以实例的方式介绍【快速蒙版】的应用，操作步骤如下：

01 在 Photoshop CS3 中打开光盘中图像文件"10\花卉.jpg"，如图 10-16 所示。

图 10-16　打开图像文件

02 在【工具箱】中选择【快速选择工具】，在图像中快速选择花卉，然后单击【工具箱】中的【快速蒙版】按钮(或按【Q】键)，选区外的部分被以某种颜色覆盖并保护起来，而选区内的部分仍维持原来颜色，没有被保护，如图 10-17 所示，同时在【通道】面板中将增加一个临时的【快速蒙版】通道。

图 10-17　进入快速蒙版编辑模式

03 将前景色设置为黑色，然后在【工具箱】中选择【画笔工具】，在花卉的边缘细微处绘制，增加到保护区域，使用白色绘制可以减少被保护的区域，在涂抹时可以将图像放大，涂抹完毕后效果如图 10-18 所示。

04 在工具箱中单击【以标准模式编辑】按钮或按【Q】键，退出快速蒙版模式，取得精确的选择区域，然后按【Ctrl+J】组合键复制选区中的图像，并隐藏【背景】图层，即可抠出花卉，如图 10-19 所示。

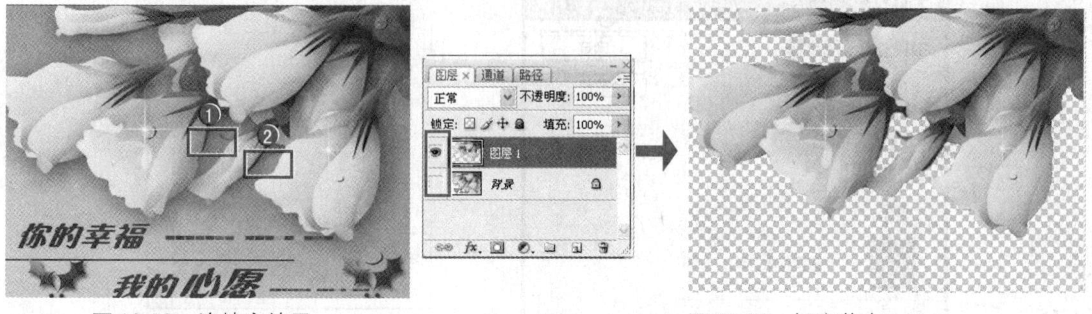

图 10-18　涂抹完效果　　图 10-19　抠出花卉

10.4.3　通道蒙版

Photoshop 的每一个图像都是由一个或多个通道组合而成的。每一个通道都是一个灰阶图像，它们是图像色彩组成的一部分，也可以当作蒙版来使用。

单击通道面板上的按钮可以将选区转化为通道，这种通道其实就是蒙版，也可以说蒙版就是一种特殊的通道。

通道蒙版与快速蒙版的作用其实没有什么不同，同样是为了存储和编辑选区。不过在一幅图像中只允许存在一个快速蒙版，但可同时存在多个通道蒙版，分别存放不同的选区。另外通道蒙版可被转化为专色通道，而快速蒙版没有这个作用。

将 Alpha 通道蒙版转换为专色通道的具体步骤如下：

01 在图像中创建选择区域，然后再单击【通道】面板中的【将选区存储为通道】按钮，创建 Alpha1 通道，如图 10-20 所示。

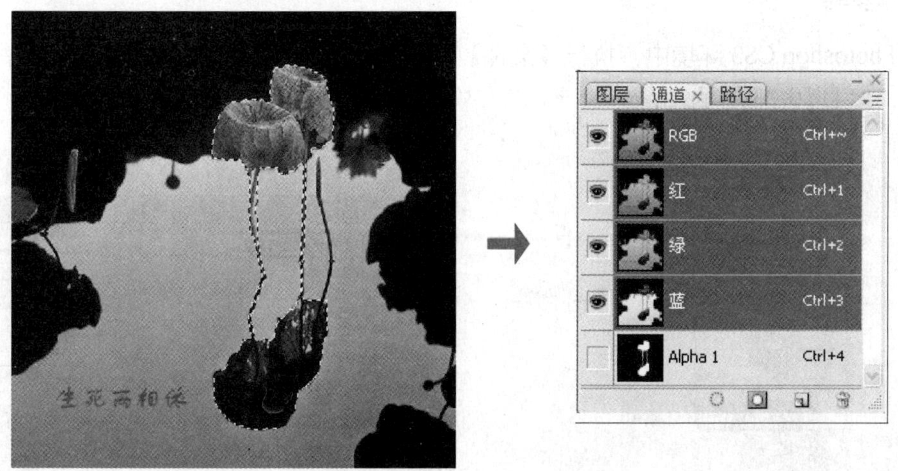

图 10-20　创建 Alpha1 通道

02 双击 Alpha 通道的缩略图，将弹出【通道选项】对话框，在【色彩指示】选项区域中选择【专色】单选按钮，单击颜色框选取颜色，然后单击【确定】按钮，即可将其转换为专色通道，如图10-21所示。

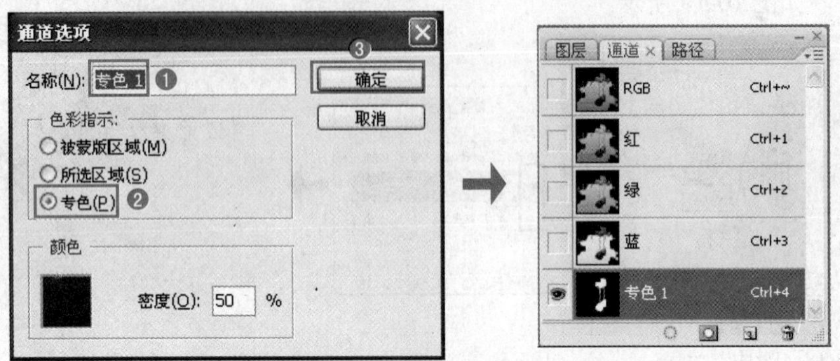

图10-21　转换为专色通道

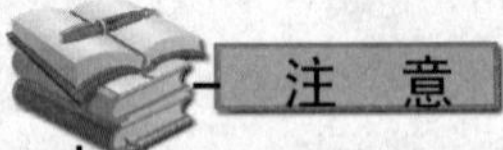

按【Ctrl】键，然后单击想要转化为选区的通道，其中包括快速蒙版通道和颜色通道，可以将所选通道载入选区。当单击颜色通道时，将把该通道中灰度值小于50%的部分载入选区，而对于其他通道，则与该通道的通道选项中的设置有关。

10.5　现场练兵——【轻松绘制MP3】

本例在制作过程中，主要利用【圆角矩形工具】、【画笔工具】、【高斯模糊】滤镜、【椭圆选框工具】，以及【移动工具】和变形命令对图形进行绘制和调整，最终效果如图10-22所示。

操作步骤：

01 在Photoshop CS3环境中，执行【文件】/【新建】菜单命令，新建一个背景为白色的文件，如图10-23所示。

图10-22　制作的MP3效果

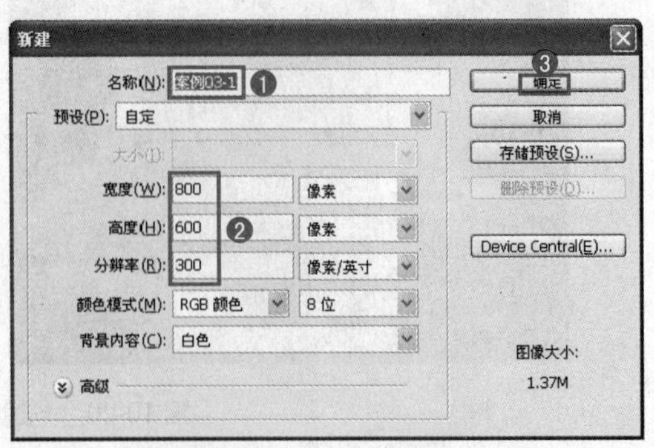

图10-23　【新建】对话框

02 新建一个图层，命名为“图身”，选择【圆角矩形】工具，设置前景色为绿色（3be69f），在新建的图形上绘制出圆角矩形，如图 10-24 所示。

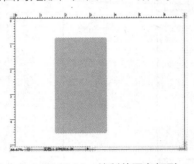

图 10-24　绘制的圆角矩形

03 新建一个图层，命名为“图形白边”，设置前景色为白色，选择【画笔工具】，单击【切换画笔调板】按钮，在弹出的画笔调板选择直径为 27 像素的画笔，在图形的左边和右边画出白色线条，如图 10-25 所示。

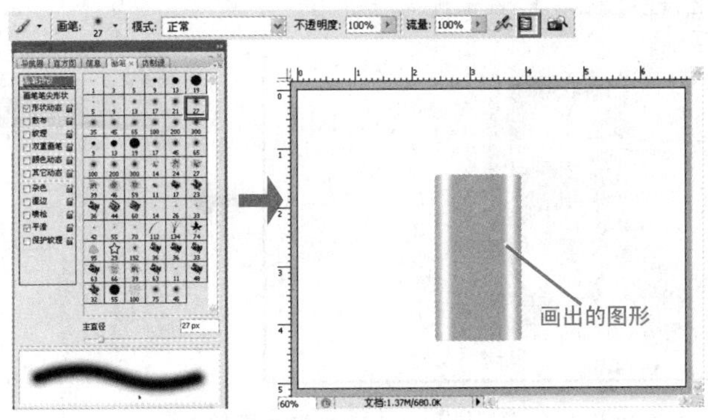

图 10-25　使用画笔画出的白色矩形

04 选择图形白边图层，执行【滤镜】/【模糊】/【高斯模糊】菜单命令，设置半径为 7 像素，如图 10-26 所示。

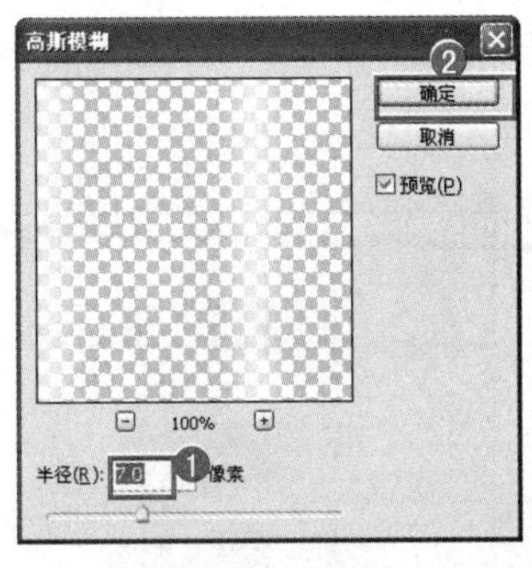

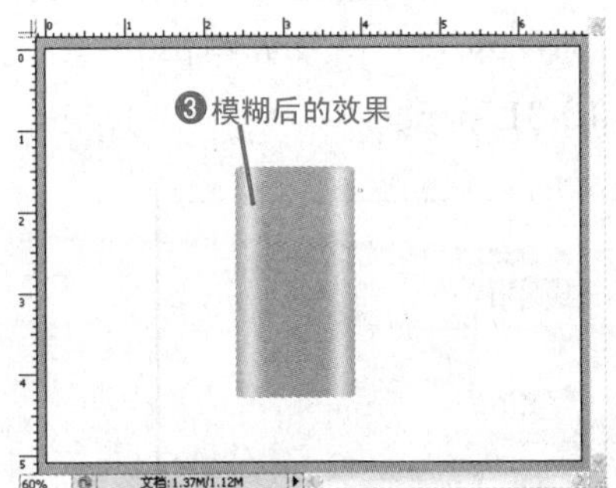

图 10-26　对白色矩形进行高期模糊

05 创建新的图层，并命名为“屏幕”，选择【圆角矩形】工具，设置前景色为白色，在

06 图形的上边画出显示屏的效果，如图 10-27 所示。

右击图层面板中的“屏幕”图层，执行【混合选项】命令，在弹出的【图层样式】对话

框中，设置“投影”、“内阴影”、“外发光”，效果如图 10-28 所示。

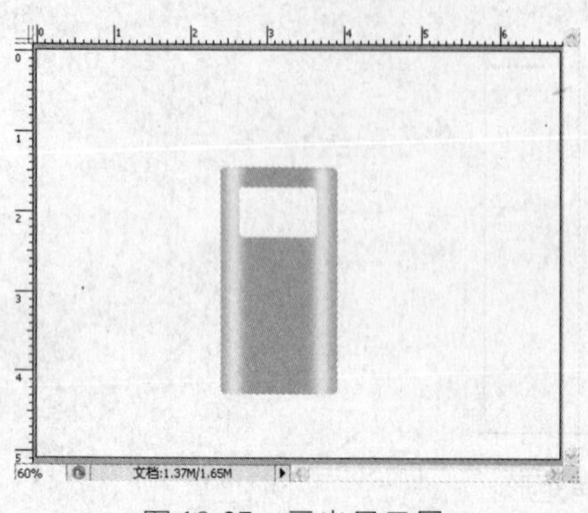

图 10-27　画出显示屏

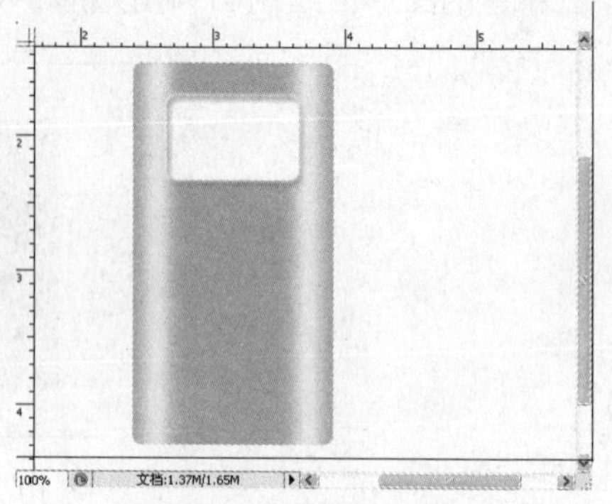

图 10-28　设置后的屏幕效果

07 创建一个新的图层，并命名为“椭圆”，选择【椭圆选框工具】画出一个正圆，设置前景色为白色，使用【Alt+Enter】组合键为选区填充白色，如图 10-29 所示。

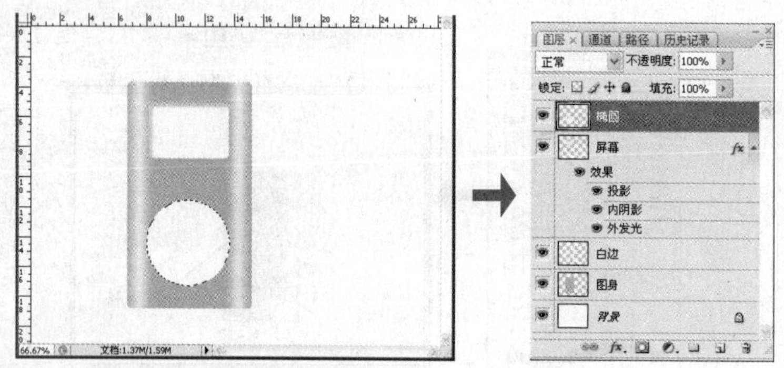

图 10-29　为图形填充白色

08 新建一个图层，并命名为“椭圆 2”，选择工具箱中的【椭圆选框工具】，在图形画一个小正圆，并填充为绿色（3be69f），如图 10-30 所示。

09 接下来为图形加入控制按钮，分别打开光盘中“10\VOL.psd、“MENU.psd”，“上一曲.psd”、“下一曲 psd”、“播放暂停.psd”素材文件，选择【移动工具】，将其移动到 MP3 上，如图 10-31 所示。

图 10-30　为图形画出小正圆

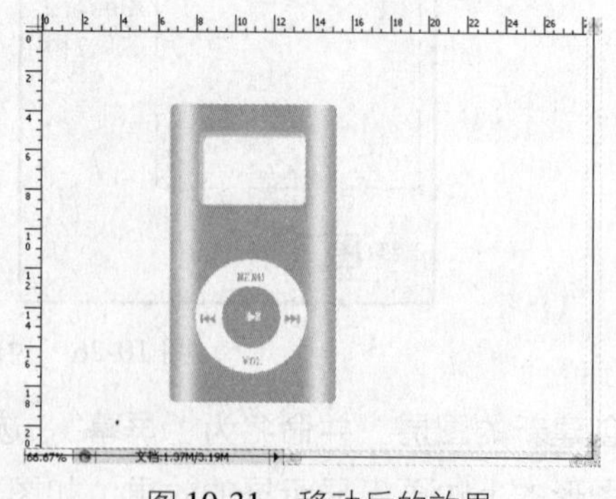

图 10-31　移动后的效果

10 打开光盘中"10\屏幕.PSD 文件，使用【移动工具】，将其移动到 MP3 屏幕上，如图 10-32 所示。

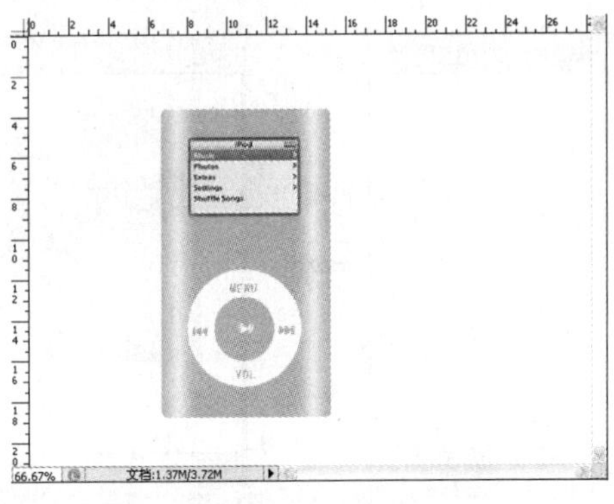

图 10-32 制作 MP3 屏幕

11 在【图层】选项卡中，右击"图身"图层，执行【混合选项】命令，在弹出的对话框中选择"投影"、"内阴影"效果，将"内阴影"里的颜色改为"3be69f"，如图 10-33 所示。

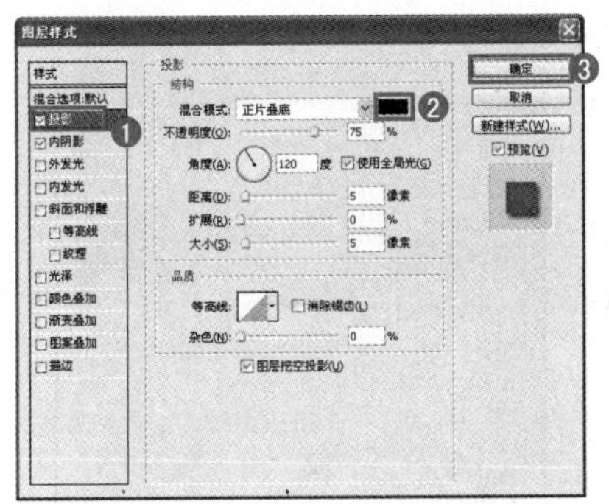

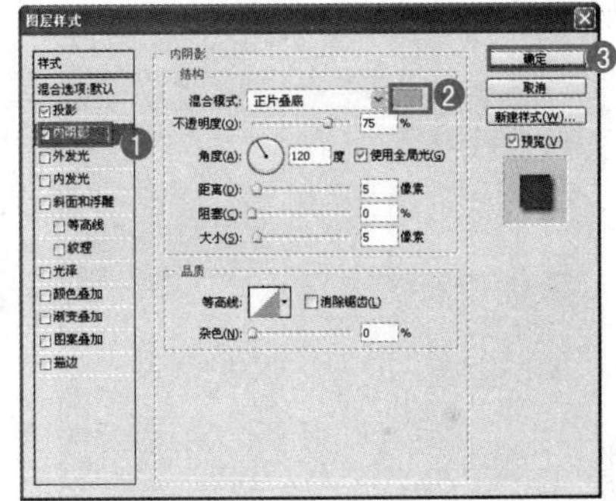

图 10-33 设置混合选项

12 为 MP3 制作倒影效果，在【图层】选项卡中，选中"椭圆，白边，图身"图层，选择【矩形选框工具】，在图形的中部选中一段区域，如图 10-34 所示。

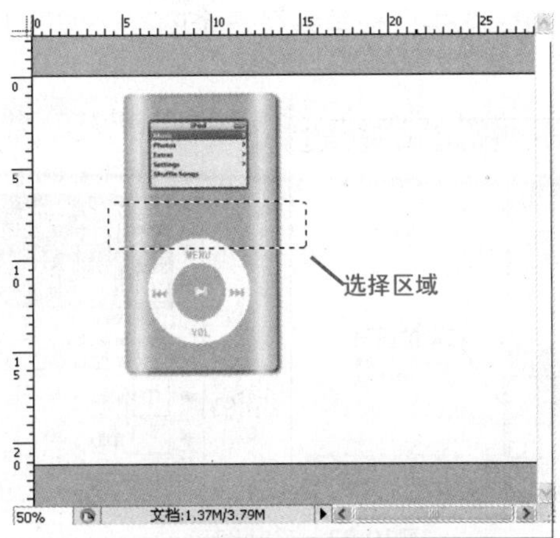

图 10-34 制作倒影效果

14 执行【文件】/【新建】菜单命令，新建一个文件，使用【移动工具】将MP3图形中选中的区域移动到新的文件中，如图10-35所示。

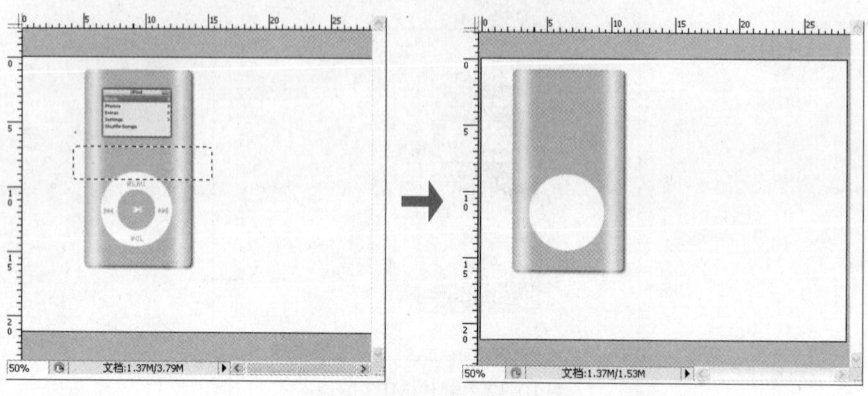

图10-35　移动选中的区域

15 选择移动出来的图片文件，选择工具箱中的【裁剪工具】，裁剪出需要的区域，如图10-36所示。

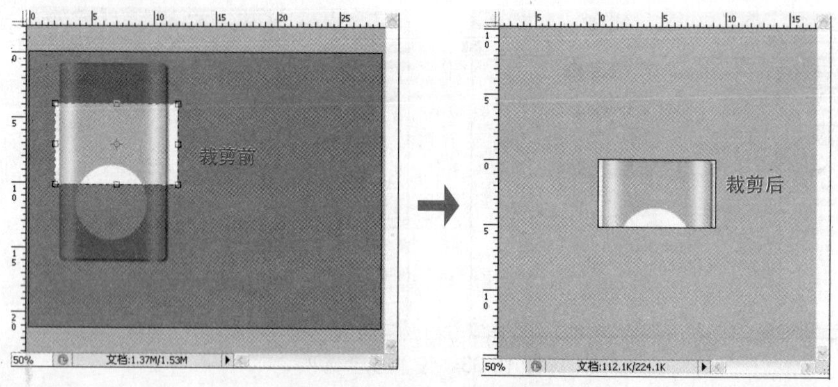

图10-36　对图形进行裁剪

16 按【Ctrl+A】组合键选择图形，使用工具箱中的【移动工具】，将裁剪的图形移动到MP3的最下面。此时，MP3图层面板里多了三个图层，如图10-37所示。

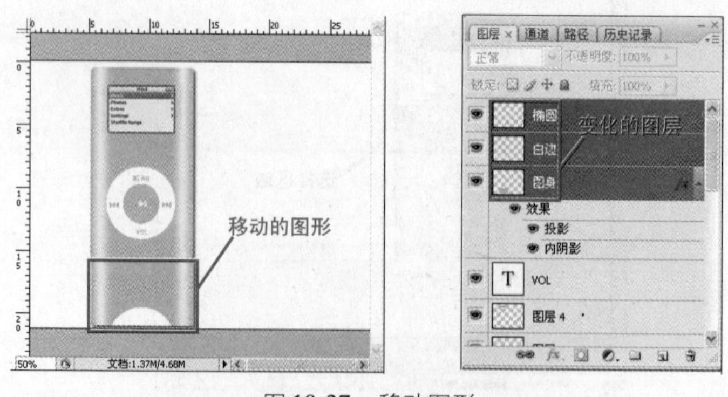

图10-37　移动图形

17 右击选中的三个图层，在弹出的快捷菜单中选择【合并图层】命令，设置图层的“不透明度”为 54%，如图 10-38 所示。

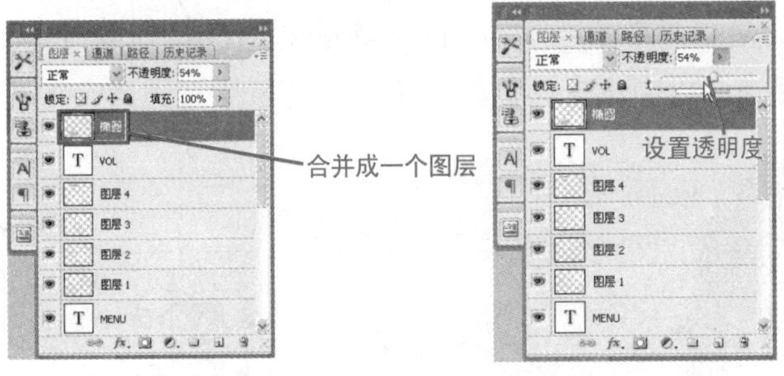

图 10-38 合并图层并设置透明度

18 经过以上的设置，倒影效果已制作完成，如图 10-39 所示。

19 至此，我们手绘 MP3 效果已制作完成，如图 10-40 所示。

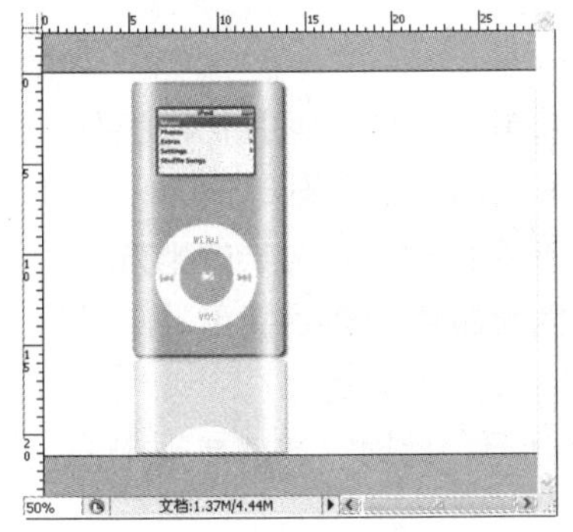

图 10-39 为图形设置倒影

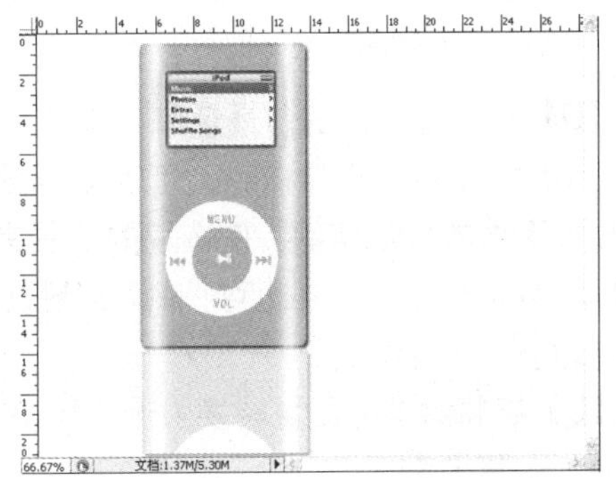

图 10-40 图片最终效果

10.6 现场练兵——【染发广告】

染发成为目前流行时尚的一种标志，想把自己的头发染成很独特的颜色，用 Photoshop 直接在照片上处理，就可以做出各种更酷更炫的效果。本节将通过蒙版准确地建立选区，运用渐变工具的填充效果，配合恰当的混合模式，先来制作一个改变头发颜色的实例，然后在此基础上制作成染发广告牌最终效果如图 10-41 所示。

图 10-41 最终效果

操作步骤：

01 执行【文件】/【打开】菜单命令，打开光盘中“10\染发.jpg”图片，如图10-42所示。

02 按【Ctrl+J】组合键复制背景图层，并单击工具箱中的按钮或按【Q】键切换到快速蒙版模式，此时在通道面板中将自动创建一个“快速蒙版”通道，如图10-43所示。

图10-42 打开图片

图10-43 增加快速蒙版通道

03 按【D】键恢复默认的前景色和背景色，选取【画笔工具】，然后对头发部分进行涂抹，如图10-44所示。在涂抹时，可以根据图像的不同区域来调节画笔的大小，使用缩放工具放大图像的显示比例，使选取的范围更准确。在涂抹时，对失误的地方，可以通过橡皮擦工具来校正，当然也可按【X】键切换前景色为白色，然后使用【画笔工具】在有误的地方进行涂抹。

04 按【Q】键将涂抹的区域转换为选区，如图10-45所示，此时，通道面板中的“快速蒙版通道”也将消失。

图10-44 用画笔涂抹区域

图10-45 将涂抹区域转换为选区

05 单击【渐变工具】，将其选项栏设置为如图11-46所示，渐变颜色为彩虹渐变，接着按【Ctrl+Alt+D】组合键对选区进行适当的羽化，然后在选区中拖动鼠标进行渐变填充，最后按【Ctrl+D】组合键取消选区即可完成本实例的制作。

图 10-46　设置【渐变工具】选项栏

06 打开光盘中“10\染发.PSD 文件”，选中染发图形，使用工具箱中的【磁性套索工具】，在图形上外边拖动，将人物选中。如图 10-47 所示。

07 执行【选择】/【修改】/【羽化】菜单命令，在弹出的菜单中设置羽化半径为“10”像素，如图 10-48 所示。

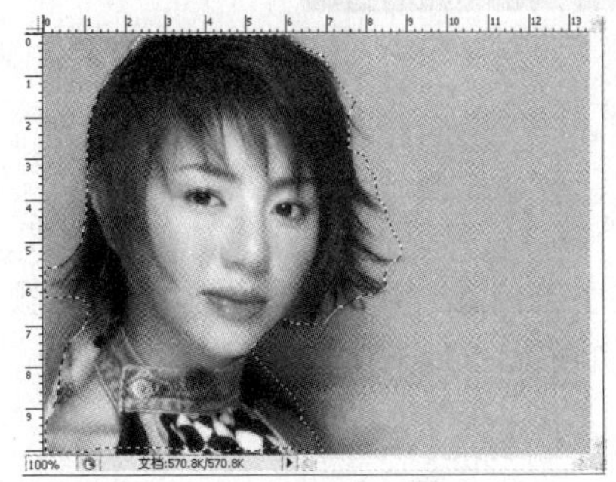

图 10-47　选中图形

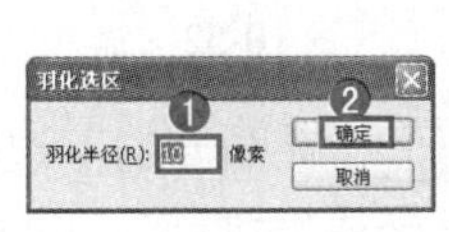

图 10-48　执行羽化命令

08 选择工具箱中的【移动工具】，将选中的人物移动到染发素材文件上，如图 10-49 所示。

09 选择工具箱的【文字工具】，在图形的下半部分点击输入“你的魅力来自我的创意”文字，设置文字大小为 48 点，并设置不同文字的颜色，（其中文字的颜色为 fcfdfb、eaf39d、b1eb73、f6b6f7、91edd2）如图 10-50 所示。

图 10-49　移动选中的图形

图 10-50　在图形中输入文字

10 单击文字工具属性栏上的【创建文字变形】按钮，在弹出的对话框中选择样式为“贝壳”样式。此时，文字的样式发生了变化，如图 10-51 所示。

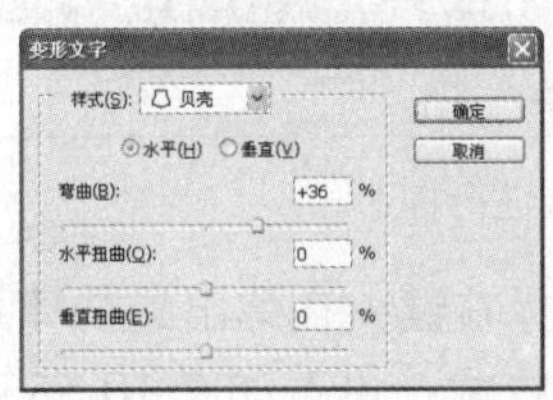

图 10-51　设置文字变形

11 选择文字工具，在图形的左下角进行单击，输入“专业美发大师倾情主理”，设置文字颜色为白色，大小为 36 点，在变形文字对话框中，设置“无”样式，如图 10-52 所示。

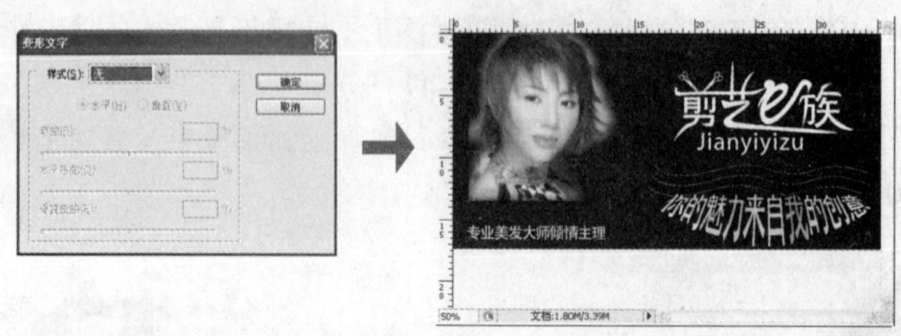

图 10-52　输入文字

12 选择工具箱中的【文字工具】T，在图形的下边的输入文字“一流的服务，一流的享受，一流的技术，是我们永不褪色的经营理念”，调整好文字的位置，并为字体设置不同的颜色（其中文字的颜色为 866f05、3a6404、40178a），如图 10-53 所示。

图 10-53　输入文字并调整位置

13 接下来我们再来为文字图层设置描边效果，选择“你的魅力来自我的创意”图层，单击鼠标右键，在弹出的快捷菜单中执行【混合选项】命令，选择“描边”样式，设置如图 10-54 所示的参数。

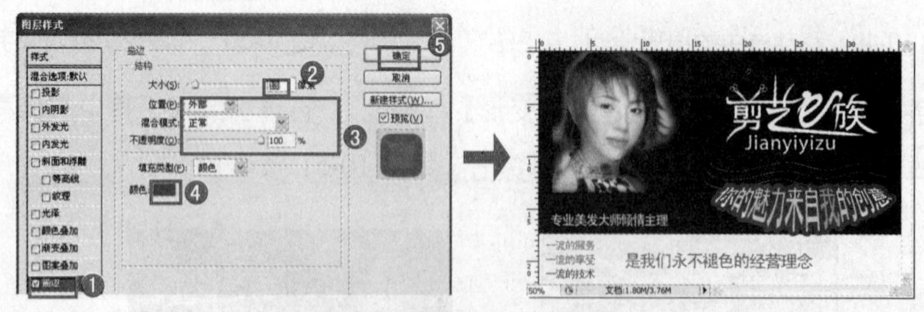

图 10-54　对文字图层进行描边

14 选择“专业美发大师倾情主理”图层，单击鼠标右键，在弹出的快捷菜单中执行【混合选项】命令，选择“外发光”和“颜色叠加”样式，设置如图 10-55 所示的参数。

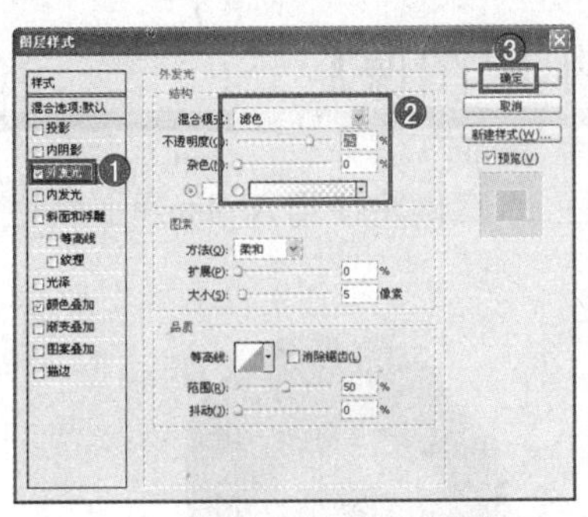
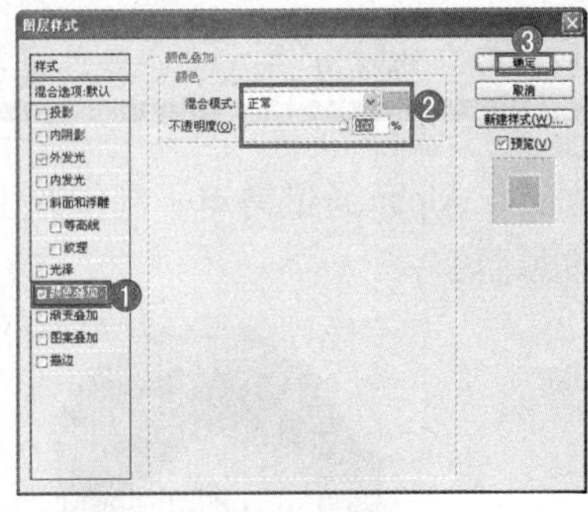

图 10-55 设置外发光和颜色叠加参数

15 设置上述效果后，文字图层的文字发生了变化。如图 10-56 所示。

图 10-56 设置外发光和颜色叠后的效果

16 选择“是我们永不褪色的经营理念”图层，单击鼠标右键，在弹出的快捷菜单中执行【混合选项】命令，选择“外发光”和“渐变叠加”样式，设置如图 10-57 所示的参数。

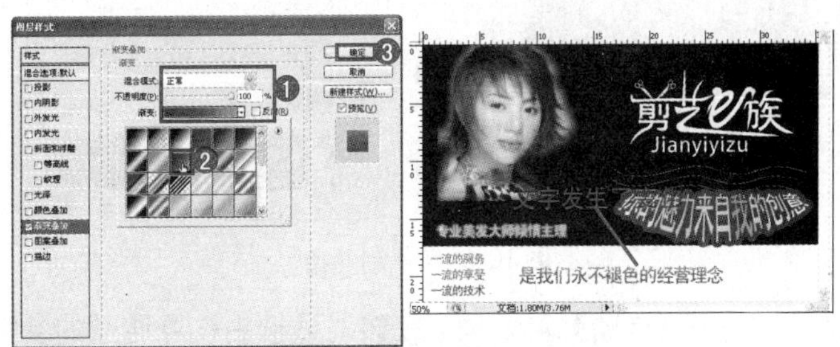

图 10-57 设置渐变叠加后和效果

17 至此，染发广告制作完成，最终效果如图 10-58 所示。

图 10-58 图片的最终效果

10.7 现场练兵——【抠取图像】

在实际操作中，Alpha通道常用于制作选区，本案例将使用Alpha通道特性抠出细小的头发，如图10-59所示。

图10-59 抠取图像

操作步骤：

01 启动Photoshop CS3软件，打开光盘中图像文件“10\抠取图像.jpg”。

02 执行【窗口】/【通道】菜单命令，在【通道】面板中查看各通道的对比度和细节，“蓝”通道的比对度和细节较明显，选择该通道复制为“蓝副本”通道，如图10-60所示。

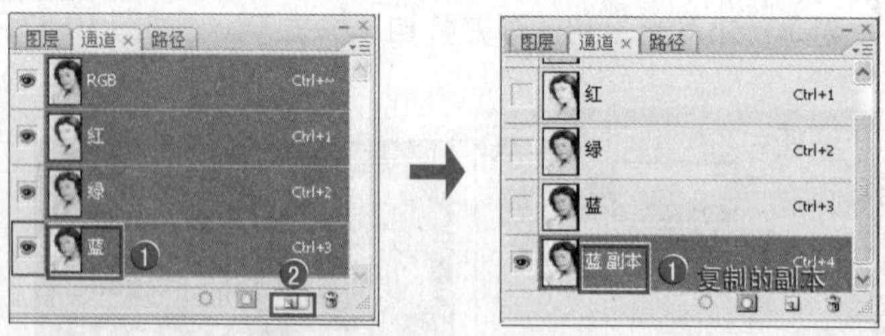

图10-60 复制通道

03 按【Ctrl+L】组合键打开【色阶】对话框，在该对话框中设置通道的参数调整图像的对比度，如图10-61所示。

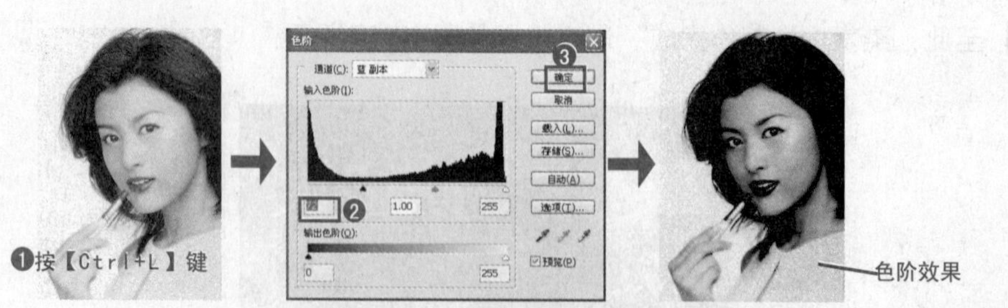

图10-61 调整【色阶】

04 按【Ctrl+I】组合键对通道进行【反相】操作，然后在【工具箱】中选择【画笔工具】并对人物进行涂抹，如图10-62所示。

图 10-62　反相并涂抹图像

05 在【通道】面板中选择“蓝副本”通道，单击【将通道作为选区载入】按钮以载入选区，打开【图层】面板并选择“背景”图层，按【Ctrl+J】组合键复制选区中的图像，然后隐藏“背景”图层，如图 10-63 所示。

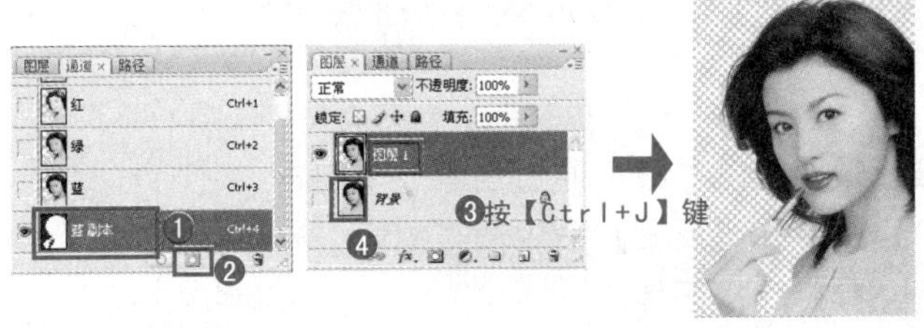

图 10-63　抠出图像

06 再来为抠出的图像添加背景，使图片看起来具有完整的效果，打开光盘“10\抠图素材.psd”文件，选中图形文件，使用工具箱中的【移动工具】，将抠出的图像文件移动到素材文件上，如图 10-64 所示。

图 10-64　移动出来的效果

10.8　疑难解答

问 1：如何查看对比度和细节较明显的通道呢？

答：在【通道】面板中，将各通道分别载入选区，载入选区时选取范围越多，越细微，就说明该通道的对比度和细节较明显。

问 2：为什么不能直接隐藏复合通道呢？

答：因为复合通道不包含任何信息，它只是同时预览所有颜色通道的一个快捷方式，并不是一个存在有颜色信息通道，当隐藏其中某一个颜色通道时，复合通道将自动隐藏。

问 3：为什么别人的通道缩略图很大呢？

答：这是设置的原因，单击通道面板右上角的扩展按钮，在弹出的菜单中选择【调板选项】命令，此时将弹出【通道调板选项】对话框，在该对话框中进行设置即可更改缩略图的大小。

10.9 上机指导——【抠取凌乱的头发】

实例效果：

图 10-65 抠取图像

操作提示：

（1）将对比度细节较明显的“红”通道创建一个副本。

（2）使用【色阶】命令和【反相】命令调整图像。

（3）使用【画笔工具】涂抹区域。

（4）载入选区并复制选区中“背景”图层中的图像。

10.10 习题

一、填空题

（1）通道主要分为________、________、________、________和________五种。

（2）RGB模式的图像中有一个复合通道和________、________和________三个颜色信息通道。

（3）在Photoshop CS3中蒙版有4种类型，即________、________、________、________。

二、选择题

（1）一幅CMYK图像，其通道名称分别为CMYK、青色、洋红、黄色、黑色，当删除黄色通道后通道调板中的各通道名为（ ）。

A．CMYK、青色、洋红、黑色　　B．~1、~2、~3、~4

C．青色、洋红、黑色　　D．~1、~2、~3

（2）按（ ）字母键可以使图像的“快速蒙版”状态变为“标准模式”状态。

A．A　　B．C　　C．Q　　D．T

（3）CMYK具有（ ）颜色通道。

A．三个　　B．四个　　C．五个　　D．二个

第 11 章
滤镜的使用

滤镜产生的复杂数字化效果源自摄影技术，应用滤镜的功能可以很容易地改进图像的品质和产生特殊的效果。滤镜是一组功能强大的图像特效处理工具。通过滤镜，可以对图像进行模糊、锐化、扭曲等处理。而且还可以使图像产生各种各样的特殊视觉效果。

11.1 滤镜概述

滤镜主要是用来实现图像的各种特殊效果。它在Photoshop中具有非常神奇的作用。所以有的Photoshop都将其分类放置在滤镜菜单中，用户只需要从该菜单中执行该命令即可。滤镜的操作非常简单，但是真正用起来却很难恰到好处。滤镜通常需要与通道、图层等联合使用，才能取得艺术效果。如果想把滤镜使用得恰到好处，除了有一定的美术功底之外，还需要用户对滤镜比较熟练的操控能力，甚至需要具有很丰富的想象力。这样，才能有的放矢地应用滤镜，发挥出艺术才华。滤镜的功能强大，用户需要在不断的实践中积累经验，才能使应用滤镜的水平达到熟练的境界，从而创作出具有迷幻色彩的计算机艺术作品。

Photoshop滤镜基本可以分为三个部分：内阙滤镜、内置滤镜（也就是Photoshop自带的滤镜）、外挂滤镜（也就是第三方滤镜）。内阙滤镜指内阙于Photoshop程序内部的滤镜，共有6组24个滤镜。内置滤镜指Photoshop默认安装时，Photoshop安装程序自动安装到pluging目录下的滤镜，共12组72支滤镜。外挂滤镜就是除上面两种滤镜以外，由第三方提供的Photoshop所生产的滤镜，它们不仅种类齐全，品种繁多而且功能强大，同时版本与种类也在不断升级与更新。

在Photoshop CS3中，单击【滤镜】菜单，就可以看到多种类型的滤镜，移动鼠标到各个命令上，将弹出其子菜单，里面显示Photoshop CS3提供的多种滤镜命令，除此之外Photoshop还支持增效滤镜（也称为外挂滤镜），外挂滤镜安装后，会出现在滤镜菜单的底部，使用方法与内置滤镜一样。

Photoshop的滤镜主要有五个方面的作用：优化印刷图像、优化Web图像、提高工作效率、提供创意滤镜和创建三维效果。滤镜的出现，极大地增加了Photoshop的功能，有了滤镜，可以轻松地创造出非常专业的艺术效果。

11.2 滤镜的基本使用方法

在应用滤镜效果之前，首先应学会滤镜的使用，本小节将主要讲解智能滤镜、滤镜的使用方法及预览滤镜效果等知识。

11.2.1 智能滤镜

智能滤镜是Photoshop CS3版本中的新功能，应用智能对象的滤镜均为智能滤镜。智能滤镜将出现在【图层】面板中已应用了智能滤镜的图层下方，如图11-1所示，在智能滤镜中可以调整、移除或隐藏智能滤镜，这些操作对图像文件是非破坏性的，就相当于应用了图层样式效果。

图 11-1　应用智能滤镜

1．添加智能滤镜

为图层添加智能滤镜的操作步骤如下：

01 在 Photoshop CS3 中打开光盘中图像文件"11\11.2.1.psd"。

02 选择要应用智能滤镜的图层，然后执行【图层】/【智能对象】/【转换为智能对象】或【滤镜】/【转换为智能滤镜】菜单命令，即可为图层添加智能滤镜。

03 接着为图层执行滤镜命令，在图层面板就可观察到智能滤镜蒙版及应用的滤镜命令，如图 11-2 所示。

图 11-2　应用滤镜

在 Photoshop CS3 中除【抽出】、【液化】、【图案生成器】和【消失点】滤镜外，其他任何滤镜都可应用智能滤镜，同时还可以使用【阴影／高光】和【变化】菜单命令调整应用智能滤镜的图像。

2．编辑智能滤镜

智能滤镜的最大特点是可以灵活且非破坏性的编辑和调整，在改进图像的同时保留图像数据的完整性。

应用智能滤镜后，可以很方便的对其进行编辑。

- 编辑智能滤镜：可以在【图层】面板中双击智能滤镜下的任意滤镜名称，在弹出的滤镜设置对话框中设置各项参数后，单击【确定】按钮即可完成滤镜的编辑，如图 11-3 所示。
- 隐藏滤镜：如果要暂时隐藏某个滤镜，可以单击该滤镜名称前的图标；双击滤镜名称后的图标，将弹出该滤镜的【混合选项】对话框，如图 11-4 所示。

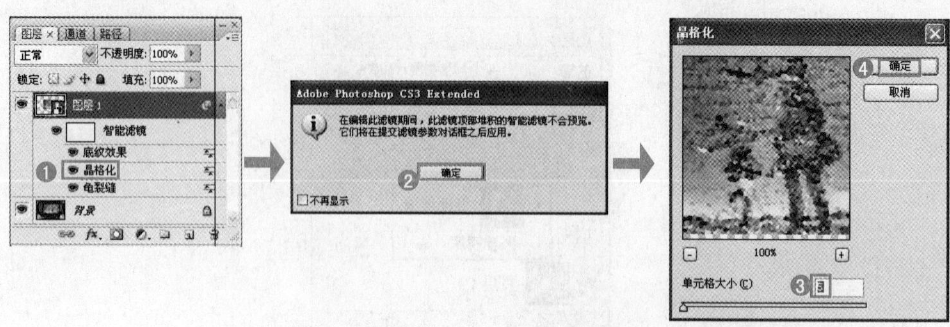

图 11-3　编辑智能滤镜

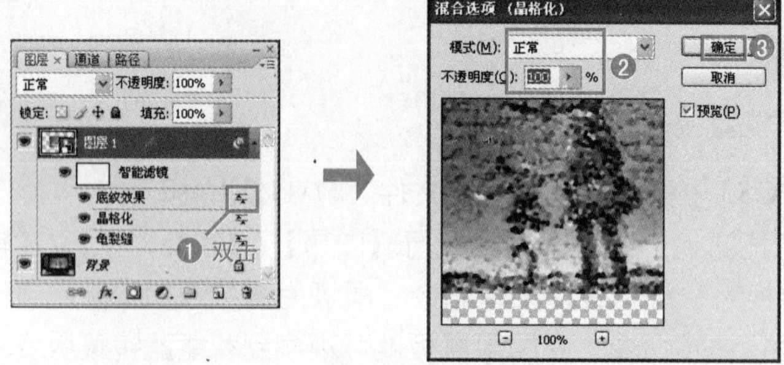

图 11-4　设置【混合选项】

- 编辑智能蒙版：在图层面板中双击【智能滤镜】名称前的方框即可编辑智能蒙版。要隐藏滤镜的某些部分，可以使用黑色绘制该智能蒙版区域；要显示滤镜的某些部分，可以使用白色绘制该智能蒙版区域，如图 11-5 所示。

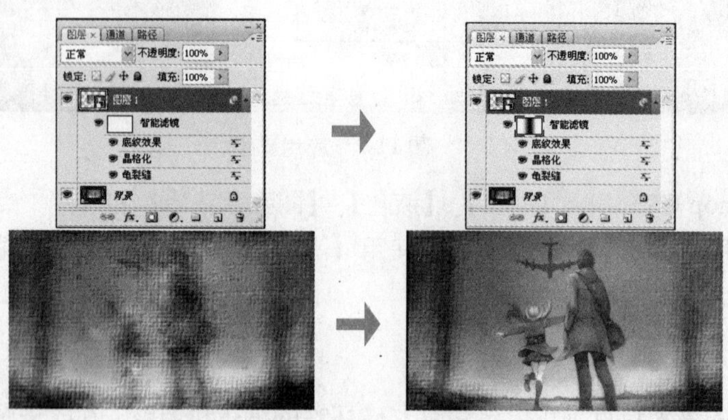

图 11-5　编辑智能蒙版后的效果

- 仅显示或隐藏智能蒙版：按【Alt】键在【图层】面板中单击滤镜蒙版缩略图即可显示或隐藏滤镜蒙版。
- 复制和移动智能蒙版：在 Photoshop CS3 中，可将智能滤镜应用到另一个智能滤镜中。用鼠标直接拖动智能滤镜蒙版到另一个智能滤镜效果中即可移动智能蒙版；如果要复制智能蒙版，只需在移动智能滤镜蒙版的同时按【Alt】键即可。
- 删除和停用智能蒙版：执行【图层】/【智能滤镜】/【停用智能蒙版】菜单命令，即可停用智能蒙版，此时在图层面板中即可查看到智能蒙版上方出现了红色的“×”。执

行【图层】/【智能滤镜】/【删除智能蒙版】菜单命令，即可删除智能蒙版。

- 停用智能滤镜：执行【图层】/【智能滤镜】/【停用智能滤镜】菜单命令即可停用智能滤镜。
- 删除智能滤镜：在【图层】面板中选择要删除的智能滤镜，然后将智能滤镜拖动到"删除"图标上，或执行【图层】/【智能滤镜】/【清除智能滤镜】菜单命令，均可删除智能滤镜。

11.2.2 滤镜的使用

虽然滤镜的种类繁多，但滤镜的使用方法却非常相似，大都可以按照下面的步骤来进行操作：

01 选定需要添加滤镜效果的图像图层。

02 单击【滤镜】菜单，从相应滤镜组的子菜单中选定滤镜命令，即可打开相应的滤镜设置对话框。

03 在相应的对话框中设置相关的参数选项后，单击【确定】按钮，即可将选定的滤镜效果应用到图像中。

注 意

当执行完一个滤镜命令后，在【滤镜】菜单的第一行会出现刚才使用过的滤镜，执行该命令或按【Ctrl+F】组合键，即可快速重复执行相同设置的滤镜命令。

11.2.3 预览和应用滤镜效果

应用滤镜可能很耗时间，尤其是对于大图像。因此在应用滤镜效果之前，先预览一下效果，得到理想的图像效果再确定应用，可以减少工作量，从而提高工作效率。

Photoshop CS3对滤镜效果提供了三种预览功能：

- 对话框预览：在执行凡是后面有"…"符号的滤镜时，都将打开一个类似如图11-6所示【水波】的对话框。在该对话框中具有预览框，可随着用户的对参数的调整即时产生预览效果。在预览图像中拖动，就可看到被指定的区域在"预览框中心"出现，可以使用"抓手工具"移动预览框内的图像。在预览框下面有【+】号和【-】号两个按钮，单击这两个按钮可以放大或缩小预览框内的图像。
- 图像窗口预览：在执行一些后面没有"…"符号的滤镜时，可以将其转换为智能滤镜后，再应用滤镜，然后通过图像窗口来查看效果，

图11-6 【水波】对话框

如果效果不满意，可在【图层】面板直接单击滤镜名称前面的图标将其隐藏，还可以在【图层】面板中单击滤镜名称右侧的按钮，在打开的对话框中进行设置。

- 滤镜库预览：在【滤镜】菜单中执行【滤镜库】命令，将打开【滤镜库】对话框，在该对话框中单击滤镜的类别名称，即可显示可用滤镜效果的预览。

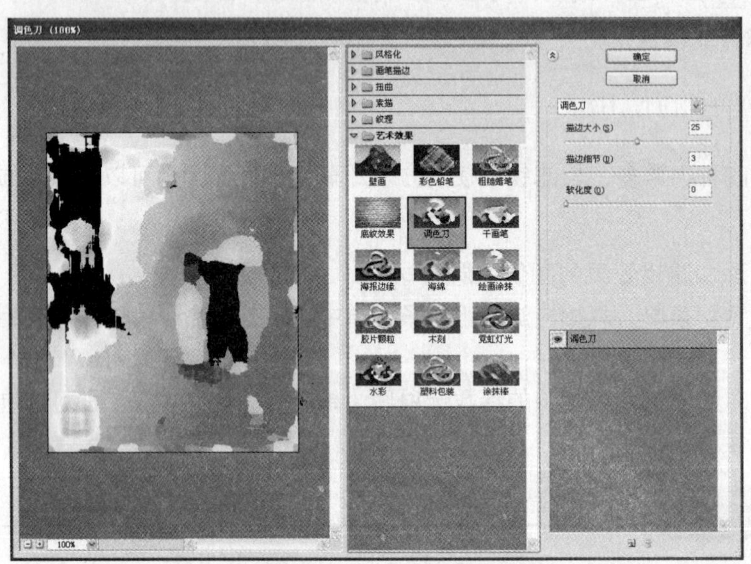

图 11-7　【滤镜库】对话框

使用【滤镜库】，可以累积应用滤镜，并多次应用单个滤镜。还可以重新排列滤镜并更改已应用的每个滤镜的设置，以便实现所需的效果。但并非所有滤镜都可以使用【滤镜库】来应用。

在【滤镜库】对话框中，可通过执行下列操作之一来更改滤镜预览区域的显示：

- 使用预览区域下的"+"或"-"按钮放大或缩小图像。
- 单击缩放栏（显示缩放百分比的位置）的下拉按钮，从弹出的菜单中选取缩放百分比。
- 单击对话框左侧的【显示/隐藏】按钮即可隐藏滤镜组缩略图，从而展开预览区域。
- 用抓手工具在预览区域中拖动可查看图像的其他区域。

11.3　使用Photoshop CS3特殊滤镜

特殊功能滤镜包括抽出、液化、图案生成器和消失点，这些滤镜不能应用于智能对象滤镜，下面将介绍这些滤镜的应用。

11.3.1　抽出

【抽出】命令是用来隔离前景对象并抹除它在图层上的背景。根据图像的色彩区域可以有效地将图像在背景中删除。

使用该命令可以对图像对象进行精确选取，可以将边缘丰富和复杂的图像轻松地抠取出来。其操作步骤如下：

01 在 Photoshop CS3 中打开光盘中图像文件“11\素材1.jpg”，如图 11-8 所示。

02 执行【滤镜】/【抽出】菜单命令，将弹出如图 11-9 所示的【抽出】对话框。

图 11-8 打开图像

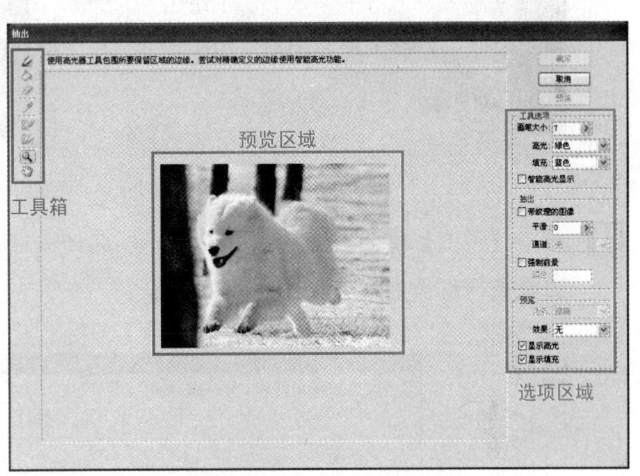

图 11-9 【抽出】对话框

03 为了选取更加精确，在该对话框中单击【缩放工具】，在预览区域中放大图像，然后选择【边缘高光器工具】，在【选项区域】中设置各项参数，并沿需要选择的图像轮廓边缘勾画一个闭合的边缘高光线，如图 11-10 所示。

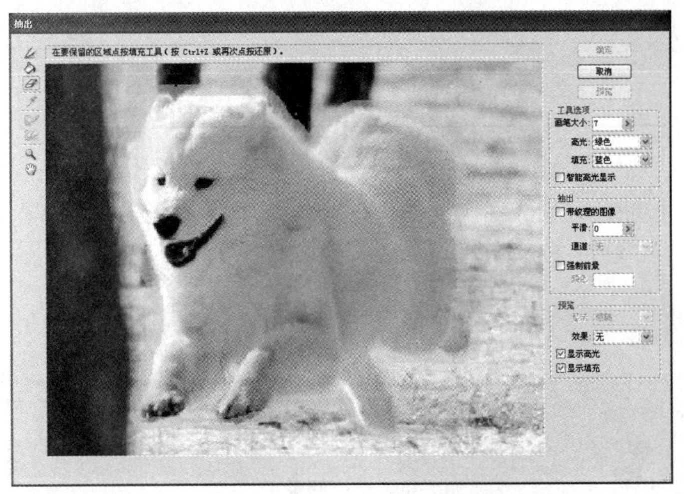

图 11-10 画出边缘轮廓线

04 使用【橡皮擦工具】将多余的高光区域擦除，然后在【抽出】设置区域里设置各项参数，再选择【填充工具】对高光闭合区进行填充，如图 11-11 所示。

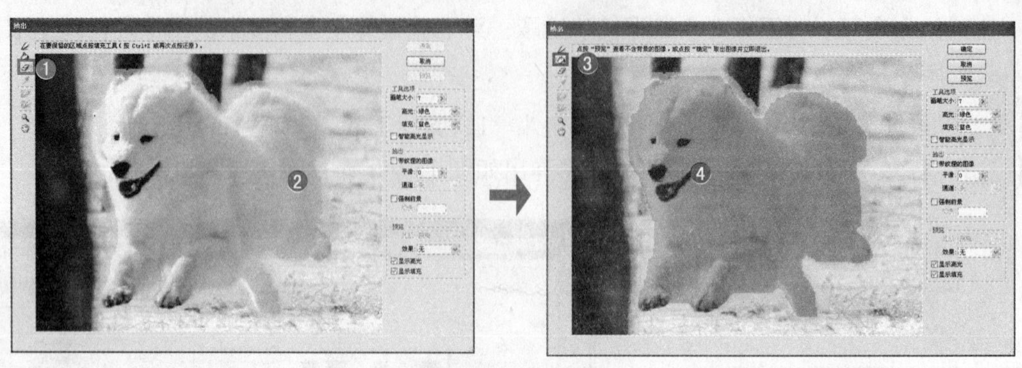

图 11-11　填充区域

05 单击【预览】按钮查看抽出的效果，然后使用【边缘修饰工具】和【清除工具】对边缘进行细微处理，如图 11-12 所示。

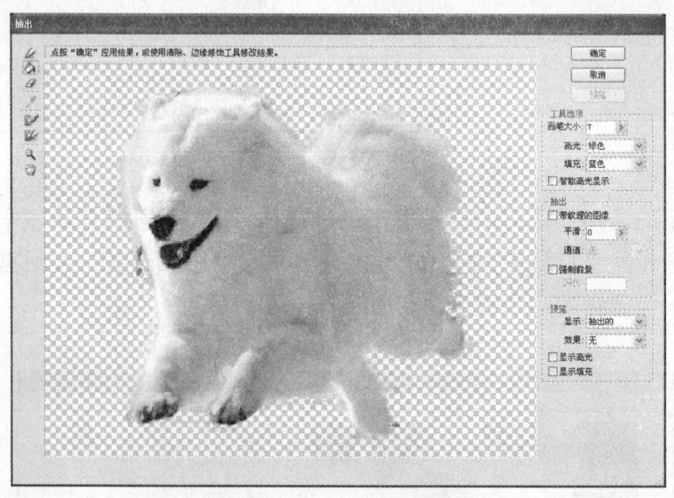

图 11-12　查看抽出效果并进行细微处理

06 单击【确定】按钮即可完成抽出操作，此时在【图层】面板中，"背景"图层将自动转换为"图层 0"，如图 11-13 所示。

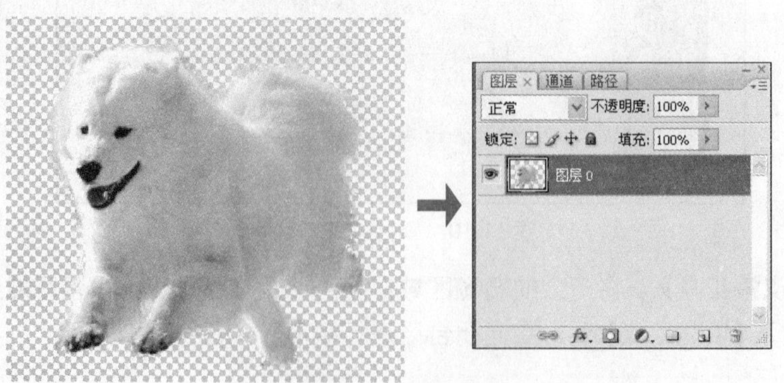

图 11-13　抽出效果

07 打开光盘中图像文件"11\素材2.jpg"，并使用【移动工具】将抽出的图像拖入其中，然后使用修补工具对边缘进行处理，使其与画面融合，效果如图11-14所示。

图11-14　更换背景后的效果

11.3.2　液化

液化命令可用于通过交互方式拼凑、推、拉、旋转、反射、折叠和膨胀图像的任意区域，使图像产生各种各样的扭曲变形图像效果。

【液化】滤镜在修饰图像和创建艺术效果上具有强大的功能，可以将图像文件处理成有趣的效果图像，其对话框如图11-15所示。

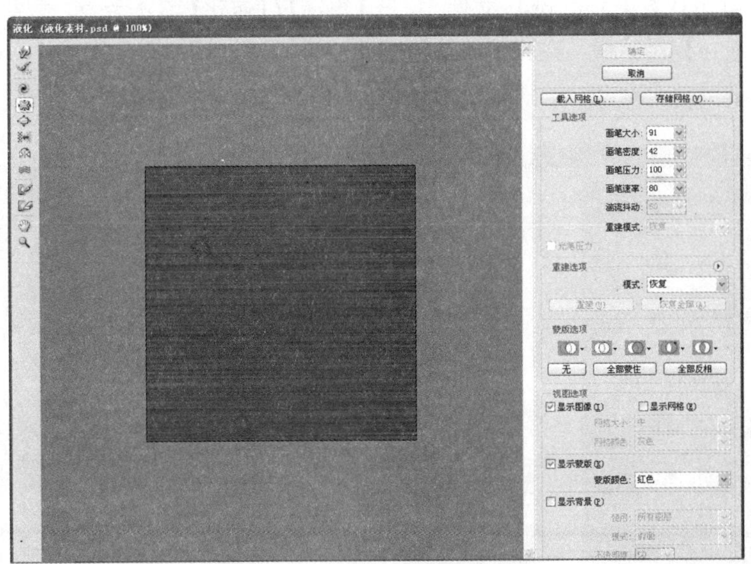

图11-15　液化对话框

【液化】滤镜工具介绍如下：

- 向前变形工具：选择该工具在图像中拖动，可以使图像的像素随着涂抹而产生变形。
- 重建工具：使用此工具可以使图像的全部或部分恢复到修改前的状态。
- 顺时针旋转扭曲工具：使图像产生顺时针旋转效果。
- 褶皱工具：使图像的四周向中心点收缩从而产生挤压效果。

- 膨胀工具：使图像的像素从操作中心点向外扩散，从而产生膨胀效果。
- 左推工具：使用此工具在图像中垂直向上拖动时，像素向左移动；向下拖动时，则向右移动。
- 镜像工具：将像素拷贝至画笔区域。
- 湍流工具：平滑地混杂像素，可用于创建火焰、云彩、波浪等效果。

【液化】对话框中的工具选项参数说明如下：

- 画笔大小：设置用于扭曲图像的画笔的宽度。
- 画笔压力：设置在预览图像区域中拖动工具时的扭曲速度，设置值越高速度越快。
- 画笔速率：设置工具在预览图像区域中保持静止时扭曲的所应用速度，值越大应用扭曲的速度就越快。
- 画笔密度：控制画笔的边缘羽化，即画笔的中心最强，边缘处最轻。
- 湍流抖动：用于控制湍流工具对像素混杂的紧密程度。
- 重建模式：用于重建工具，控制如何重建预览图像的区域。
- 光笔压力：用于设置使用光笔绘画板时的压力指数。

下面以实例讲解几种液化滤镜的使用效果：

1.【向前变形工具】效果

打开光盘中"11\液化素材.psd"文件，执行【滤镜】/【液化】菜单命令，或按【Ctrl+Shift+X】组合键打开【液化】对话框，在弹出的快捷菜单中选择"向前变形工具"，在图形上拖动，直至达到你想要的变形效果，如图 11-16 所示。

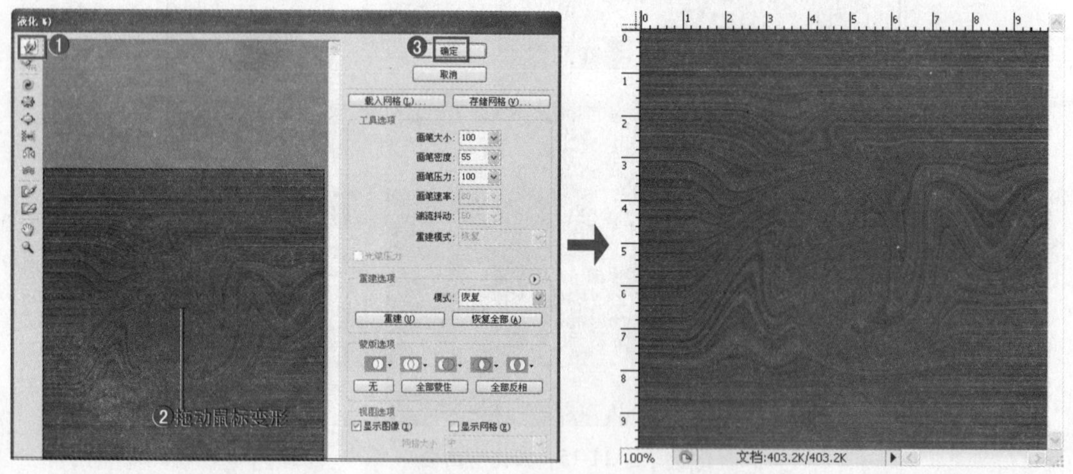

图 11-16　向前变形工具效果

2.【顺时针扭曲工具】效果

打开光盘中"11\液化素材.PSD"文件，执行【滤镜】/【液化】菜单命令，或按【Ctrl+Shift+X】组合键打开【液化】对话框，在弹出的快捷菜单中选择"顺时针扭曲工具"，在图形上拖动，此时图像产生了顺时针扭曲的效果，如图 11-17 所示。

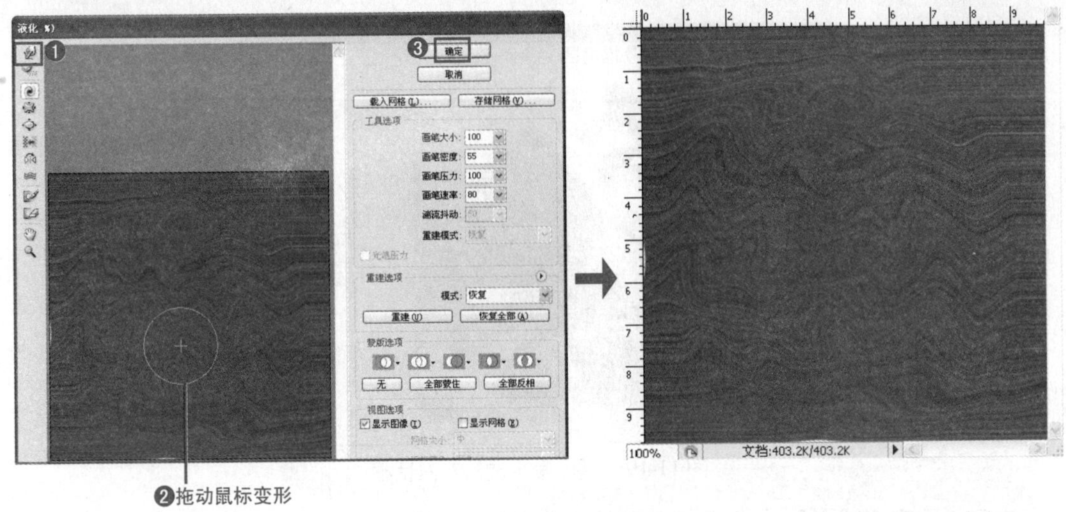

图 11-17　顺时针扭曲工具效果

3.【皱褶工具】效果

打开光盘中"11\液化素材.PSD"文件，执行【滤镜】/【液化】菜单命令，或按【Ctrl+Shift+X】组合键打开液化对话框，在弹出的快捷菜单中选择"皱褶工具"，在图形上拖动，此时图像产生了皱褶效果，如图 11-18 所示。

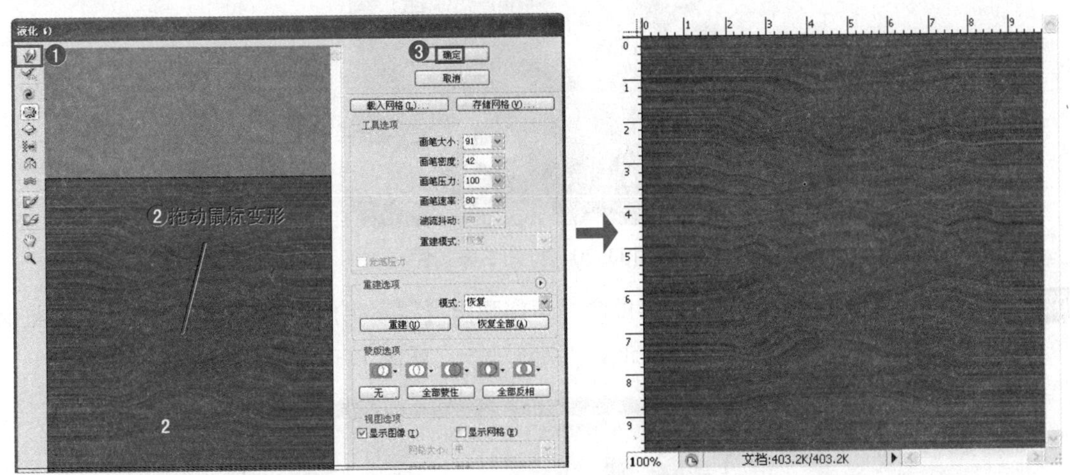

图 11-18　皱褶工具效果

【液化】滤镜在修饰人物图像时发挥了重大作用，可以将人物变形、扭曲等。

11.3.3　图案生成器

图案生成器可根据选区或剪贴板中的内容创建多种图案。其工作模式有两种，一是使用图案填充图层或选区，图案可以由一个大的拼贴或多个重复的拼贴组成；二是可以用于存储为图案预设并用于其他图案的拼贴。使用该命令可以快速地将选取的图像范围生成平铺图案效果，其对话框如图 11-19 所示。

图 11-19 【图案生成器】对话框

使用【图案生成器】滤镜生成图案的操作步骤如下：

01 在 Photoshop CS3 中打开光盘中图像文件“11\素材 3.jpg”，如图 11-20 所示。

图 11-20 打开图像文件

02 执行【滤镜】/【图案生成器】菜单命令，将弹出【图案生成器】对话框，在该对话框选择【矩形选框工具】，然后在图像中创建选区，如图 11-21 所示。

图 11-21 创建选区

03 设置相关参数，然后单击【再次生成】按钮，如图 11-22 所示。

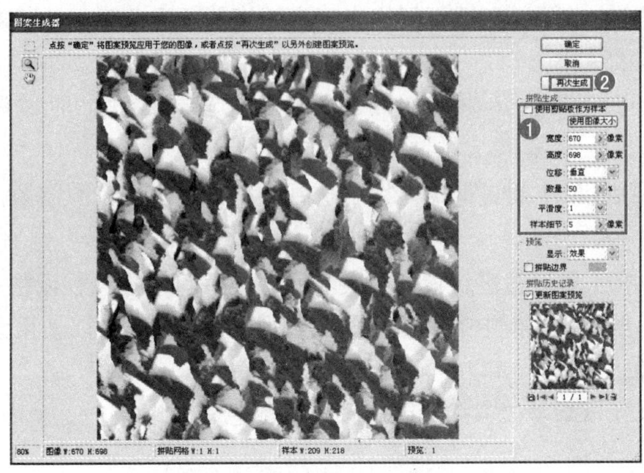

图 11-22　生成拼贴图案

04 在“拼贴历史记录”里单击【存储预设图案】按钮还可将当前图案存储为预设图案，如图 11-23 所示。

图 11-23　定义预设图案

05 在【图案生成器】对话框中单击【确定】按钮，即可将当前拼贴填充到图层。

11.3.4　消失点

【消失点】滤镜能在处理的图像中自动按透视进行调整。使用该滤镜可以匹配图像区域的角度自动进行克隆、喷绘、粘贴元素等操作。接下来以实例解释消失点对话框的相关设置：

打开光盘中“11\消失点素材.psd”文件，执行【滤镜】/【消失点】菜单命令，或直接按【Ctrl+Alt+Z】组合键，即可打开【消失点】对话框，如图 11-24 所示。

图 11-24　【消失点】对话框

该对话框中各工具使用说明如下：

- 编辑平面工具：用于选择和移动透视网格，在工具设置区域中选择“显示边缘”选项，将显示透视网格的选区边缘。

- 创建平面工具：用于绘制透视网格来确定图像的透视角度，并可以在工具设置区域设置每个网格的大小。
- 选框工具：可以在透视网格中绘制选区来复制选中的图像，所绘制的选区与透明角度是相同的。
- 图章工具：按【Alt】键的同时可以在透视网格内定义一个源图像，然后在目标区域进行绘制即可。
- 画笔工具：在工具设置区域设置相关参数，然后可以在透视网格中绘画。
- 变换工具：当将剪贴板中的图像粘贴到透视网格中时，可以使用该工具对粘贴对象进行自由变换。
- 吸管工具：吸取画笔工具绘画时所使用的颜色。

11.4 使用Photoshop CS3普通滤镜

除了前面介绍的特殊功能滤镜外，【滤镜】菜单中剩下的命令就是普通滤镜，使用这些滤镜可以得到千变万化的图像效果。

11.4.1 【风格化】滤镜组

风格化滤镜主要作用是移动选取范围内图像的像素，通过替换像素或增加像素的对比度使图像得到加粗，产生印象派及其他风格化效果。

风格化滤镜组各项命令说明如下：

- 查找边缘：该滤镜通过搜索主要颜色的变化区域，突出边缘，效果就像是用笔勾勒过轮廓一样。此滤镜对不同模式的彩色图像的处理效果不同。
- 等高线：该滤镜与查找边缘滤镜相似，不同的是它围绕图像边缘勾画出一条较细的线，还会在每一个彩色通道内搜索轮廓线。在其对话框中可设定色阶以及设定边缘。
- 风：该滤镜通过在图像中增加一些小的水平线而产生风吹的效果。只在水平方向起作用，若想得到其他方向的风吹效果，只需将图像旋转后再用风滤镜。如图11-25所示。

图11-25 【风】滤镜效果

- 浮雕效果：该滤镜通过勾画图像或选区的轮廓和降低周围色值来产生不同程度的凸起和凹陷效果。

- 扩散：该滤镜将图像中相邻的像素随机替换，使图像扩散，产生一种像是透过磨砂玻璃观看景象的效果。在其对话框中有四种模式，即“正常模式”、“变暗优先”、“变亮优先”和“各项异性”。
- 拼贴：该滤镜根据设定的参数把图像分割成许多瓷砖，使图像就像是由瓷砖拼贴在一起的效果。与凹凸滤镜相似，但生成砖块的方法不同，使用拼贴滤镜后，各砖块之间会产生一定的空隙，其空隙中的图像内容可在对话框中自由设定。
- 曝光过度：该滤镜将图像的正片与负片相混合，就像在摄影中增加光线过度曝光的效果，使用一次该滤镜和多次使用该滤镜的效果是相同的。
- 凸出：该滤镜给图像加上叠瓦图像，即图像分成一系列大小相同但随机重叠放置的立方体或锥体。可以用来制作三维物体，还可以将图像转化为一系列的三维物体。
- 照亮边缘：该滤镜搜索图像边缘，并加强其过渡像素，产生轮廓发光效果。如图11-26所示。

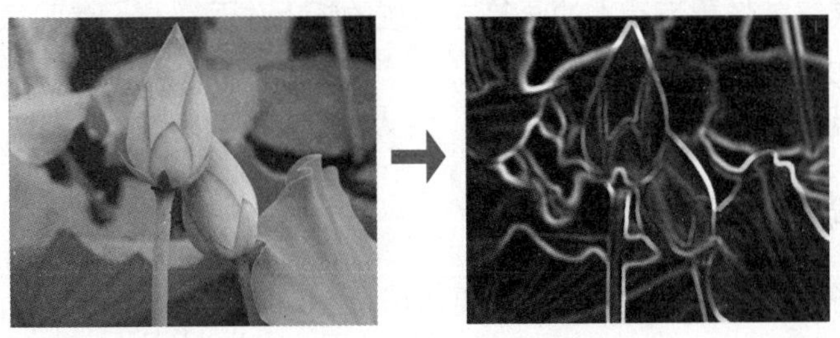

图 11-26　照亮边缘效果

11.4.2 【画笔描边】滤镜组

画笔描边滤镜的主要作用是利用不同的油墨和笔刷勾绘图像，从而使图像产生多样的艺术画笔绘画效果。

【画笔描边】滤镜组各项命令说明如下：

- 成角的线条：该滤镜产生倾斜笔画的效果，在图像中产生倾斜的线条。其对话框中有“平衡方向”、“线条长度”和“锐化程度”三个选项。
- 墨水轮廓：该滤镜在颜色边界间产生黑色轮廓，它控制线条的长度而不是方向。
- 喷溅：该滤镜产生辐射状的笔墨溅射效果。如图11-27所示，在其对话框中有“喷色半径”和“平滑度”两个选项，“喷色半径”用来调节溅射水滴的辐射范围，取值范围在0~25之间，取值越大，图像颜色越分散。“平滑度”用来调节溅射水滴颗粒的光滑程度，取值范围在1~15之间，取值越大，景物越逼真。

图 11-27　喷溅效果

- 喷色描边：该滤镜依据笔锋的方向，产生斜纹状的飞溅效果，其原理是用带有方向的喷点覆盖图像中的主要颜色。在其对话框中有“线条长度”、“喷色半径”及“描边方向”三个选项。“线条长度”用来设置笔画的长度，取值范围在0~20之间，参数设置在3以下时效果不明显。“喷色半径”用来设置水珠溅射时辐射范围的半径，取值范围在0~25之间。“描边方向”用来设置笔画的方向，其中包括右对角线、水平、左对角线和垂直四种方向。
- 强化的边缘：该滤镜对各种颜色之间的边界进行强化处理，突出图像的边缘。在其对话框中有“边缘宽度”、“边缘亮度”及“平滑度”三个选项。“边缘宽度”用来设置边缘的宽度，取值范围在0~14之间。“边缘亮度”用来调整要处理的边缘亮度，取值范围在0~50之间；“平滑度”用来设置边缘的平滑度，取值范围在1~15之间。
- 深色线条：该滤镜产生一种很强烈的黑色阴影，其原理是用柔和且短的线条使暗调区变黑，用白色长线条填充亮调区。
- 烟灰墨：该滤镜就像蘸满墨水的画笔在传统的纸上作画一样，使图像具有模糊的边缘和大量的黑色。
- 阴影线：该滤镜产生交叉网状的笔画，给人随意编织的感觉。

11.4.3 【模糊】滤镜组

模糊滤镜组相当于柔化滤镜组，它的主要作用是削弱相邻像素间的对比度，达到模糊图像的效果。

【模糊】滤镜组中常用命令说明如下：

- 动感模糊：使用该滤镜可以产生运动模糊，它是模仿物体运动时曝光的摄影手法，增加图像的运动效果，如图11-28所示。

图11-28 动感模糊效果

- 径向模糊：该滤镜属于特殊效果滤镜。使用该滤镜可以将图像旋转成圆形或从中心辐 射的图像。它是模拟移动或旋转的相机所形成的一种柔化模糊，如图11-29所示。

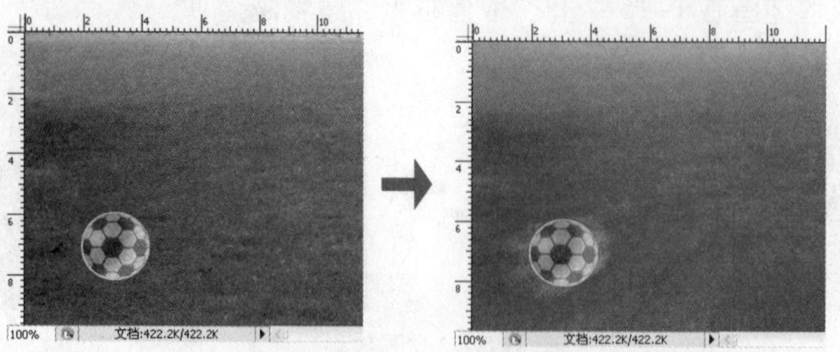

图11-29 径向模糊效果

- 模糊：该滤镜通过减少相邻像素之间的颜色对比平滑图像。它的效果比较轻微，能非常轻微地柔和明显的边缘或突出的形状。模糊滤镜可通过平衡已定义的线条和遮蔽区域的清晰边缘旁边的像素，使图像变化显得柔和。
- 特殊模糊：使用该滤镜可以产生一种清晰边界的模糊方式，它可自动找到图像的边缘并只模糊图像的内部区域。它的主要功能是可以除去图像肤色中的斑点。在其对话框中制定"半径"，可确定滤镜搜索要模糊的不同像素的距离；可以指定"阀值"，确定像素值的差别达到何种程度时应将其消除；还可以指定模糊"品质"。同时也可以为整个选区设置"模式"，或为颜色转变的边缘设置模式，包含"边缘优先"或"叠加边缘"两种模式。在对比度显著的地方，边缘优先应用黑白混合的边缘，而叠加边缘应用白色边缘。
- 进一步模糊：进一步模糊滤镜与模糊滤镜的效果相似，但它的模糊程度大约是模糊滤镜的3到4倍。所以选用"进一步模糊"滤镜模糊图像的效果要比"模糊"滤镜的效果好得多。
- 高斯模糊：高斯模糊滤镜可以快速模糊选区。直接根据高斯算法中的曲线调节像素的色值，控制模糊程度，造成难以辨认的浓厚的图像模糊，产生一种朦胧的效果。

11.4.4　【扭曲】滤镜组

【扭曲】滤镜组主要功能是按照各种方式在几何意义上扭曲一幅图像，如非正常拉伸、旋转等，产生模拟水波、镜面反射和火光等自然效果。它们的工作大多是对色彩进行位移或插值等操作。

【扭曲】滤镜组中各项命令说明如下：

- 波浪：波浪滤镜的控制参数是复杂的，包括波动源的个数、波长、波纹幅度以及波纹类型等参数。它的工作方式和波纹滤镜差不多，只是可以对波浪进行更精确的控制。波浪滤镜效果如图11-30所示。

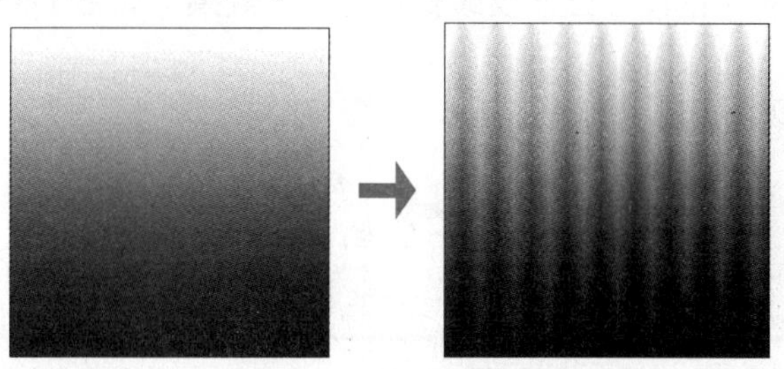

图11-30　波浪滤镜效果

- 波纹：选择波纹滤镜后，将会以一种微风吹拂水面的方式，使图像产生水纹涟漪的效果，像水池表面的波纹一般，如图11-31所示。

图11-31　波纹效果

- 玻璃：此滤镜可以使图像看起来像是透过不同类型的玻璃来观看图像。
- 海洋波纹：该滤镜能移动像素产生一种海面波纹涟漪的效果。它是将随机分隔的波纹添加到图像表面，使图像看上去像是在水中。
- 极坐标：该滤镜能产生平面坐标向极坐标转化或极坐标向平面坐标转化的效果，它能将直的物体拉弯，圆形物体拉直。该滤镜效果如图 11-32 所示。

图 11-32　极坐标滤镜效果

- 挤压：该滤镜能将图像或选区产生一种被挤压的、膨胀的效果。实际上是压缩图像或选取中间部位的像素，使图像呈现向外凸或向内凹的形状。
- 镜头校正：该命令可以校正许多普通照相机镜头变形失真的缺陷，例如桶状畸变或枕形畸变、色差、晕影、透视缺陷。
- 扩散亮光：该滤镜效果就像是透过一个柔和的扩散观看图像。使用该滤镜可以将透明的白色杂色添加到图像中，并从选区的中心向外褪去亮光。
- 切变：它是将图像沿一条曲线扭曲图像。通过拖动框中的线条来指定曲线，形成一条扭曲曲线。可以调整曲线上的任何一点。
- 球面化：该滤镜产生将图像贴在球面或柱面上的效果。它是通过将选区折成球形、扭曲图像以及伸展图像以适合选择的曲线，使对象具有 3D 效果。
- 水波：该滤镜效果是根据选中图像像素的半径将选区径向扭曲。所产生的效果就像把石子扔进水中所产生的同心圆波纹或旋转变形的效果，如图 11-33 所示。

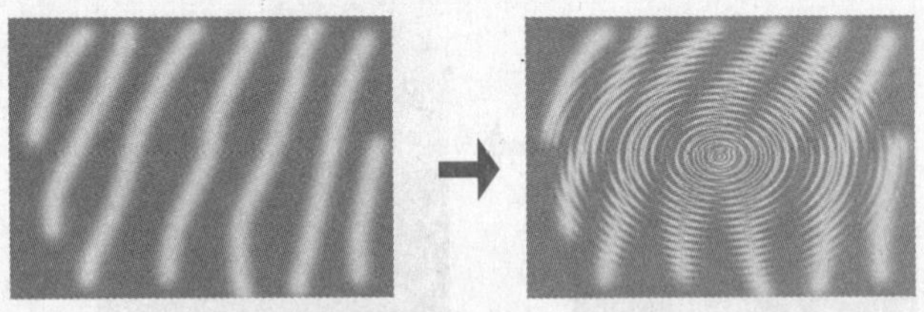

图 11-33　水波效果

- 旋转扭曲：选择该滤镜将会创造出一种螺旋形的效果，在图像中央出现最大的扭曲，逐渐向边界方向递减，就像风轮一般，如图 11-34 所示。

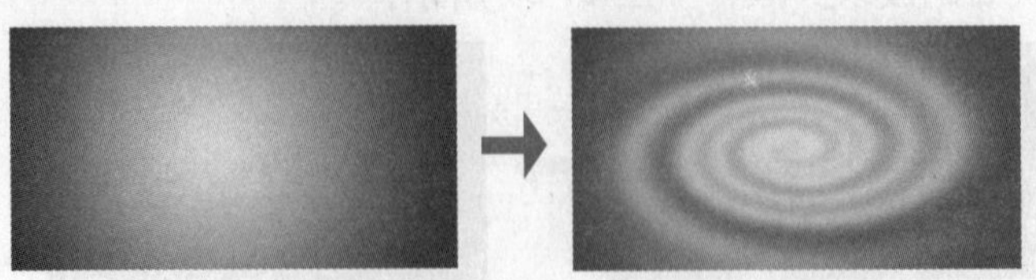

图 11-34　旋转扭曲效果

- 置换：置换滤镜是使用置换图确定如何扭曲选区。它可以弯曲、粉碎、扭曲图像，不过，它是Photoshop所有滤镜中最难理解和预测的，难预测是因为滤镜移动图像时的效果不仅仅取决于对话框的设置，还取决于置换图。

11.4.5　【锐化】滤镜组

【锐化】滤镜组主要通过增加相邻像素间的对比度来减弱或消除图像的模糊，得到清晰的效果，它可用于处理由于摄影及扫描等原因造成的图像模糊。

【锐化】滤镜组各项命令说明如下：

- USM锐化：该滤镜产生边缘轮廓的锐化效果，可以通过设置参数来调节锐化的程度。是所有锐化效果最强的滤镜，它兼有后面三种锐化滤镜的所有功能。1
- 进一步锐化：进一步锐化滤镜的主要功能是提高相邻像素点之间的对比度，使图像清晰，该滤镜的锐化效果比较强烈。如果效果不是很明显可以重复使用。
- 锐化：锐化滤镜和进一步锐化滤镜的功能都一样，都是通过增加相邻像素之间的对比度使图像变得清晰，不会影响图像的细节，该滤镜的效果比较轻微。
- 锐化边缘：该滤镜仅仅锐化图像的边缘部分,使得界线比较明显。
- 智能锐化：智能锐化用于改善边缘细节、阴影及高光锐化。在阴影和高光区域它对锐化提供了良好的控制，可以从三个不同类型的模糊中选择移除。

11.4.6　【视频】滤镜组

【视频】滤镜组属于Photoshop CS3外部接口程序，用来从摄像机输入图像或将图像输出到录像带上，主要是解决与视频图像交换时系统差异的问题。

【视频】滤镜组各项命令说明如下：

- NTSC颜色：NTSC是国际电视标准委员会的缩写。该滤镜可使图像的色域适合NTSC视频的色域标准，以便图像能在电视上播放。也就是把这些颜色转化为适合于视频显示的颜色，使图像的颜色减少到视频可以接受的水平。
- 逐行滤镜：有的视频图像是属于隔行方式显示的图像，即交替扫描得到的图像。对于快速运动的图像，在进行快照时，图像在水平方向往往存在锯齿和跳跃的现象。该滤镜可以复制奇数和偶数线，或进行插补，消除杂线，使图像平滑。

11.4.7　【素描】滤镜组

【素描】滤镜组主要是用来模拟素描、速写等手工和艺术效果。可以使用前景色和背景色来置换图像中的色彩，从而生成一种精确的图像艺术效果。这类滤镜可以在图像中加入底纹从而产生三维效果。素描滤镜中大多数的滤镜都要配合前景色和背景色颜色来使用，因此，前景色与背色的设置将对滤镜效果起到决定性的作用。

【素描】滤镜组各项命令说明如下：

- 半调图案：此滤镜使用前景色在图像中产生网板图案，它将保留图像中的灰阶层次。该滤镜对话框包括三个参数，即“大小”、“对比度”和“图案类型”。
- 便条纸：此滤镜结合浮雕和颗粒化滤镜的效果，产生类似浮雕的凹陷压印效果，暗调

区呈现凹陷效果，显示背景色。

● 粉笔和炭笔：此滤镜产生一种用粉笔和炭精清除抹的草图效果。炭精使用前景色，而粉笔使用背景色。

● 铬黄：此滤镜产生一种颜色单一的液态金属效果，如图 11-35 所示。

图 11-35　铬黄滤镜效果

● 绘图笔：此滤镜产生一种素描效果。

● 基底凸现：此滤镜可以产生一种粗糙的浮雕效果，其原理是用前景色来替代图像中的暗调区，用背景色来替代亮调区，突出图像表面的差异。

● 水彩画纸：此滤镜产生图像被浸湿的效果，颜色向四周扩散。

● 撕边：此滤镜产生用手撕开纸边的效果，使图像出现锯齿，在前景色和背景色之间产生分裂。

● 塑料效果：此滤镜处理过的图像就像塑料效果一样，具有立体感。

● 炭笔：此滤镜产生一种色调分离的效果。主要边缘以粗线条绘制，而中间色调用对角描边进行素描，炭笔使用前景色，效果如图 11-36 所示。

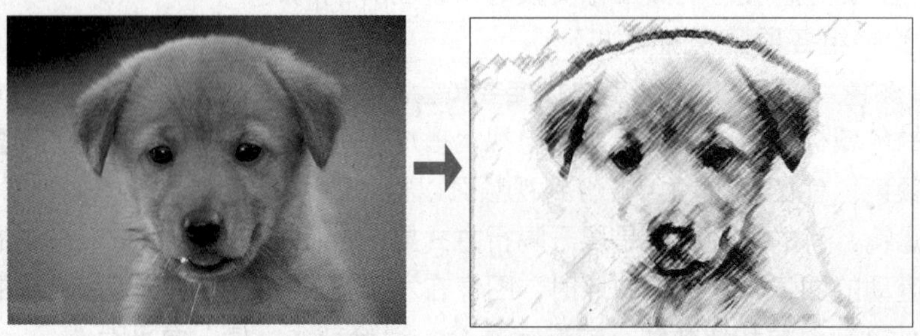

图 11-36　炭笔效果

● 炭精笔：此滤镜产生一种炭精涂抹的草图效果，在图像上模拟纯黑和纯白的炭精笔效果，适用于反差较大的图像。

● 图章：该滤镜产生图章盖印的效果，对黑白图像尤其适用。

● 网状：此滤镜产生一种网眼覆盖的效果。

● 影印：此滤镜影印效果、简化图像，缺乏立体感。

11.4.8　【纹理】滤镜组

【纹理】滤镜组可以使图像产生多种多样的特殊纹理及材质效果。

【纹理】滤镜组各项命令说明如下：

- 龟裂缝：该滤镜能使图像产生凹凸的裂纹。在其对话框中可以设定裂纹间隔、裂纹深度和裂纹亮度。效果如图 11-37 所示。

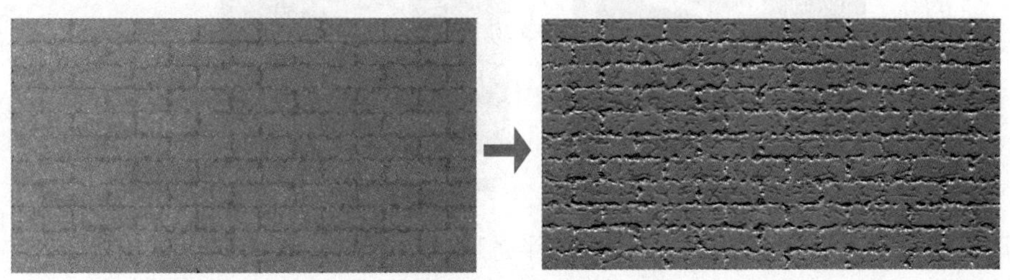

图 11-37 龟裂缝效果

- 颗粒：该滤镜为图像增加许多颗粒纹理。在其对话框中可以设定颗粒密度、对比度和颗粒类型等。
- 马赛克拼贴：该滤镜为图像增加一种马赛克拼贴图案。
- 拼缀图：拼缀图滤镜是将图像分成一些规则排列的小方块，每一个小方块内的平均像素颜色作为该方块的颜色，产生建筑拼贴瓷砖的效果。在其对话框中可设定方块大小和凹凸程度。
- 染色玻璃：该滤镜使图像产生不规则的彩色玻璃格子效果，格子内的色彩为当前像素的颜色。在该滤镜对话框中可设定格子大小、边框宽度和灯光强度。
- 纹理化：该滤镜产生许多纹理，专门用来制作材质。在其对话框中可设定纹理类型、缩放比例、浮凸程度以及灯光方向。

11.4.9 【像素化】滤镜组

【像素化】滤镜组主要是用来将图像分块或将图像平面化，呈现出一种由单元格组成的效果。这类滤镜常常会使得原图像面目全非。

【像素化】滤镜组各项命令说明如下：

- 彩块化：该滤镜是通过分组和改变示例像素成相近的有色像素块，将图像的光滑边缘处理出许多锯齿。其实，彩块化滤镜就是把图像的像素复制四次，然后将它们平均和移位，并降低透明度，产生一种不聚焦的效果。
- 彩色半调：该滤镜是将图像分格，然后向方格中填入像素，以圆点代替方块。处理后的图像看上去就像是铜版画。
- 点状化：该滤镜将图像分解成一些随机的小圆点，间隙用背景色填充，产生点画派作品的效果。
- 晶格化：该滤镜是将图像中相近的有色像素集中到一个像素的多角形网格中，创造出一种独特的风格。
- 马赛克：该滤镜是将图像分解成许多规则排列的小方块，其原理是把一个单元内的所有像素的颜色统一产生马赛克效果。效果如图 11-38 所示。

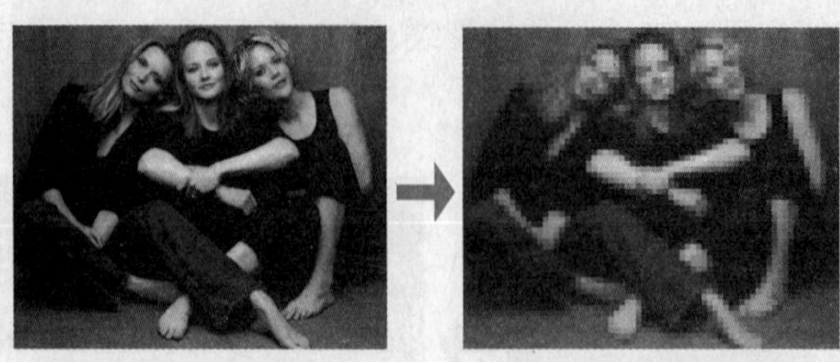

图 11-38　马赛克效果

- 碎片：该滤镜自动复制图像，然后以半透明的显示方式错开粘贴四次，产生的效果就像图像中的像素在震动。
- 铜版雕刻：该滤镜用点、线条重新生成图像，产生金属版画的效果。选择此滤镜后系统将会把灰度图转化为黑白图，将彩色图饱和。

11.4.10　【渲染】滤镜组

【渲染】滤镜组能够在图像中产生不同的光源效果。使用此滤镜组可以模拟在图像场景中放置不同的灯光，产生不同的光源效果，创建出虚拟的三维造型，如球体、圆柱体等。

【渲染】滤镜组常用命令说明如下：

- 分层云彩：该滤镜将图像与云块背景混合起来产生图像反白的效果。
- 光照效果：该滤镜是较复杂的一种滤镜，只能应用于RGB模式。效果如图11-39所示。

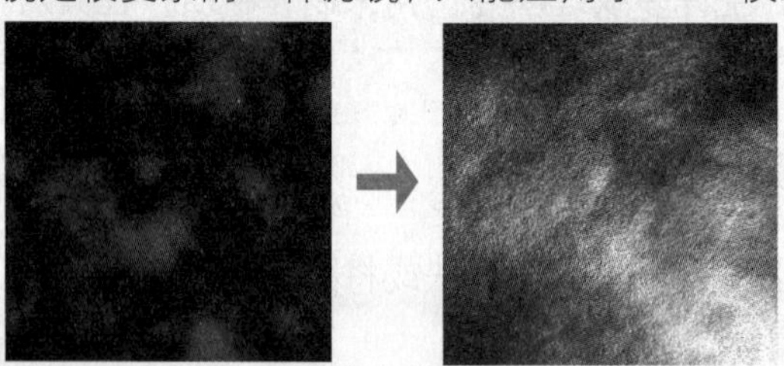

图 11-39　光照效果

- 镜头光晕：该滤镜模拟光线照射在镜头上的效果，产生折射纹理，如同摄像机镜头的炫光效果。在其对话框中可自动调节摄像光晕的位置。
- 云彩：该滤镜利用选区在前景色和背景色之间的随机像素值，在图像上产生云彩状的效果，产生烟雾飘渺的景象。如图11-40所示为前景色为"#36DDFF"，背景色为白色时，使用该命令得到的效果。

图 11-40　云彩效果

11.4.11【艺术效果】滤镜组

【艺术效果】滤镜组的主要作用是处理由计算机绘制的图像，隐藏计算机的笔迹，使它们更贴近人工创作的效果。

【艺术效果】滤镜组各项命令说明如下：

- 壁画：该滤镜使用短而圆的粗略小方块来模仿颜料绘制的画面，产生古壁画的斑点效果，它和干燥笔有相同之处，能强烈地改变图像的对比度，产生抽象的效果。但是使用以后画面会显得比较苍白。
- 彩色铅笔：该滤镜模拟美术中的彩色铅笔绘画效果，使得经过处理的图像看上去就像是用彩色铅笔绘制的，使其模糊化，并在图像中产生一些主要由背景色和灰色组成的十字斜线。使用此滤镜可以创造彩色铅笔在纯色背景上绘制图像的效果，并保留重要的边缘，外观呈粗糙阴影线，纯色背景色透过比较平滑的区域显示出来。
- 粗糙蜡笔：该滤镜产生一种覆盖纹理效果，处理后的图像看上去就像用彩色蜡笔在带纹理的纸上绘画一样，笔触斑斓，色彩艳丽。
- 底纹效果：该滤镜是在带纹理的背景上绘制图像，然后将最终图像绘制在该图像上，模拟传统的用纸背面作画的技巧，产生一种纹理喷绘效果。
- 调色刀：该滤镜减少图像中的细节，生成使用调色刀堆砌优化颜色的效果，使颜色相近融合，产生大写意的笔法效果。
- 干画笔：该滤镜主要是使用干画笔技术（介于油彩和水彩之间）绘制图像边缘。它主要是将图像的颜色范围降低到普通颜色范围来简化图像，使画面产生一种不饱和不湿润干枯的油画效果。
- 海报边缘：该滤镜可以使图像转化成漂亮的剪贴画效果；它将根据图像设置的海报选项减少图像色调中的颜色数量，捕捉图像的边缘并用黑线勾边，提高图像的对比度。
- 海绵：该滤镜是使用颜色对比强烈、纹理较重的区域创建图像，使图像看上去好像是用海绵绘制的。将产生画面浸湿的效果，就好像是使用海绵蘸上颜料在纸上涂抹图像一样。
- 绘画涂抹：该滤镜产生不同画笔涂抹过的效果。可以选取各种大小和类型的画笔来创建绘画效果。
- 胶片颗粒：该滤镜产生一种胶片颗粒纹理效果，纯属艺术噪声类滤镜，它给原图加入一些颗粒，将图像中较平滑、饱和度更高的图案添加到图像的亮区，加入到图像中的颗粒将掩盖图像中的细微层次，平滑图案。
- 木刻：该滤镜是将图像描绘成好像是由随意剪下的彩色纸片组成的效果。可以模拟剪纸效果，看上去像是经过精心修剪的彩纸图。高对比度的图像看起来呈剪影状，而色彩图像看上去是由几层彩纸组成的。
- 霓虹灯光：该滤镜将各种类型的发光添加到图像中的对象上，在柔化图像外观时非常有用。若要选择一种发光颜色，单击发光颜色选框，并从拾色器中选择一种颜色，最终产生彩色氖光灯照射的效果。如果选取合适的颜色，该滤镜能在图像中产生三色调或四色调效果。
- 水彩：水彩滤镜是以水彩的风格绘制图像，简化图像细节部分，使用蘸了水的颜色的中等画笔。当边缘有显著的色调变化时，该滤镜将为该颜色加色。
- 塑料包装：该滤镜产生一种表面质感很强的塑料包装效果，经处理后，图像就像包上了一层塑料薄膜，给图像涂上一层发光的塑料，以强调表面细节，使图像具有很强的立体感。在其对话框中可以设定“高光强度”、“细节”、“平滑度”三个选项来调整图像。将参数设置到一定范围后，图像表面会产生塑料泡泡。

● 涂抹棒：该滤镜产生条纹涂抹效果。使用短的线条，涂抹图像的暗区可以柔化图像，涂抹图像的亮区将使图像更加亮，因此，会导致失去一些细节。

11.4.12 【杂色】滤镜组

所谓杂色，即指随机颜色像素，该滤镜可以将杂色与周围像素混合起来，使之不太明显，所以常用来去除图像中的斑点或添加杂色。

【杂色】滤镜组常用命令含义如下：

● 蒙层与划痕：该滤镜可以弥补图像中的缺陷。其原理是搜索图像或选区中的缺陷，然后对局部进行模糊，将其融合到周围的像素中去。可在锐化图像和隐蔽瑕疵之间取得平衡。

● 去斑：该滤镜能除去与整体图像不太协调的斑点。可以自动检测图像的边缘并模糊杂色，同时保留细节。

● 添加杂色：此滤镜是向图像中添加一些干扰像素，像素混合时产生一种漫射的效果，增加图像的图案感。它可以掩饰图像被人工修改过的痕迹。如图 11-41 所示。

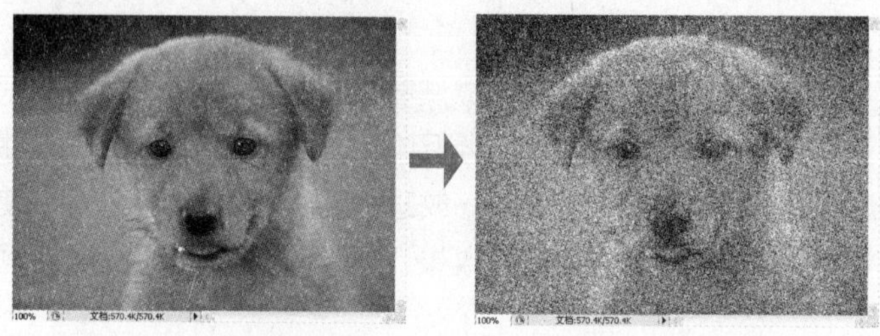

图 11-41　添加杂色效果

● 中间值：该滤镜能减少选区像素亮度混合时产生的干扰。它搜索亮度相似的像素，去掉与周围像素反差极大的像素，以所捕捉的像素的平均亮度来代替选区中心的亮度，可以用做减少图像的动感效果。

11.4.13 【其他】滤镜组

【其他】滤镜组的主要作用是修饰图像的某些细节部分，在某些场合下，起到画龙点睛的效果。

【其他】滤镜组各项命令含义如下：

● 高反差保留：该滤镜用于删除图像中颜色变化不大的像素，保留色彩变化较大的部分，使图像中的阴影消失，边缘像素得以保留，亮调部分更加突出。其对话框只有一个 半径”选项，变化范围在 0.1～250 像素之间，用于设定保留范围的大小，值越大所保留的原图像的像素就越多。

● 位移：该滤镜可以按照一定方式使图像产生偏移，可以偏移整个图像或选区中的图像。

● 自定：该滤镜允许用户创建自己的滤镜，它通过数学运算方法，改变图像中每一个像素的亮度值，其像素值是依据周围的像素值来确定它的新值。在其对话框中有一个 5 × 5 的矩阵，在这个矩阵中填入合适的值可以改变图像整体色调。其中正中央的格子代表目标像素，其余的格子代表周围相对应的像素。格子内的数目便是每个像素的参数值，参数的大小就代表该像素的色调对目标像素的影响大小。

- 最大值：此滤镜用来放大亮区色调，缩减暗区色调。与图像轮廓的变化毫不相干。此滤镜对话框只有一个“半径”选项。
- 最小值：此滤镜用来放大图像中的暗区色调，缩减亮区色调。其对话框与“最大值”对话框一样，只有一个“半径”选项。

11.5　现场练兵——【为风影照加上梦幻特效】

本例在制作过程中，主要使用【高斯模糊】、【曲线】及调整【色相/饱和度】命令等，使普通的照片变成梦幻效果，效果11-42所示。

图11-42　最终效果

操作步骤：

01 执行【文件】/【打开】菜单命令打开光盘中“11\风景照素材.psd”文件，如图11-43所示。

02 选择【图层】面板，按【Ctrl+J】组合键复制一个新的图层，或通过单击鼠标右键，在弹出的快捷菜单中执行【复制图层】命令，复制一个新的图层，如图11-44所示。

图11-43　打开图片

图11-44　复制新的图层

03 执行【滤镜】/【模糊】/【高斯模糊】菜单命令，在弹出的对话框中设置半径为“5“像素参数，单击【确定】按钮，如图11-45所示。

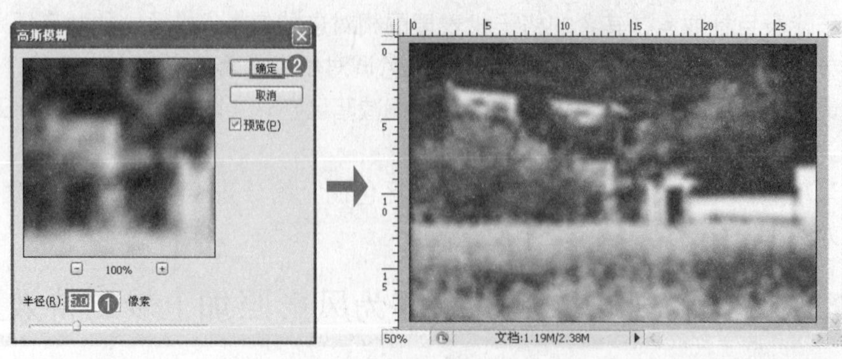

图 11-45　执行高斯模糊后的效果

04 执行【图像】/【调整】/【色相/饱和度】菜单命令，或直接按【Ctrl+U】组合键打开【色相/饱和度】对话框，在弹出的对话框中设置“色相”为0，“饱和度”为50，“明度”为0，单击【确定】按钮，如图 11-46 所示。

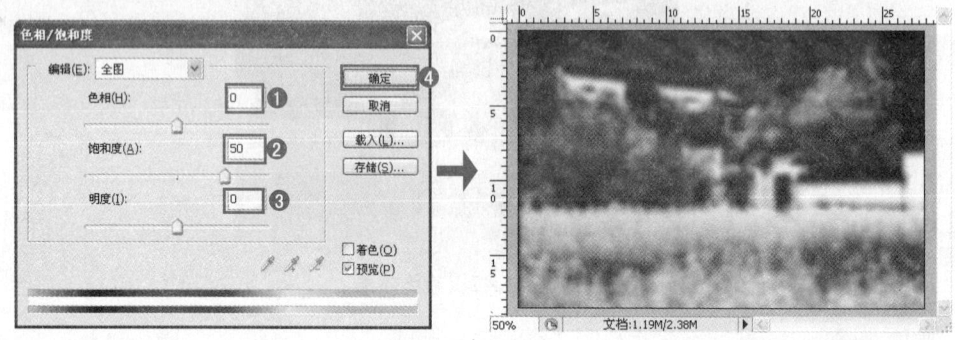

图 11-46　执行调整色相/饱和度后的效果

05 在【图层】面板中单击“图层1”，将图层1的图层模式更改为“变亮”，此时，图片本身发生了变化，如图 11-47 所示。

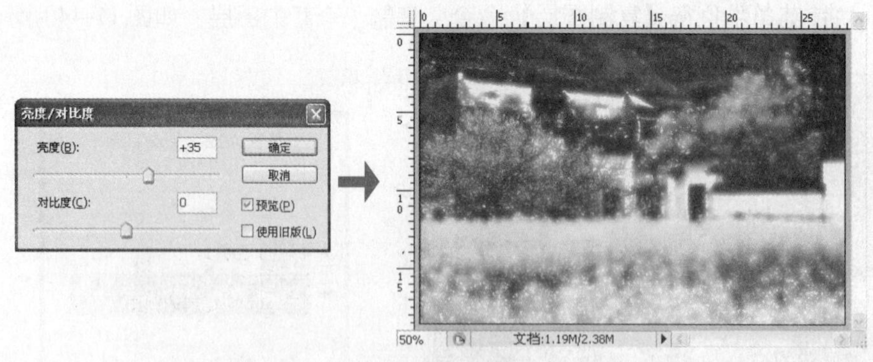

图 11-47　执行亮度/对比度后的效果

06 执行【图像】/【调整】/【亮度/对比度】菜单命令。在弹出的菜单中设置亮度为“35”，对比度设置为“0”，如图 11-48 所示。

图 11-48　调整图像的亮度对比度

07 至此，将普通的风景图片打造成梦幻效果已制作完成，最终效果如图 11-49 所示。

图 11-49　图片的最终效果

11.6　现场练兵——【暴风雨效果】

本例将结合【点状化】滤镜、【动感模糊】滤镜、【分层云彩】滤镜以及对图像色彩的调整，制作出暴风雨和闪电的效果，最终效果如图 11-50 所示。

图 11-50　暴风雨效果

操作步骤：

01 执行【文件】/【打开】菜单命令打开光盘中“11\素材4.jpg”图片，如图11-51所示。

图11-51　打开图片

02 执行【编辑】/【调整】/【色相/饱和度】菜单命令，在弹出的对话框中设置参数，其效果如图11-52所示。

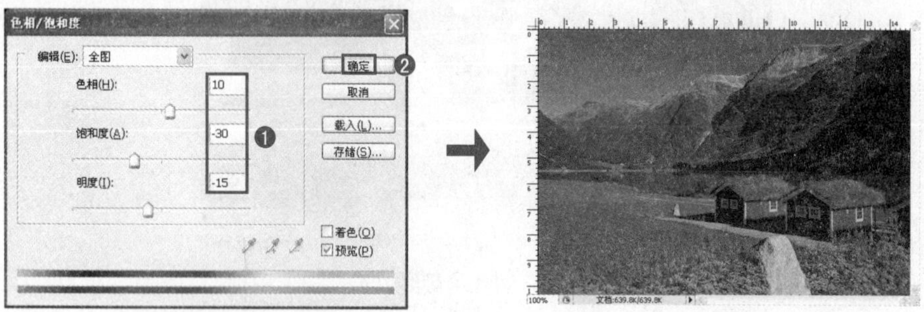

图11-52　调整【色相/饱和度】后的效果

03 按【Ctrl+J】组合键或在图层面板中将“背景”图层拖动到新建按钮上，创建一个“背景副本”图层，此时“背景副本”图层为当前图层。

04 执行【滤镜】/【像素化】/【点状化】菜单命令，在弹出的对话框中设置参数，单击【确定】按钮，效果如图11-53所示。

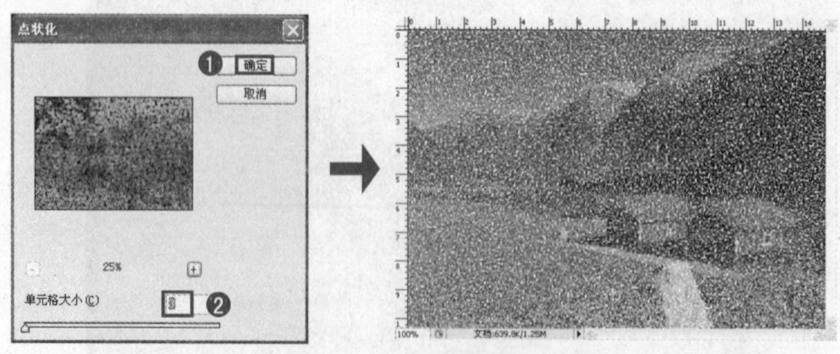

图11-53　点状化滤镜效果

05 执行【图像】/【调整】/【阈值】菜单命令，在将弹出的对话框中设置参数，单击【确定】按钮，效果如图11-54所示。

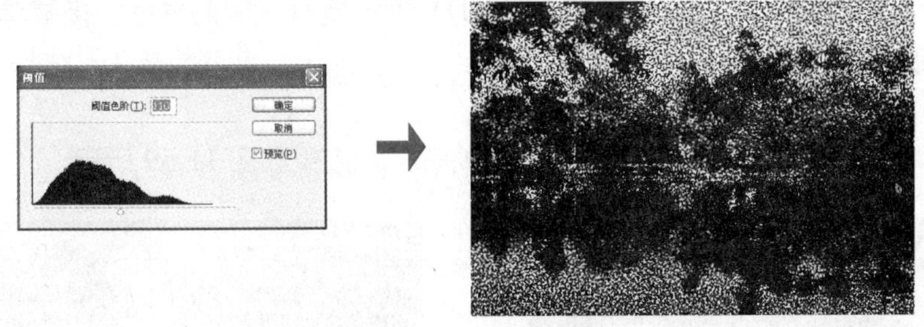

图 11-54　阈值效果

06 执行【滤镜】/【模糊】/【动感模糊】菜单命令，将弹出的对话框设置参数，单击【确定】按钮，效果如图 11-55 所示。

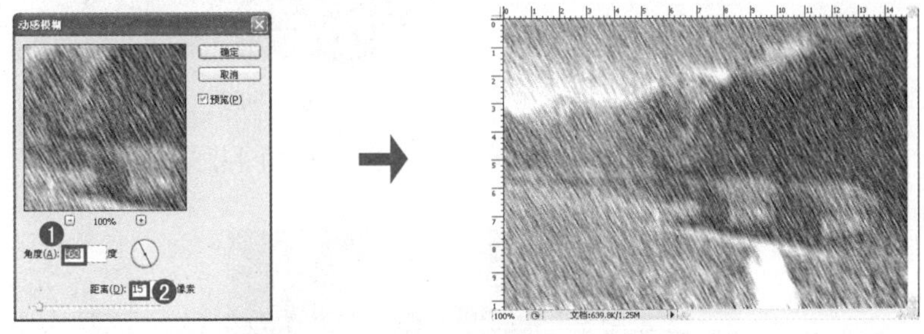

图 11-55　动感模糊效果

07 在图层面板中将当前图层的混合模式设置为“柔光”，效果如图 11-56 所示。

图 11-56　设置图层混合模式后的效果

08 执行【滤镜】/【风格化】/【风】菜单命令，在弹出的对话框中设置参数，单击【确定】按钮，效果如图 11-57 所示。

图 11-57　风效果

09 接下来绘制闪电效果。新建图层，并按【D】键恢复默认的前景色，接着单击【渐变工具】，在选项栏中设置渐变类型为“从前景色到背景色”，渐变模式为“线性渐变”，然后在画面中拖出渐变，效果如图11-58所示。

10 执行【滤镜】/【渲染】/【分层云彩】菜单命令，效果如图11-59所示。

图11-58 渐变填充效果

图11-59 分层云彩效果

11 执行【图像】/【调整】/【反相】菜单命令，效果如图11-60所示。

图11-60 反相效果

12 执行【图像】/【调整】/【色阶】菜单命令，在弹出的对话框中设置参数，单击【确定】按钮，将得到如图11-61所示的效果。

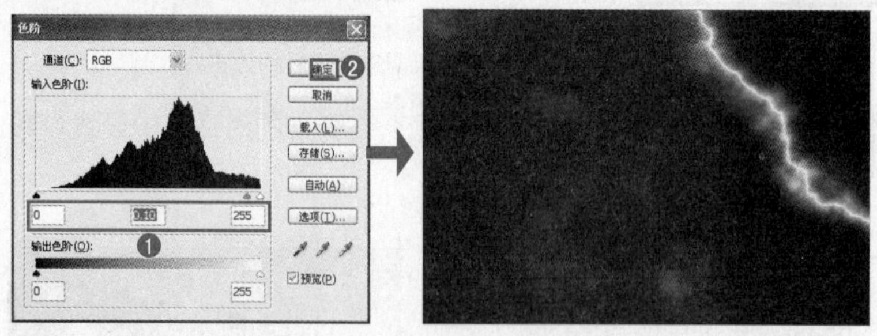

图11-61 调整色阶后的效果

13 在图层面板中设置混合模式为“滤色”，即可完成本实例的制作。最终效果如图11-62所示。

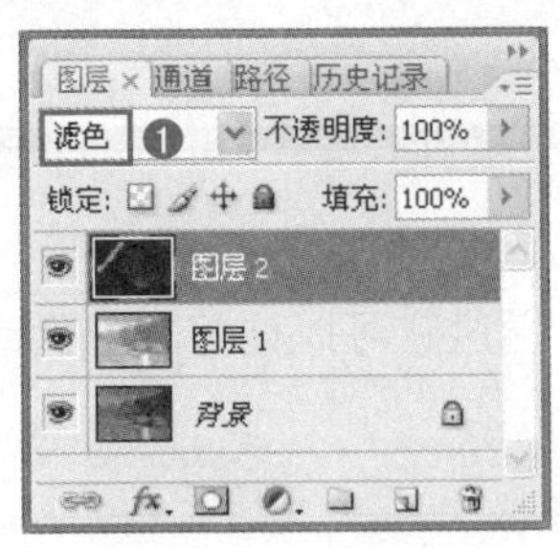

图 11-62　更改图层模式

11.7　疑难解答

问 1：为什么【滤镜】菜单中的某些命令呈灰色显示？

答：这有两种情况，一是当前选择的操作层不是普通层，二是某些命令对图像的色彩模式有要求。

问 2：【智能滤镜】的蒙版缩略图不见了，怎么才能显示出来呢？

答：在【图层】菜单中右击【智能滤镜】名称，从弹出的快捷菜单中选择【添加滤镜蒙版】即可。

11.8　上机指导——【PS 制作放射性文字】

实例效果：

图 11-63　制作的效果图

操作提示：

01 首先使用文字工具输入制作的文字，然后再将文字图层复制一层，并设置图层外发光样式。

02 新建一个图层，合并除背景层之外的图层，然后执行【滤镜】/【扭曲】/【极坐标】菜单命令，方式为"极坐标到平面坐标"，将画布旋转 90° 顺时针，再执行【风】滤镜，再将画布旋转 90° 逆时针，再执行【极坐标】滤镜，这次的方式为"平面坐标到极坐标"。

03 为图像调整色相饱和度，为图形加上颜色，最终效果如图 11-63 所示。

11.9 习题

一、填空题

（1）__________ 是Photoshop CS3版本中的新功能，通过它可以调整、移除或隐藏智能滤镜，这些操作对图像文件是非破坏性的。

（2）特殊功能滤镜包括__________、__________、__________和__________。

（3）__________ 相当于柔化滤镜组，它的主要作用是削弱相邻像素间的对比度，达到模糊图像的效果。

（4）__________ 主要功能是按照各种方式在几何意义上扭曲一幅图像，如非正常拉伸、旋转等，产生模拟水波、镜面反射和火光等自然效果。

二、选择题

（1）所有的滤镜都能作用于（　）颜色模式的图像，而不能作用于（　）颜色模式。

A．RGB，灰度　　B．灰度，CMYK

C．CMYK，索引　　D．RBG，索引

（2）下列工具不属于【液化】滤镜中的工具是（　）。

A．褶皱工具　　B．膨胀工具

C．变换工具　　D．湍流工具

（3）可精确控制图像模糊度的滤镜是（　）。

A．模糊工具　　B．动感模糊

C．高斯模糊　　D．进一步模糊

（4）下面对模糊工具功能描述正确的有（　）。

A．模糊工具只能使图像的一部分边缘模糊

B．模糊工具的强度是不能调整的

C．模糊工具可降低相邻像素的对比度

D．如果在有图层的图像上使用模糊工具，只有所选中的图层才会起变化

（5）下列滤镜只对RGB图像起作用的有（　）。

A．马赛克　　B．光照效果

C．波纹　　D．浮雕效果

（6）下列关于滤镜的操作原则正确的有（　）。

A．滤镜不仅可用于当前可视图层，对隐藏的图层也有效

B．不能将滤镜应用于位图模式或索引颜色的图像

C．有些滤镜只对RGB图像起作用

D．只有极少数的滤镜可用于16位通道图像

第 12 章 动作与自动化操作

动作和自动化是PhotoshopCS3用于提高工作效率的重要功能，本章将对【动作】面板，动作的创建及应用等功能进行介绍，然后通过实例形式对一系列自动化命令进行介绍，如批处理、联系表和Web画廊等。

12.1 动作面板

【动作】面板可以将编辑图像的多步操作录制为一个动作，执行这个动作就相当于一次执行了多个命令。因此，使用【动作】功能可以简化图像编辑的操作，提高工作效率。

执行【窗口】/【动作】菜单命令，或者按【F9】键即可打开动作面板，如图 12-1 所示。

图 12-1 【动作】面板

【动作】面板中各图标及按钮的作用如下：

- 文件夹名称：在默认设置下，Photoshop 的动作面板中只有一个“Default Actions（默认动作）”文件夹。该文件夹实际上是一组动作的集合，为了便于理解，称为“文件夹”。
- 展开动作按钮：单击此按钮可以展开文件夹中的所有动作项目，如图 12-2 所示。在该面板中显示的是默认动作文件夹中的所有动作，在每个动作项目前面也有一个展开动作按钮，这些按钮具有相同的功能。
- 切换项目开/关按钮：通过该按钮的勾选与否，可以切换某个动作或者命令是否执行。如果没有勾选，表示该文件夹中的所有动作都不能执行；如果勾选了该按钮且该按钮呈黑色显示，表示该文件夹中的所有动作都可以执行；如果勾选了该按钮且该按钮呈红色显示，表示该文件夹中的部分动作不可以执行，如图 12-3 所示。

图 12-2 动作展开面板

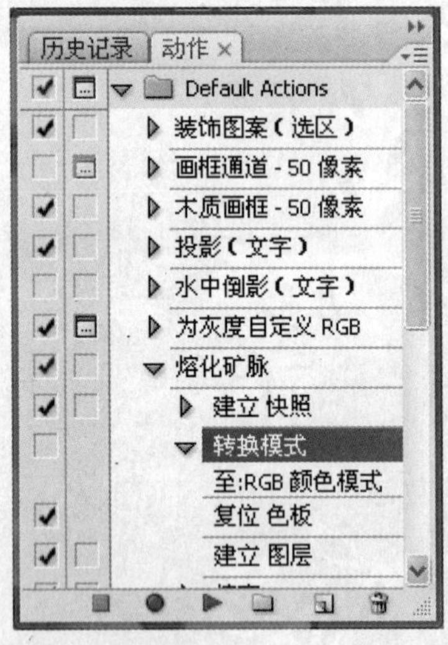

图 12-3 勾选动作

- 切换对话框开/关：当该按钮中出现图标呈灰色显示，在执行动作过程中，将暂停在对话框中，需要单击【确定】按钮后，才能继续；如果没有显示灰色图标，将会按动作中的设定逐步往下执行；如果图标呈红色显示，表示文件夹中只有部分动作或者命令设定了暂停对话框。
- 选定动作：当要执行动作面板中的某个动作时，必须先选定该动作。执行时只会执行被选择的动作，通过按【Shift】键单击鼠标左键需要执行的动作名可以一次设定多个动作。

- 【停止播放／记录】按钮■：单击该按钮可停止当前的播放或记录操作。
- 【开始记录】按钮●：单击该按钮，该按钮呈红色显示状态，表示处于录制动作状态中。
- 【播放选定动作】按钮▶：单击此按钮可以执行当前选定的动作。
- 【创建新组】按钮：单击该按钮，弹出【新建组】对话框，如图 12-4 所示。在该对话框中可命名组，如果不命名，系统将自动以"组 1、组 2……"进行命名。单击【确定】按钮，在动作面板中即可新建一个文件夹。
- 【创建新动作】按钮：单击该按钮，弹出【新建动作】对话框，如图 12-5 所示。在该对话框中进行设置，单击【记录】按钮即可新建一个动作。新建立的动作会出现在当前选定的文件夹中。

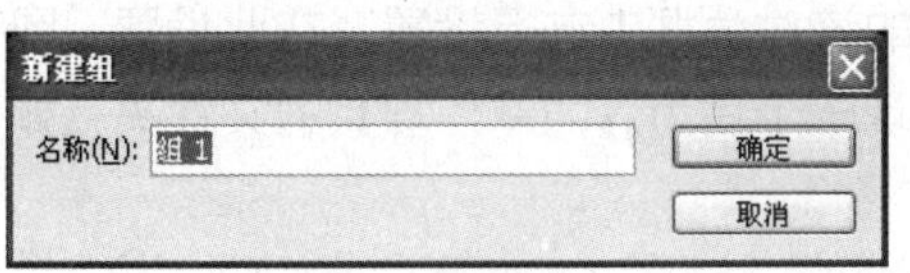

图 12-4　【新建组】对话框

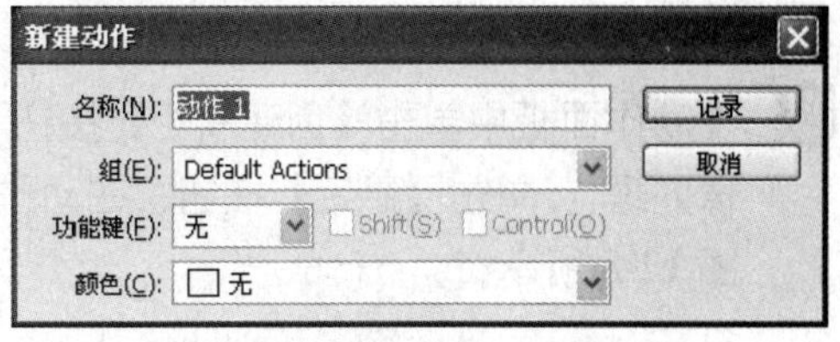

图 12-5　【新建动作】对话框

- 【删除】按钮：单击此按钮可以将当前选定的动作或文件夹删除。
- 【动作】面板的菜单命令：单击动作面板右上角的扩展按钮，将弹出【动作】面板菜单，如图 12-6 所示。选择某选项即可执行该菜单命令。如执行【按钮模式】命令，动作面板中的各个动作以按钮模式显示，此时不显示文件夹，而只显示动作名称，以及颜色设置，如图 12-7 所示。

图 12-6　【动作】面板菜单

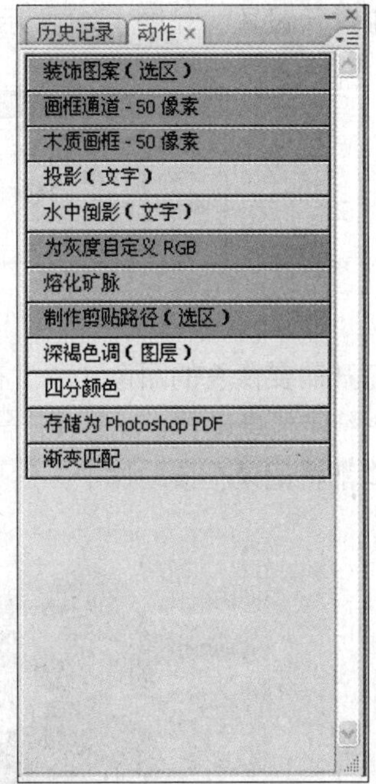

图 12-7　按钮模式

12.2 动作的创建和应用

动作的创建及应用包括录制动作、执行动作、修改动作和保存动作等，下面将分别作详细介绍。

12.2.1 记录动作

Photoshop动作应用操作非常简单，但毕竟系统预设的动作数量和效果都有限，所以在大多数情况下，需要自己创建新动作，以满足不同的应用要求。

在录制动作前，一般都要建立一个新组，这样便于与默认的动作进行区分。录制动作的具体操作步骤如下：

01 在动作面板中单击【创建新组】按钮，在弹出的该对话框中进行设置，在此设置“图像处理”，单击【确定】按钮，在动作面板中将出现一个名为【图像处理】的文件夹，如图12-8所示。

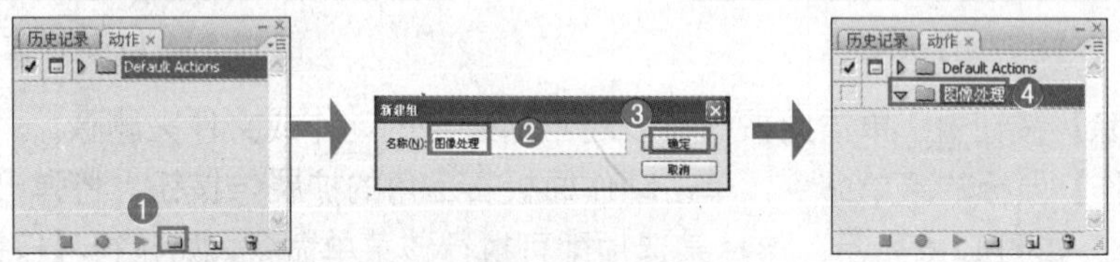

图12-8 创建新组

02 选择【图像处理】组，单击【动作】面板底部的【创建新动作】按钮，在弹出的对话中进行设置，如图12-9所示。

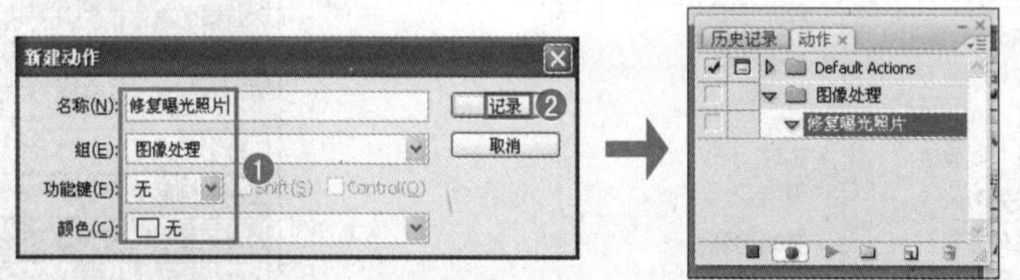

图12-9 创建新动作

03 打开需要修复的图像文件，在此打开光盘中“12\曝光照片.jpg”，单击【记录】按钮进行录制新动作，此时【开始记录】按钮呈红色显示，表示从此刻开始，对图像的任何操作都将记录在该动作中，然后对图像进行操作，如图12-10所示。

图12-10 录制动作

04 操作完毕后，单击【停止播放／记录】按钮■，完成新动作的录制。

12.2.2　应用动作

在【动作】面板中选择需要的动作，单击【播放选定动作】按钮▶，或者在【动作】面板菜单中执行【播放】菜单命令，即可将动作中录制的编辑操作应用到图像中。

当执行某个较多操作步骤的动作时，经常会提示一些错误信息。由于执行动作的速度很快，无法断定错误所在，因此，为了便于检查这些错误，就需要改变执行动作时的速度。在动作面板的选项菜单中执行【回放选项】菜单命令，将弹出【回放选项】对话框，如图 12-11 所示。

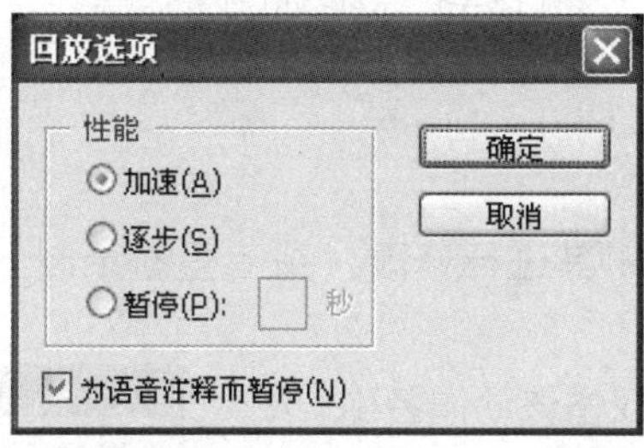

图 12-11　【回放选项】对话框

该对话框中的三个选项说明如下：

- 加速：该选项是系统默认设置，其执行速度较快。
- 逐步：勾选此项后，将逐步地执行动作中的每一个操作命令，从动作面板中可以看出，将会以蓝色显示当前所运行的操作步骤。
- 暂停：勾选此项后，允许在执行每一步操作命令时可暂停，其暂停时间由输入该文本框内的数值决定，其变化范围在 1～60 秒之间。

下面通过实例进行讲解。

01 打开光盘中“12\应用动作素材.PSD”文件，执行【窗口】/【动作】菜单命令，或直接按【Ctrl+F9】组合键，即可打开动作面板，如图 12-12 所示。

图 12-12　打开图像文件和【动作】面板

02 选中【动作】面板中的“四分颜色”动作，点击动作面板下面的【播放选定动作】按钮▶，即可应用该动作，如图 12-13 所示。

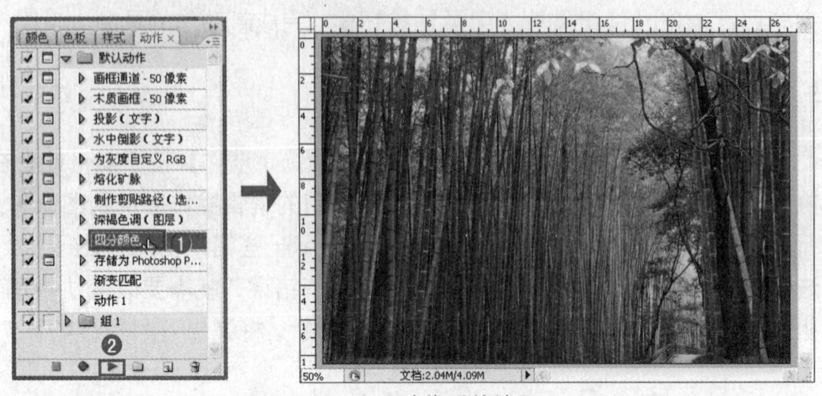

图 12-13　应用动作后的效果

12.2.3　修改动作

当完成动作的记录后可以对其进行修改，或者重新录制，也可以将其进行复制或更名。修改动作的各项操作如下：

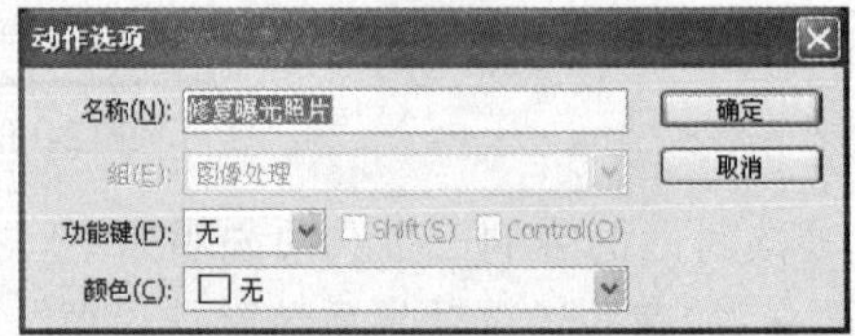

图 12-14　【动作选项】对话框

- 重命名：在动作面板中双击该动作名称，或者选中该动作后，执行动作面板菜单中的【动作选项】命令，在弹出的【动作选项】对话框中输入要更改的名称，单击【确定】按钮即可，如图 12-12 所示。
- 复制动作：选中动作后，直接拖动该动作到底部的【创建新动作】按钮上；或者在【动作】面板菜单中执行【复制】命令，即可完成对该动作的复制。
- 删除动作：选中动作后，直接拖动该动作到底部的【删除】按钮上；或者在【动作】面板菜单中执行【删除】命令。此时会弹出提示对话框，单击【确定】按钮，即可完成对该动作的删除。
- 修改动作内容：选中动作后，在【动作】面板菜单中执行【插入菜单项目】命令，可在动作中插入需要执行的命令。也可执行动作面板菜单中的【再次记录】命令，将该动作重新录制。

01 打开光盘中"12\应用动作素材.PSD"文件，执行【窗口】/【动作】菜单命令，打开【动作】面板，如图 10-15 所示。

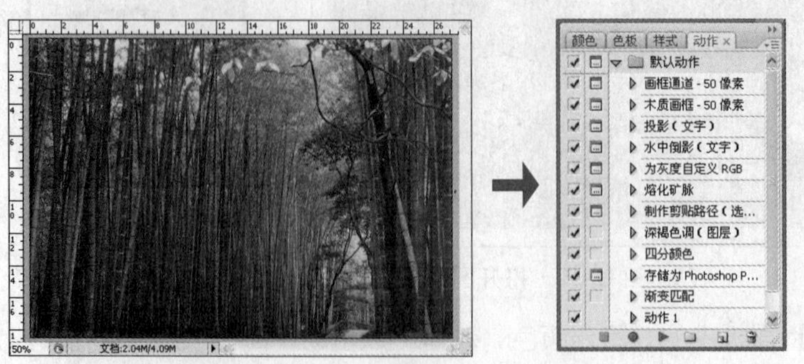

图 12-15　打开图形和【动作】面板

02 单击“四分颜色”左边的小三角形，使之间成为展开状态如图 10-16 所示。

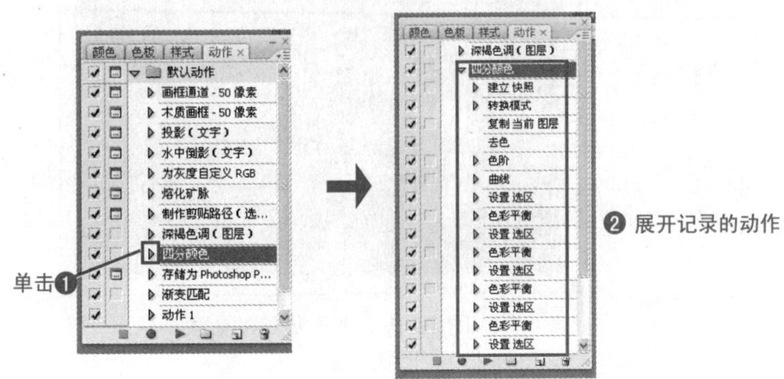

图 12-16 展开记录的动作

03 现在我们来修改图像里的四分颜色里的动作，选择“设置选区”动作，双击将其载入图形选区，如图 12-17 所示。

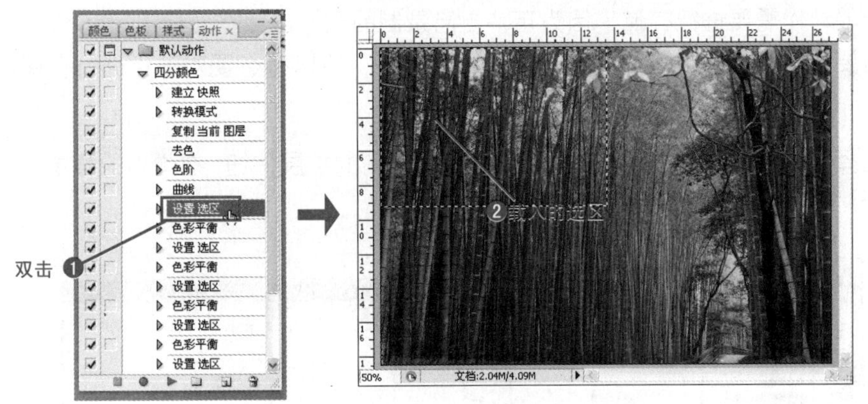

图 12-17 在记录中选择修改的对象

03 选择【色彩平衡】动作，双击将弹出【色彩平衡】对话框，设置色阶分别为“100，－35，－35”确定设置后图像发生了变化，如图 12-18 所示。

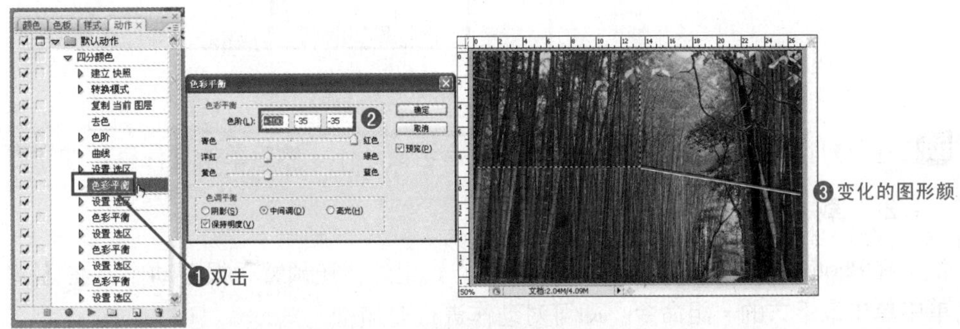

图 12-18 更改图形的颜色

04 使用同样的方法更改其他图形的颜色，最终效果如图 12-19 所示。

图 12-19　图形最终的效果

12.2.4　保存和载入动作

1．保存动作

对录制的动作需要进行存储，因为用户自己录制的动作虽然在面板中暂时不会消失，但是由于经常要复位动作，复位后，这些动作将会丢失，所以有必要对动作进行存储。

存储动作的操作步骤如下：

01 首先选择需要存储的动作组，单击动作面板右上角的扩展按钮，在弹出的菜单中执行【存储动作】菜单命令，如图 12-20 所示。

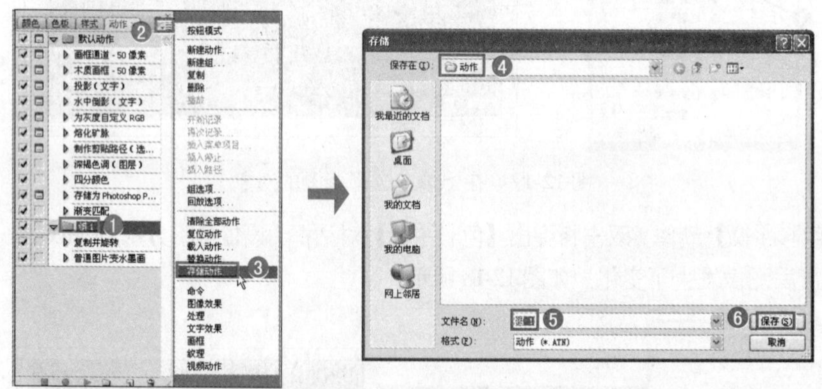

图 12-20　保存动作

02 在该对话框中选择存储的位置以及重命名该动作，然后单击【保存】按钮即可。

2．载入动作

在 Photoshop CS3 中，除了【默认动作】组外，还预置了很多动作，在【动作】面板菜单中单击最下方的一组命令，即可对动作进行追加。

为了满足用户的需要，还可将自己心仪的动作加载到【动作】面板中，其具体操作步骤如下：

通过执行【动作】面板菜单中的【载入动作】命令，在弹出的【载入】对话框中选择需载入的动作组，然后单击【载入】按钮即可。

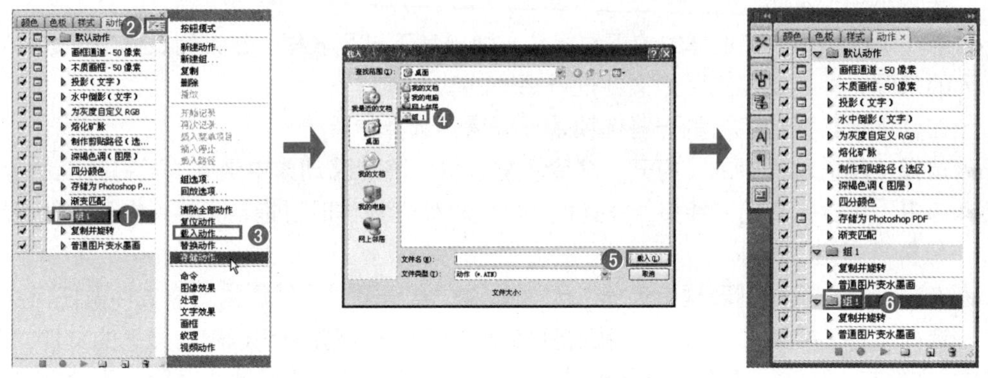

图 12-21 载入动作

 12.3 自动化处理的操作

为了提高工作效率，Photoshop CS3 还提供一些自动化操作，如批处理、PDF 演示文稿、裁切并修齐照片、Web 照片画廊和联系表等命令。

12.3.1 批处理

【批处理】命令必须结合前面所讲解的【动作】来执行，此命令能够为一个文件夹中的所有图像应用于某一个动作，执行【文件】/【自动】/【批处理】菜单命令，将弹出【批处理】对话框，如图 12-22 所示。

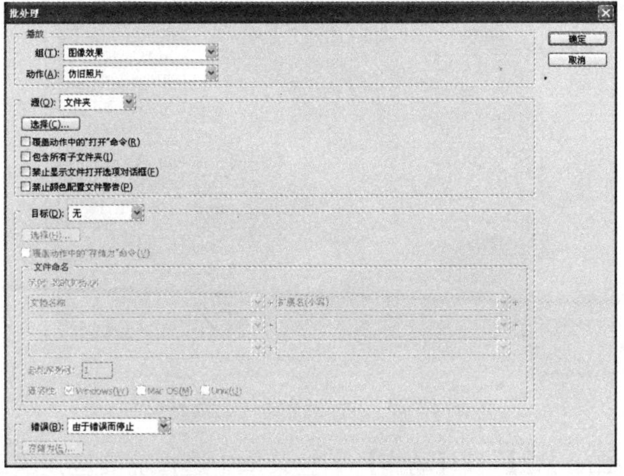

图 12-22 【批处理】对话框

该对话框中选项说明如下：

- 组：单击其后面文本框中的下拉箭头，弹出其下拉列表框，其中显示了动作面板中的所有文件夹，可选择使用。

- 动作：单击其后面文本框中的下拉箭头，弹出其下拉列表框，其中显示了选定的文件夹内的所有动作。
- 源：单击其后面文本框中的下拉箭头，弹出其下拉列表框，在该列表框中可选择图片的来源，即选定哪些图像文件进行相同的动作操作。

  在【选择】按钮下面的一些选项须根据需要选择与否。
- 选择“覆盖动作中的‘打开’命令”复选框，将忽略动作中录制的“打开”命令。
- 选中“包含所有子文件夹”复选框，将使批处理操作时对指定文件夹中子文件夹的图像执行指定的动作。
- 在“目标”下拉列表框中选择“无”选项，表示不对处理后的图像文件做任何操作。选择“存储并关闭”选项，将进行批处理的文件存储并关闭以覆盖原来的文件。选择“文件夹”选项，并单击下面的【选择】按钮，可以为进行批处理后的图像指定一个文件夹，将处理后的文件保存于该文件夹中。
- 在“错误”下拉列表框中选择“由于错误而停止”选项，可以指定当动作在执行过程中发生错误时处理的方式。选择【将错误记录到文件】选项，将错误记录到一个文本文件中并继续批处理。

注 意

当执行【批处理】命令处理图像时，如果要中止，按【Esc】键即可。

要应用【批处理】命令对一批图像文件进行批处理操作时，可以参考以下的操作步骤：

01 录制要完成指定任务的动作，首先打开光盘中“12\批处理素材.psd”文件。执行【文件】/【自动】/【批处理】菜单命令，如图 12-23 所示。

图 12-23　批处理打开的素材文件

02 从【播放】区域的【组】和【动作】下拉菜单中选择需要应用的动作所在的【组】及此动作名称。

03 从【源】下拉菜单中选择要应用【批处理】的文件，如果要进行批处理操作的图像文件已经全部打开，选择【打开的文件】选项。如图 12-24 所示。

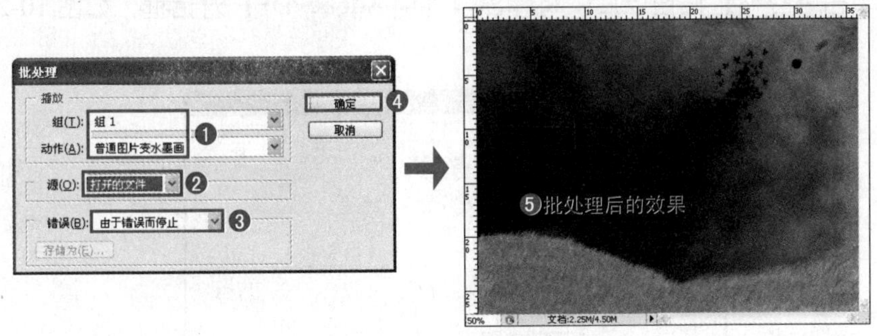

图 12-24　批处理效果

12.3.2　PDF 演示文档

【PDF 演示文稿】命令，可以用多幅图像创建多页面的 PDF 文档或具有自动演示的幻灯片文稿，如果希望为客户演示某一个设计项目的不同设计效果，此命令是一个较好的选择。

注　意

PDF（便携文档格式）是一种通用的文件格式，这种格式既可以表现矢量数据，也可以表现位图数据，而且还可以包含电子文档搜索和导航功能。

01 执行【文件】/【自动】/【PDF 演示文稿】菜单命令，弹出如图 12-25 所示的对话框。

02 单击【浏览】按钮，在弹出的对话框中选择要构成演示文档的图像，如果希望使用是已经打开的图像，可以选择【添加打开的文件】选项。如图 10-26 所示。

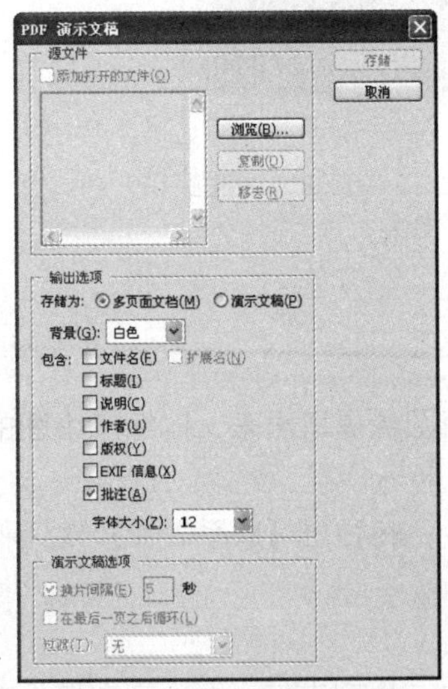

图 12-25　PDF 演示文稿对话框

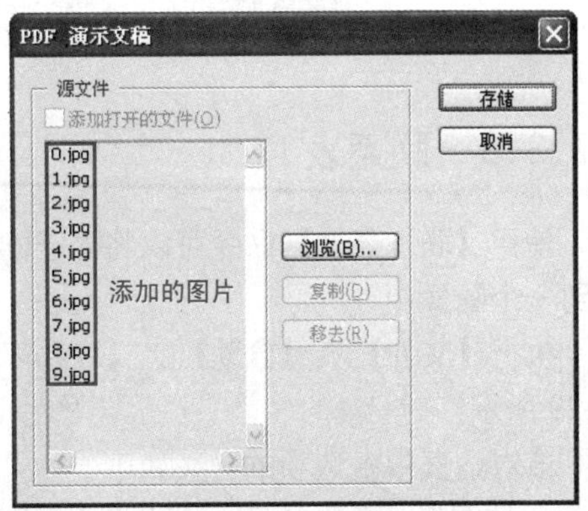

图 12-26　添加图片文件

03 选择好文件以后，单击【存储】按钮，在弹出的存储对话框中选择文件存储的文件名及位置，单击【存储】按钮以后，将弹出【存储 AdobePDF】对话框，如图10-27所示。

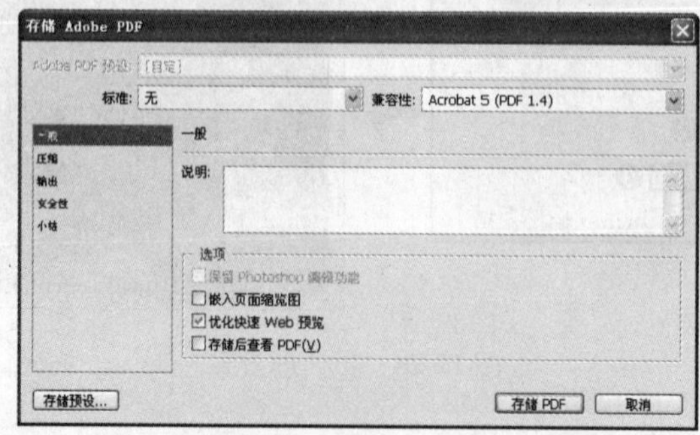

图12-27　存储PDF文件选项对话框

04 单击【存储PDF】按钮，Photoshop CS3将关闭此对话框并开始创建PDF演示文稿。

05 制作完成以后，生成的演示文稿在Adobe Reader软件中可以观看刚刚制作PDF文件。如图10-28所示。

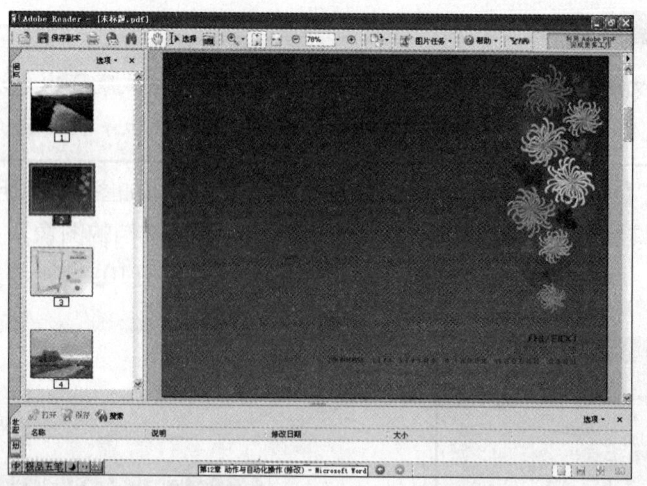

图12-28　制作好的PDF文件

12.3.3　联系表 II

使用【联系表Ⅱ】命令可以将处于同目录中的所有图像提取出来，以缩成小图的形式排放到一个图像中。

执行【文件】/【自动】/【联系表Ⅱ】菜单命令，将弹出【联系表Ⅱ】对话框，如图12-29所示。

该对话框中各选项的含义如下：

- 源图像：单击其后面文本框中的下拉箭头，弹出下拉列表框，在该列表框中可选择图片的来源，即选定需要进行相同的动作的图像文件。如果选择了文件夹，还须单击【浏览】按钮，在弹出的【浏览文件夹】对话框中进行选择。

- 文档：在该项中可设定新文件的宽度、高度、分辨率和色彩模式。还可选择是否“拼合所有图层”复选框。提取“缩览图”时，系统会自动建立新文件来存放缩小后的图像；排列图像时，还可自定排列的方向。
- 缩览图：在该项中可设定“缩览图”的行和列的数目，其变化范围在 1～100 之间。设定后的结果将显示在该对话框右侧的预览框中。

设置好后，单击【确定】按钮，Photoshop CS 将自动地从指定的目录中读出图像文件，缩小后整齐地排列到新文件中，效果如图 12-30 所示。

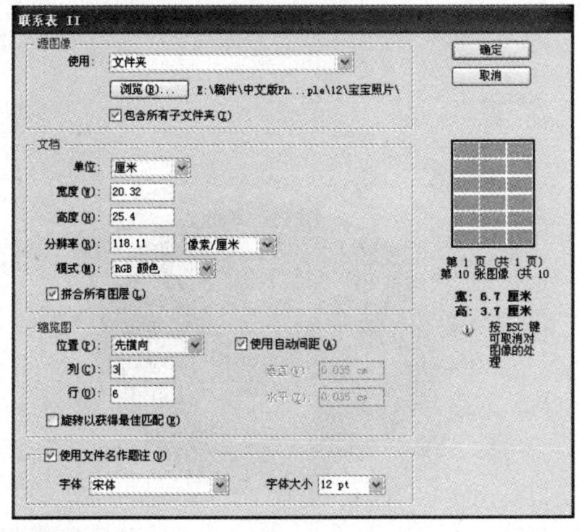

图 12-29　【联系表 II】对话框

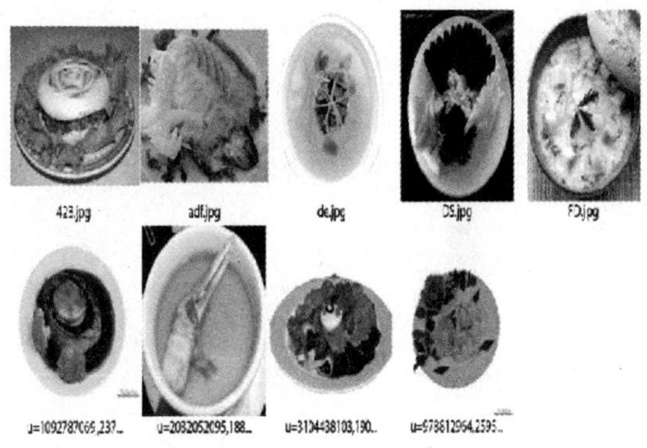

图 12-30　新文件

12.3.4　图片包

【图片包】命令可以将源图像的多个副本放在一个页面上，类似于证件照的排列方式，也可以将不同的图像放在页面中。

使用【图片包】对图像进行排版的操作步骤如下：

01 执行【文件】/【自动】/【图片包】菜单命令，将弹出如图 12-31 所示的【图片包】对话框。

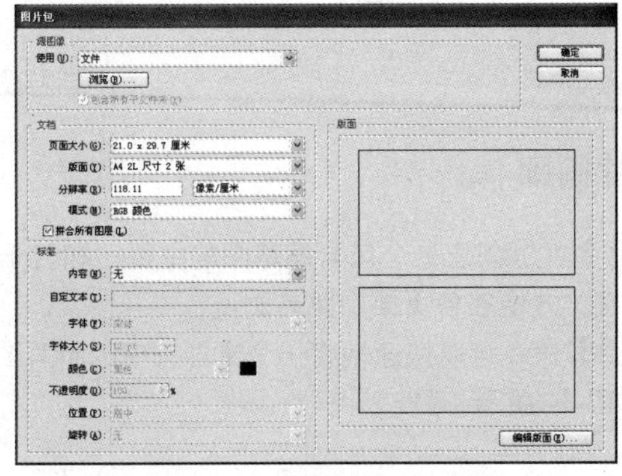

图 12-31　【图片包】对话框

02 用户可以通过以下方法向版面中添加图像文件。

- 在【图片包】对话框的"使用"下拉列表中选择图像的来源。
- 单击"版面"区域中的图像占位符，从弹出的对话框中选择一个图像文件。
- 直接从文件夹中将图像文件拖动到占位符中。

03 在【图片包】对话框的"文档"设置区域中设置图片包页面的大小、分辨率和颜色模式等参数，在"版面"下拉列表中选择版面效果，如图12-32所示。

04 单击【确定】按钮，Photoshop CS3自动将图片按预览界面中的排列方式生成图片包效果如图12-33所示。

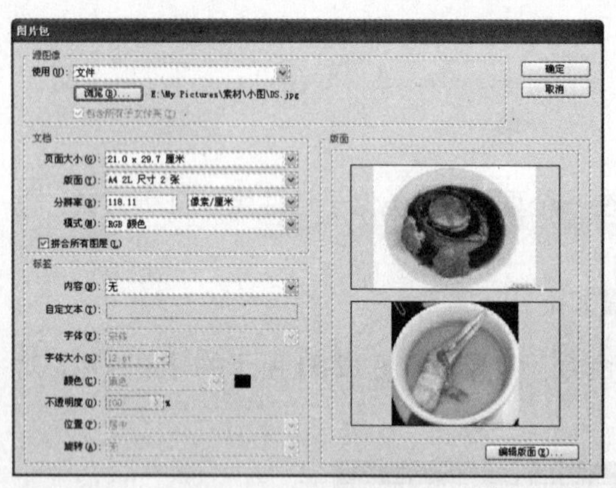

图12-32　设置文档属性

图12-33　图片包效果

12.3.5　Web照片画廊

【Web照片画廊】命令可以创建一个包含缩略图的主页，和若干完整大小图像的详细页面，每个页面都具有链接，方便在各页面中跳转浏览。

利用【Web照片画廊】命令可以快速地将一个文件夹中的所有图像，自动生成一个用于图像演示的站点，如图12-34所示。

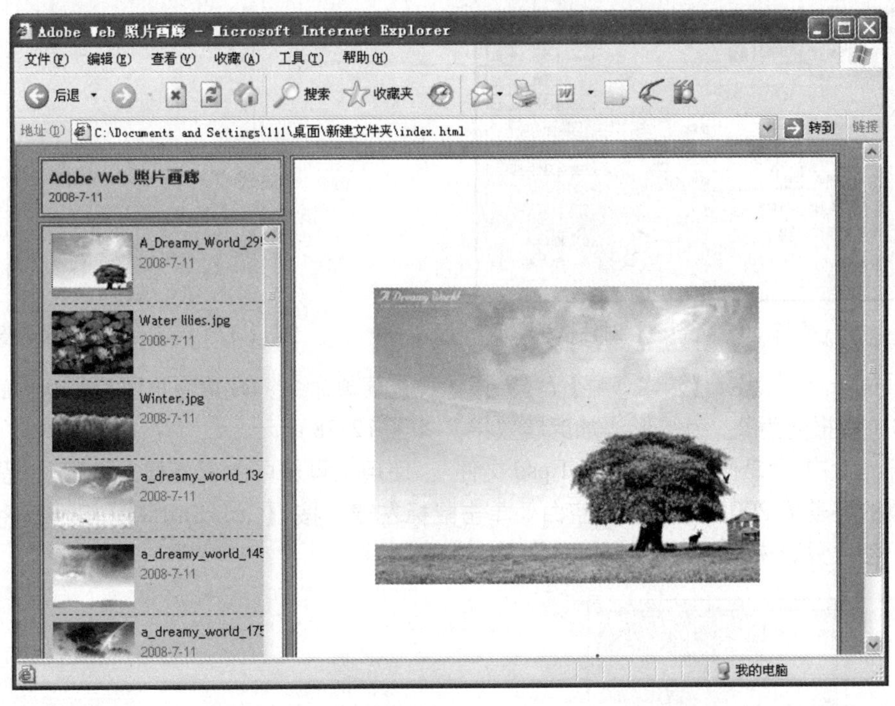

图 12-34　Web 照片画廊效果

12.4　现场练兵——【制作个人简历】

每到找工作的日子，大家都在忙着做自己的求职简历，在制作简历时不仅文才要好，而且"美工"也要好，可以设想如果精彩的文字再加上一个简洁漂亮的封面肯定会在众多的应聘者中脱颖而出，提高求职的成功率。下面我们就来为大家介绍如何使用 Photoshop 来设计一个简洁简历封面，如图 12-35 所示。

图 12-35　最终效果

操作步骤：

01 范区在 Photoshop CS3 环境中，首先执行【文件】/【新建】菜单命令，新建一个背景为白色的文件，如图 12-36 所示。

02 新建一个图层，设置前景色为灰色"#cccccc"，然后执行【滤镜】/【渲染】/【云彩】菜单命令，如图 12-37 所示。

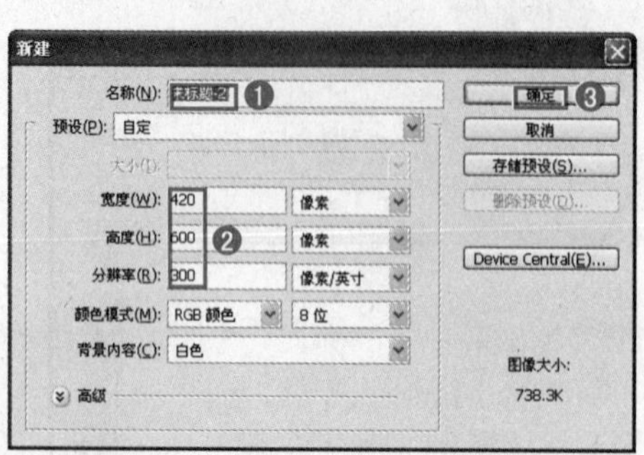

图 12-36 【新建】对话框

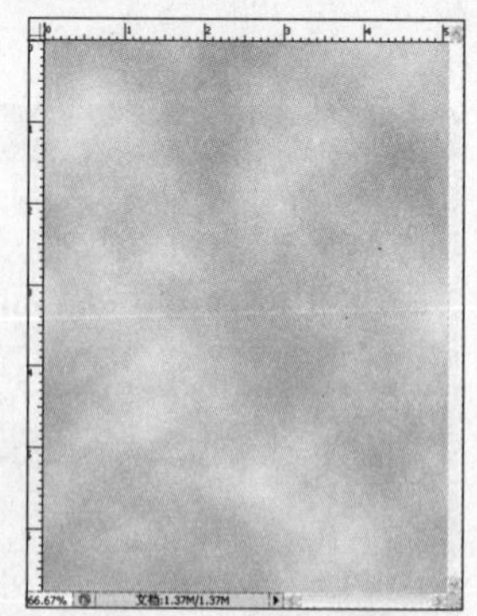

图 12-37 为图形添加云彩效果

03 然后执行【滤镜】/【艺术效果】/【海报边缘】菜单命令，设置海报厚度为 0，海报边缘为 3，海报化为 2，为图形添加滤镜效果。如图 12-38 所示。

04 打开光盘中"12\个人简历素材 1.psd 文件"，使用工具箱中的【魔棒工具】，设置魔棒工具的容差为 200，在图形的空白处单击鼠标左键，按【Ctrl+Shift+I】组合键将图形反选，使之只选中文字部分，如图 12-39 所示。

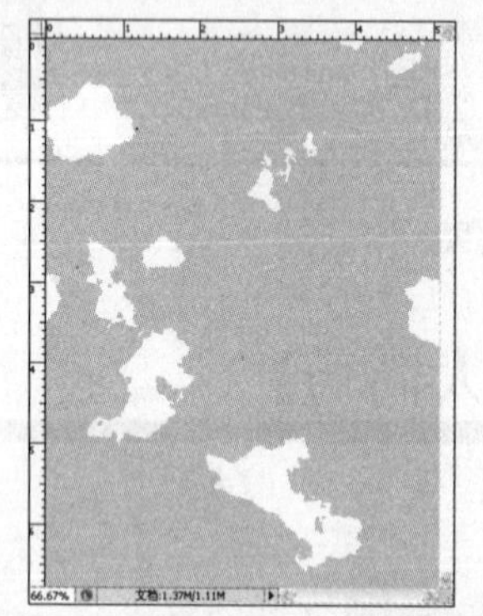

图 12-38 为图形添加海报边缘效果

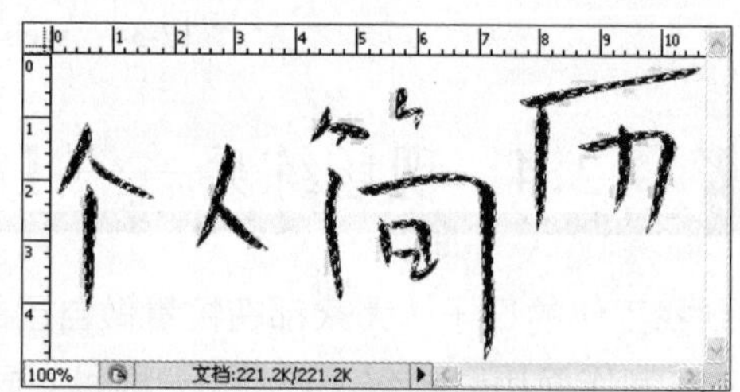

图 12-39 使用魔棒工具对文字部分进行选择

05 选择工具箱中的【移动工具】，将选中的文字部分移动另外的图形上，如图 12-40 所示。

06 打开光盘中"12\个人简历素材 2.psd 文件"使用工具箱中的【移动工具】，将图形移动到图形上，如图 12-41 所示。

图 12-40 对选中的内容进行移动

图 12-41 移动好的图形

07 选择工具箱中的【文字工具】，在图形中输入个人简历的文字内容，如图 12-42 所示。

08 选择工具箱中的【自定义形状工具】，选中左脚形状的图形，在图形中画出大小不等的脚印，如图 12-43 所示。

图 12-42 输入文字内容

图 12-43 画出的自定义图形

09 至此，制作的个人简历封面已完成，按【Ctrl+S】组合键保存。

12.5 疑难解答

问 1：为什么创建动作后，当将其应用到其他图像时得不到理想的效果呢？

答：这是因为图像的分辨率和尺寸不同的原因而造成的。

问 2：对图像进行【批处理】时，如何才能停止呢？

答：直接按【Esc】键即可停止操作。

12.6 上机指导——【绘制折扇】

实例效果如图 12-44 所示。

操作提示：

01 结合【矩形选区工具】绘制折扇的一部分。

02 创建新动作，然后复制和调整绘制的这一部分，然后重复应用所录制的动作。

图 12-44 绘制折扇

12.7 习题

一、填空题

（1）____________可以将一并扫描的多张照片分割成单独的图像文件。

（2）使用____________命令可以将处于同目录中的所有图像提取出来，以缩成小图的形式排放到一个图像中。

（3）在制作PDF演示文稿时，可以将PDF文档输出为____________和____________两种类型。

二、选择题

（1）打开动作面板的快捷键是（ ）。

A．【F6】 B．【Ctrl+F4】 C．【F9】 D．【Ctrl+Q】

（2）在动作面板中，当切换项目开／关按钮✔呈红色显示时，它表示该文件夹中的（ ）不可以执行。

A．默认动作 B．部分动作 C．所有动作 D．创建的新动作

（3）如果图标▭呈红色显示，表示文件夹中只有部分动作或者命令设定了（ ）对话框。

A．锁定 B．还原 C．暂停 D．新建

（4）当需要改变执行动作时的速度时，就应该在动作面板的选项菜单中执行（ ）命令。

A．复位动作 B．回放选项 C．替换动作 D．再次记录

（5）当执行【批处理】命令进行批处理时，如果要中止，按（ ）键即可。

A．【Delete】 B．【Esc】 C．【Enter】 D．【Tab】

第 13 章 图像处理与文字特效实例

Photoshop 是一款图形图像处理软件，因此对图像进行处理和调整尤其重要。本章将通过对普通图片转换为水彩画、化妆品广告、3D 晶体球、铜牌文字效果、电脑培训宣传单、DVD 封面、画展海报等实例的制作，巩固前面所学的知识方法。

13.1 将普通图片转换为水彩画

看着一张普通的照片，不知所措，删除可惜，留下无用。下面介绍将一张照片制作成一幅漂亮的水彩画。本实例主要是用Photoshop CS3的滤镜和图层样式的功能。

本实例的操作主要分为四个环节：褪色处理、制作刮痕效果和边缘磨损效果、最终效果图调整，效果如图13-1所示。

具体操作步骤如下：

01 执行【文件】/【打开】菜单命令，打开光盘中“13\水彩画效果素材.psd”文件，如图13-2所示。

图13-1　图片最终的效果

图13-2　打开照片

02 按【Ctrl+J】组合键或单击鼠标右键背影图层，在弹出的快捷菜单中执行【复制图层】命令，复制两个背景副本层，如图13-3所示。

03 执行【编辑】/【调整】/【反向】菜单命令，或直接按【Ctrl+I】组合键，对图形进行反向，如图13-4所示。

图13-3　复制的图层

图13-4　反向后的效果

04 单击“图层1副本”，将此图层的图层模式设置为“颜色减淡”，效果如图13-5所示。

05 执行【滤镜】/【其他】/【最小值】菜单命令，在弹出的【最小值】对话框架中设置“半径”为2像素，如图13-6所示。

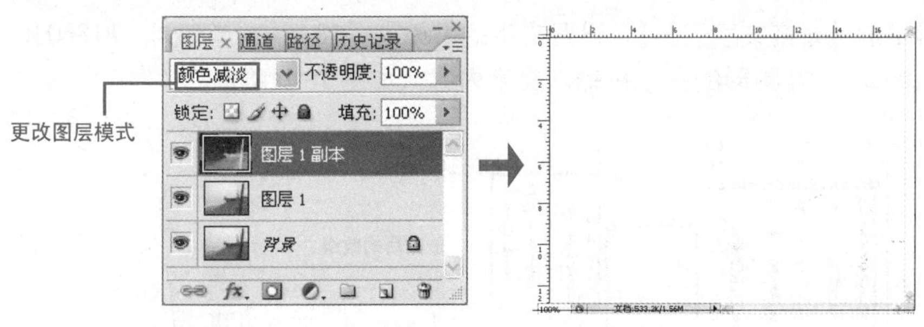

图 13-5　更改图层的模式

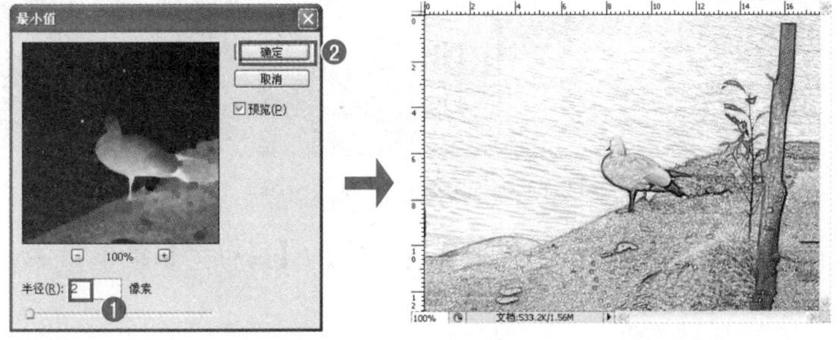

图 13-6　最小值效果

06 按【Ctrl】键选中“图层 1”和“图层 1 副本”，并单击鼠标右键，在弹出的快捷菜单中执行【合并图层】命令，将两个图层合并为一个图层，如图 13-7 所示。

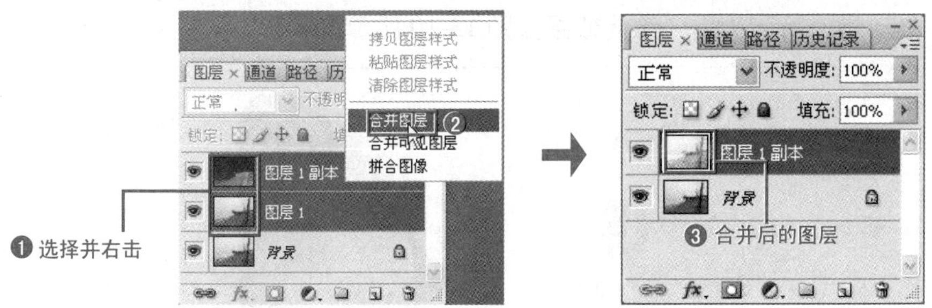

图 13-7　合并图层

07 执行【滤镜】/【艺术效果】/【木刻】菜单命令，在弹出的【木刻】对话框中设置“色阶数”为 8，“边缘简化度”为 0，“边缘逼真度为”为 2，如图 13-8 所示。

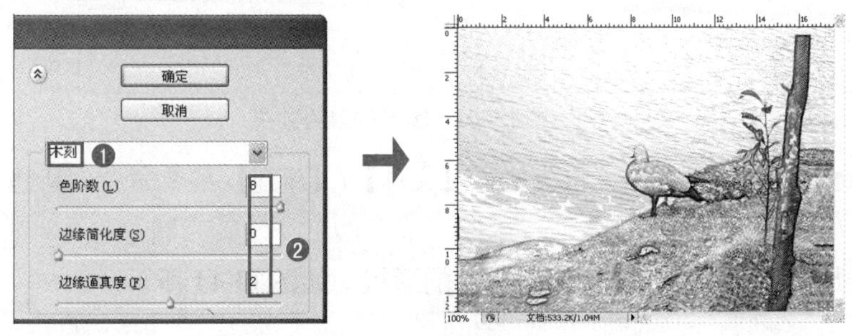

图 13-8　执行木刻效果

08 选择工具箱中的【直排文字工具】，设置文字的大小为“18点”，颜色为“#18603f”，字体为“方正舒体”，在图形的左上角输入文字内容，如图13-9所示。

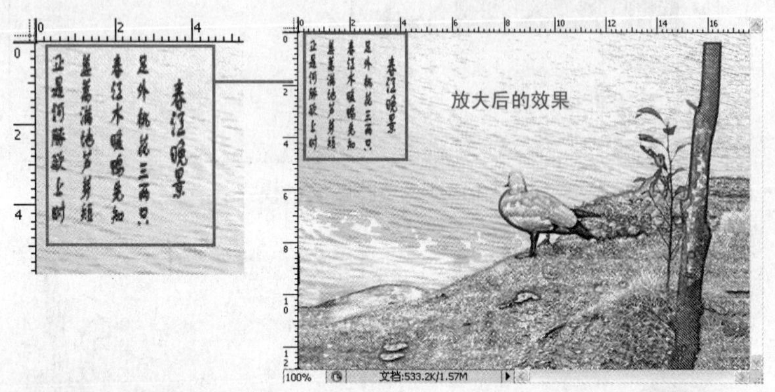

图13-9　在图形上输入文字

09 至此，制作的水彩画效果制作完成，执行【文件】/【另存为】菜单命令，将其另存为“水彩画.psd”文件。

13.2　制作化妆品广告

使用Photoshop绘制清爽的化妆品广告，主要运用了圆角矩形工具、渐变、加深和模糊工具以及变形工具，操作简洁实用，最终效果如图13-10所示。

图13-10　图形的最终效果

01 在Photoshop CS3环境中，首先执行【文件】/【新建】菜单命令，新建一个背景为白色的“化妆品广告”文件。

02 选择【圆角矩形】工具，画出瓶身的形状，如图13-11所示。

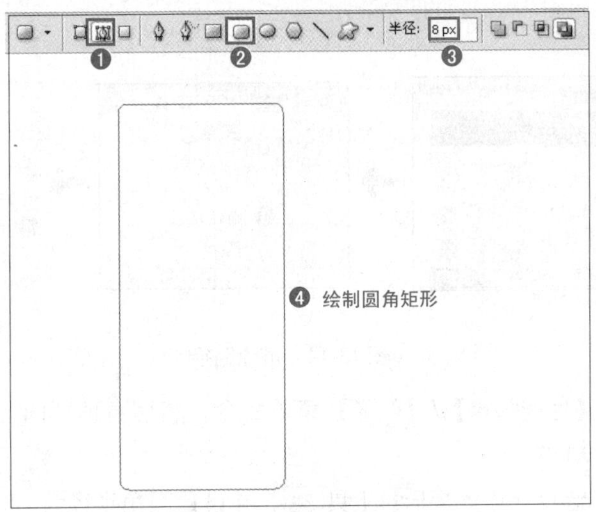

图 13-11 绘制的圆角矩形

03 在【路径】面板中单击【将路径作为选区载入】，此时所绘制的圆角矩形呈虚线状显示，如图 13-12 所示。

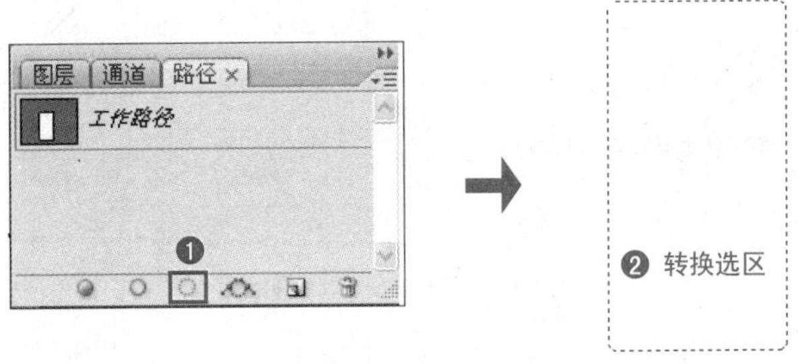

图 13-12 将绘制的路径作为选区

04 选择【渐变工具】，在【属性】栏中设置“线性”渐变，并在【颜色】面板中设置填充颜色，编辑渐变颜色，然后按【Shift】键在矩形上从左至右拖动，如图 13-13 所示。

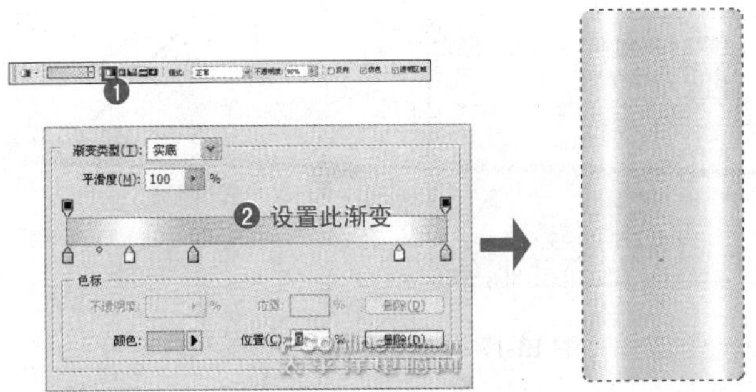

图 13-13 进行渐变填充

05 在【路径】选项卡中将路径删除，则视图中的圆角矩形也将删除，如图 13-14 所示。

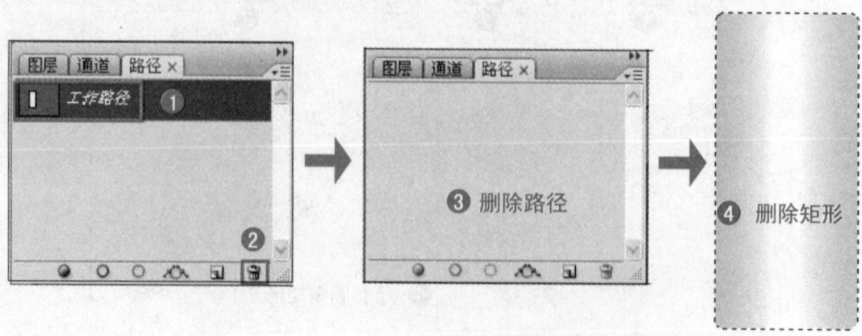

图 13-14　删除路径

06 执行【编辑】/【变换路径】/【变形】菜单命令，将瓶身顶部向上拉一点，使之呈弧形状，如图 13-15 所示。

07 建立新的图层，选择【圆角矩形】工具，并设置圆角半径为“8px”，在瓶身顶部画一个小矩形，如图 13-16 所示。

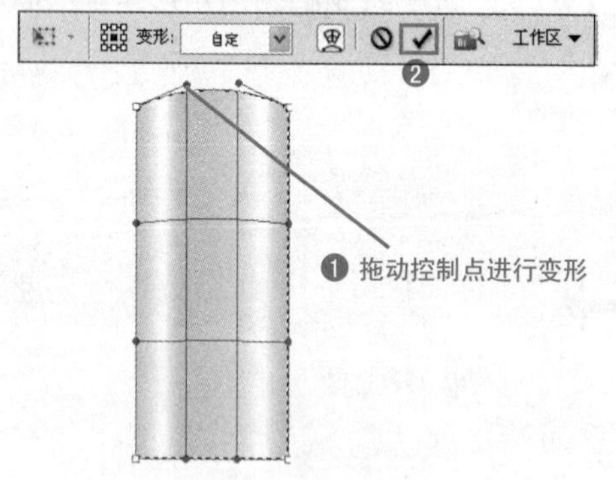

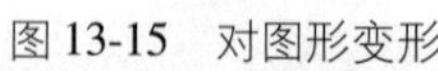
图 13-15　对图形变形

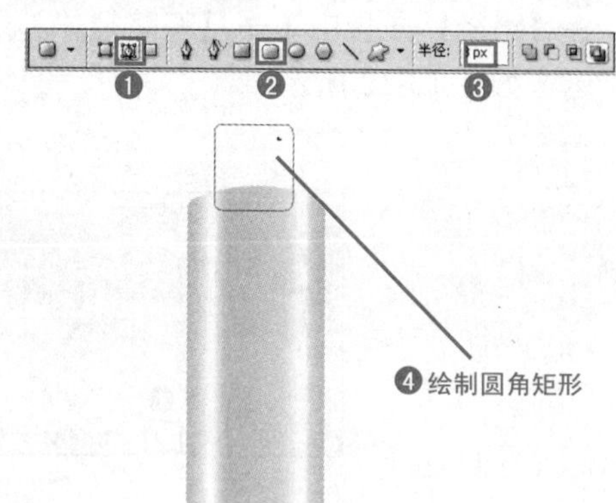

图 13-16　绘制的圆角矩形

08 在【路径】选项卡中单击【将路径作为选区载入】，此时所绘制的圆角矩形呈虚线状显示，如图 13-17 所示。

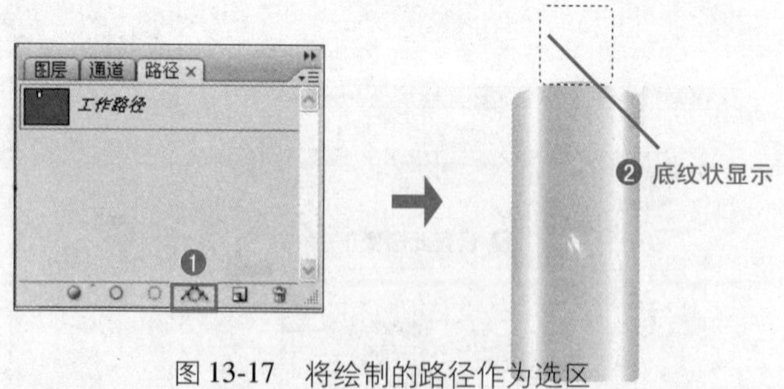

图 13-17　将绘制的路径作为选区

09 选择【渐变工具】，设置填充颜色（R=76,G=141,B=203）编辑渐变颜色，对瓶盖进行填充，如图 13-18 所示。

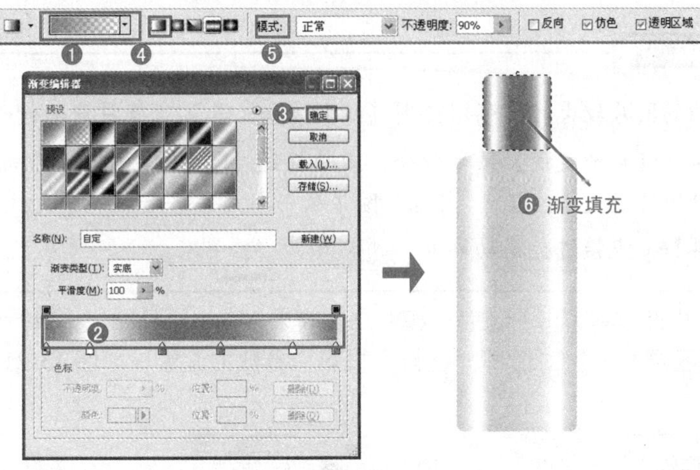

图 13-18　对瓶盖填充颜色

10 执行【编辑】/【变换】/【变形】菜单命令，在瓶盖顶部向上拉一点使成弧形，如图 13-19 所示。

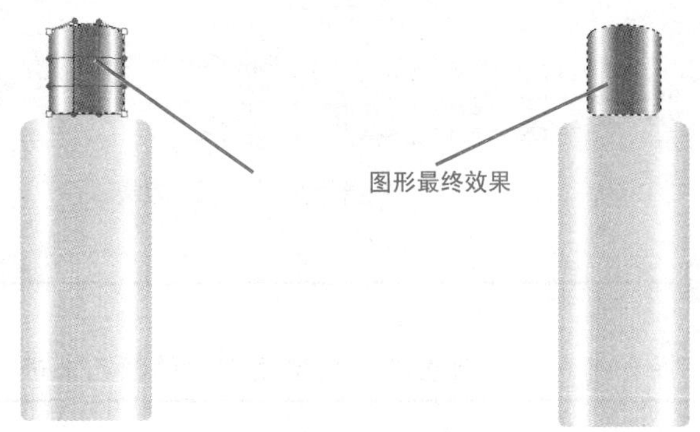

图 13-19　图片变形后的效果

11 按【Ctrl+T】组合键取消选择，执行【文件】/【打开】菜单命令，将光盘中 "13\ 标志 jpg" 文件打开，使用【魔棒工具】在黑色的线条上单击，以选中整个黑色图标。然后执行【选择】/【选取相似】菜单命令，将选中的素材图片移动到瓶子当中，并调整图片的大小，如图 13-20 所示。

图 13-20　将图片移动到瓶身

技　巧

当移动的图片较大时，可以使用【矩形选择工具】将图片进行选中，然后右击，执行【自由变换】菜单命令，或快捷键【Ctrl+T】组合键，拖动控制点即可调整图片的大小。当将“标志”图片从一个文件移至另一个文件时，使用【移动工具】直接进行拖动即可。

12 为了让图片更加真实，可以给它加上立体效果。右击瓶身图层，执行【混合选项】命令，将弹出【图层样式】对话框，进行“投影”参数的设置，如图13-21所示。

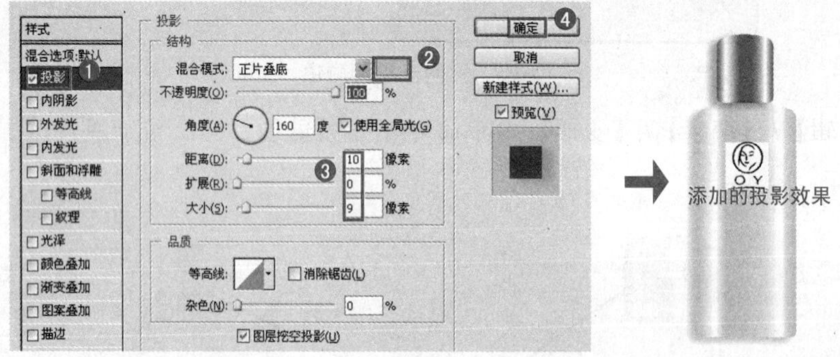

图13-21　为瓶身添加“投影”效果

技　巧

用户在设置“混合模式”的颜色时，应按照瓶身的颜色来进行设置。

13 同样选择瓶盖图层并右击，执行【混合选项】菜单命令，将弹出【图层样式】对话框，进行“投影”参数的设置，如图13-22所示。

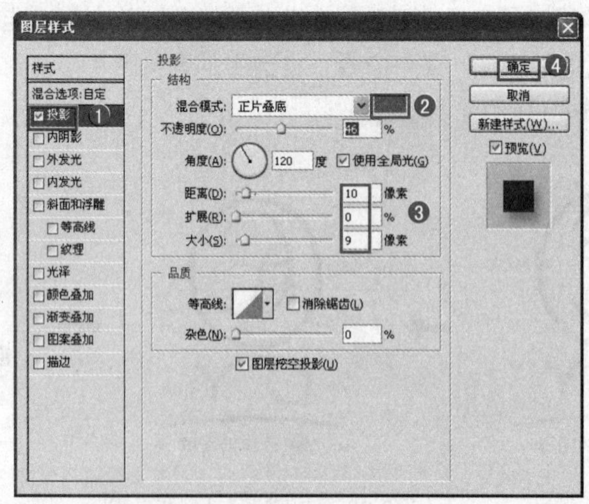

图13-22　为瓶盖添加“投影”效果

14 按【Ctrl】键选中“瓶身”、“瓶盖”和“标志”三个图层，打开光盘中“13\海报.jpg”文件，选取工具箱中的【移动工具】，将图形移动到海报图形上，其效果如图13-23所示。

图13-23　移动图形

15 到目前为止，一瓶化妆品就绘制完成了，按【Ctrl+S】组合键将其进行保存。

13.3　制作3D晶体球

Photoshop CS3里面自带许多滤镜，在各个领域应用得也非常广泛，更能做出意想不到的效果，本实例巧妙地应用滤镜效果，做出了一个很酷的三维晶体球，最终效果如图13-24所示。

其具体操作步骤如下：

01 首先启动Photoshop CS3，设置背景色为黑色，执行【文件】/【新建】菜单命令，新建一个背景为黑色的“3D晶体球.psd”文件，如图13-25所示。

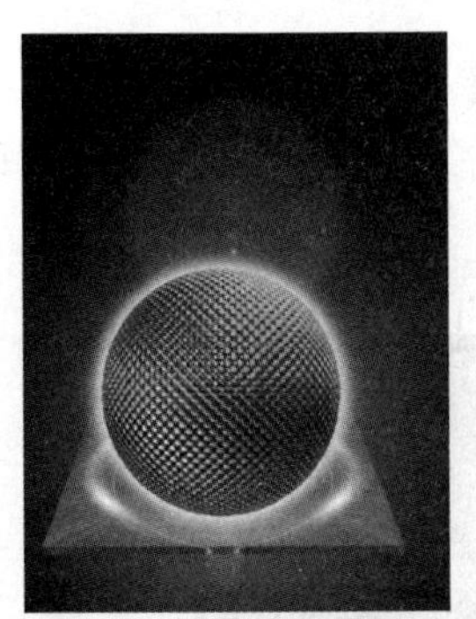

图13-24　最终完成的效果图

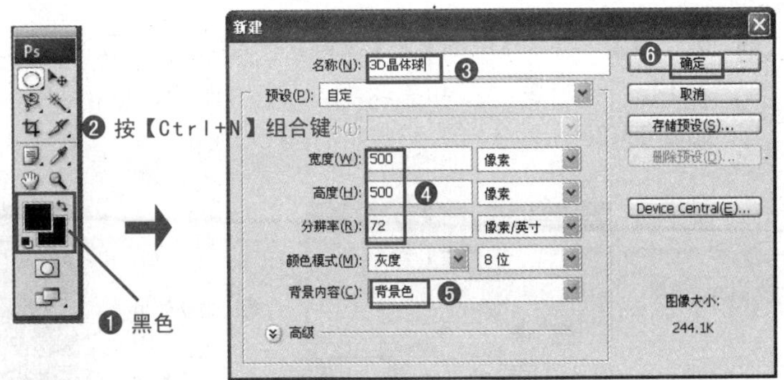

图13-25　设置背景色并新建文件

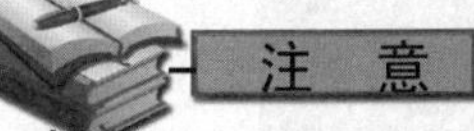

注　意

在绘制图形之前，用户一定要先设置好背景色，然后再新建文件。

02 执行【滤镜】/【渲染】/【镜头光晕】菜单命令，将弹出【镜头光晕】对话框，设置"亮度"为141，选择【105毫米聚焦】单选按钮，然后单击【确定】按钮，如图13-26所示。

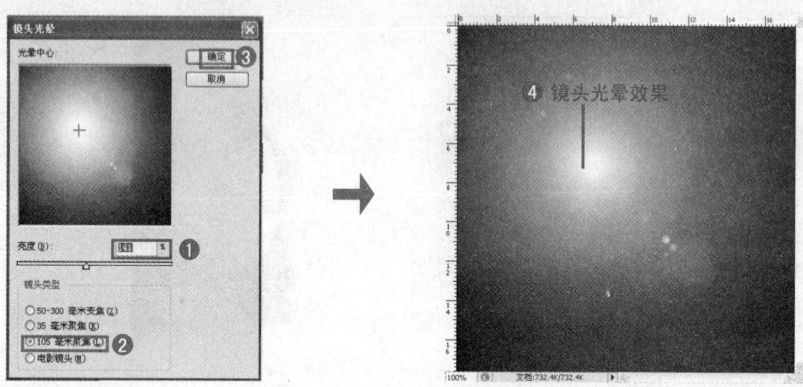

图13-26 添加的"镜头光晕"效果

03 执行【滤镜】/【扭曲】/【极坐标】菜单命令，在弹出的【极坐标】对话框中选择【平面坐标到极坐标】选项，然后单击【确定】按钮，如图13-27所示。

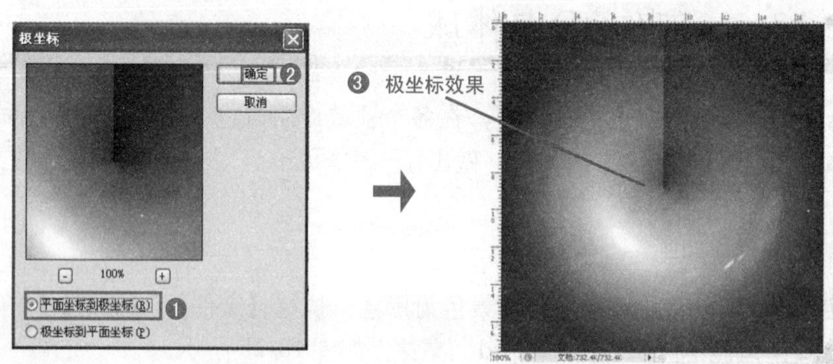

图13-27 添加的"极坐标"效果

04 执行【滤镜】/【扭曲】/【玻璃】菜单命令，在弹出的【玻璃】对话框中设置"扭曲度"为12，"平滑度"为1，"纹理"为"小镜头"，"缩放"为58%，然后单击【确定】按钮，如图13-28所示。

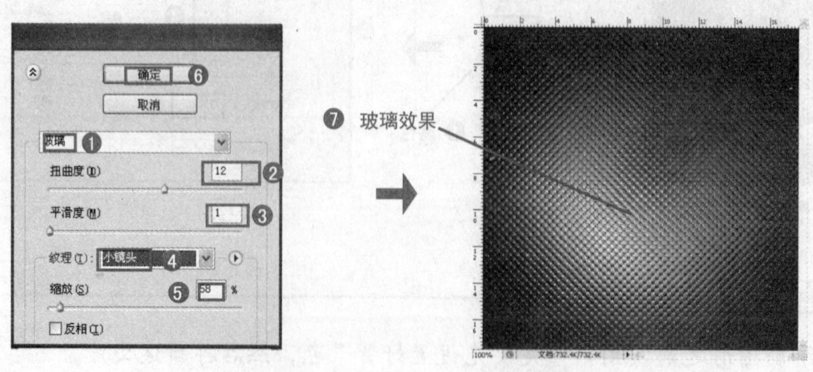

图13-28 为图形添加"玻璃"效果

05 用【椭圆选择工具】选择一个正圆区域，执行【滤镜】/【扭曲】/【球面化】菜单命令，并设置数量为 88%，如图 13-29 所示。

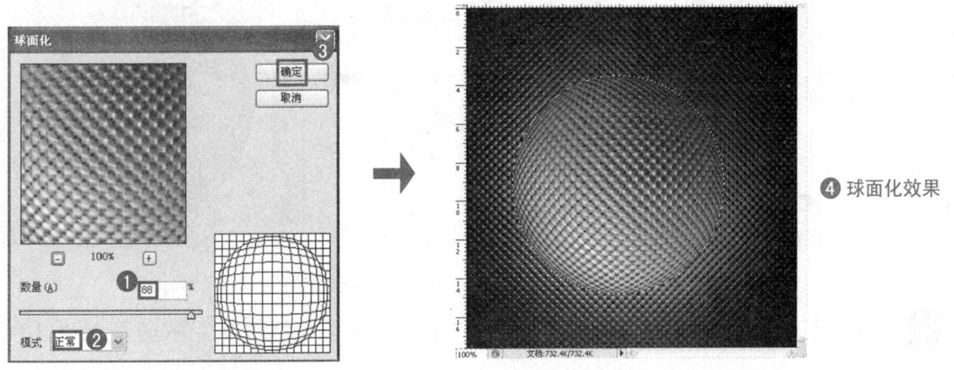

图 13-29　选中图形并添加“球面化”效果

06 按【Ctrl+J】组合键将选择的区域复制为一个新的图层，如图 13-30 所示。

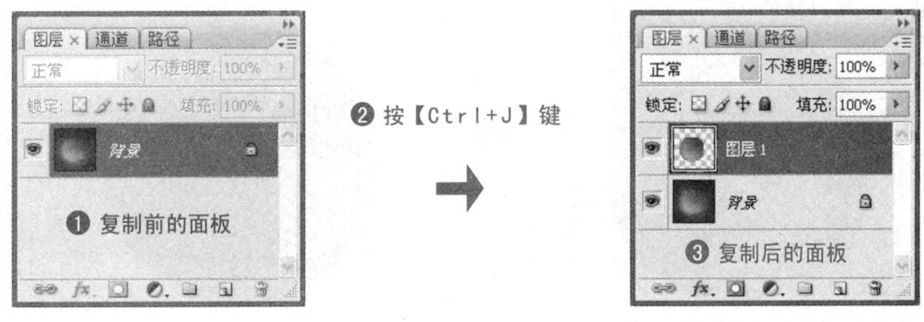

图 13-30　复制的图层

07 按【Ctrl+Alt+Shift+~】组合键载入复合通道选区，按【Ctrl+Shift+I】组合键将选区反选，然后按【Ctrl+J】组合键复制为一个新的图层，按【Ctrl+I】组合键将该图层反相，设置图层 2 的“图层混合模式”为“差值”，如图 13-31 所示。

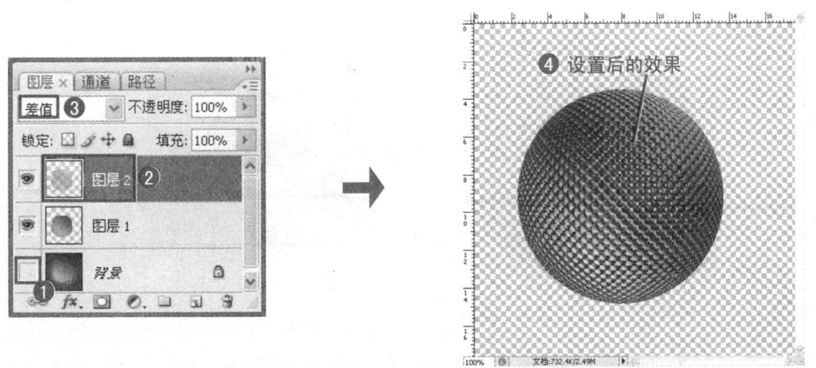

图 13-31　设置后的效果

08 单击鼠标右键“图层 2”，在弹出的快捷菜单中执行【混合选项】命令，将弹出【图层样式】对话框，进行“渐变叠加”参数的设置，如图 13-32 所示。

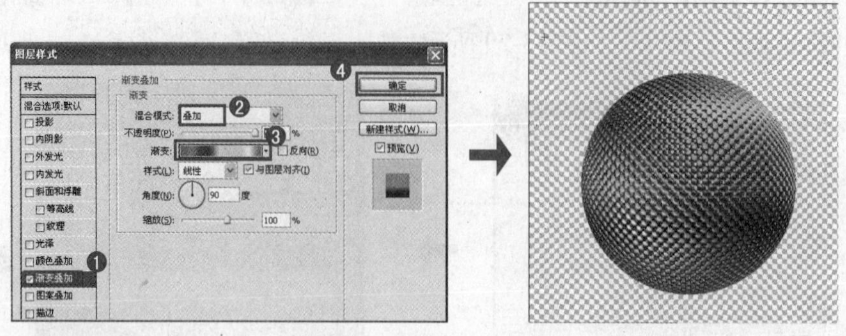

图 13-32　设置图层混合模式

09 选择【油漆桶工具】，在图形的空白区域单击，其填充后的效果如图 13-33 所示。

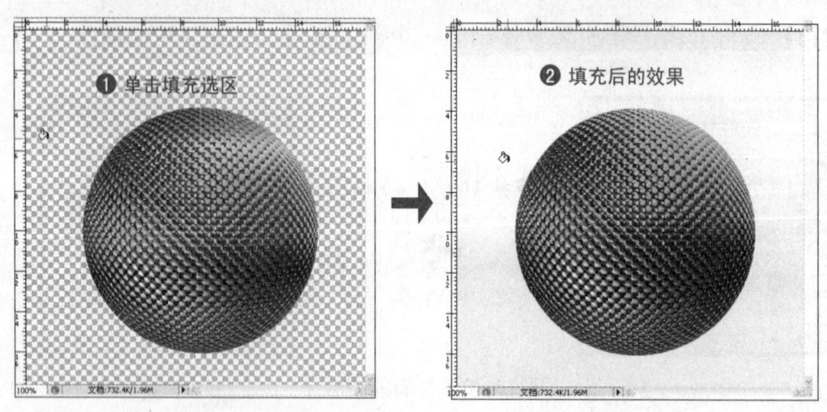

图 13-33　为图片添加“油漆桶”效果

10 执行【图层】/【合并可见图层】菜单命令，或直接按【Ctrl+Shift+E】组合键，将所有的图层合并成一个图层，如图 13-34 所示。

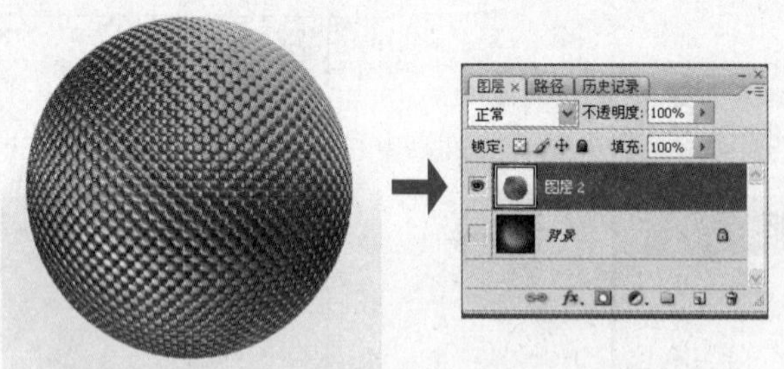

图 13-34　合并可见图层

11 选择工具箱中的【椭圆选框工具】，将晶体球部分选中，执行【修改】/【羽化】菜单命令，或直接按【Alt+Ctrl+D】组合键打开【羽化】对话框，设置羽化半径“10”像素，然后在光盘中打开“13\3D 晶体球素材.psd”文件，选择工具箱中的【移动工具】，将选中的晶体球移动到素材文件上，如图 13-35 所示。

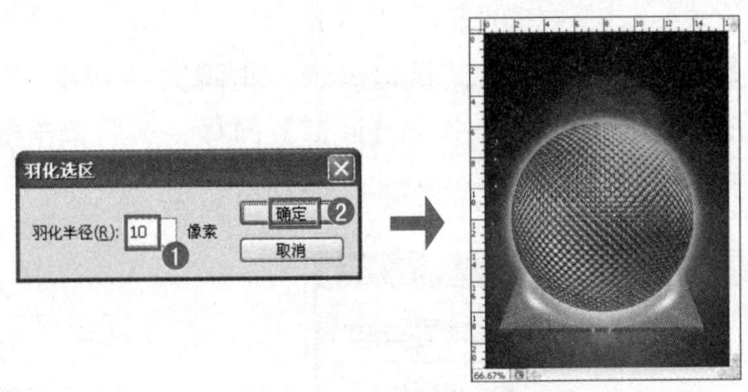

图 13-35　羽化并移动图形

12 此时发现晶体球图形太大了，执行【编辑】/【自由变换】菜单命令，或直接按键盘上的【Ctrl+T】组合键，对图形进行调整，如图 13-36 所示。

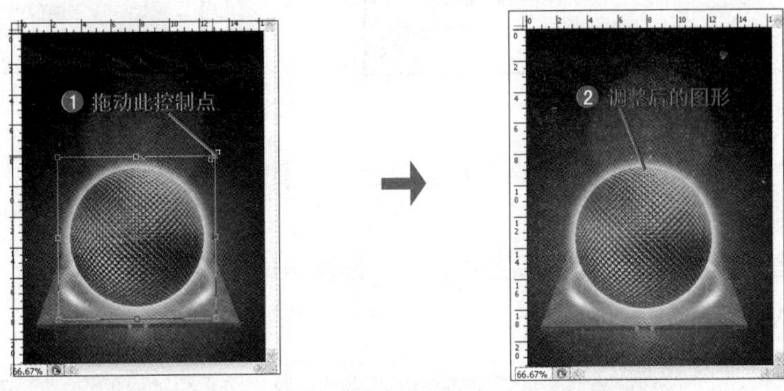

图 13-36　调整图形的大小

13 至此，酷炫晶体球效果已制作完成，按【Ctrl+S】组合键进行保存。

13.4　制作铜牌文字特效

在制作本实例时，运用了【通道】面板、滤镜命令及文本工具，制作出铜板文字的效果，如图 13-37 所示。

图 13-37　最终效果

其操作步骤如下：

01 执行【文件】/【新建】菜单命令，新建一个“铜牌文字.psd”文件，如图 13-38 所示。

02 执行【窗口】/【通道】菜单命令，弹出【通道】面板，然后单击按钮新建一个 Alpha 通道，如图 13-39 所示。

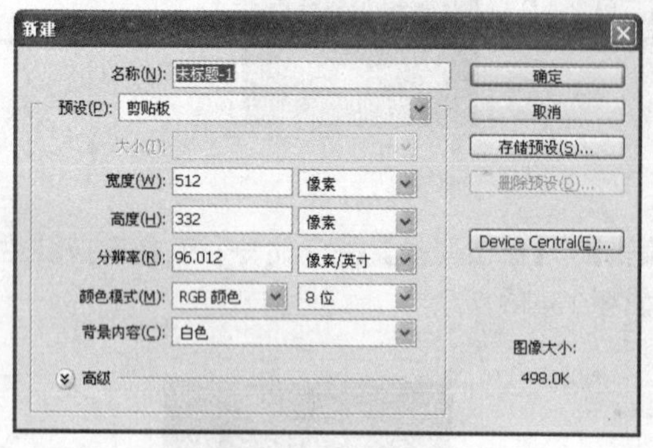

图 13-38 新建空白的文件

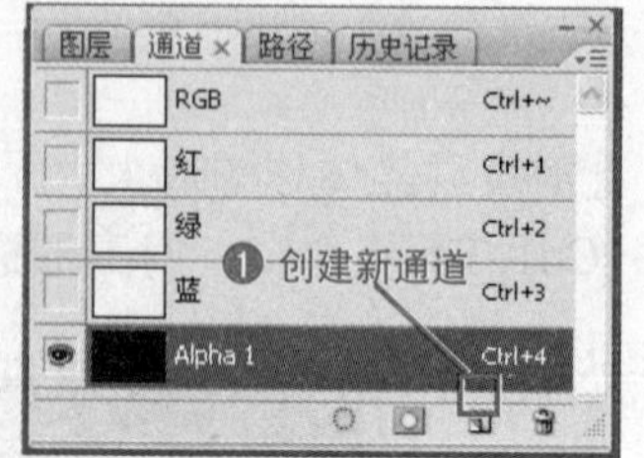

图 13-39 创建新通道

03 执行【滤镜】/【杂色】/【添加杂色】菜单命令，设置数量为“400”，分布方式为“高斯分布”，如图 13-40 所示。

04 选择工具箱中的【直排文字蒙版工具】，设置字体为“黑体”，大小为“85 点”，并在图形中输入文字，如图 13-41 所示。

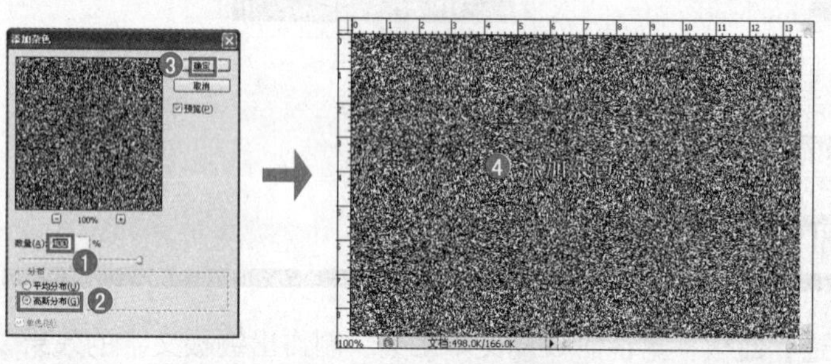

图 13-40 为图形添加杂色

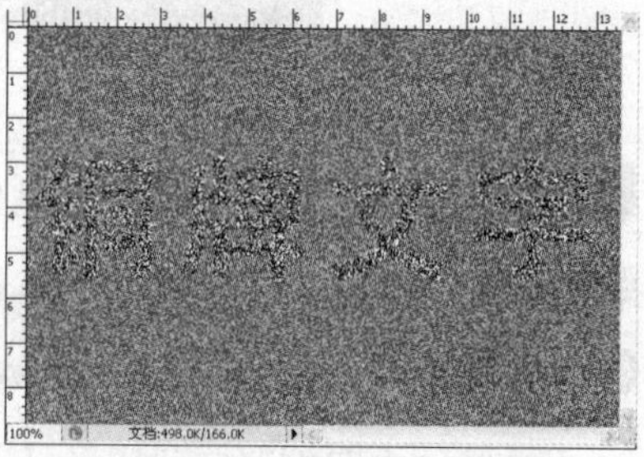

图 13-41 在图形中输入文字

05 执行【编辑】/【填充】菜单命令，或直接按【Shift+F5】组合键为图形填充白色，如图 13-42 所示。

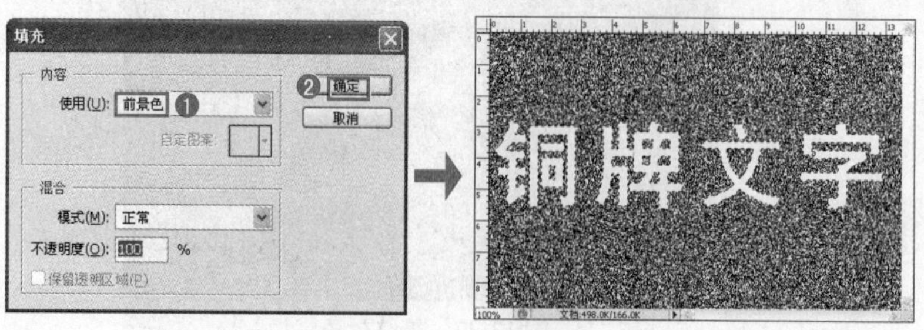

图 13-42 为文字填充颜色

06 按【Ctrl+D】组合键取消选择，使用【矩形选框工具】选中图形的一部分，然后执行【编辑】/【描边】菜单命令，在矩形内部描上10px的白边，如图13-43所示。

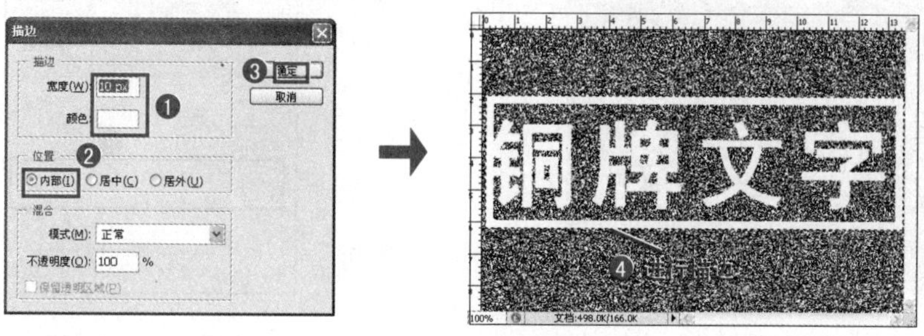

图13-43　描边效果

07 按【Ctrl+D】组合键取消选择，回到图形的RGB通道，并隐藏"Alpha"通道，此时画面一片空白，如图13-44所示。

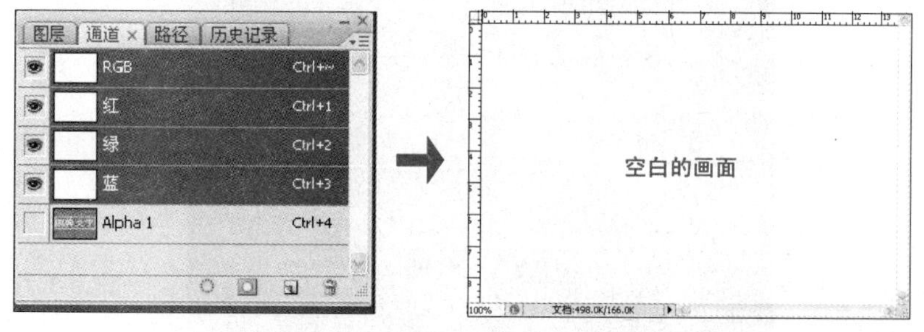

图13-44　隐藏Alpha回到RGB通道

08 双击"背景"图层，将其转换为"图层0"，且该图层已取消锁定。执行【滤镜】/【渲染】/【光照效果】菜单命令，在弹出的【光照效果】对话框中设置如下参数，如图13-45所示。

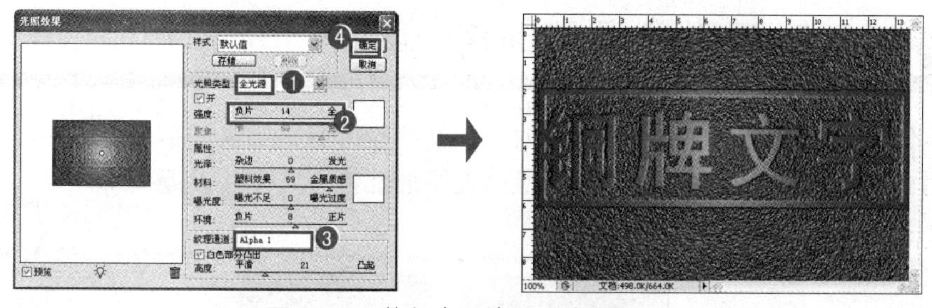

图13-45　执行光照效果后的图形

09 执行【滤镜】/【锐化】/【锐化】菜单命令三次，使图像看起来有锐利的感觉，如图13-46所示。

10 选择【渐变工具】，设置前景色为"#feff99"，背景色为"#fcb79a"，对渐变进行编辑，并设置渐变方式为"角度渐变"，如图13-47所示。

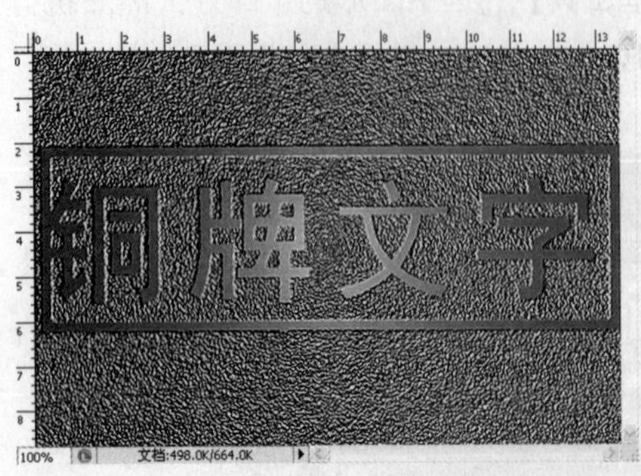

图 13-46　锐化后的文字

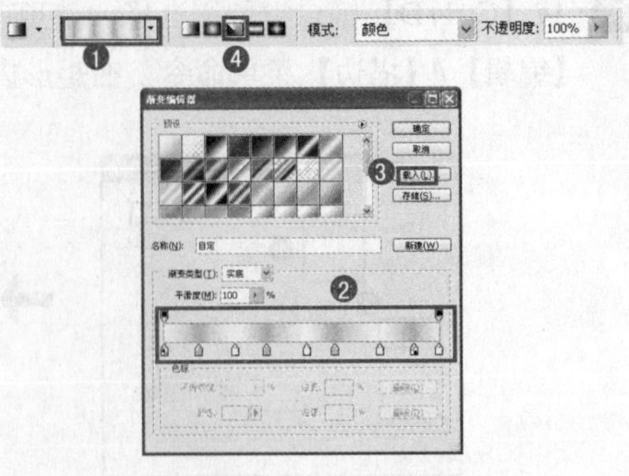

图 13-47　编辑渐变颜色

11 设置好颜色以后，就可以在图形上拖出渐变的区域，如图 13-48 所示。

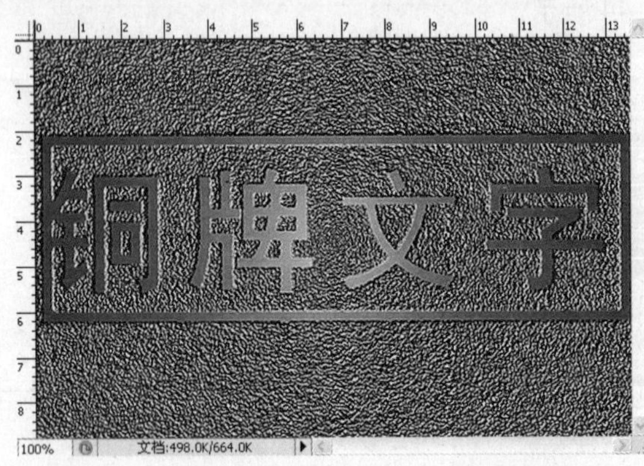

图 13-48　对图形进行渐变

12 至此，制作的铜牌文字已经完成，按【Ctrl+S】组合键对其文件进行保存。

13.5　制作电脑培训宣传单

本实例将首先制作黑白相离的黑白效果，使用矩形选框工具和钢笔工具在图形中绘制图形，然后再为图形加上一些渐变效果，最后在图形上输入文字并设置文字样式，最终效果如图 13-49 所示。

图 13-49　最终效果

其操作步骤如下：

01 执行【文件】/【新建】菜单命令，新建一个大小为 640 × 480，分辨率为 150 像素的图像文件，如图 13-50 所示。

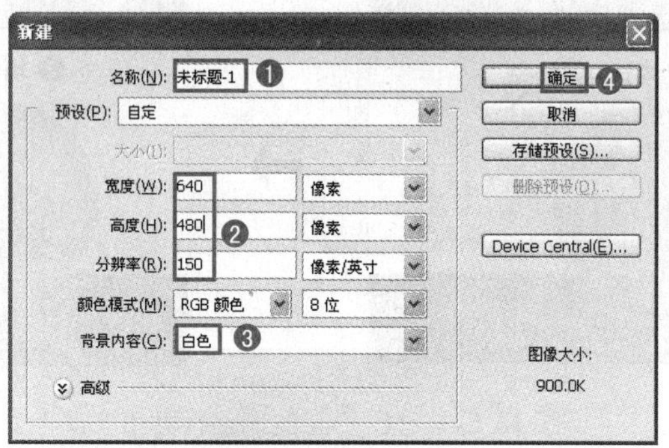

图 13-50　新建空白的文件

02 按【D】键恢复前景色和背景色，创建一个新的图层，按【Ctrl+Delete】组合键为新建的图层填充黑色，如图 13-51 所示。

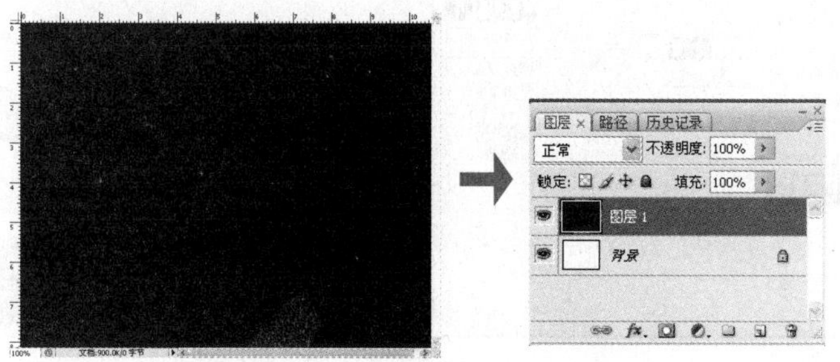

图 13-51　创建新的图层并填充黑色

03 创建一个新的“图层 2”，使用【矩形选框工具】在图形中绘制矩形选区，按【Ctrl+Delete】组合键，为选中的区域填充白色，按【Ctrl+D】组合键取消选择，如图 13-52 所示。

04 创建一个新的“图层 3”，并设置前景色为红色（#da251c），选择工具箱中的【椭圆选框工具】，按【Shift】键在图形上绘制一个正圆选区，按【Alt+Delete】组合键为图形填充红色，如图 13-53 所示。

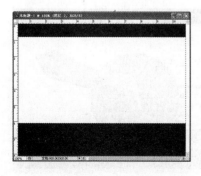

图 13-52　为选中的区域填充白色

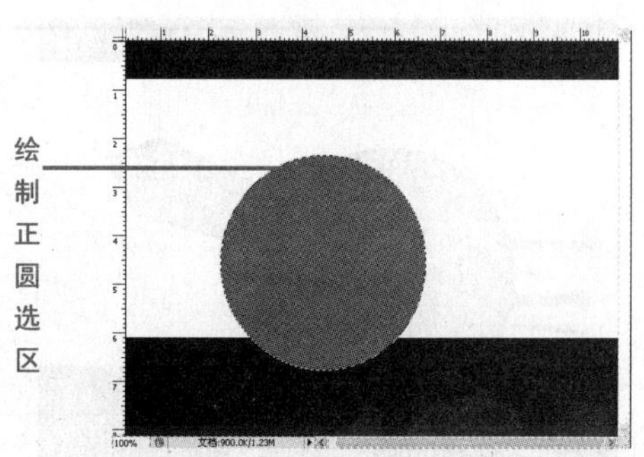

图 13-53　在选中的图形填充红色

05 创建一个新的“图层4”，选择工具箱中的【钢笔工具】，设置钢笔工具的方式为“路径”，在图形上绘制一个似箭头形状的图形，按键盘上的【Ctrl+Enter】组合键将选择的路径转换为选区，并按【Ctrl+Delete】组合键为图形填充颜色，如图13-54所示。

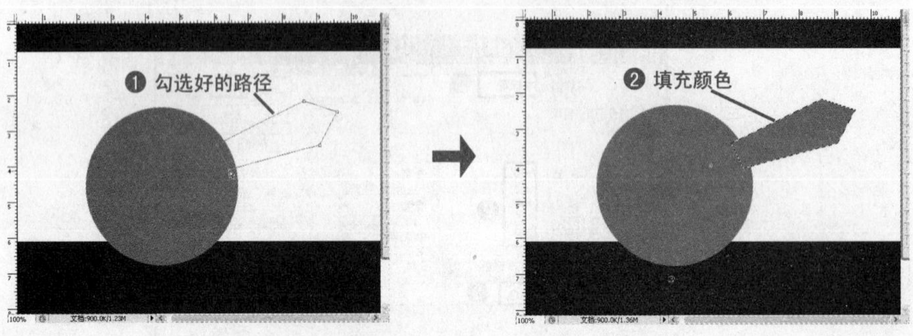

图13-54　在图形上绘制路径并填充颜色

06 双击“图层3”，在弹出的【图层样式】对话框中设置选择“描边”效果，设置描边的大小为“5”像素，颜色设置为“黑色”，如图13-55所示。

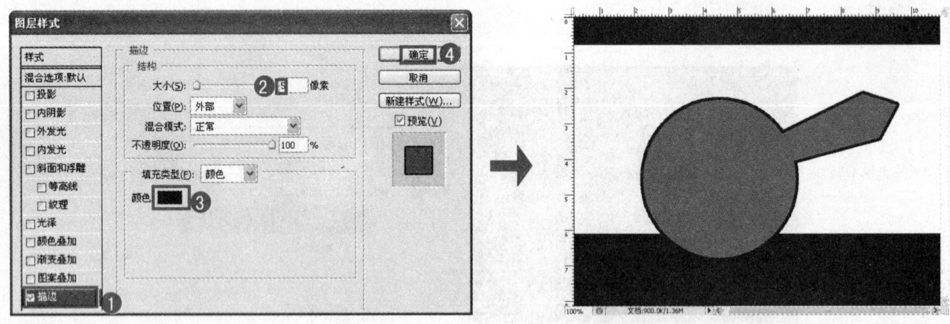

图13-55　为图形添加描边效果

07 选择工具箱中的【多边形套索工具】，在图形上绘制选区，并按【Alt+Delete】组合键，对图形填充颜色，如图13-56所示。

08 选择工具箱中的【文字工具】T，设置字体为“华文隶书”，文字大小为“36点”，在图形的中央输入文字，选中“f”文字，设置文字大小为“60点”，然后按【Ctrl+T】组合键对图形进行变形，如图13-57所示。

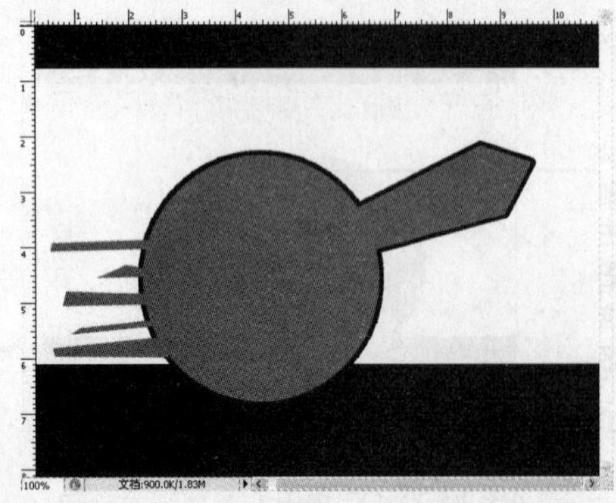
图13-56　为选区填充颜色

图13-57　输入文字

09 同样选择工具箱中的【文字工具】T，使用同样的方式在图形中输入文字并变形，如图 13-58 所示。

10 创建新的“图层 5”，选择工具箱中的【钢笔工具】，勾选如图所示的路径，按【Ctrl+Enter】组合键将路径作为选区载入，并按【Ctrl+Delete】组合键为图形填充颜色，如图 13-59 所示。

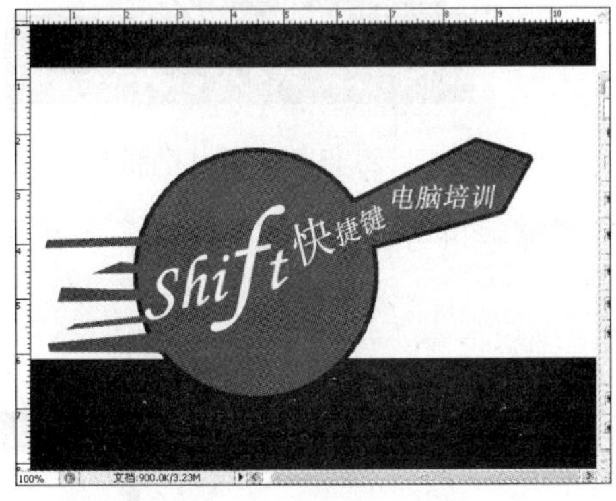

图 13-58　输入文字

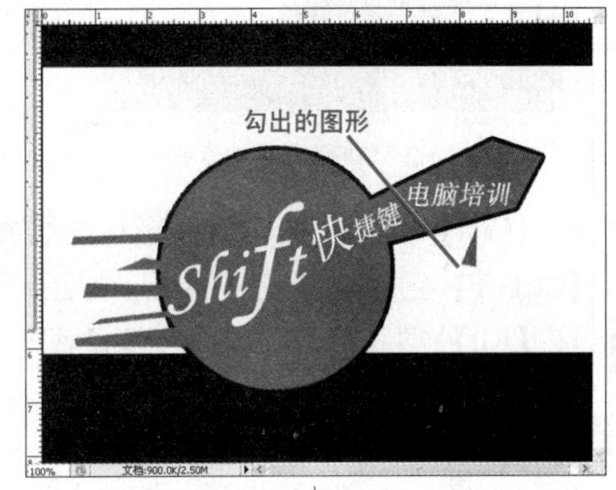

图 13-59　使用钢笔工具勾出图形

10 选择工具箱中的【移动工具】，选择“图层5”并按【Alt】键复制图层，然后按【Ctrl+T】组合键变换图形的形状，如图 13-60 所示。

11 按【Ctrl】键并单击“图层 5”及图层 5 所有的副本，单击鼠标右键，在弹出的快捷菜单中选择【向下合并】菜单命令，将所有的三角形图层合并为一个图层，如图 13-61 所示。

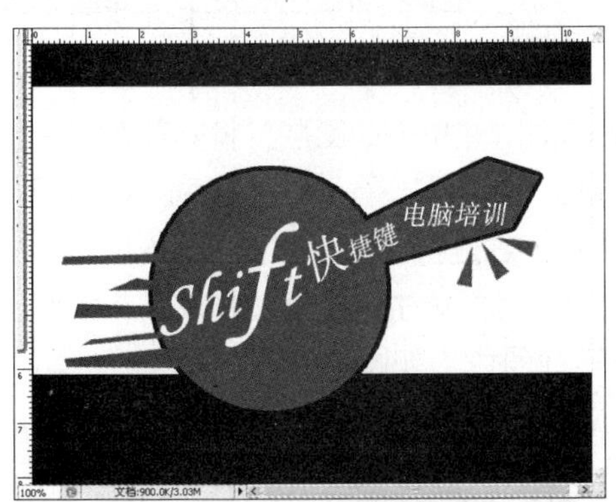

图 13-60　复制并调整图形

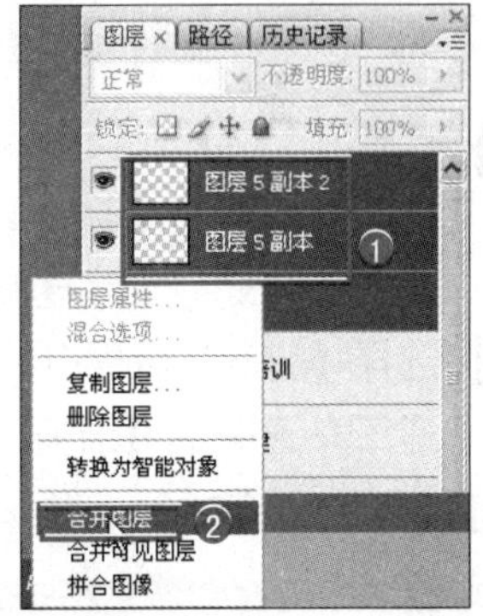

图 13-61　合并图层

13 选择工具箱中的【移动工具】，按【Alt】键复制图层，按【Ctrl+T】组合键变换图形的形状，如图 13-62 所示。

14 选择工具箱中的【矩形工具】，设置图形的方式为“形状图层”，颜色为“黑色”，在图形中画出一个小的矩形，选择工具箱中的的【移动工具】，按【Alt】键复制出同样的图形，按【Ctrl+T】组合键对图形变形，如图 13-63 所示。

图 13-62　复制并调整图形

图 13-63　制作的图形

15 按【Ctrl】键同时选中两个形状图层并单击鼠标右键，执行【合并图层】命令，然后按【Ctrl+T】组合键来变换图形，如图 13-64 所示。

16 按【Alt】键同时复制两个相同的图形，并对图形排好位置，如图 13-65 所示。

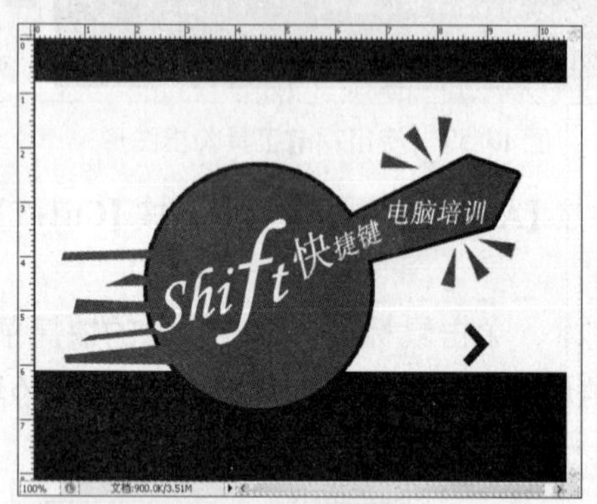

图 13-64　变换图形

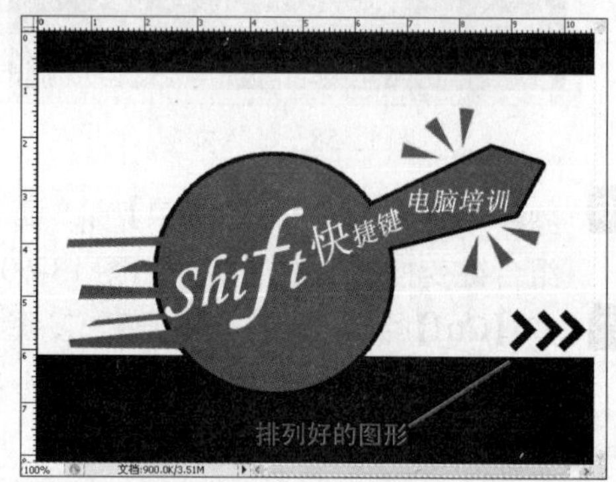

图 13-65　排列好位置

17 选择【图层】面板中的"图层 2"，按【Ctrl】键的同时并单击此图层，将其载入选区，选择工具箱中的【渐变工具】，设置前景色为白色"#ffffff"，背景设为黄色"#fff203"设置渐变方式为"线性渐变"，在选中的图形上从左至右进行渐变，如图 13-66 所示。

18 选择【图层】面板中的"图层 1"，按【Ctrl】键的同时并单击此图层，将其载入选区，选择工具箱中的【渐变工具】，选择颜色为蜡笔的颜色，如图 13-67 所示。

图 13-66　为图形填充颜色

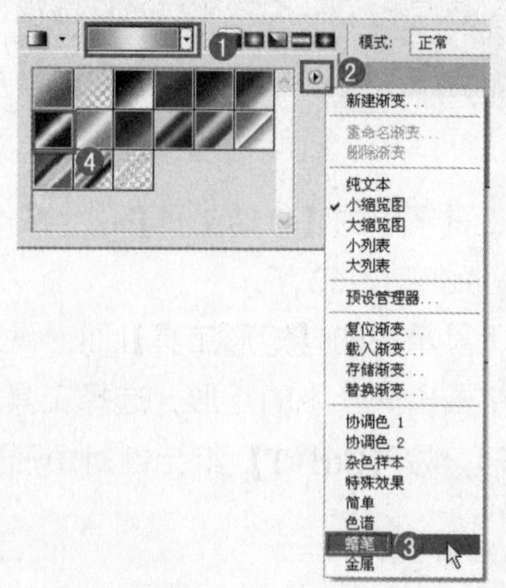

图 13-67　选择渐变颜色

19 设置好颜色以后，再来为图形填充颜色，设置渐变方式为“角度渐变”，从图形的左下角拖动到右上角，如图 13-68 所示。

20 创建一个新的图层，选择工具箱中和【直线工具】，按【Shift】键在图形上绘制两条直线和一条斜线，并排列好线条的形状，合并线条的三个图层，并复制一个及调整好位置，如图 13-69 所示。

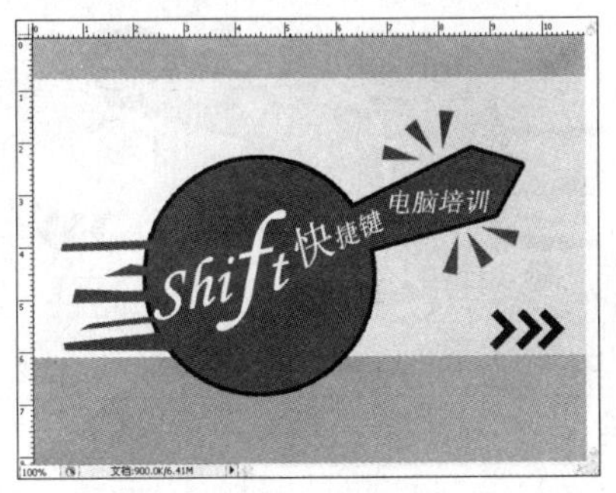

图 13-68　为图形渐变颜色

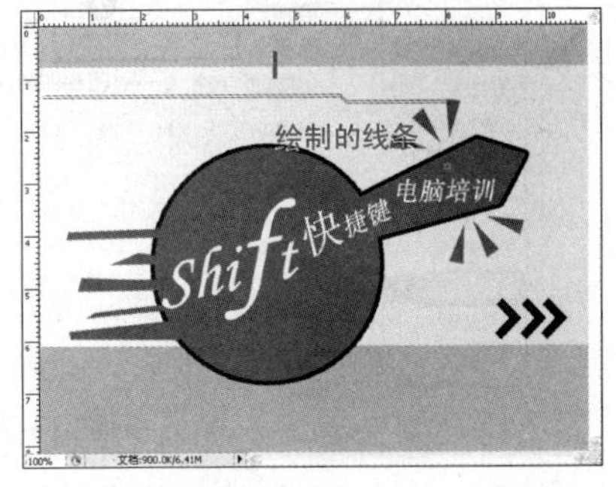

图 13-69　在图形上绘制线条

21 选择工具箱中的【文字工具】，在图形的线条上输入文字，双击文字图层，在弹出的【图层样式】对话框中设置“描边”效果，设置大小为“2”像素，颜色为“黄色”，对文字添加描边效果，如图 13-70 所示。

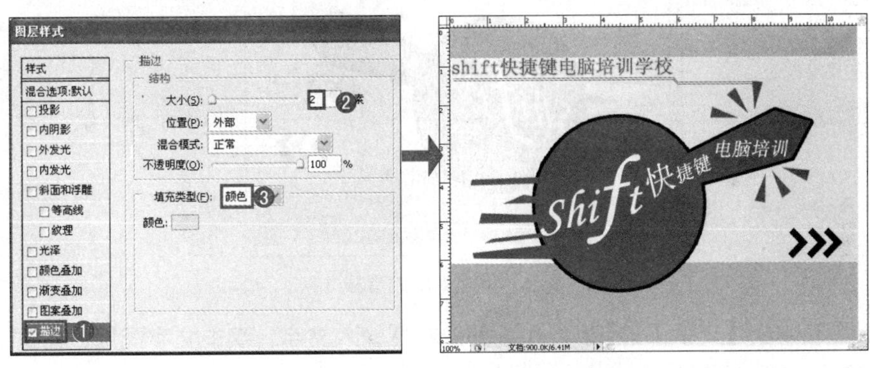

图 13-70　设置文字“黄色”效果

22 同样，使用【文字工具】在图形的线条上输入文字，双击文字图层，在弹出的【图层样式】对话框中设置“描边”效果，设置大小为“2”像素，颜色为“白色”，对文字添加描边效果，如图 13-71 所示。

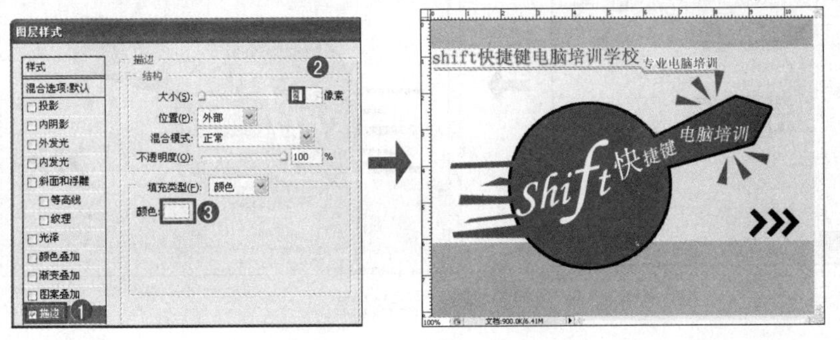

图 13-71　设置文字“白色”效果

23 再次使用【文字工具】T在图形的下方输入文字，双击文字图层，在弹出的【图层样式】对话框中设置"渐变叠加"效果，设置渐变颜色为"白色"和"黄色"，设置"缩放"为100%，如图13-72所示。

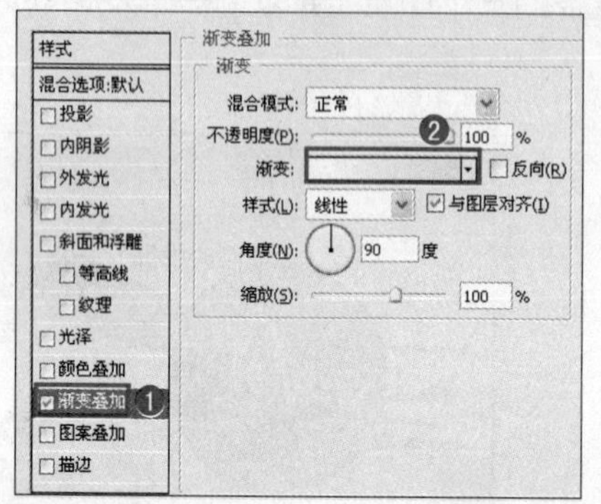

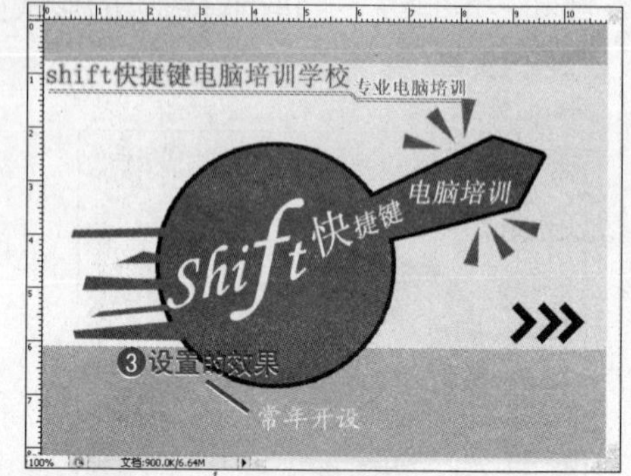

图13-72 输入文字交设置样式

24 选择工具箱中的【直接工具】，设置颜色为"白色"，粗细为"1像素"，按【Shift】键在文字的后面画出一根线条，如图13-73所示。

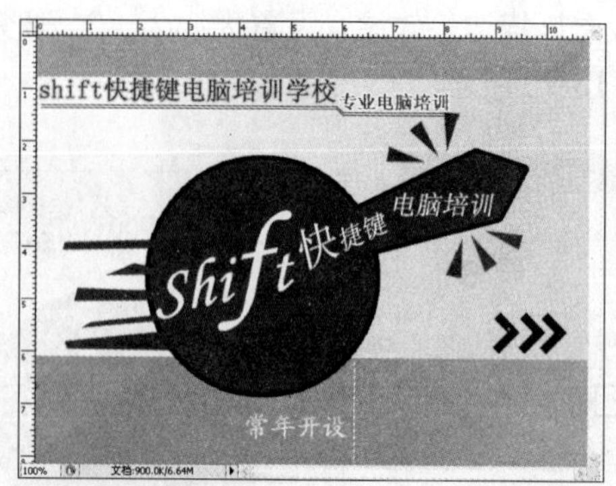

图13-73 画出的直线

25 选择工具箱中的【文字工具】T，在线条的右侧输入文字，双击文字图层，在弹出的【图层样式】对话框中选择"描边"效果，并设置描边的大小为"3像素"，颜色为"#6cc0ea"，如图13-74所示。

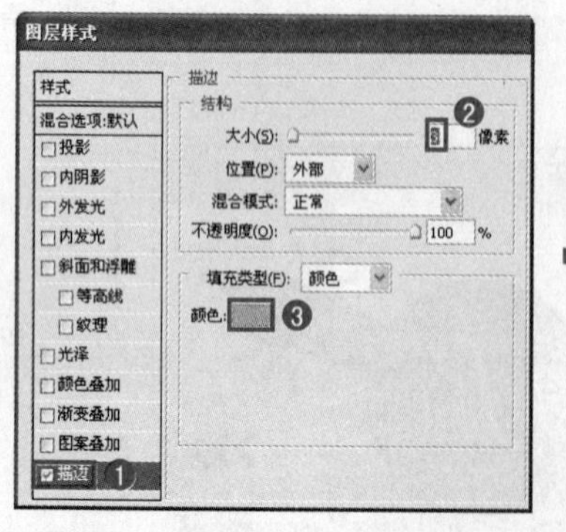

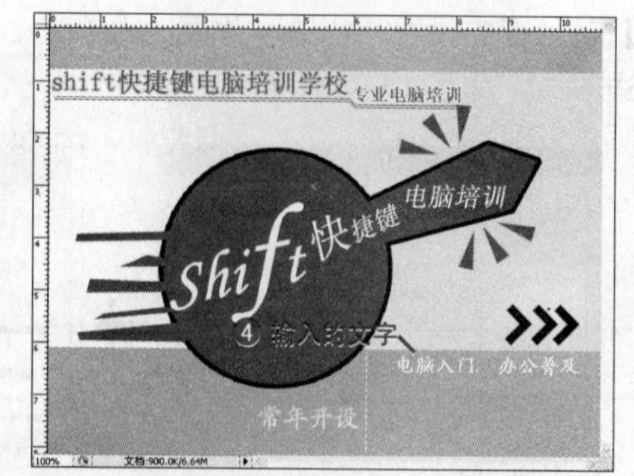

图13-74 设置文字效果

26 采用同样的方法在图形上分别输入文字，并设置同样的文字样式，如图 13-75 所示。

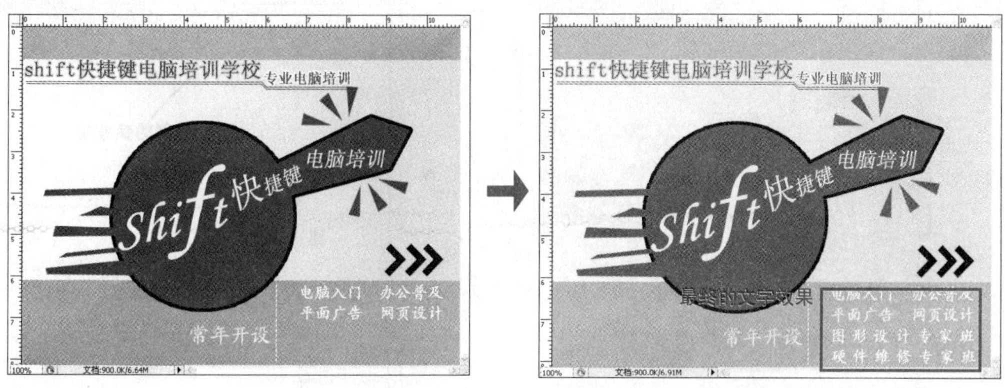

图 13-75 输入文字的最终效果

27 选择工具箱中的【文字工具】T，在图形的最上方输入文字，双击打开【图层样式】对话框，选择“描边”样式，大小为“3 像素”，颜色为“红色”，如图 13-76 所示。

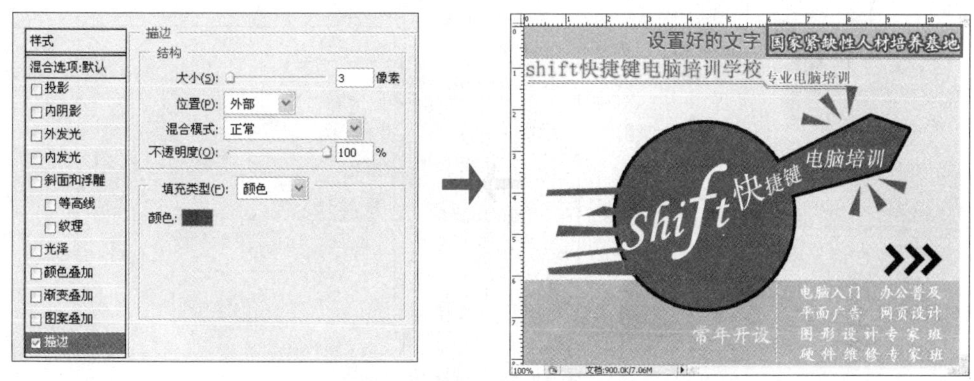

图 13-76 输入文字并设置样式

28 至此，制作的电脑培训宣传单已经制作完成，按【Ctrl+S】组合键将其保存为“电脑培训宣传单.psd”文件。

13.6 制作属于自己的 DVD 封面

本实例主要结合渐变工具和文字工具制作出如图 13-77 所示的图形。

其操作步骤如下：

01 执行【文件】/【新建】菜单命令新建一个 500px × 500px 的图像文件。

02 创建“图层 1”，按【Ctrl+R】组合键显示出标尺，按下鼠标左键拖动标尺处，在图形的中央创建参考线，选择工具箱中的【椭圆选框工具】，并按【Shift+Alt】组合键在参考线中央绘制一个正圆选区，如图 13-78 所示。

图 13-77　图形的最终效果

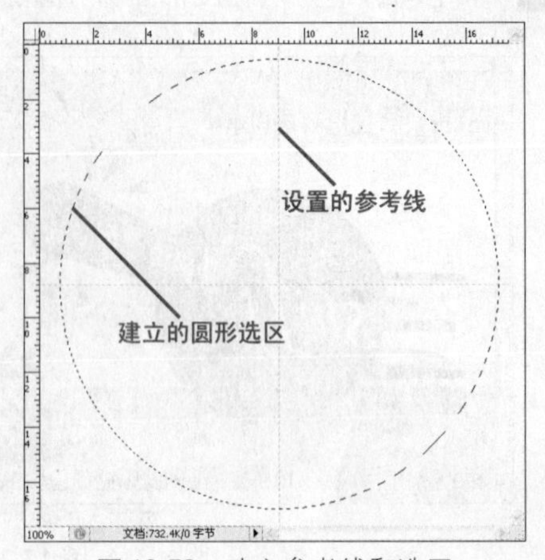

图 13-78　建立参考线和选区

03 选择工具箱中的【渐变工具】，设置渐变颜色蜡笔里的颜色，按【Shift】键在选区从左向右拖出渐变，效果如图 13-79 所示。

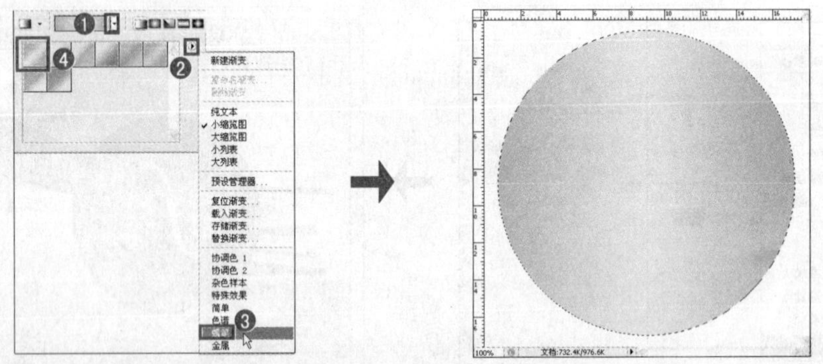

图 13-79　进行渐变填充

04 双击"图层 1"，在弹出的【图层样式】对话框中设置"描边"效果，设置描边大小为"3 像素"，描边颜色为浅红色"#d9b6b6"，为图形进行描边，如图 13-80 所示。

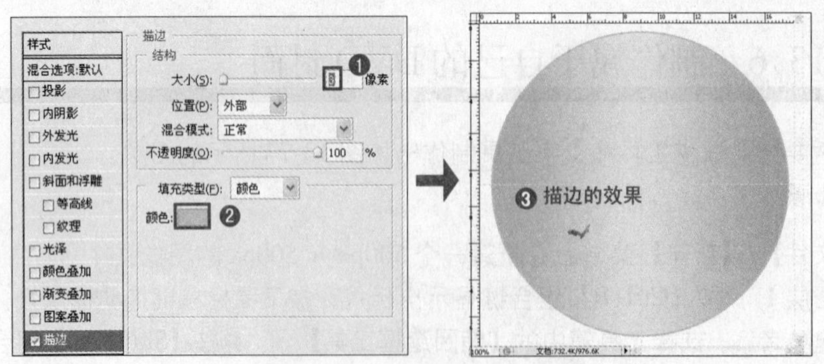

图 13-80　对图形进行描边

05 新建"图层 2"，使用【椭圆选框工具】在中央绘制一个正圆选区，并【Alt+Delete】组合键为选区填充白色，如图 13-81 所示。

06 按【Ctrl+D】组合键取消选择，选择工具箱中的【椭圆选框工具】，在图形的中央建立一个较大的正圆选区，执行【编辑】/【描边】菜单命令，在弹出的【描边】对话框中设置"宽度"为 5px，颜色为浅红色（#d9b6b6），如图 13-82 所示。

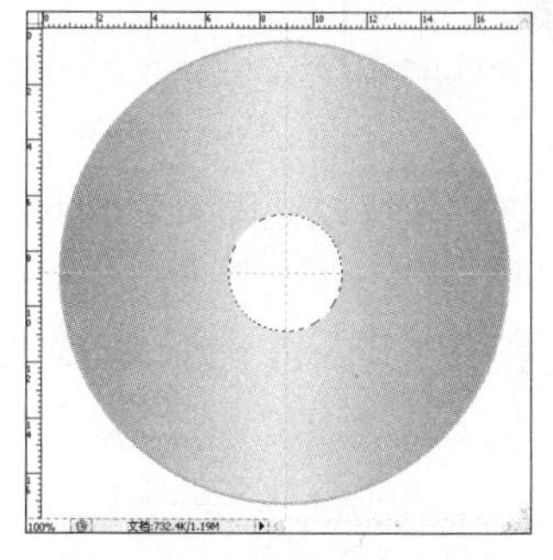

图 13-81　对图形填充颜色

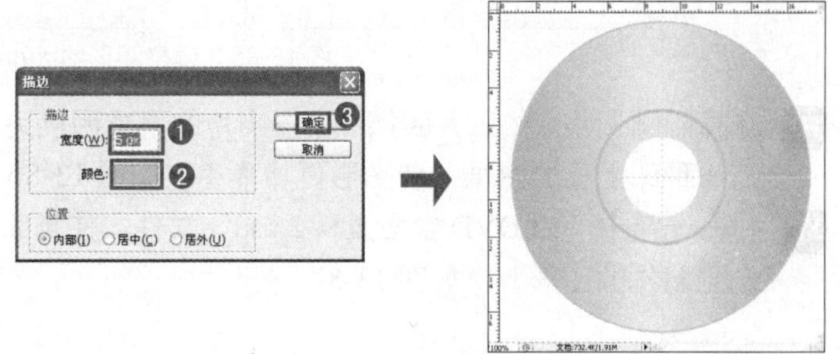

图 13-82　对选区进行描边

07 新建"图层 3"，使用【椭圆选框工具】在图形中选出大小不等的正圆选区，并填充为不同的颜色，如图 13-83 所示。

08 加入光盘图像。打开光盘中"13\DVD 封面素材 1.psd"文件，使用【磁性套索工具】选中人物在边缘，按【Ctrl+Alt+D】组合键对图形进行羽化，如图 13-84 所示。

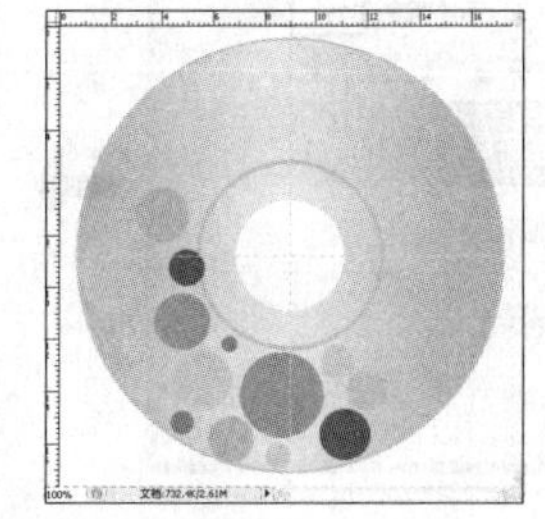

图 13-83　绘制不同的选区并填充不同的颜色

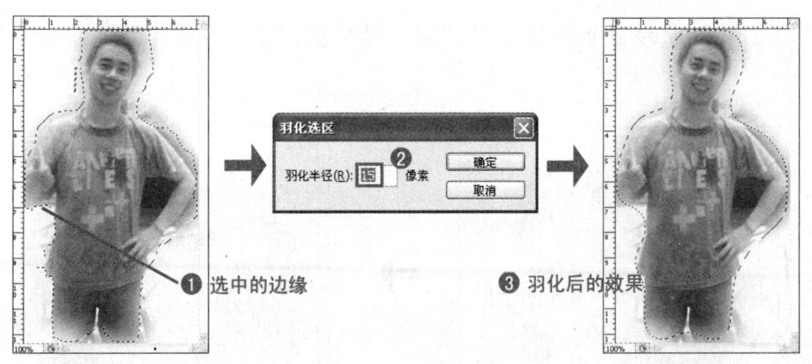

图 13-84　处理图片

09 选择工具箱中的【移动工具】，将刚刚羽化好的素材移动到绘制的图形上，按【Ctrl+T】组合键调整图形的大小，如图 13-85 所示。

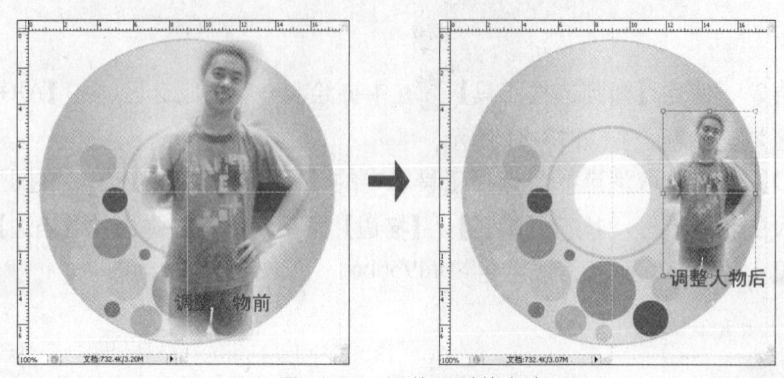

图 13-85　调整图形的大小

10 选择刚刚调整好的图片图层，设置图片的不透明度为“60%”，这样做可以让图片看起来有一种印上去的感觉，使图形更加紧凑，如图 13-86 所示。

11 打开光盘中“13\DVD 封面素材 2.psd”文件，使用同样的方法处理图片，最后将图片移动到制作的图形上，如图 13-87 所示。

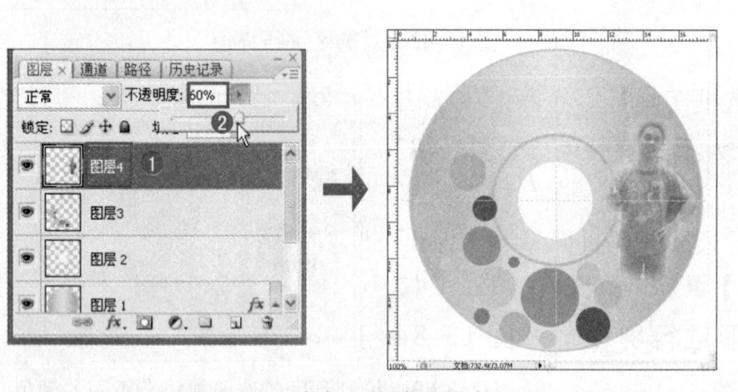

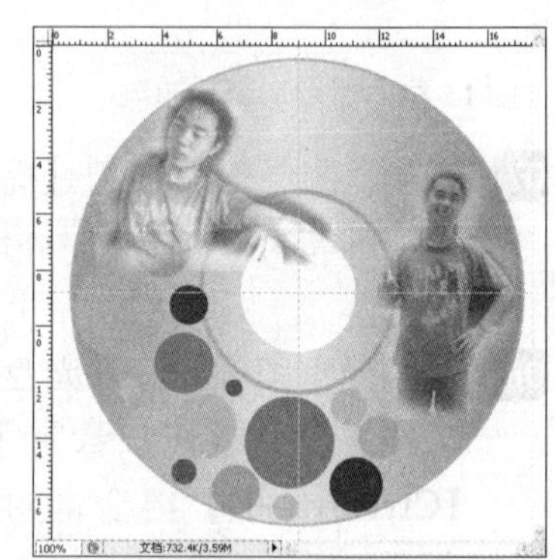

图 13-86　改变人物的透明度　　　　图 13-87　移动图像

12 选择“图层 2”，将其移动到图层的最顶端，使“图层 2”中图形最终在上端显示，如图 13-88 所示。

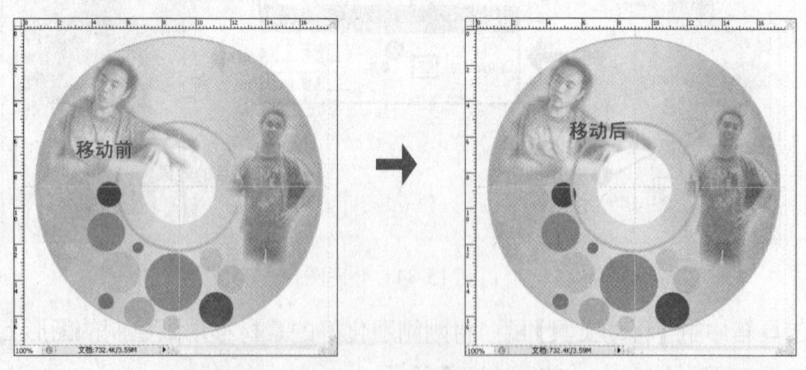

图 13-88　调整图层前后图形的变化

13 选择【自定义形状工具】，设置前景色为浅绿色“#8ed555”，设置好形状后，在图形的最上面绘制图形，如图 13-89 所示。

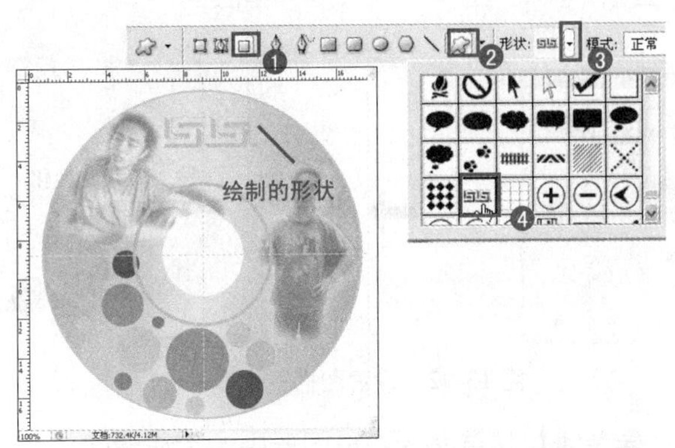

图 13-89 绘制的自定形状

14 使用【矩形选框工具】选中刚刚绘制的图形，执行【编辑】/【描边】菜单命令，设置"宽度"为5px，颜色为浅绿色"8ed555"，如图13-90所示。

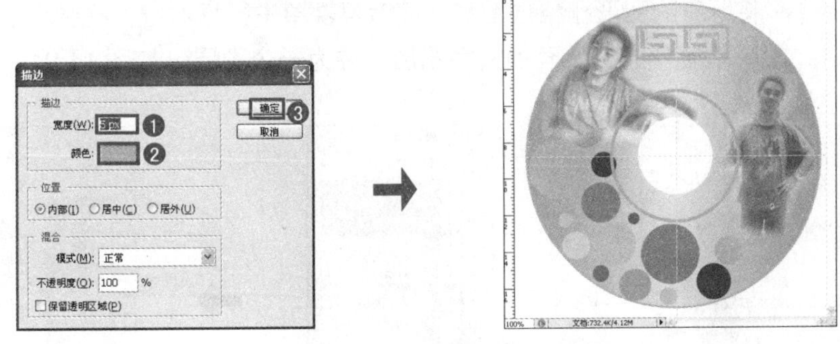

图 13-90 为图形进行描边

15 双击刚绘制的图形图层，在弹出的【图层样式】对话框中设置"渐变叠加"效果，设置参图如图13-91所示。

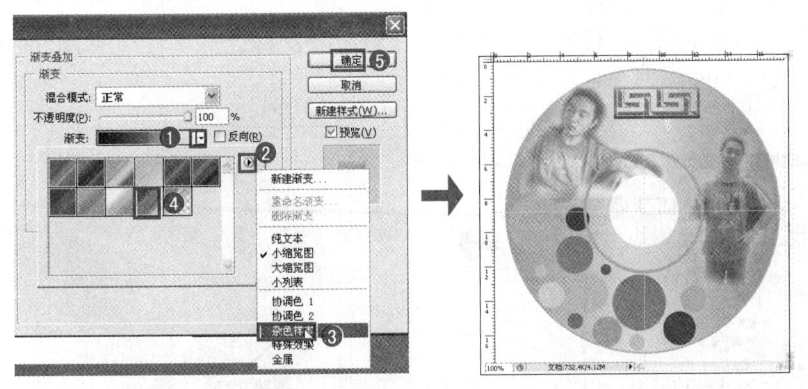

图 13-91 设置图形的渐变样式

16 选择此图层，将该图层的"不透明度"设置为"20%"，使图形看起来更加真实，如图13-92所示。

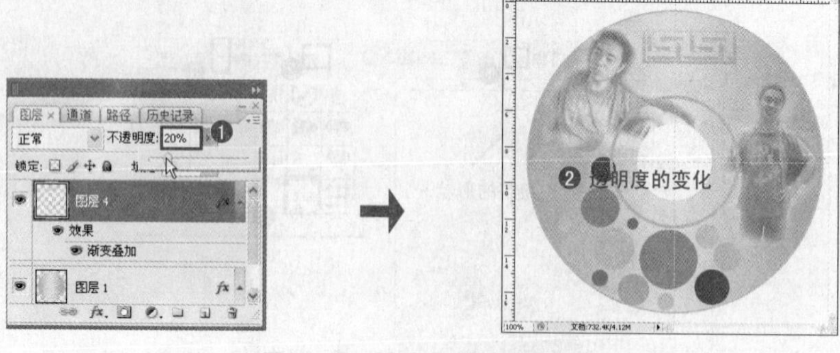

图 13-92　设置图形透明度

17 执行【视图】/【清除参考线】菜单命令，将图形中参考线清除，选择工具箱中的【文字工具】T，设置文字的大小为"16点"，文字的颜色为暗红色（#d42a08）和黑色（#020000）在图形上输入文字，选择工具箱中的【移动工具】，将文字图层对齐，如图 13-93 所示。

18 按【Ctrl】键选择刚刚输入的文字图层并单击鼠标右键，在弹出的快捷菜单中选择"栅格化文字"命令，将所有的图形栅格成图形，同时再次单击鼠标右键，在弹出的快捷菜单中选择"合并图层"命令，将所有的文字图层合并为一个图层，如图 13-94 所示。

图 13-93　在图形上输入文字

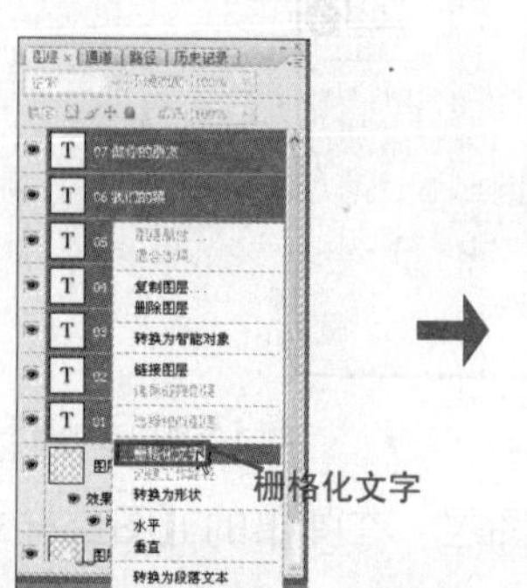

图 13-94　对文字图层进行栅格化并合并

19 选择合并后的文字图层，设置不透明度为"50%"，这样让文字看起来有一种比较真实的效果，如图 13-95 所示。

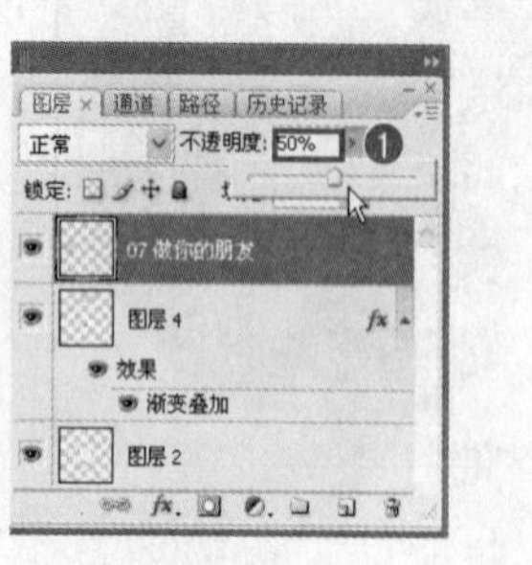

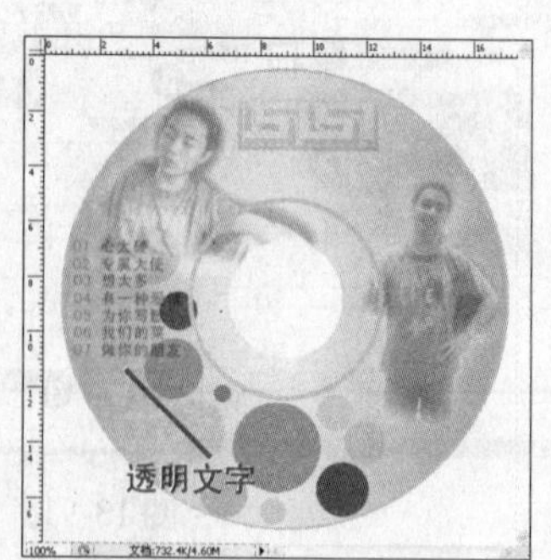

图 13-95　设置文字图层的不透明度

20 至此，制作的 DVD 封面已制作完成，按【Ctrl+S】组合键将该文件保存为"自己的 DVD 封面.psd"文件。

13.7　制作画展海报

本实例设计是一款中国第八届水墨画展的宣传海报，作品以白色为主调，构图中采用直立型构图，使画面在形式上简单醒目，主次分明，大面积留白，以抽象的水墨画为主题，使用主题在柔和背景的衬托下更加鲜明，最终效果如图 13-96 所示。

图 13-96　画展海报效果

其操作步骤如下：

01 执行【文件】/【新建】菜单命令，新建空白的图像文件，其设置参数如图 13-97 所示。

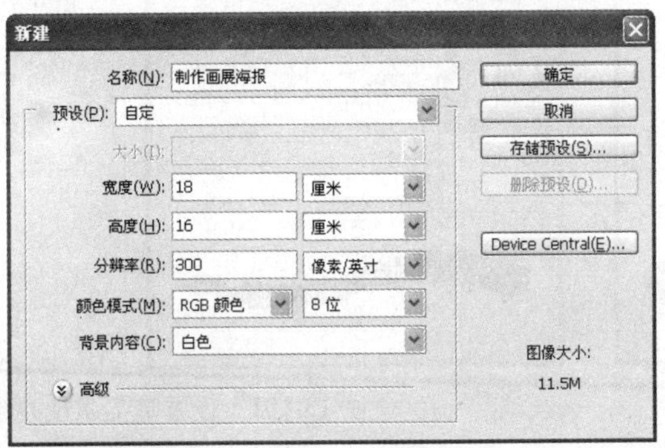

图 13-97　新建文件

02 执行【文件】/【打开】菜单命令，打开光盘中“13\画展素材.psd”文件。

03 选择【移动工具】将刚刚打开的素材文件移动到新建的文件上，然后调整好图形的位置，如图 13-98 所示。

04 执行【编辑】/【变换】/【水平翻转】菜单命令，将图形水平翻转，如图 13-99 所示。

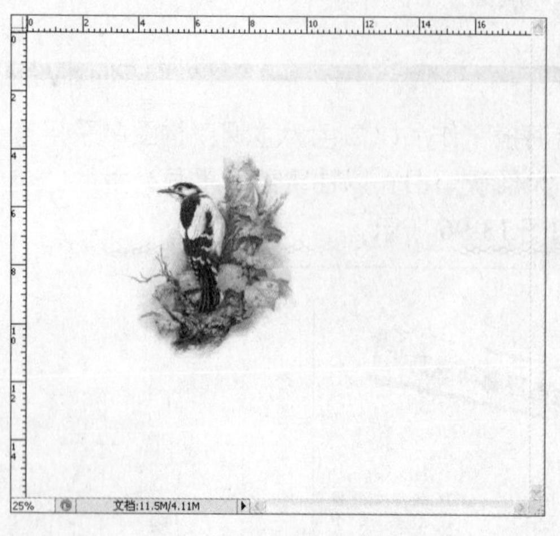

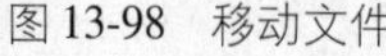

图 13-98　移动文件

图 13-99　翻转文件

05 创建“图层 2”，设置前景色为“#e6191f”，然后选择【画笔工具】，单击画笔工具栏上的切换【画笔调板按钮】，打开画笔调板，最后设置画笔的主直径为“33 像素”，硬度为“100%”，间距为“11%”，如图 13-100 所示。

06 选择画笔调板中的“形状动态”属性，设置控制为“渐隐”、“350”，设置角度抖动为“11%”，圆度抖动为“15%”，按【Shift】键在图形上画出画笔形状，如图 13-101 所示。

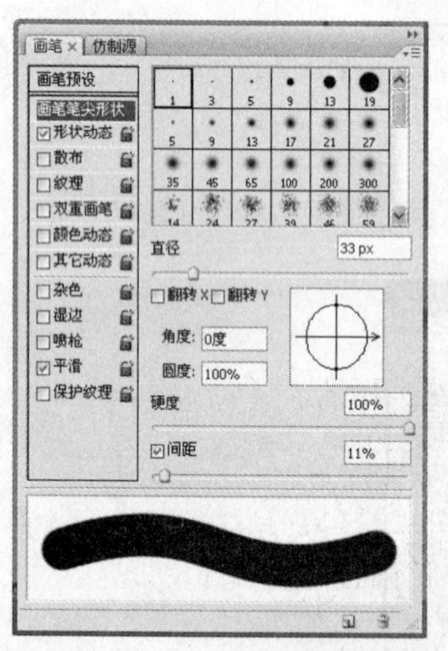

图 13-100　设置画笔像素

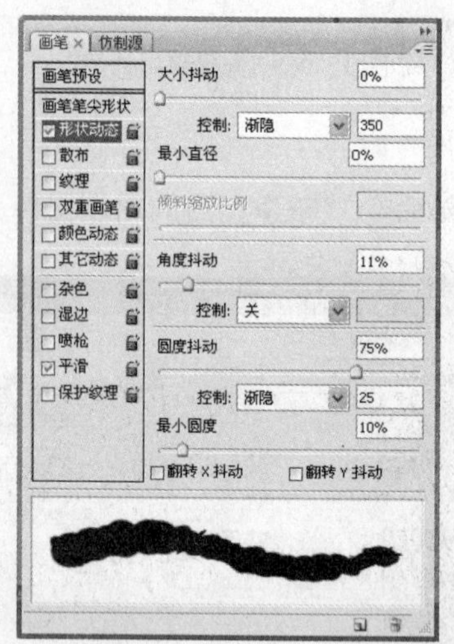

图 13-101　设置笔尖属性并绘制画笔

07 执行【滤镜】/【画笔描边】/【喷溅】菜单命令，在弹出的【喷溅】对话框中，设置喷色半径为“17”、平滑度为“4”，在图形添加滤镜效果，如图 13-102 所示。

08 选择【移动工具】，按【Shift】键复制并垂直移动图形，然后执行【编辑】/【变换】/【水平翻转】菜单命令，对图形进行翻转，最后移动好翻转后图形的位置，如图 13-103 所示。

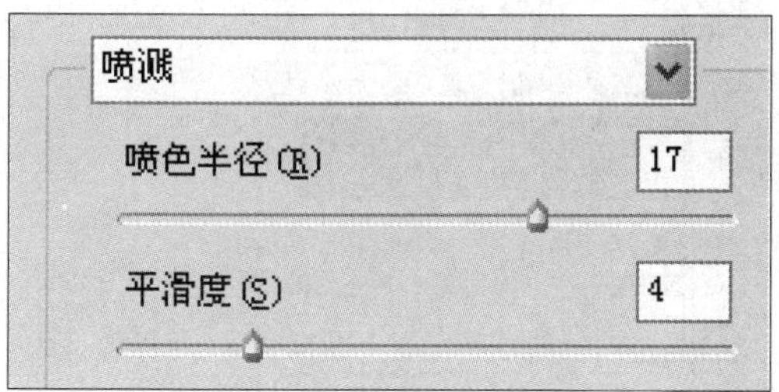

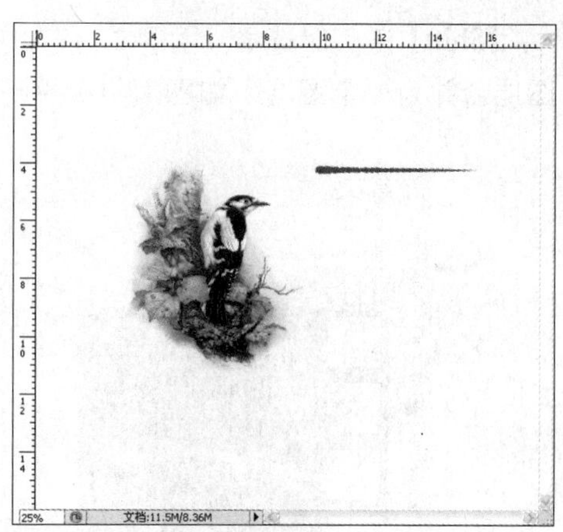

图 13-102 喷溅后效果

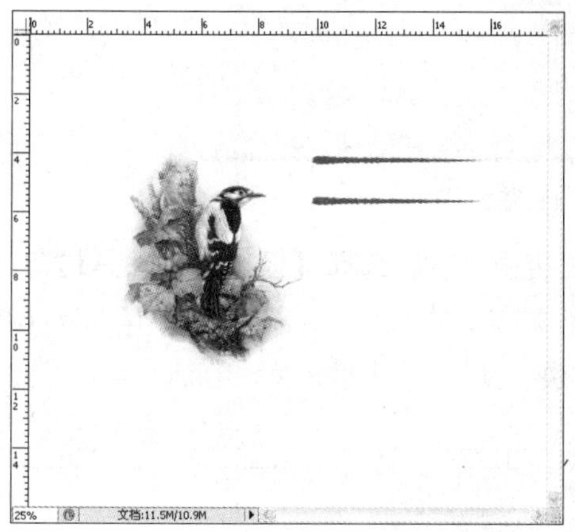

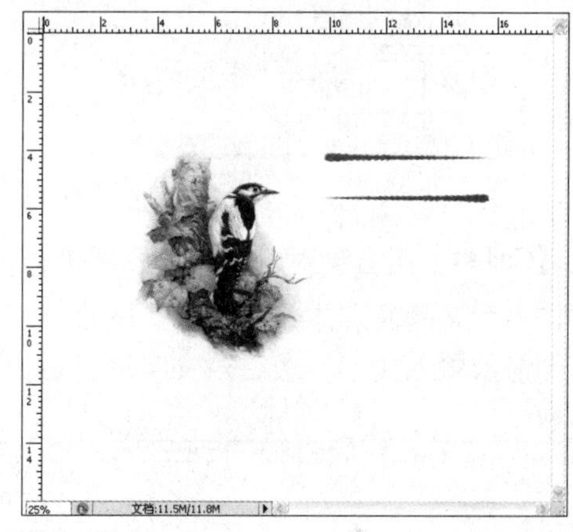

图 13-103 水平翻转并移动图形

09 按【Ctrl+J】组合键复制“图层 2 副本”图层两次，然后分别按【Ctrl+T】组合键调整好图形的大小及位置，如图 13-104 所示。

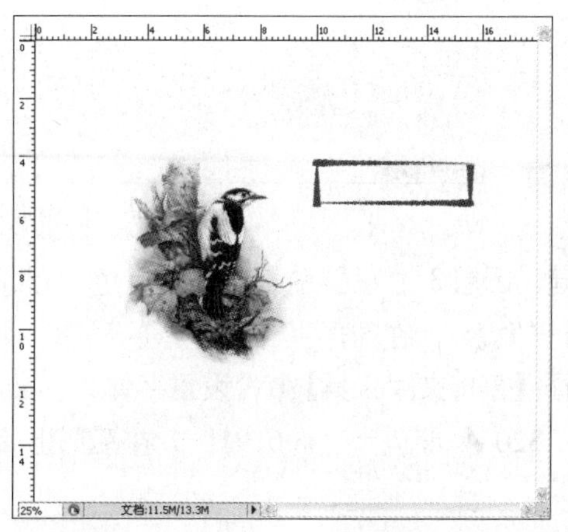

图 13-104 复制移动图形

10 按【Shift】键同时选择"图层2"及其它的副本图层，然后按【Ctrl+E】组合键将选择的图层合并为一个图层，如图13-105所示。

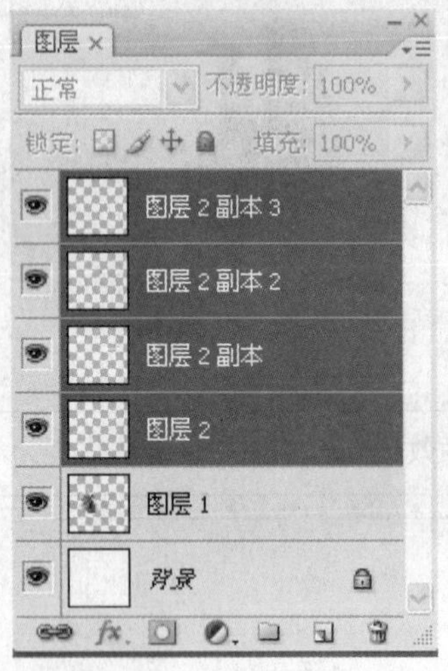

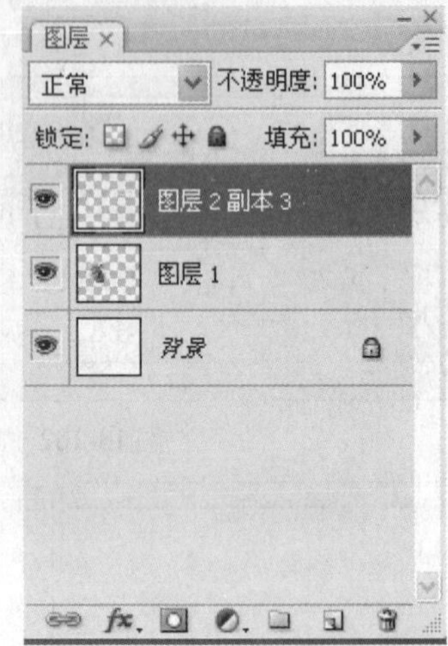

图 13-105 选择图层并合并

11 按【Ctrl+T】组合键对合并后的图层进行自由变换，然后选择【横排文字工具】T，设置字体为"文鼎霹雳体"大小为"18点"，调整文字间的字距为"40点"颜色为# e6191f，在图形上输入文字，最后对文字进行自由变换，如图13-106所示。

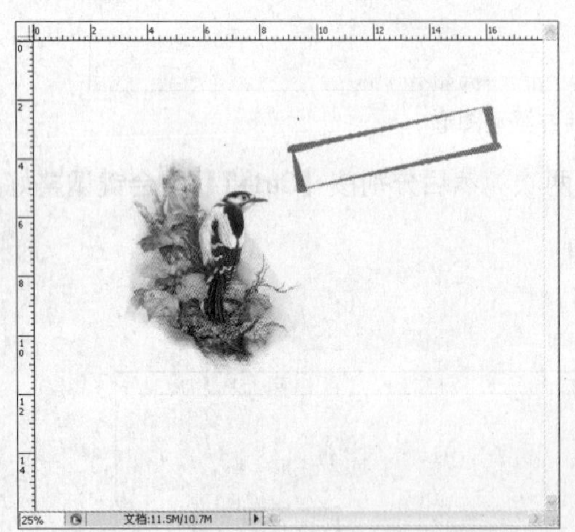

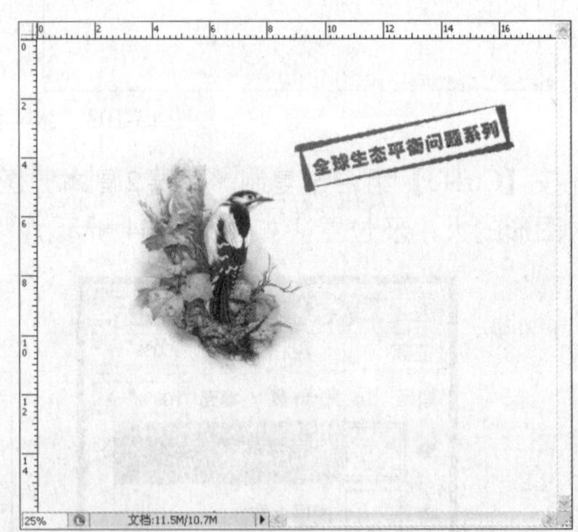

图 13-106 自由换图形并输入文字

12 创建"图层3"，设置前景色为"黑色"，然后选择【矩形工具】，设置矩形的方式式为"填充像素"，在图形上画出矩形的形状，如图13-107所示。

13 选择【直排文字工具】IT，设置字体为"文鼎特粗宋简"，大小为"9点"，文字间的字距为"320"，颜色为"#e6191f"，在图形上输入文字，如图13-108所示。

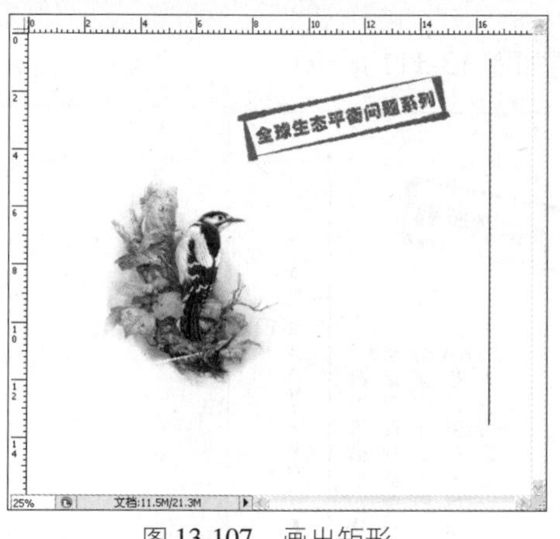

图 13-107　画出矩形

图 13-108　输入文字

14 选择【横排文字工具】T，设置字体为"文鼎特粗宋简"，大小为"9点"，文字间的字距为"320"，颜色为"#1a7a2a"，在图形上输入文字，如图 13-109 所示。

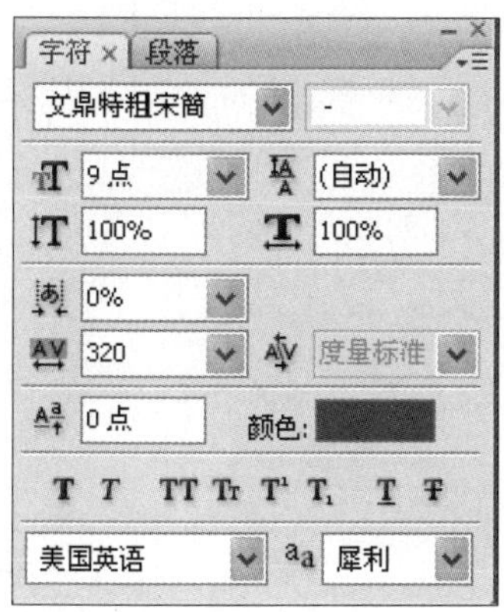

图 13-109　输入文字

15 按【T】键选择【直排文字工具】IT，设置字体为"文鼎特粗宋简"，大小为"12点"，文字间的字距为"320"，颜色为"# e6191f"，在图形上输入文字，如图 13-110 所示。

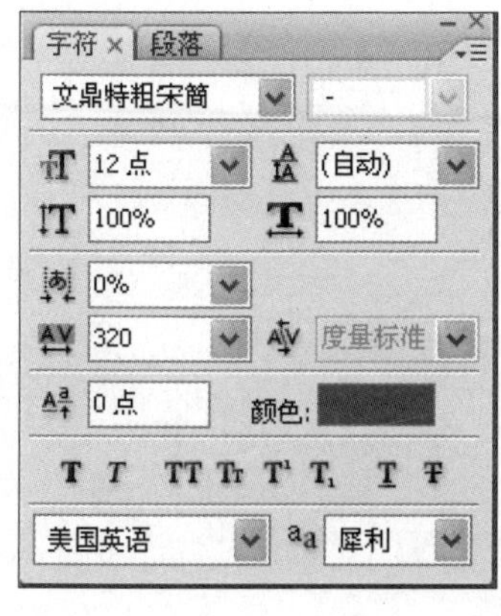

图 13-110　输入文字

16 至此，制作的画展海报已制作完成，最终效果如图 13-111 所示。

图 13-111　最终效果

第 14 章 工具及命令应用实例

在工具箱中，包含了许多用于绘制和修饰图像的工具，如画笔工具、铅笔工具、修复画笔工具、修补工具、历史画笔工具、填充工具、图章工具、擦除工具等。灵活掌握这些工具的使用方法，可以方便快捷地绘制出漂亮的图像。

14.1 制作天空效果

本实例将结合【画笔工具】和【云彩】滤镜命令制作出如图 14-1 所示的云彩效果。

图 14-1 云彩效果

具体操作步骤如下：

01 执行【文件】/【新建】菜单命令新建一个 42cm × 29.7cm，分辨率为 100 像素/英寸的图像文件。

02 在工具箱中单击前景色块，系统将弹出【拾色器】对话框，将其参数设置为如图 14-2 所示，然后单击【确定】按钮。

03 执行【滤镜】/【渲染】/【云彩】菜单命令，此时将产生如图 14-3 所示的效果。

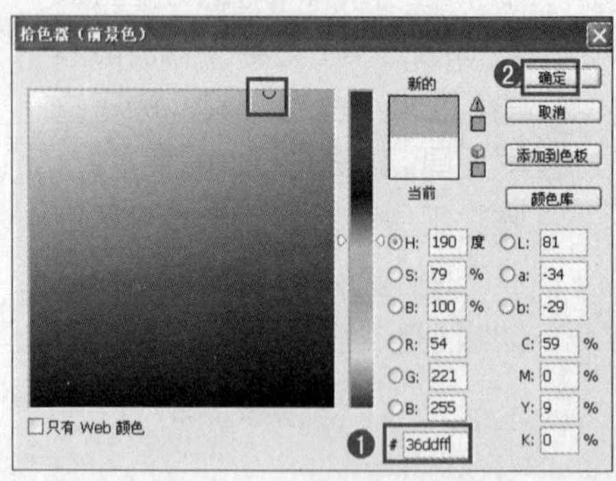

图 14-2 设置前景色

图 14-3 云彩效果

04 单击工具箱中的【画笔工具】，将其工具选项栏设置为如图 14-4 所示，按住鼠标左键在画面中涂抹，即可得到最终云彩效果。

图 14-4 设置画笔工具选项栏

14.2 制作水纹效果

本实例将结合【画笔工具】、【椭圆选框工具】及【水波】滤镜命令制作出水纹效果，如图14-5所示。

图14-5 水纹效果

具体操作步骤如下：

01 执行【文件】/【新建】菜单命令新建一个42cm × 29.7cm，分辨率为100像素/英寸的图像文件。

02 将前景色设置为“#3db360”，按【Alt+Del】组合键将前景色填充到背景图层中，如图14-6所示。

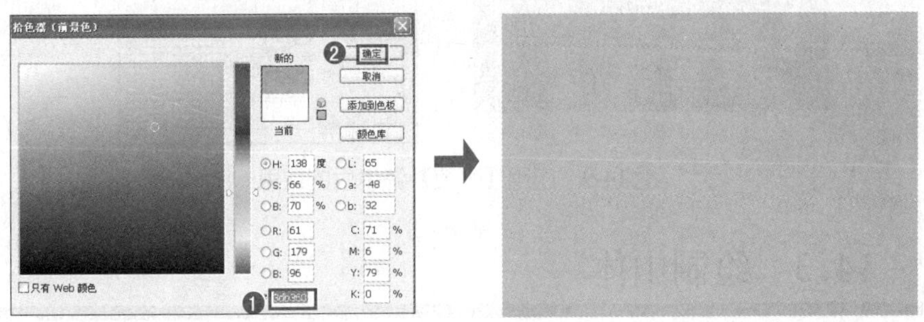

图14-6 填充颜色

03 设置前景色为“#CAFFDC”，单击画笔工具，在其选项栏中设置各项参数，然后在画面中进行涂抹，效果如图14-7所示。

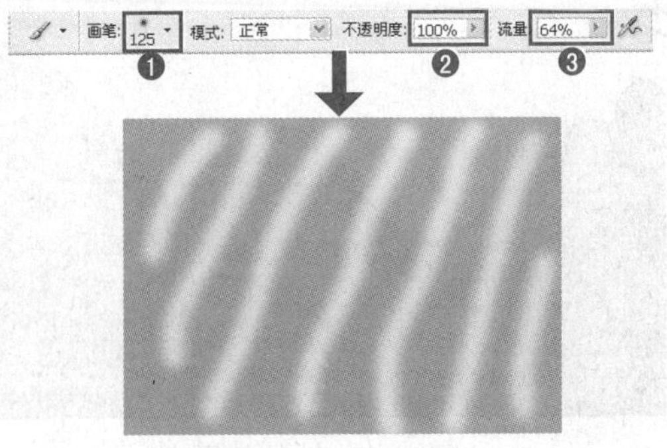

图14-7 涂抹效果

04 执行【滤镜】/【扭曲】/【水波】菜单命令，在弹出的对话框中设置各项参数，将得到如图14-8所示的效果。

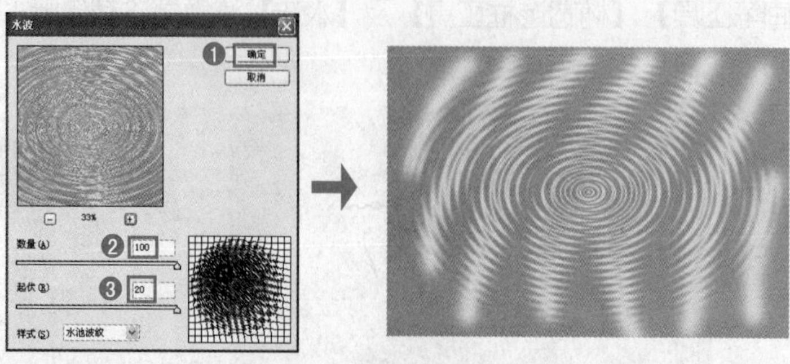

图14-8　水波效果

05 单击工具箱中的【椭圆选框工具】，然后在画面中绘制椭圆选区，如图14-9所示。接着再次执行【滤镜】/【扭曲】/【水波】菜单命令，将弹出的对话框设置各项参数，单击【确定】按钮，即可完成本实例的制作。

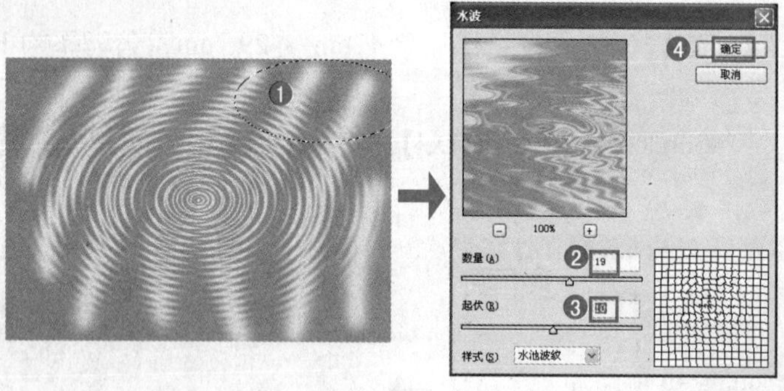

图14-9　应用【水波】滤镜后的效果

14.3　绘制山体

本实例将结合【钢笔工具】及【绘图笔】滤镜命令制作出如图14-10所示的山体效果。

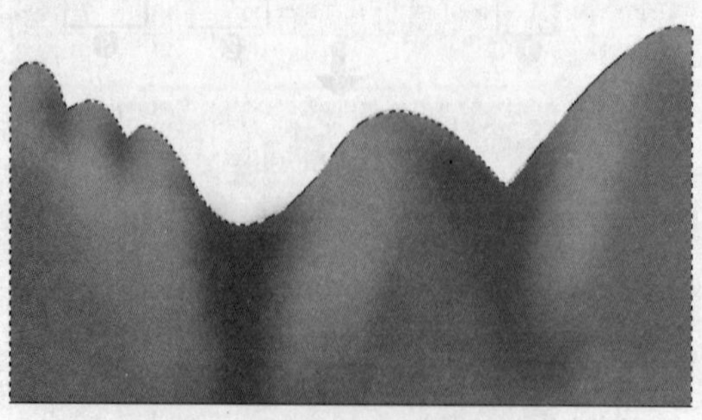

图14-10　山体效果

具体操作步骤如下：

01 执行【文件】/【新建】菜单命令新建一个 42cm × 29.7cm，分辨率为 100 像素 / 英寸的图像文件。

02 单击工具箱中的钢笔工具，然后在画面中画出图 14-11 所示的路径，设置前景色为 #188975，并按【Ctrl+Enter】组合键将路径转换为选区，然后按【Alt+Del】组合键将前景色填充到选区中，其效果如图 14-12 所示。

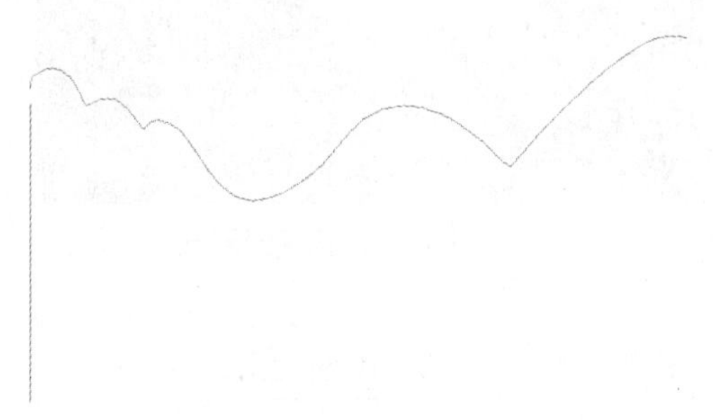

图 14-11 绘制路径

图 14-12 填充颜色

03 设置背景色为 "#009F7F"，然后执行【滤镜】/【素描】/【绘图笔】菜单命令，在弹出的对话框中将参数设置为如图 14-13 所示，单击【确定】按钮，将得到如图 14-14 所示的效果。

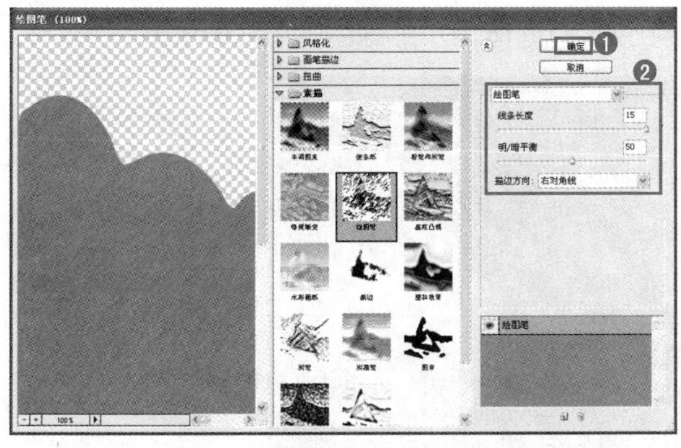

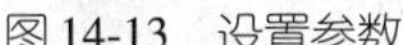

图 14-13 设置参数

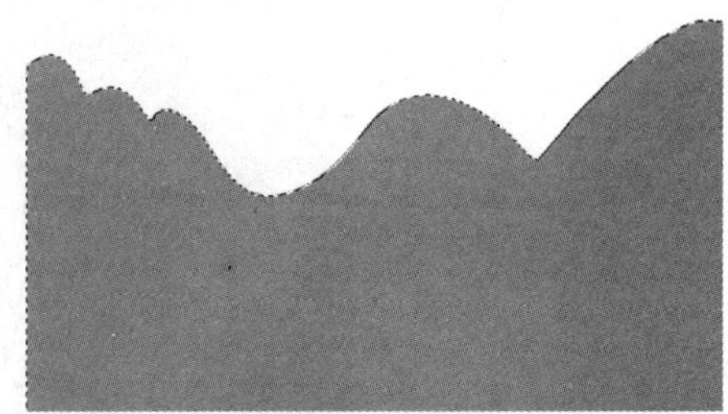

图 14-14 绘图笔效果

04 设置前景色为 "#7AF4CD"，接着单击工具箱中的【画笔工具】，并打开【画笔】调板，将其参数设置为如图 14-15 所示，按住鼠标左键在画面中涂抹出山体的高光部分，其效果如图 14-16 所示。

05 设置前景色为 "#01705A"，单击工具箱中的画笔工具，将其参数设置为如图 14-17 所示，按住鼠标左键在画面中涂抹出山体的暗调部分，即可完成本实例的制作。

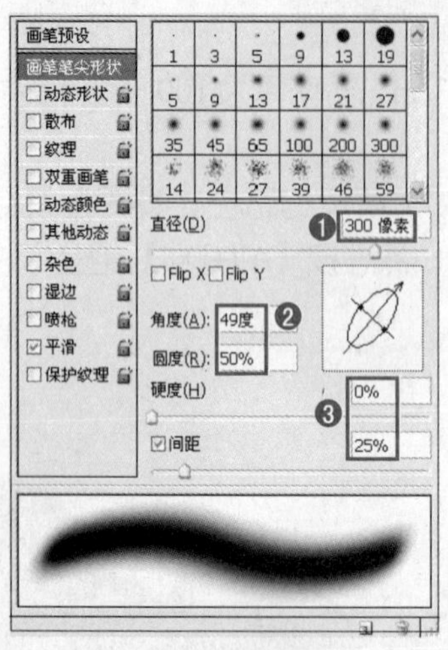

图 14-15　设置画笔参数

图 14-16　涂抹高光部分

画笔: 300　模式: 正常　不透明度: 80%　流量: 100%

图 14-17　设置画笔工具选项栏

14.4　绘制草地

本实例将结合【填充】菜单命令制作出如图 14-18 所示的绿色的草地效果。

图 14-18　草地效果

具体操作步骤如下：

01 执行【文件】/【新建】菜单命令新建一个 42cm × 29.7cm，分辨率为 100 像素 / 英寸的图像文件。

02 设置前景色为“#4E682D”，并按【Alt+Delete】组合键将前景色填充到画面中，效果如图 14-19 所示。

03 执行【编辑】/【填充】菜单命令，将弹出【填充】对话框，在“使用”栏中选择“图案”，单击“自定图案”右侧的小三角形，将弹出下拉列表，然后再单击右上角的小三角形，在弹出的菜单中执行【自然图案】菜单命令，如图14-20所示，此时将弹出如图14-21所示的对话框。

图14-19　填充颜色

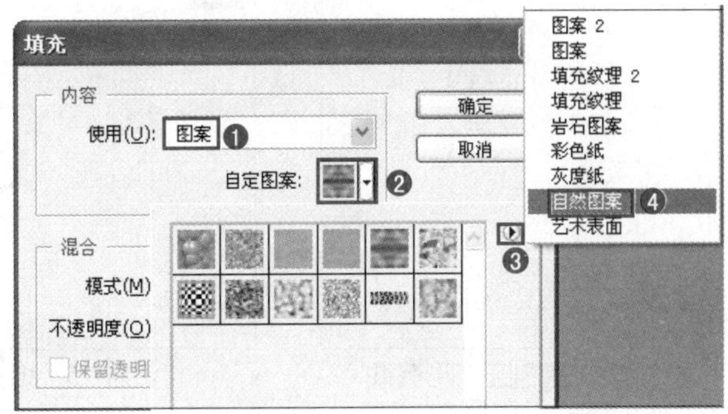

图14-20　选择需要追加的图案类型

04 单击【追加】按钮，此时会发现图案新增了很多，然后将对话框中的各项参数设置为如图14-22所示，单击【确定】按钮，即可得到最终效果。

图14-21　追加图案提示框

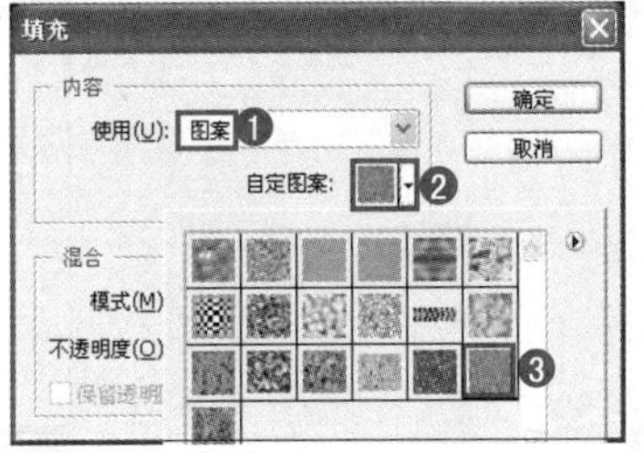

图14-22　设置填充对话框参数

 14.5　绘制地砖

图14-23　地砖效果

本实例将结合【矩形选框工具】和【填充】命令绘制出如图14-23所示的地砖效果。

具体操作步骤如下：

01 执行【文件】/【新建】菜单命令新建一个5cm × 5cm，分辨率为100像素/英寸的图像文件。

02 单击工具箱中的【矩形选框工具】，按【Shift】键在画面中绘制图14-24所示的正方形，设置前景色为“#5D422F”，并在图层面板中新建图层，然后按【Alt+Delete】组合键将前景色填充到选区，如图14-25所示。

03 连续三次按【Ctrl+J】组合键对选区中的内容进行复制，此时【图层】面板如图14-26所示，接着按【Ctrl+D】组合键取消选择后，使用【移动工具】将其调整到适当的位置，如图 14-27 所示。

图 14-24　绘制正方形选框

图 14-25　填充颜色

图 4-26　【图层】面板

04 设置前景色为“#E9D4C3”，单击工具箱中的矩形选框工具，同时按【Shift】键在画面中绘制出一个正方形，然后按【Alt+Delete】组合键将前景色填充到选区，效果如图 14-28 所示。

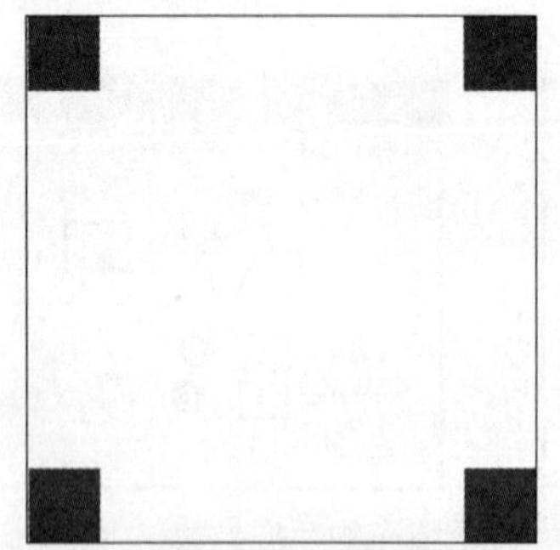

图 14-27　调整位置

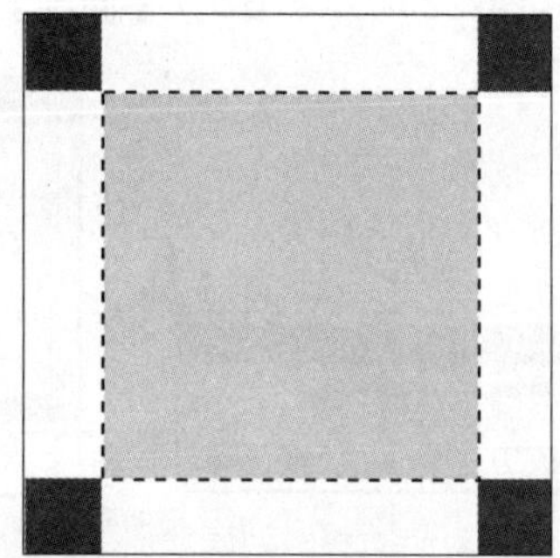

图 14-28　将前景色填充到选区

05 按【Ctrl+Shift+E】组合键将所有图层合并为一个图层，然后单击【魔棒工具】，在选项栏中设置各项参数，按【Shift】键在画面中单击白色区域，将其选中，如图 14-29 所示，设置前景色为“#E3C1A8”，然后按【Alt+Delete】组合键将前景色填充到选区，取消选区即可完成本实例的制作。

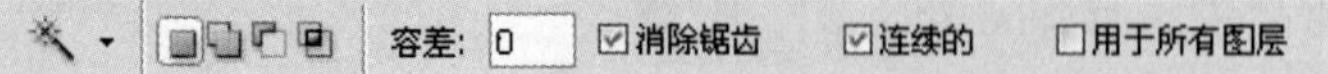

图 14-29　使用【魔棒工具】选择区域

14.6　绘制树

本实例将结合【钢笔工具】和【描边】命令绘制出如图14-30所示的效果。

图14-30　绘制树木

具体操作步骤如下：

01 执行【文件】/【新建】菜单命令新建一个42cm × 29.7cm，分辨率为100像素/英寸的图像文件。

02 新建图层，单击工具箱中的【钢笔工具】在画面中绘制出如图14-31所示的路径，并按【Ctrl+Enter】组合键将路径转换为选区，接着设置前景色为“#6AFA39”，然后按【Alt+Delete】组合键将前景色填充到选区中，效果如图14-32所示。

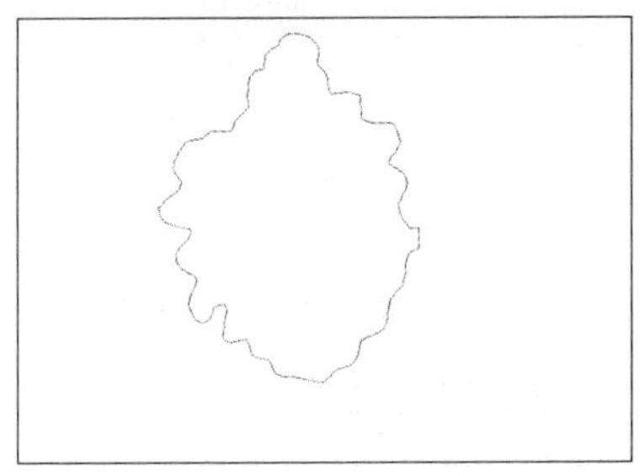

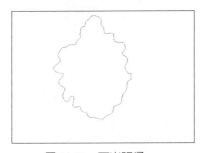

图14-31　画出路径

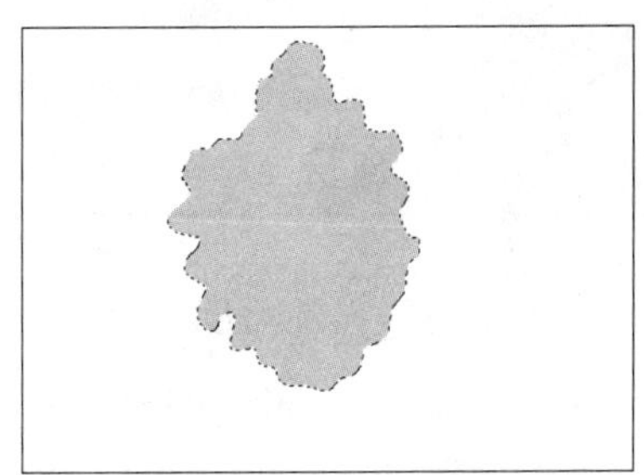

图14-32　填充颜色

03 执行【编辑】/【描边】菜单命令，此时将弹出【描边】对话框，将对话框中的参数设置为如图14-33所示（颜色值为#5e5941），单击【确定】按钮，将得到图14-34所示的效果。

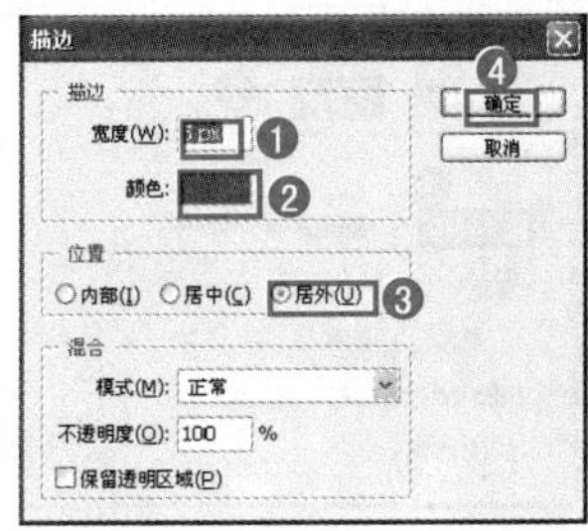

图14-33　设置描边参数

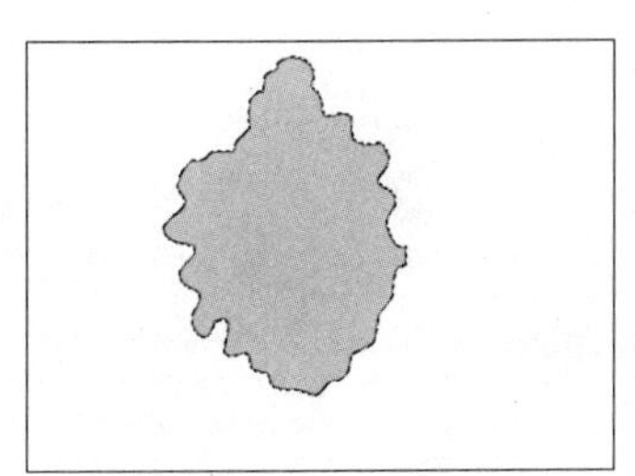

图14-34　描边效果

04 新建图层，使用钢笔工具绘制出如图 14-35 所示的路径，并按【Ctrl+Enter】组合键将其转换为选区，设置前景色为“#126705”，单击工具箱中的渐变工具，在其选项栏中设置各项参数，在选区中拖动鼠标，得到如图 14-36 所示的效果。

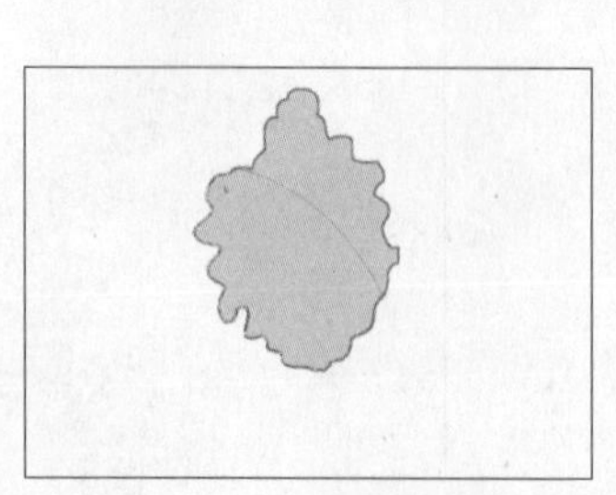

图 14-35　描绘路径

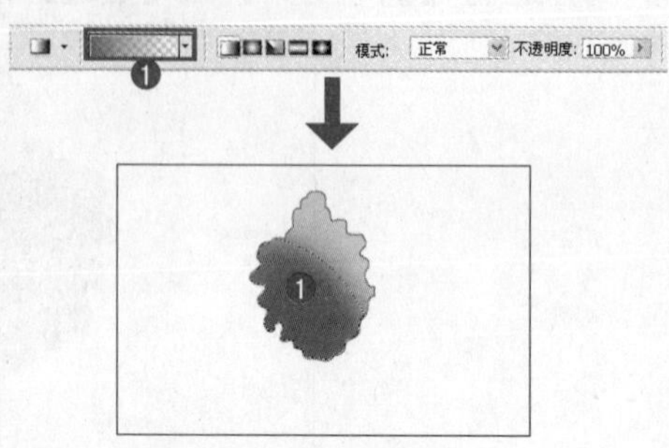

图 14-36　渐变填充效果

05 设置背景色为“#118300”，然后执行【滤镜】/【素描】/【绘图笔】菜单命令，在弹出的对话框中设置参数为如图 14-37 所示，单击【确定】按钮，将得到如图 14-38 所示的效果。

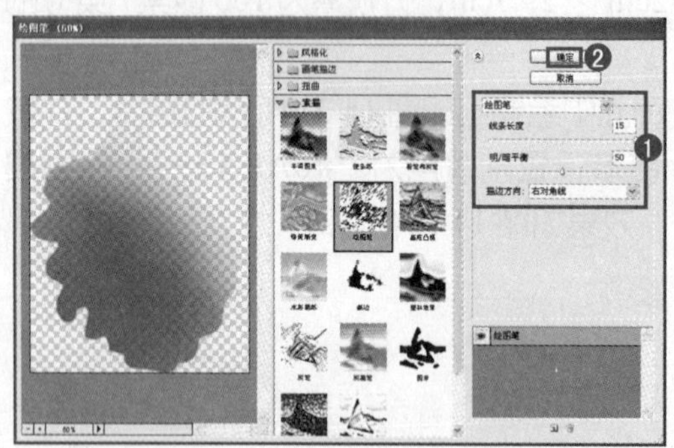

图 14-37　设置绘图笔参数

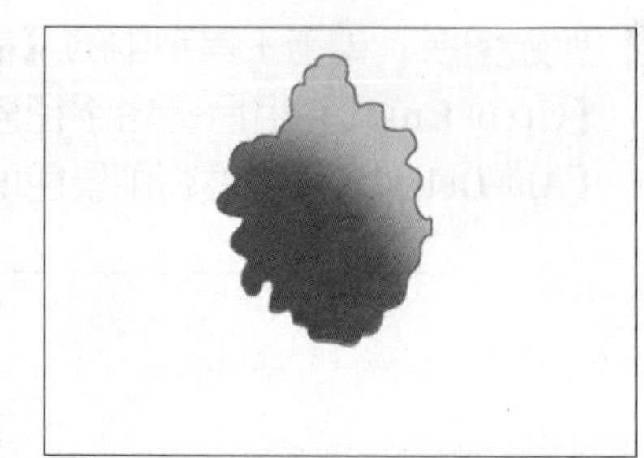

图 14-38　绘图笔效果

06 接下来绘制主干。首先使用钢笔工具勾画出主干的轮廓，并按【Ctrl+Enter】组合键将其转换为选区，设置前景色为“#8F662A”，接着按【Alt+Delete】组合键将前景色填充到选区，其效果如图 14-39 所示，设置前景色为“#4B490F”，然后执行【编辑】/【描边】菜单命令，在弹出的对话框中设置参数为如图 14-40 所示（描边颜色为“#2d3b01”），单击【确定】按钮，并取消选区，即可完成本实例的制作。

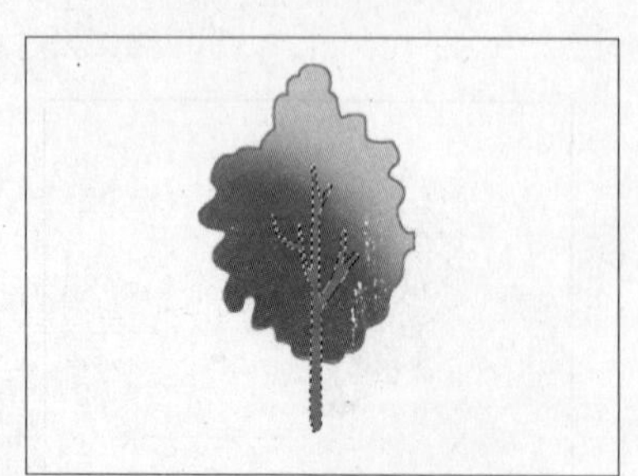

图 14-39　绘制主干并填充颜色

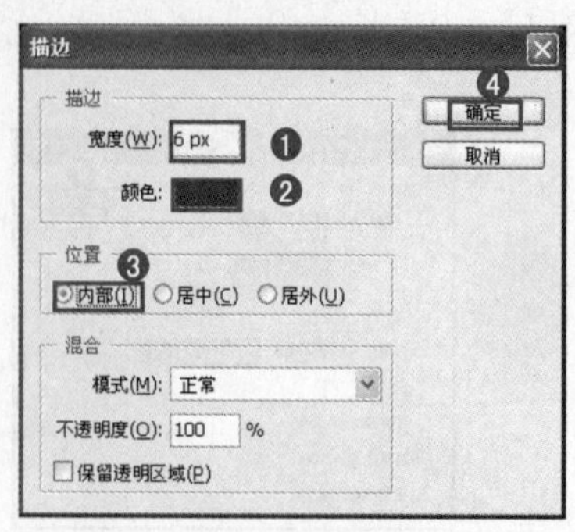

图 14-40　设置描边参数

14.7　组合图形

本实例将把前面所绘制的图形组合起来并加以调整，形成一幅美丽的风景画，效果如图 14-41 所示。

图 14-41　最终效果

具体操作步骤如下：

01 执行【文件】/【新建】菜单命令新建一个 42cm × 29.7cm，分辨率为 100 像素/英寸的图像文件。

02 执行【文件】/【打开】菜单命令，打开本章前面所绘制的图形，并将其拖动到画面中，如图 14-42 所示。

03 此时，在图层面板中会发现新增了一些图层，将这些图层命名后，并调整位置，得到如图 14-43 所示的效果。

图 14-42　打开效果图并将其拖入画面

图 14-43　调整图层位置后的效果

04 在【图层】面板中新建一图层，并将其命名为“地砖”，接着打开前面所绘制的地砖，按【Ctrl+A】组合键全选，执行【编辑】/【定义图案】菜单命令，将弹出【图案名称】对话框，如图 14-44 所示，然后单击【确定】按钮。

图 14-44　【图案名称】对话框

使用【矩形选框工具】在画面中绘制矩形选区，然

后执行【编辑】/【填充】菜单命令，在弹出的对话框中设置参数为如图14-45所示，将得到如图14-46所示的效果。

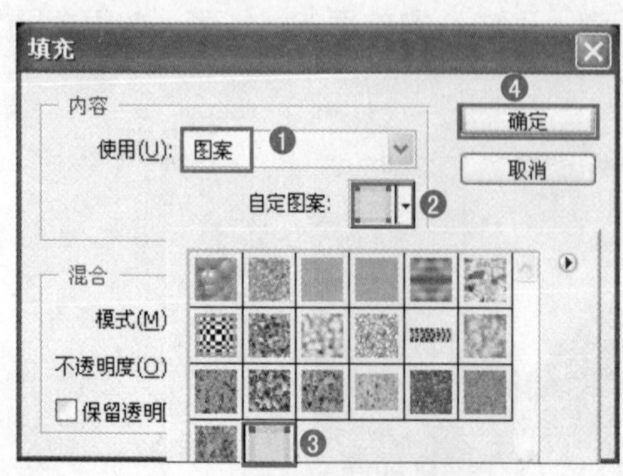

图14-45　设置填充参数

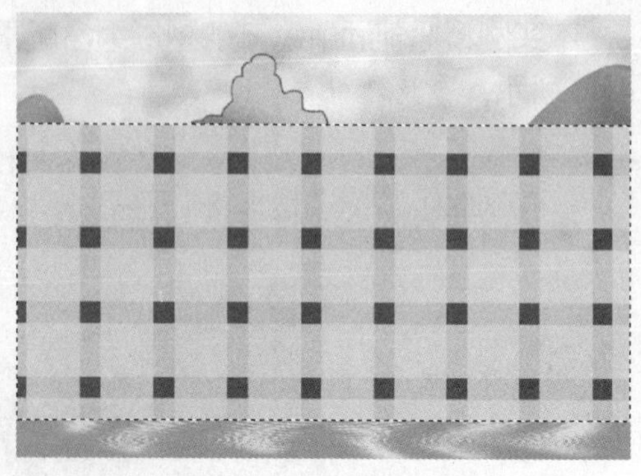

图14-46　填充效果

05 执行【编辑】/【自由变换】菜单命令，对其进行变换，并按【Enter】键确定变换，其效果如图14-47所示。

图14-47　自由变换效果

06 切换到树木图层，并按【Ctrl+J】组合键对其进行复制，然后进行变换，得到最终效果。

第 15 章
招牌广告设计

本章主要以招牌设计实例进行讲解。在生活中，精美的店面招牌、设计独特的广告常常会引人注目，从而成为现代社会一道独特的风景线。

15.1 制作婚纱影楼店招牌

婚纱影楼是目前非常热门的行业，而Photoshop CS3在婚纱影楼中的应用范围也比较广泛，如处理照片的色彩、修饰照片中的人物等，本实例主要通过制作婚纱影楼店面招牌为例进行讲解，最终效果如图15-1所示。

图15-1 最终效果

具体操作步骤如下：

01 执行【文件】/【新建】菜单命令或按【Ctrl+N】组合键新建一个360cm × 150cm的图像文件。

02 设置前景色为"#E8E1F0"，然后按【Alt+Delete】组合键将前景色填充到画面中，效果如图15-2所示。

03 设置前景色为"#F5A489"，使用【椭圆选框工具】在画面中绘制一个椭圆选区，并在图层面板中新建一图层，然后按【Alt+Delete】组合键将前景色填充到选区中，得到如图15-3所示的效果。

图15-2 填充颜色

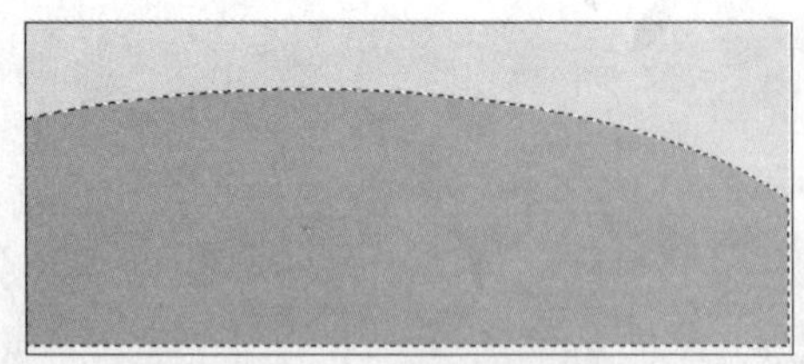

图15-3 绘制椭圆选区并填充颜色

04 使用上步相同的方法，在画面中分别绘制两个椭圆选区，并新建图层，然后按【Alt+Delete】组合键将前景色填充到选区中，得到如图15-4所示的效果。

05 在图层面板中分别设置前两步新建图层的透明度为50%、60%、70%，得到如图15-5所示的效果。

图15-4 绘制椭圆选区并填充颜色

图15-5 设置图层透明度

06 设置前景色为“#EF9B7A”，然后单击椭圆选框工具，并按【Shift】键在画面中绘制一个圆形选区，然后在图层面板中新建一图层，并按【Alt+Delete】组合键将前景色填充到选区中，得到如图15-6所示的效果。

07 使用上步相同的方法，在画面中分别绘制两个圆形选区，并新建图层，然后填充颜色，得到如图15-7所示的效果。

图15-6 绘制圆形选区并填充颜色

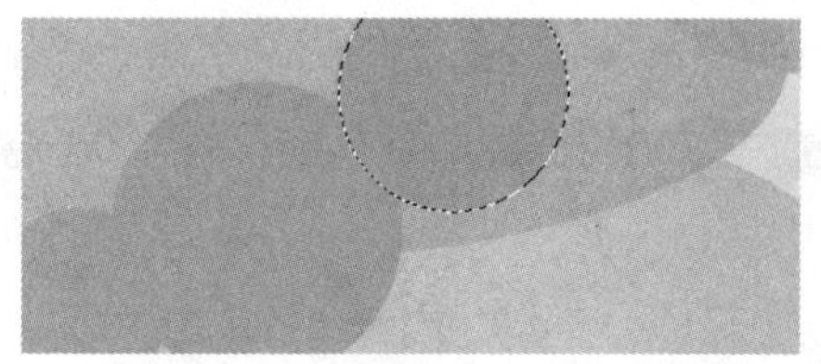

图15-7 绘制圆形选区并填充颜色

08 在图层面板中分别设置前两步新建图层的透明度为70%、80%、50%，得到如图15-8所示的效果。

09 执行【文件】/【打开】菜单命令打开光盘中“15\1.jpg”，然后使用【移动工具】将打开的图片拖动到当前画面中，效果如图15-9所示。

图15-8 设置图层透明度

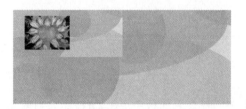

图15-9 打开图片并将其拖入画面

10 在工具箱中单击【自定形状工具】，并在选项栏中选择“心形”形状，如图15-10所示，然后将其选项栏设置为如图5-11所示后，在画面中绘制一心形路径，效果如图15-11所示。

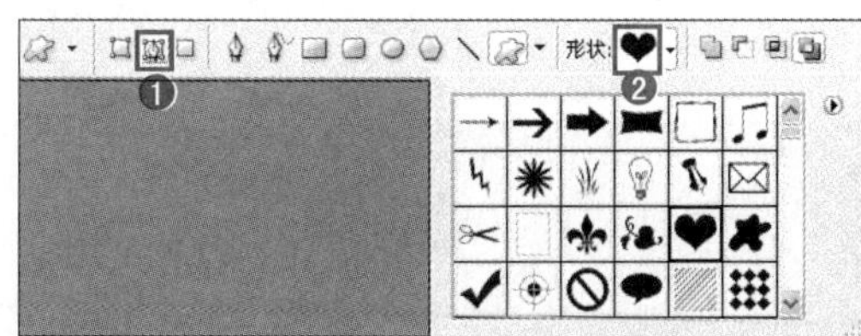

图15-10 设置【自定形状工具】选项栏

图15-11 绘制心形路径

11 按【Ctrl+Enter】组合键将路径转换为选区，接着执行【选择】/【修改】/【羽化】菜单命令，在弹出的对话框中设置“羽化半径”为30像素，并单击【确定】按钮，然后按【Ctrl+Shift+I】组合键反选选区，并按【Del】键删除选区中的图像，得到如图15-12所示的效果。

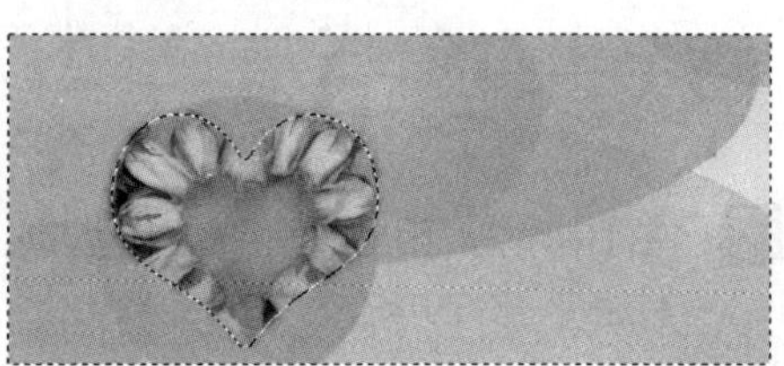

图15-12 羽化选区后删除图像

12 按【Ctrl+D】组合键取消选区，在【图层】面板中单击按钮为当前图层添加蒙版，并设置前景色为黑色，然后单击渐变填充工具，将其选项栏设置为如图15-13所示后，在图像中拖动，使其与画面背景相融合，其效果如图15-14所示。

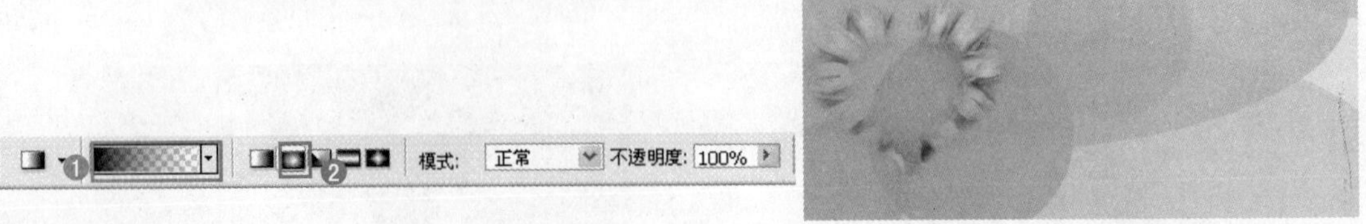

图15-13　设置【渐变工具】选项栏　　图15-14　添加蒙版后的效果

13 按【Ctrl+J】组合键对其进行复制，然后使用移动工具将其移动到适当的位置，其效果如图15-15所示。

14 打开光盘中“15\素材2.jpg”图片，并将其拖入画面，如图15-16所示。

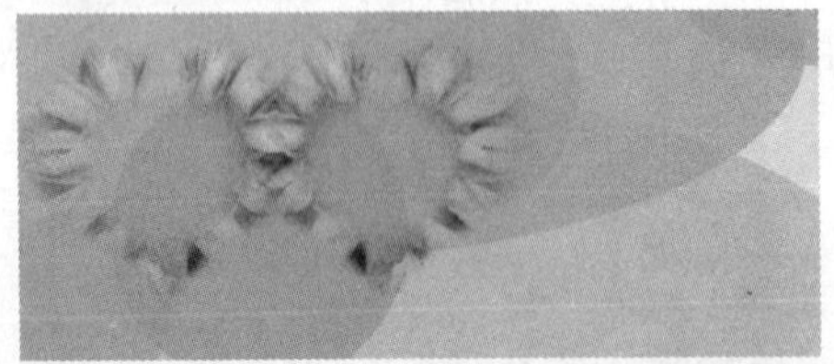

图15-15　复制图形

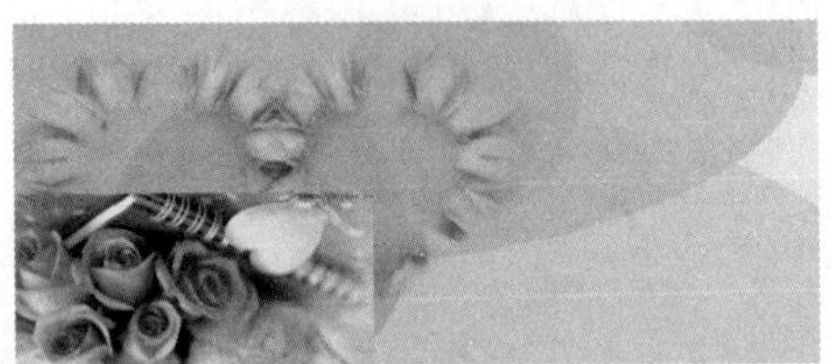

图15-16　打开图片并拖入画面

15 在【图层】面板中单击按钮为当前图层添加蒙版，并设置前景色为黑色，然后单击渐变填充工具，将其参数设置为如图15-17所示后，在图像中拖动，使其与画面背景相融合，效果如图15-18所示。

图15-17　设置【渐变工具】选项栏

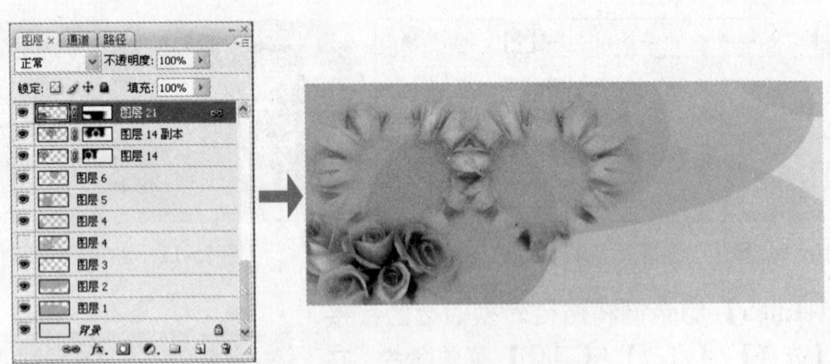

图15-18　添加蒙版后的效果

16 按【Ctrl+J】组合键复制当前图层，并使用移动工具将复制的图层移动到适当的位置，效果如图15-19所示。

17 使用前面所讲的方法，打开两幅图片，并将其拖入到画面中进行调整，得到如图 15-20 所示的效果。

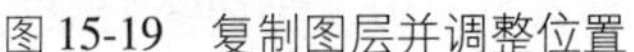

图 15-19　复制图层并调整位置

图 15-20　打开图片并拖入画面

18 设置前景色为“#F3723E”，使用缩放工具放大画面的右下角，然后新建一图层，使用矩形选框工具在画面中绘制一矩形，并按【Alt+Delete】组合键将前景色填充到选区中，效果如图 15-21 所示。

19 使用矩形选框工具在画面中绘制一矩形，并新建图层，然后为其填充白色，如图 15-22 所示。

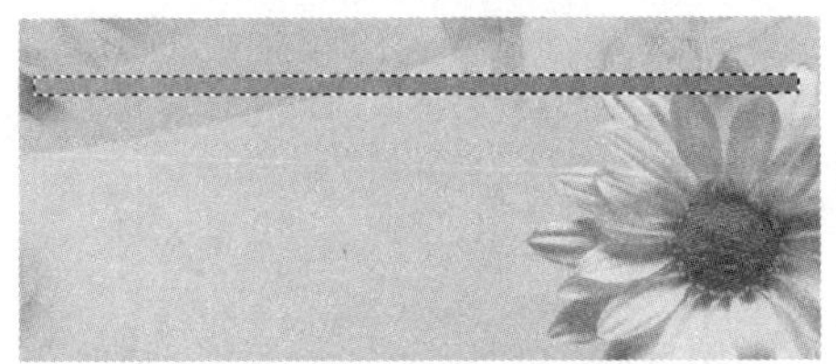

图 15-21　绘制矩形并填充颜色

图 15-22　绘制矩形并填充颜色

20 对步骤 19 所绘制的矩形进行有规律的复制。首先按【Ctrl+D】组合键取消选择，接着按【Ctrl+J】组合键复制矩形，再按【Ctrl+T】组合键将其置于自由变换状态，并按键盘上向右的光标键将其向右移动，移动至适当的位置后，按【Enter】键确定移动，然后重复按【Ctrl+Shift+Alt+T】组合键即可进行有规律的复制，其效果如图 15-23 所示。

21 合并步骤 20 所复制的所有白色矩形，然后按【Ctrl】键并在图层面板中单击合并后的图层，将其载入选区，如图 15-24 所示。

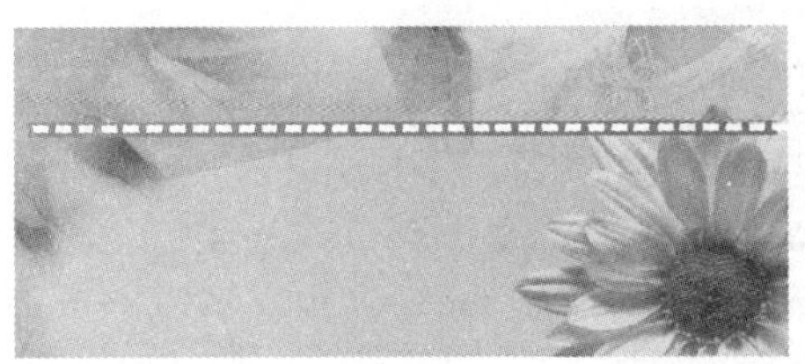

图 15-23　有规律的复制图像

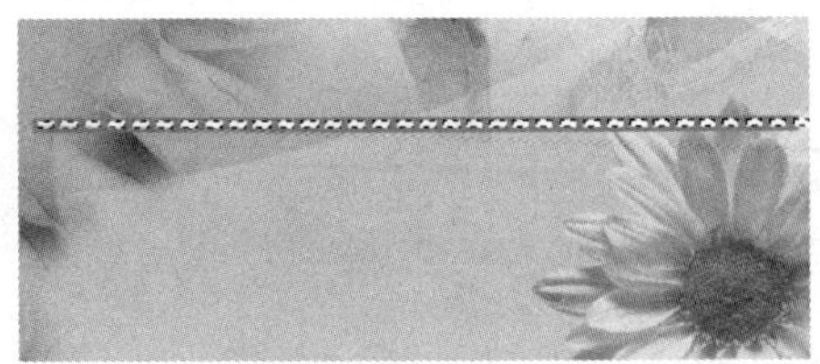

图 15-24　载入选区

22 在图层面板中单击步骤 18 所绘制的矩形图层，将其置为当前图层，接着按【Del】键删除选区中的图像，然后将上一步合并的图层删除，得到如图 15-25 所示的效果。

23 按【Ctrl+J】组合键复制当前图层，并使用移动工具将复制的图层向下移动，如图 15-26 所示。

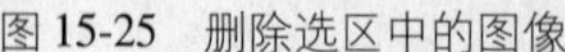

图15-25　删除选区中的图像

图15-26　复制图像

24 单击工具箱中的【横排文字工具】，在画面中输入文字"达雅婚纱影楼"，在输入文字"达雅"时敲回车键进行提行，然后选中文字"达雅"将其参数设置为如图15-27所示，选中文字"婚纱影楼"将其参数设置为如图15-28所示，得到如图15-29所示的效果。

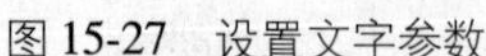

图15-27　设置文字参数

图15-28　设置文字参数

图15-29　输入文字

25 为文字设置投影、斜面和浮雕、描边效果。在图层面板中双击文字图层，将弹出图层样式对话框，在该对话框中分别设置投影、斜面和浮雕、描边参数，设置完毕后单击【确定】按钮，得到如图15-30所示的效果。

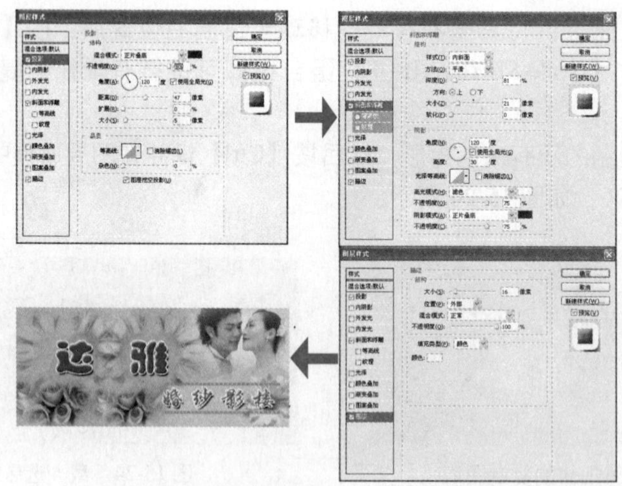

图15-30　设置图层样式后的效果

26 单击【横排文字工具】，然后按【Ctrl+T】组合键打开字符面板，将面板中各项参数设置为如图15-31所示后，在画面中输入文字，效果如图15-32所示。

图 15-31 设置字符参数

图 15-32 输入文字

27 在图层面板中双击当前文字图层，然后在弹出的对话框中设置描边效果，如图 15-33 所示，即可得到最终效果。

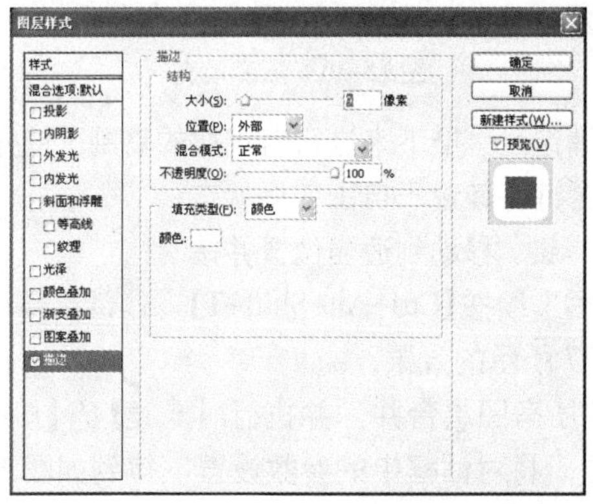

图 15-33 设置描边效果

15.2 制作烧烤招牌

本实例以制作烧烤招牌为例，主要讲解工具与滤镜命令的应用，最终效果如图 15-34 所示。

图 15-34 最终效果

具体操作步骤如下：

01 执行【文件】/【新建】菜单命令或按【Ctrl+N】组合键新建一个 70cm × 18cm 的图像文件。

02 单击渐变填充工具，在其选项栏中设置参数后，在画面中拖动，效果如图 15-35 所示。

图 15-35　渐变填充效果

03 使用【矩形选框工具】在画面中绘制一个矩形选区，新建图层，然后单击【渐变填充工具】，在其选项栏中设置参数后，在选区中拖动，得到如图 15-36 所示的效果。

图 15-36　渐变填充

04 按【Ctrl+D】组合键取消选区，接下来进行有规律的复制，首先按【Ctrl+J】组合键复制图层，再按【Ctrl+T】组合键将其置于自由变换状态后，按键盘上向右的光标键，移动到适当位置并按【Enter】键确认移动，然后连续按【Ctrl+Alt+Shift+T】组合键，得到如图 15-37 所示的效果。

图 15-37　有规律的复制图像

05 将上一步操作所得到的所有图层合并，并执行【滤镜】/【扭曲】/【极坐标】菜单命令，系统将弹出一个对话框，将对话框中的参数设置，得到如图 15-38 所示的效果。

图 15-38　极坐标效果

06 执行【文件】/【打开】菜单命令打开"15\素材 5.jpg"图片，然后使用移动工具将图片拖入画面，如图 15-39 所示。

07 在图层面板中单击按钮为当前图层添加蒙版，并按【D】键恢复前景色，然后单击渐变填充工具，在选项栏中设置各项参数，然后在画面中拖动，得到如图 15-40 所示的效果。

图 15-39　打开图片并拖入画面

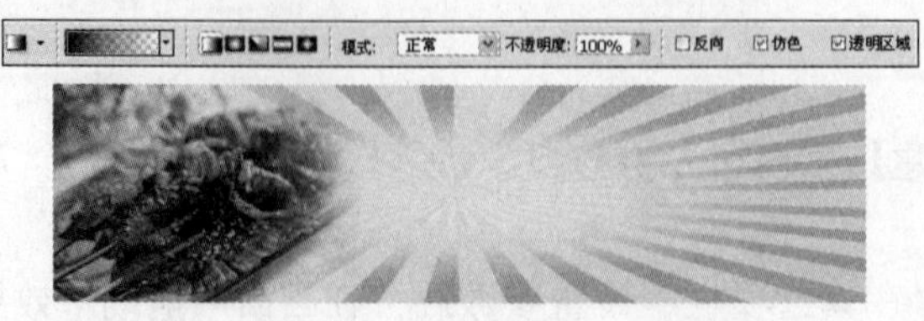

图 15-40　添加蒙版后的效果

08 执行【文件】/【打开】菜单命令打开光盘中“15\素材 6～素材 10”图片文件，然后使用移动工具将图片拖入画面，对其进行调整，得到如图 15-41 所示的效果。

09 在图层面板中将步骤 08 所拖入的图片合并为一个图层，然后双击合并后的图层，在弹出的对话框中设置描边参数，将得到如图 15-42 所示的效果。

图 15-41　打开图片并拖入画面

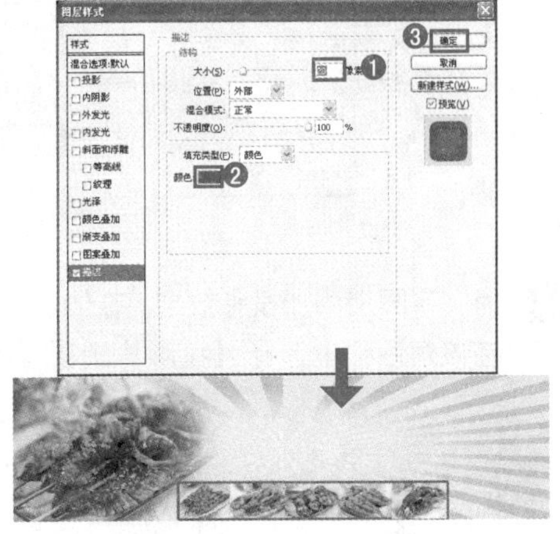

图 15-42　描边效果

10 单击直线工具，在其选项栏中设置各项参数，按【Shift】键在画面中绘制出如图 15-43 所示的直线。

图 15-43　绘制直线

11 按【Ctrl+Enter】组合键将路径转换为选区，并设置前景色为“#9C361F”，然后按【Alt+Del】组合键将前景色填充到选区中，取消选区后，效果如图 15-44 所示。

图 15-44　填充效果

12 单击椭圆选框工具，并按【Shift】键在画面中绘制出圆形选区，然后设置前景色为“#F68B27”，并按【Alt+Del】组合键将前景色填充到选区，取消选区后，效果如图 15-45 所示。

图 15-45　填充颜色

13 输入文字。首先打开【字符】面板，在该面板中设置各项参数，并单击字符面板右上角

的小三角形按钮，在弹出的菜单中执行【仿斜体】命令，然后在画面中输入文字，效果如图 15-46 所示。

图 15-46　输入文字

14 为文字图层添加投影效果。在图层面板中双击文字图层，此时将弹出【图层样式】对话框，在该对话框中选择【投影】选项，并设置参数，将得到如图 15-47 所示的效果。

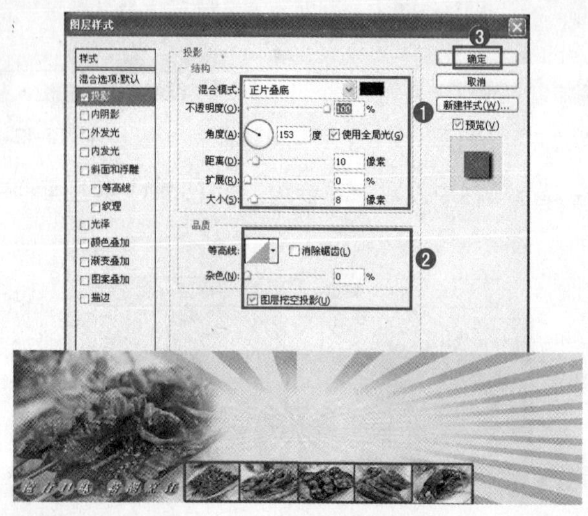

图 15-47　设置投影效果

15 单击【横排文字工具】在画面中输入文字"味道好极了！"，其效果如图 15-48 所示。在图层面板中右击当前文字图层，从弹出的菜单中执行【栅格化文字】命令，接着按【Ctrl+T】组合键将其置于自由变换状态，然后移动鼠标到左上角的控制点上，并按住【Ctrl+Alt+Shift】组合键进行拖动，使其变形为如图 15-49 所示。

图 15-48　输入文字

图 15-49　自由变换图像

16 设置图层效果。双击当前图层，在弹出的对话框中设置投影和描边参数，将得到如图 15-50 所示的效果。

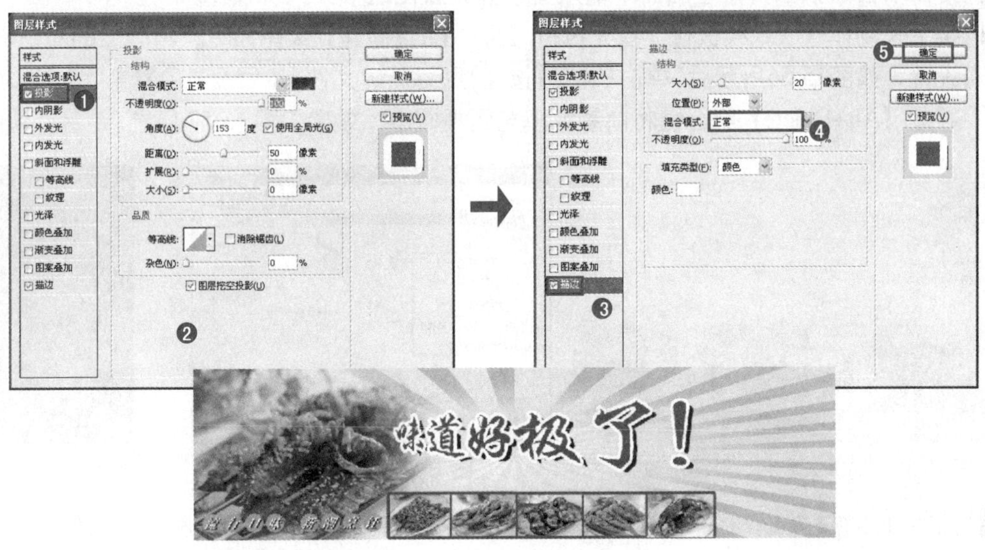

图 15-50　设置投影和描边效果

17 使用【钢笔工具】在画面中勾画出如图 15-51 所示的路径。并设置前景色为"#F47925"，紧接着按【Ctrl+Enter】组合键将路径转换为选区，然后再按【Alt+Delete】组合键将前景色填充到选区中，其效果如图 15-52 所示。

图 15-51　画出路径

图 15-52　填充颜色

18 使用文字工具在画面中输入文字，如图 15-53 所示。

19 设置图层效果。双击当前图层，在弹出的对话框中分别设置投影和描边参数，将得到如图 15-54 所示的效果。

图 15-53　输入文字

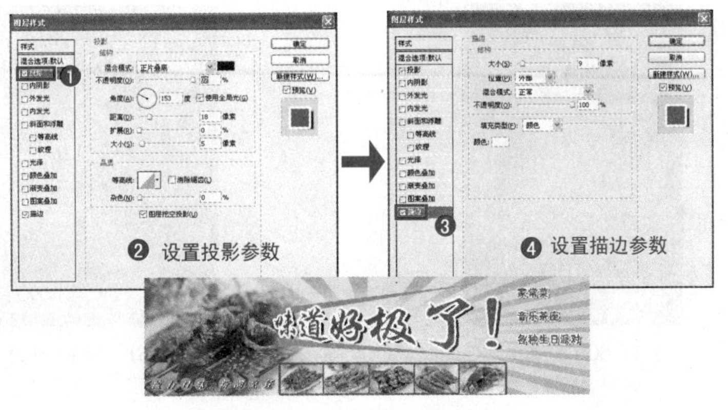

图 15-54　设置投影和描边效果

20 使用前面所讲的方法在画面中输入文字并设置图层效果，如图 15-55 所示。

21 接下来制作一块木纹板材。首先执行【文件】/【新建】菜单命令，将弹出的对话框参数设置为如图15-56所示后，单击【确定】按钮，即可新建文件，然后设置前景色为"#9C361F"，并按【Alt+Delete】组合键将前景色填充到画面中，效果如图 15-57 所示。

图 15-55　输入文字并设置图层效果

图 15-56　设置新建参数

图 15-57　填充颜色

22 执行【滤镜】/【杂色】/【添加杂色】菜单命令，将弹出的对话框中设置参数，将得到如图 15-58 所示的效果。

23 执行【滤镜】/【模糊】/【动感模糊】菜单命令，将弹出的对话框中设置参数，将得到如图 15-59 所示的效果。

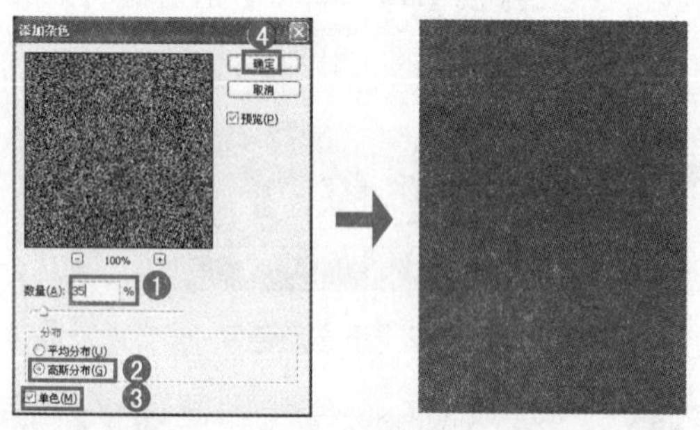

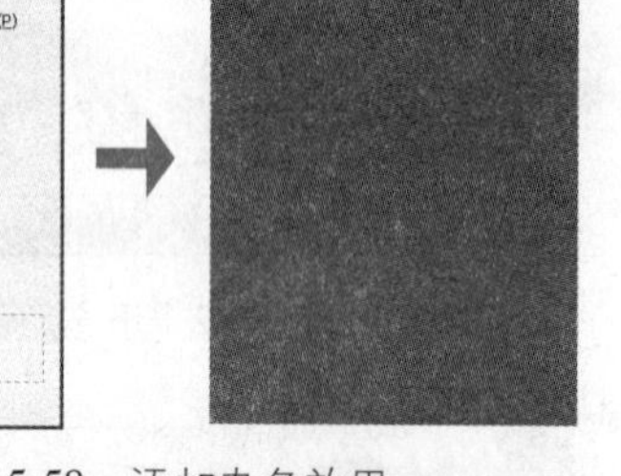

图 15-58　添加杂色效果

图 15-59　动感模糊效果

24 使用【矩形选框工具】在画面中绘制一个矩形，如图 15-60 所示，接着按【Ctrl+J】组合键复制选区中的图像，然后按【Ctrl+T】组合键将复制后的图像置于自由变换状态，并拖动控制点至铺满整个画面后，按【Enter】键确定变换，其效果如图 15-61 所示。

图 15-60　绘制选区

图 15-61　变换图像

25 执行【滤镜】/【液化】菜单命令，系统将弹出【液化】对话框，在对话框中使用工具进行涂抹，效果如图 15-62 所示。

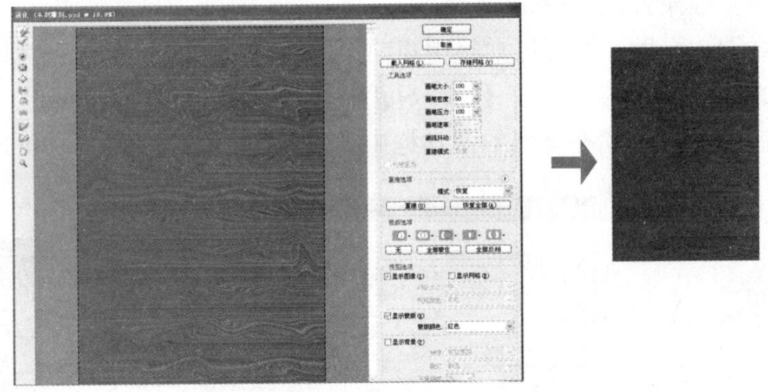

图 15-62　制作木纹效果

26 在图层面板中隐藏所有图层，并新建一图层。单击工具箱中的【圆角矩形工具】，在选项栏中设置参数，在画面中绘制出一圆角矩形，然后按【Ctrl+Enter】组合键将路径转换为选区，并设置前景色为"#8C2F2D"，按【Alt+Delete】组合键将前景色填充到选区中，效果如图 15-63 所示。

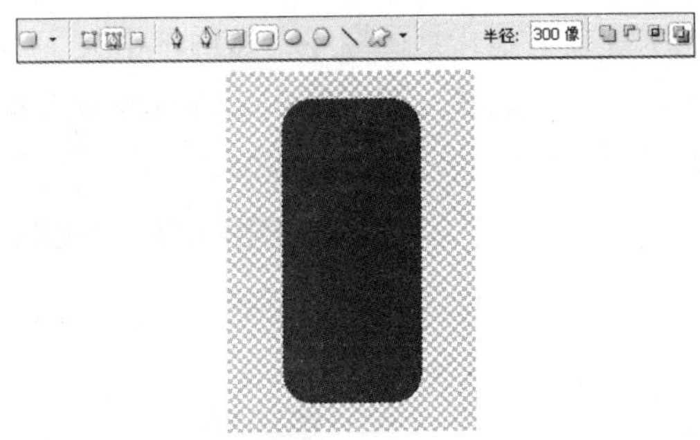

图 15-63　绘制圆角矩形并填充颜色

27 执行【滤镜】/【扭曲】/【玻璃】菜单命令，在弹出的对话框中设置参数，将得到如图 15-64 所示的效果。

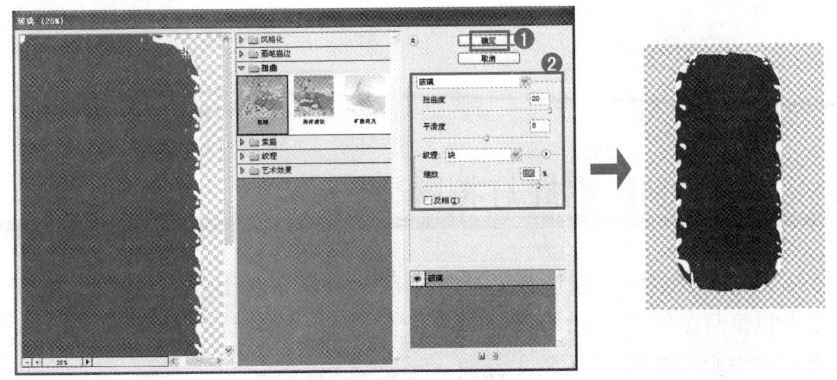

图 15-64　玻璃效果

28 使用【魔棒工具】单击图像中的白色区域，然后将鼠标指针移动到选区中右击，从弹出的菜单中执行【选择相似】命令，此时将选中画面中所有的白色区域，按【Del】键删除选区中的图像，效果如图 15-65 所示。

29 将当前图层载入选区后，在图层面板中将前面所绘制的木纹显示出来，接着按【Ctrl+J】组合键复制选区中的内容，并按【Ctrl+Shift+]】组合键将其置于最顶层，然后在图层面板中双击复制后的图层，在弹出的对话框中设置参数，效果如图 15-66 所示。

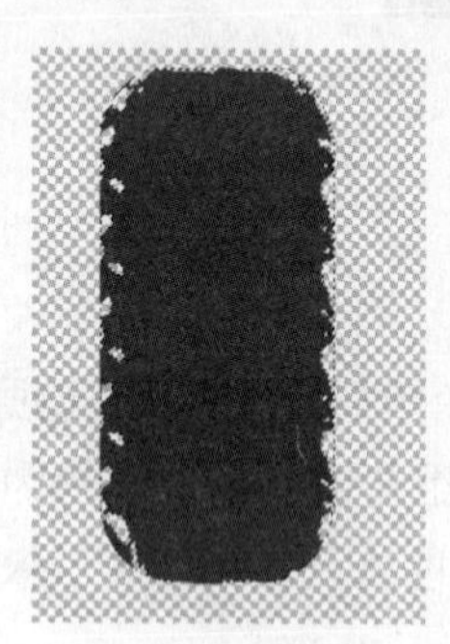

图 15-65　删除白色区域

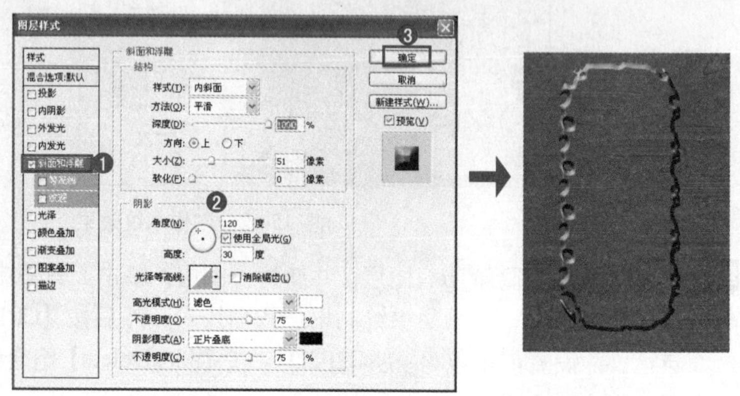

图 15-66　设置图层效果

30 使用移动工具将绘制的木纹板材拖入到画面中，然后单击文字工具，将其参数设置为如图 15-67 所示后，在画面中输入文字，并设置图层效果参数为如图 15-68 所示后，单击【确定】按钮，将得到最终效果。

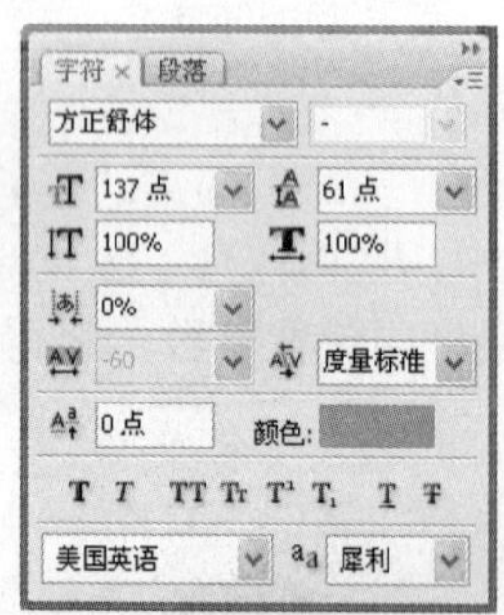

图 15-67　设置文字参数

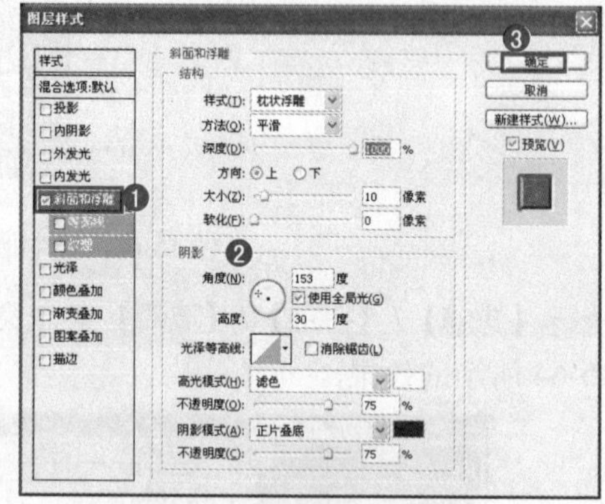

图 15-68　设置图层效果

15.3　制作霓虹灯招牌

在本节实例中主要运用矢量图形工具和图层效果来绘制出霓虹灯的自然形态，本实例的主要难点在于霓虹灯的特殊设计和霓虹灯的真实光泽，要求读者对霓虹灯有一定的观察和了解，从而达到对霓虹灯的形状、色、光有足够的认识。

如图 15-69 所示为本实例所创建的最终效果图。

图 15-69 霓虹灯效果图

具体操作步骤如下：

01 执行【文件】/【新建】菜单命令新建一个大小为 125cm × 53cm 的图像文件。

02 按【D】键恢复默认的前景色，并按【Alt+Delete】组合键将前景色填充到画面中，效果如图 15-70 所示。

03 按【Ctrl+A】组合键全选，并新建一图层，接着单击选框工具组中的任意工具，并将鼠标指针移动到选区中右击，从弹出的菜单中执行【描边】菜单命令，此时将弹出【描边】对话框，在对话框设置参数，效果如图 15-71 所示。

图 15-70 填充颜色

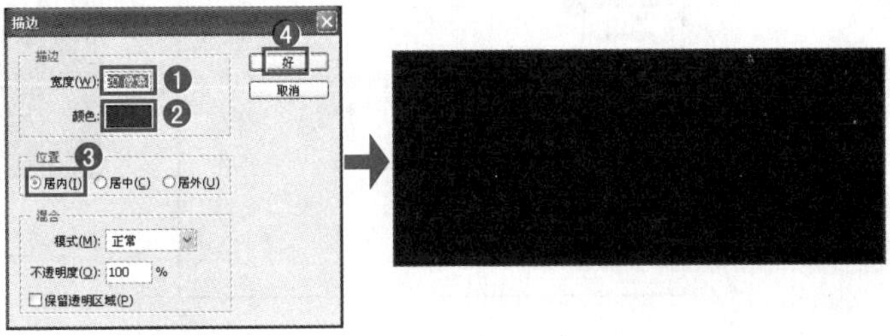

图 15-71 描边效果

04 在【图层】面板中双击当前图层，然后从弹出的对话框中设置外发光效果，效果如图 15-72 所示。

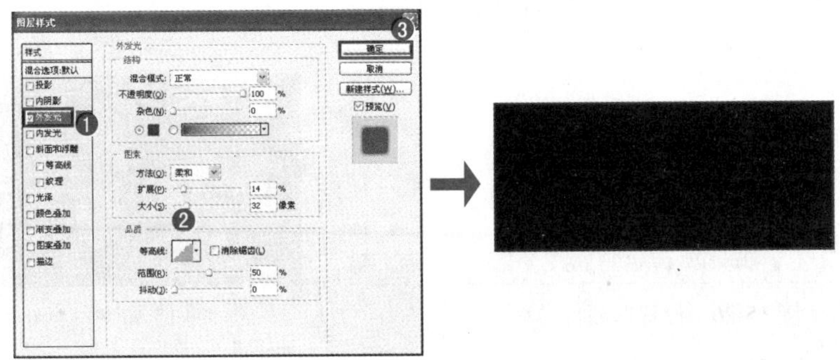

图 15-72 外发光效果

05 使用【缩放工具】放大画面的左上角，接着单击【椭圆选框工具】，并按【Shift】键在画面中绘制出如图 15-73 所示的正圆选区。

06 在【图层】面板中新建一图层，然后将鼠标指针移动到选区中右击，从弹出的菜单中执行【描边】命令，在弹出的对话框中设置参数，效果如图 15-74 所示。

图 15-73　放大画面并绘制圆形选区

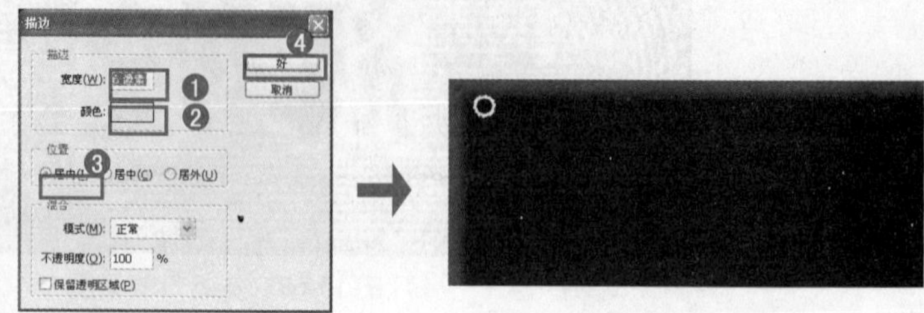

图 15-74　描边效果

07 在【图层】面板中双击当前图层，接着从弹出的对话框中设置外发光效果，然后按【Ctrl+J】组合键复制当前图层，并使用移动工具将复制后的图像移动到适当位置，效果如图 15-75 所示。

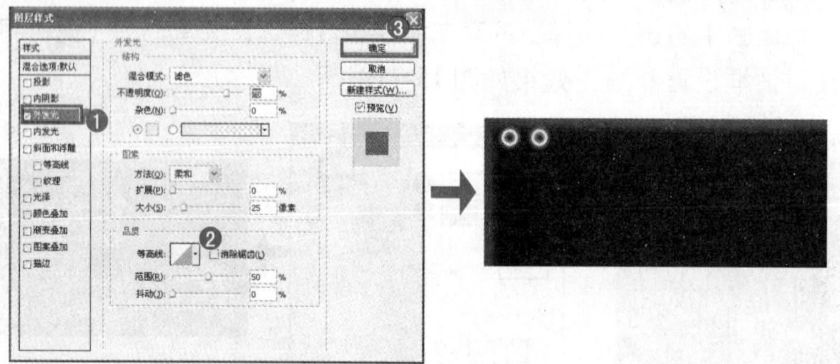

图 15-75　设置外发光效果并复制图像

08 使用【矩形选框工具】在画面中绘制一矩形，并使用前面所讲的方法对其进行描边后，按【Ctrl+T】组合键将其置于自由变换状态后，将其选项栏参数设置为如图 15-76 所示，然后拖动控制点，使其变形为图 15-77 所示。

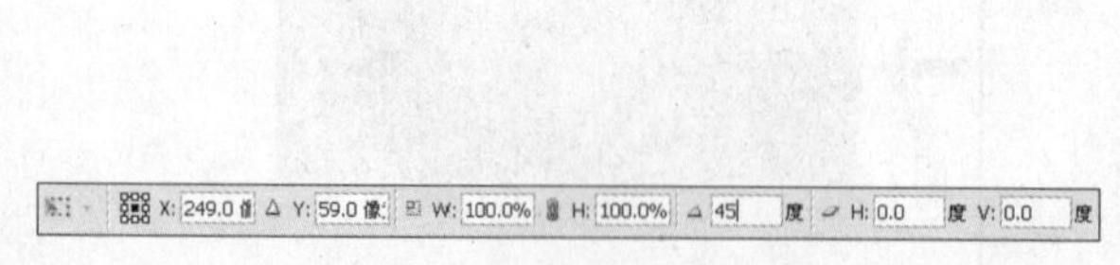

图 15-76　设置选项栏参数

图 15-77　绘制矩形并将其变形

09 在【图层】面板中双击矩形图层，然后在弹出的对话框中设置参数，并按【Ctrl+E】组合键向下合并两个图层，然后再使用前面所讲的方法对其进行有规律的复制，效果如图 15-78 所示。

10 使用前面绘制红色外框的方法在画面中绘制一个绿色边框，效果如图 15-79 所示。

图 15-78　复制图像

图 15-79　绘制绿色边框

11 使用缩放工具放大画面的右上角，接着使用矩形选框工具在画面中绘制一矩形，并使用前面所讲的方法对其描上白色的边，然后将其变形，如图 15-80 所示。

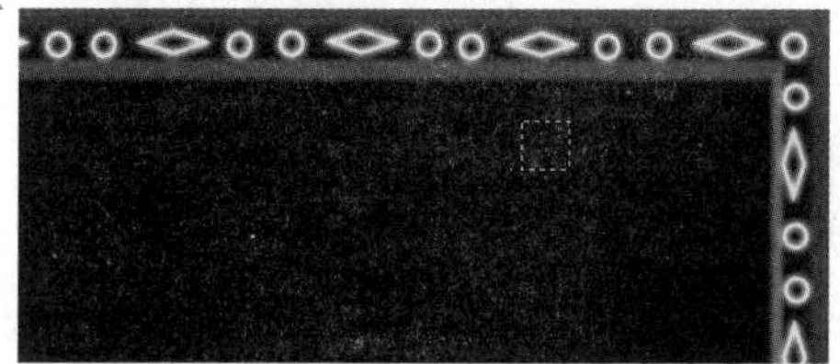

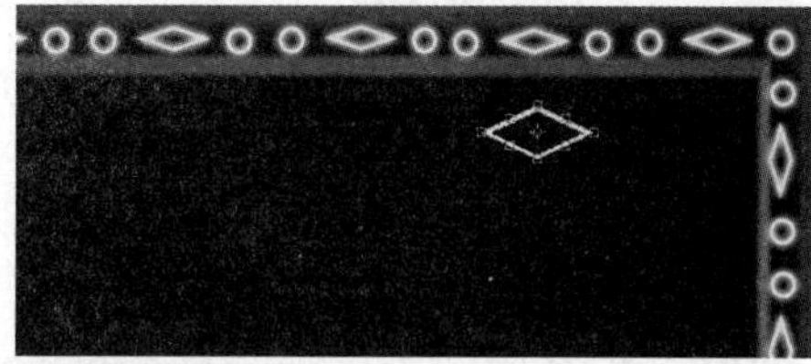

图 15-80　绘制矩形并变形

12 按【Enter】键确定变换后，在图层面板中双击当前图层，将弹出的对话框中设置外发光参数，如图 15-81 所示，然后执行【滤镜】/【模糊】/【高斯模糊】菜单命令，将弹出的对话框参数设置为如图 15-82 所示，单击【确定】按钮，效果如图 15-83 所示。

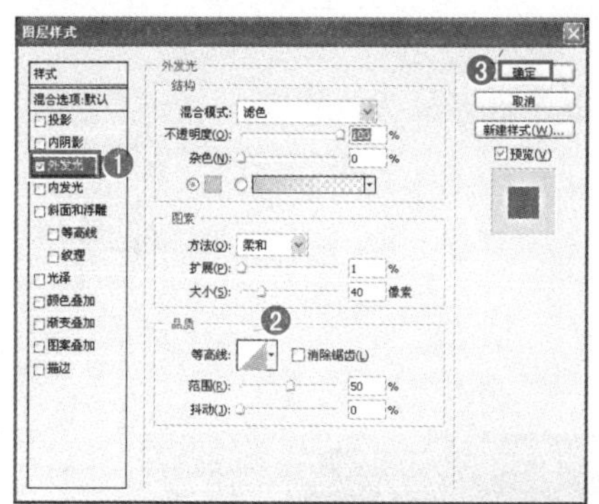

图 15-81　设置外发光参数

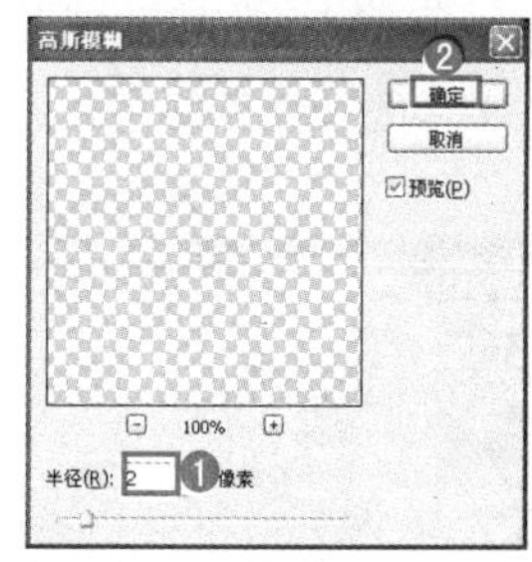

图 15-82　设置高斯模糊参数

图 15-83　设置外发光及高斯模糊效果

13 单击【自定形状工具】，然后在选项栏中单击形状下拉按钮，此时将弹出一下拉列表框，在弹出的下拉列表框中单击右上角的小三角形按钮，接着从弹出的菜单中执行【全部】命令，在弹出的对话框中单击【追加】按钮后，在下拉列表框中选中月亮形状，如图 15-84 所示，然后按【Shift】键在画面中绘制出月亮图形，并使用前面所讲的方法，对其进行描边、变换操作，如图 15-85 所示。

14 按【Enter】键确定变换后，使用椭圆选框工具在画面中绘制圆形并描上红色的边，然后使用自定形状工具在画面中绘制一个五角星，并描上绿色的边，效果如图 15-86 所示。

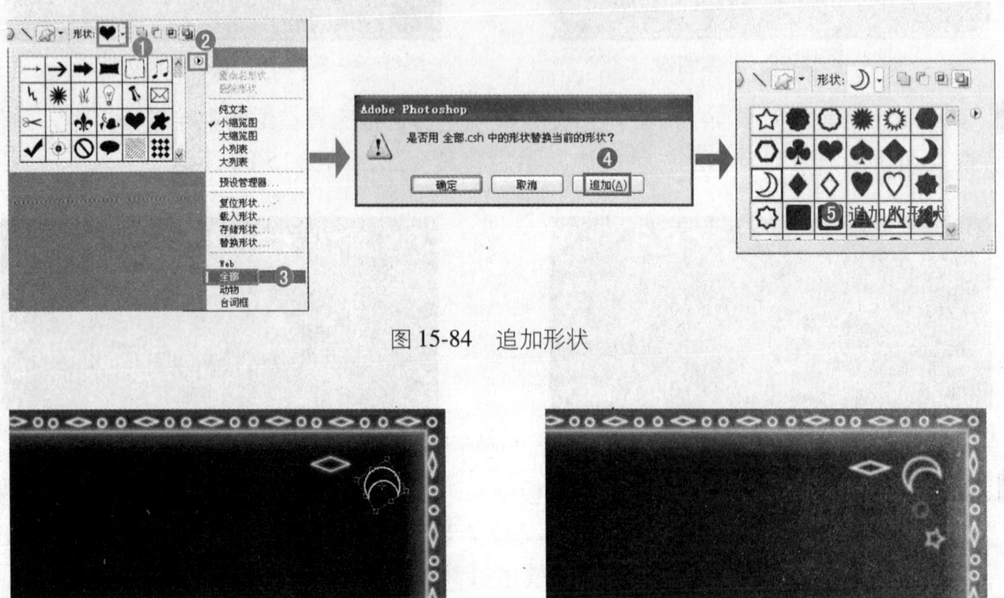

图 15-84　追加形状

图 15-85　绘制月亮

图 15-86　绘制图形

15 在【图层】面板中双击当前图层，将弹出的对话框中设置外发光参数，效果如图 15-87 所示。

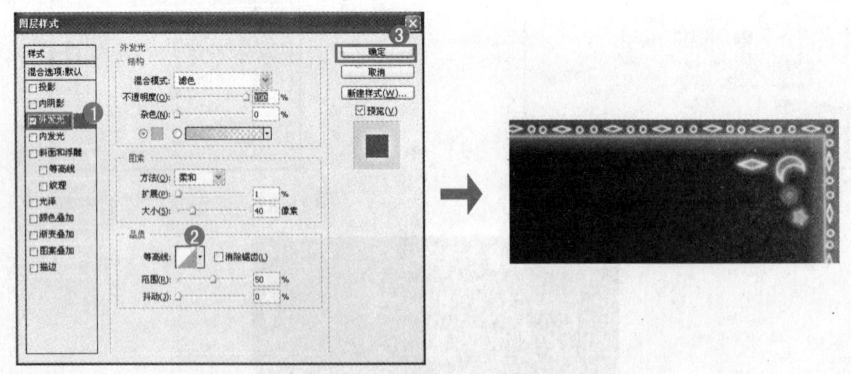

图 15-87　设置外发光参数

16 使用同样的方法在画面的四角绘制出如图 15-88 所示的图形。

17 在【图层】面板中新建图层，并单击圆角矩形工具，在画面中绘制一个圆角矩形，然后按【Ctrl+Enter】组合键将其转换为选区后，执行【编辑】/【描边】菜单命令，为其描上 3 像素的黄边，效果如图 15-89 所示。

图 15-88 绘制图形

图 15-89 绘制图形并描边

18 执行【选择】/【修改】/【收缩】菜单命令，系统将弹出【收缩选区】对话框，将收缩量设置为50像素，然后执行【编辑】/【描边】菜单命令，为其描上3像素的黄边，效果如图15-90所示。

19 重复执行上步操作，效果如图15-91所示。

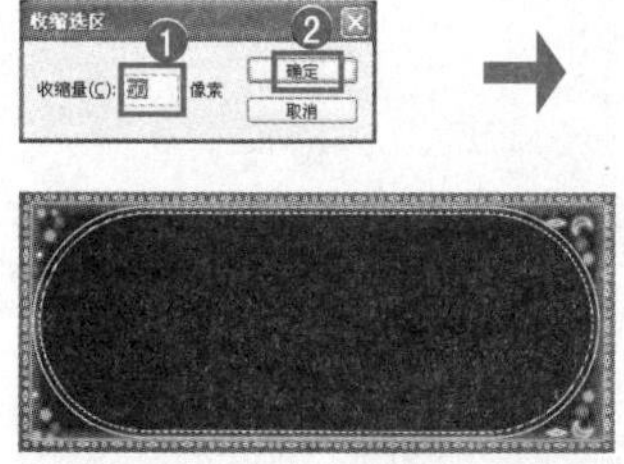

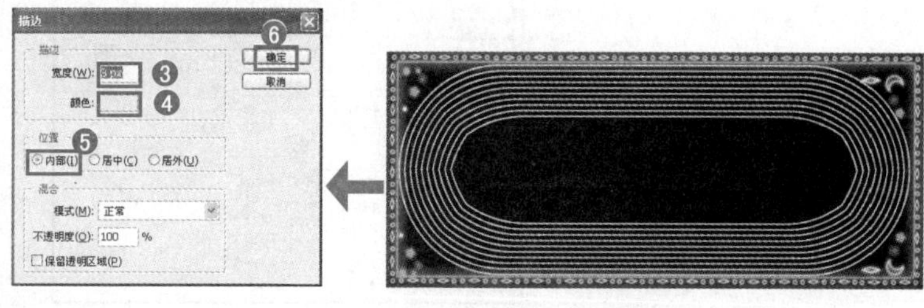

图 15-90 收缩选区并对其描边

图 15-91 重复上步操作

20 按【Ctrl】键同时在图层面板中单击当前图层，将其载入选区，然后单击【渐变填充工具】，在选项栏中单击按钮，此时将弹出【渐变编辑器】对话框，将其参数设置为如图15-92所示，然后在画面中拖出渐变的方向，按【Ctrl+D】组合键取消选择后，效果如图15-93所示。

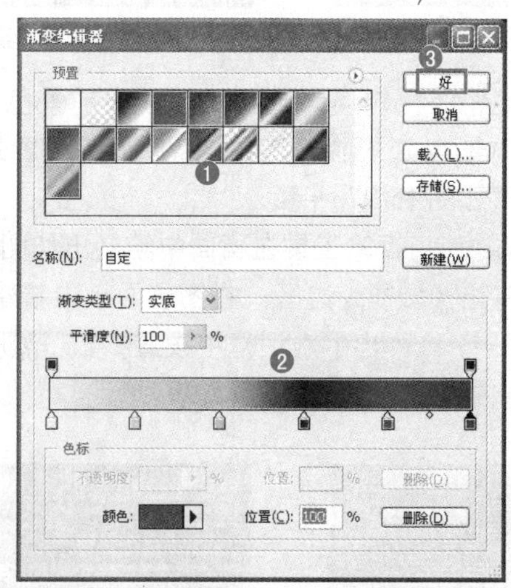

图 15-92 设置渐变参数

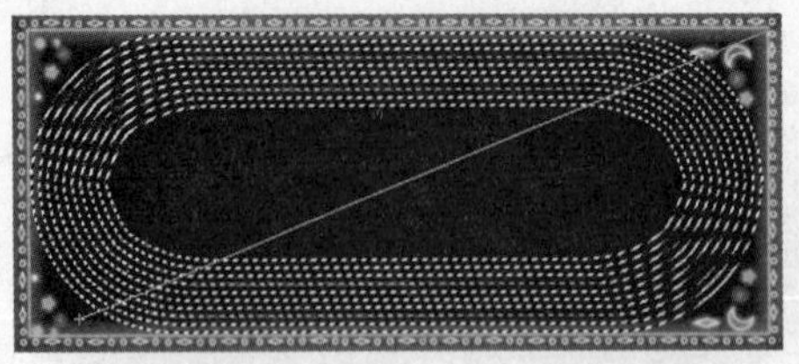
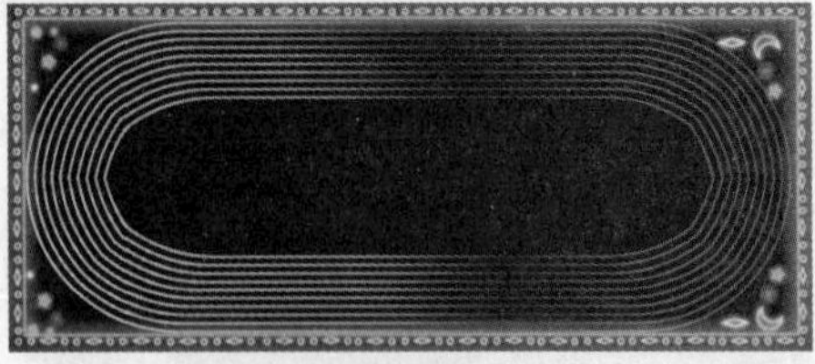

图15-93　渐变填充效果

21 在图层面板中双击当前图层，在弹出的对话框中设置参数，如图15-94所示，效果如图15-95所示。然后在工具箱中单击【直线工具】，在画面中绘制出如图15-96所示的直线路径。

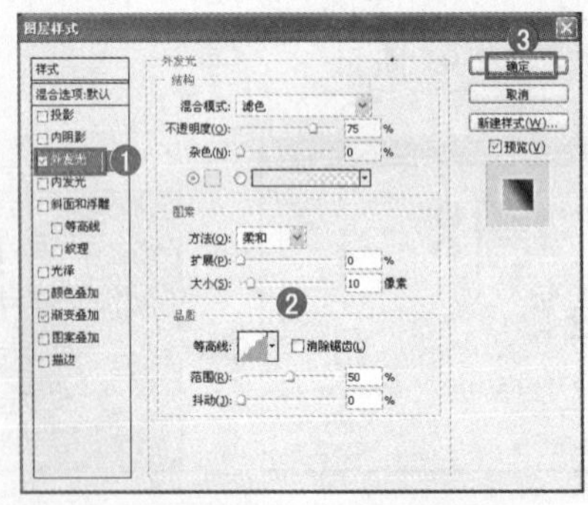

图15-94　设置外发光参数

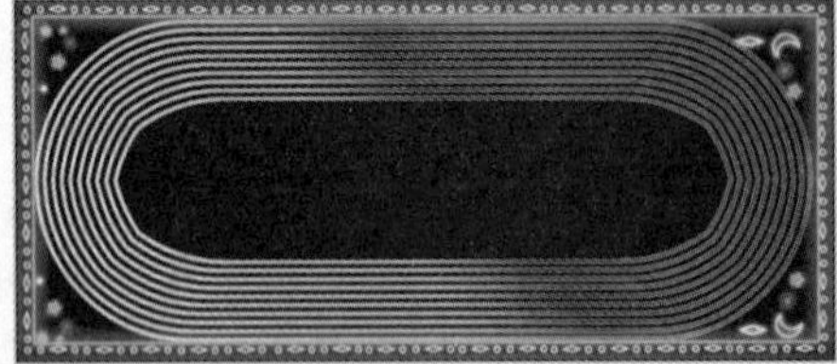

图15-95　外发光效果

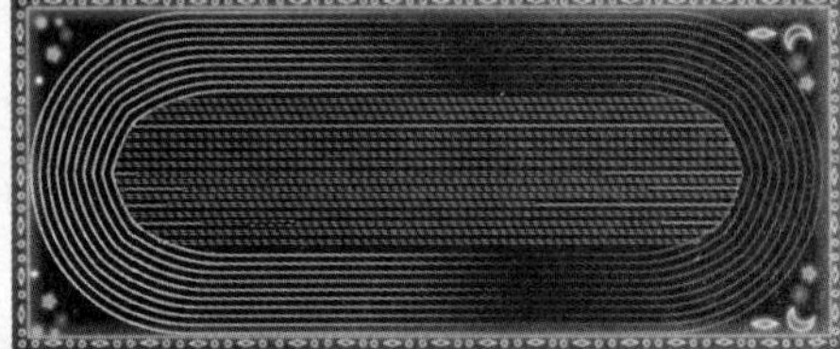

图15-96　绘制直线路径

22 按【Ctrl+Enter】组合键将路径转换为选区后，设置前景色为"#00FF00"，接着按【Alt+Delete】组合键将前景色填充到选区中，然后为其设置外发光效果，并按组合键【Ctrl+D】取消选区，效果如图15-97所示。

23 使用缩放工具放大画面，并使用钢笔工具在画面中绘制出如图15-98所示的路径，接着按【Ctrl+Enter】组合键将路径转换为选区，在图层面板中新建一图层，并填充上白色，在图层面板中双击当前图层，在弹出的对话框中设置参数，然后按【Ctrl+J】组合键进行复制，使用移动工具调整位置后，效果如图15-99所示。

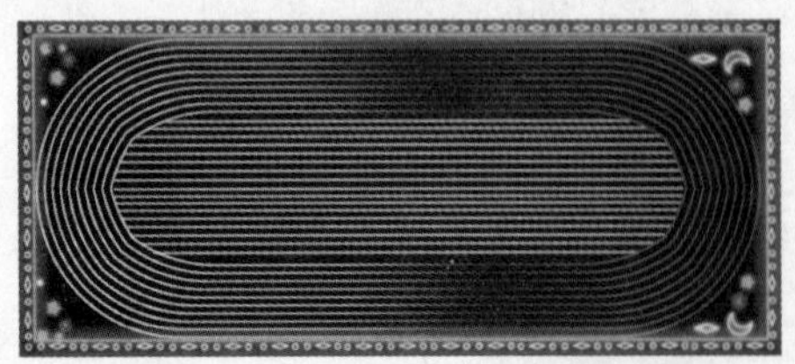

图15-97　填充颜色并设置图层效果

图15-98　画出路径

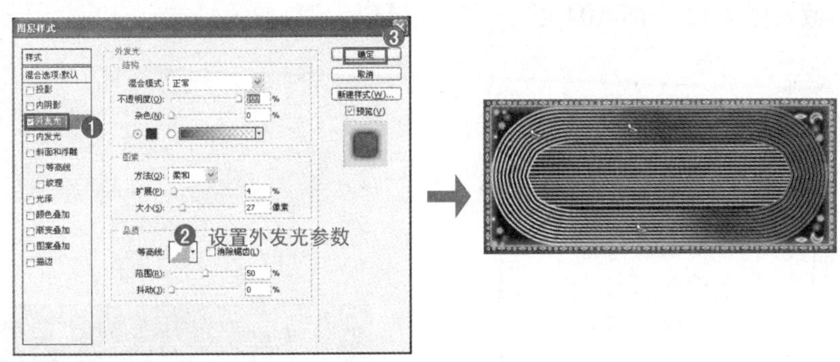

图 15-99　绘制图形并设置效果

24 使用同样的方法制作其他音符，并为其分别设置外发光效果，外发光的颜色可根据用户自己的喜好进行设置，效果如图 15-100 所示。

25 单击文字工具，将其参数设置为如图 15-101 所示后，在画面中输入文字，并按【Enter】键确认，如图 15-102 所示，然后在图层面板中双击当前文字图层，在弹出的对话框中设置参数，效果如图 15-103 所示。

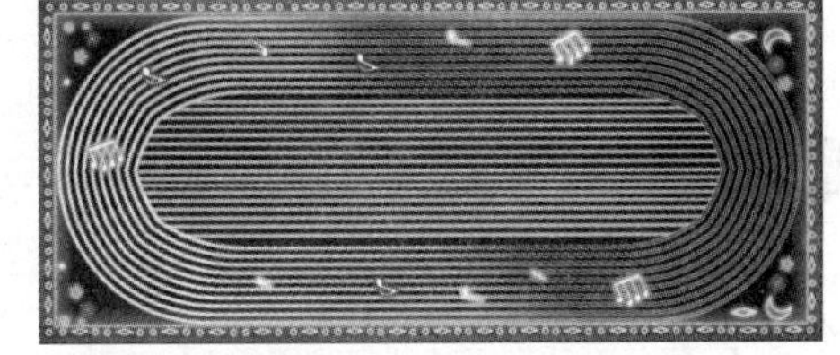

图 15-100　绘制图形并设置外发光效果

图 15-101　设置文字参数

图 15-102　输入文字

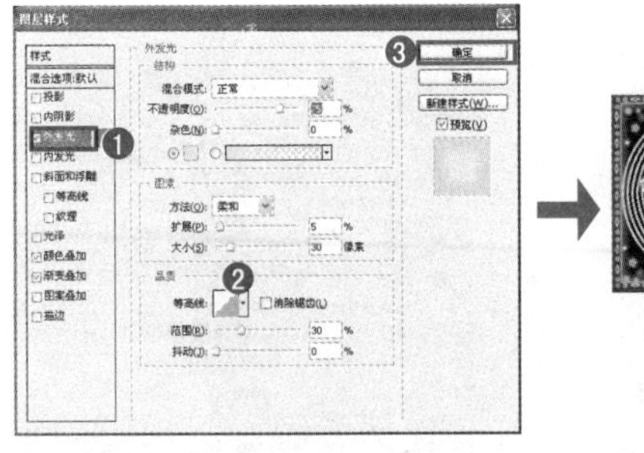

图 15-103　外发光效果

26 按【Ctrl+J】组合键复制当前图层，并在图层画面中右击复制后的图层，从弹出的菜单中执行【栅格化文字】命令，然后执行【滤镜】/【模糊】/【动感模糊】菜单命令，将其对话框参数设置为如图 15-104 所示，并按【Ctrl+[】组合键下移一层，效果如图 15-105 所示。

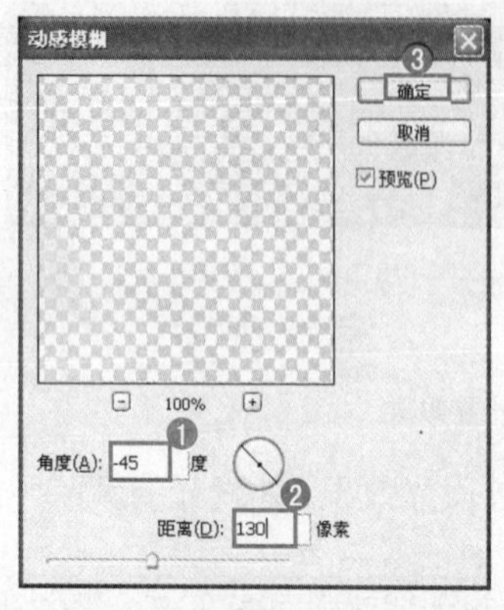

图 15-104 设置动感模糊参数

图 15-105 动感模糊效果

27 接下来使用【钢笔工具】勾画出文字的边框，按【Ctrl+Enter】组合键将路径转换为选区，并填充上黑色，然后按【Ctrl+[】组合键下移两层，效果如图 15-106 所示。

图 15-106 勾画文字轮廓并填充

28 单击文字工具，将其各项参数设置为如图 15-107 后，在画面中分别输入文字“演艺吧”和“KTV”，然后在图层画面中双击“演艺吧”图层，将弹出的对话框参数设置为如图 15-108 所示，接着双击“KTV”图层，将弹出的对话框参数设置为如图 15-109 所示，最后使用自由变换命令对文字进行变形，即可得到最终效果。

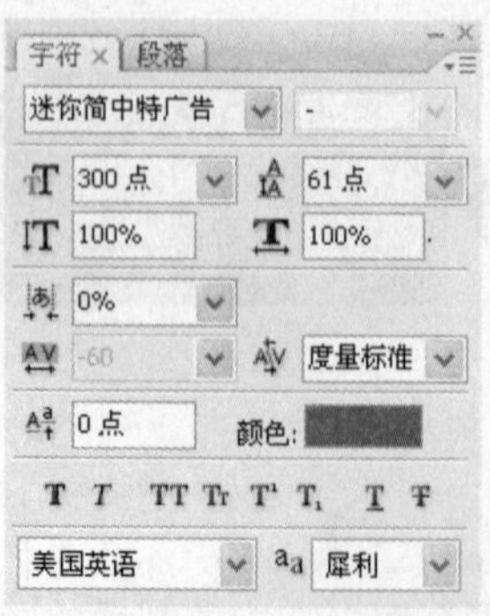

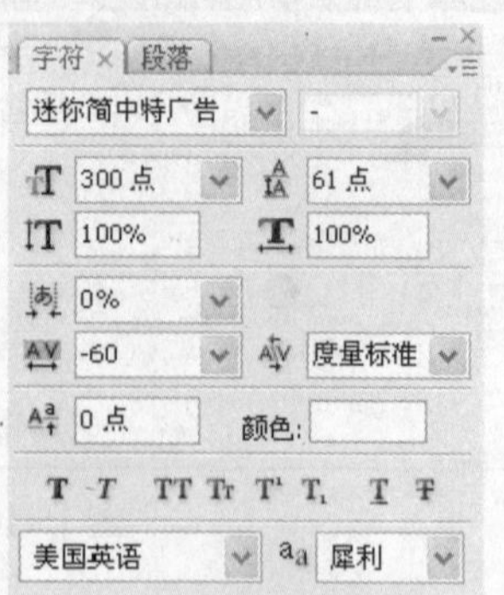

图 15-107 设置“演艺吧”和“KTV”参数

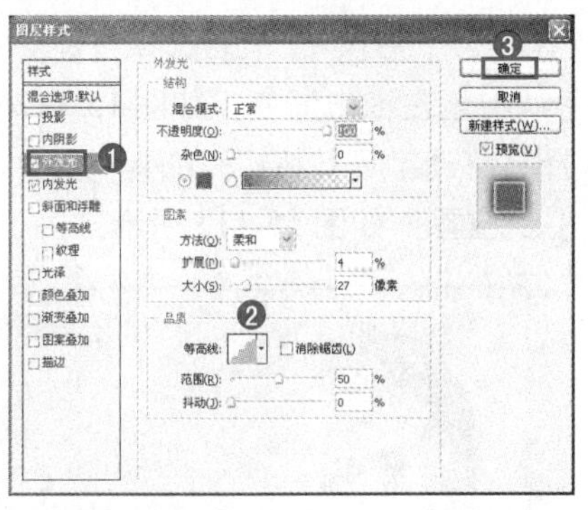

图 15-108　设置“演艺吧”图层效果

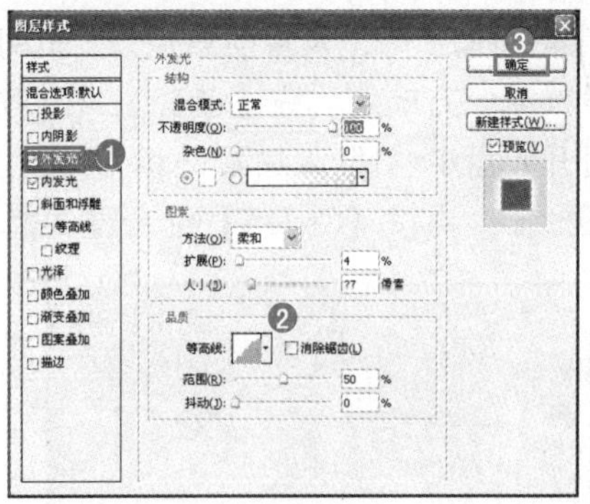

图 15-109　设置“KTV”图层效果

15.4　制作运动鞋广告招牌

制作运动鞋广告牌，主要运用渐变工具、画笔工具、移动工具、椭圆选框工具、矩形选框工具、自定义形状工具以文字工具等。首先使用渐变工具制作出图形的背景图形，并添加素材文件到图形上完善图形，然后制作图CUBA标志及LOGO图形，最后使用文字工具在图形上输入文字，其最终效果如图15-110所示。

图 15-110　运动鞋广告牌效果

具体操作步骤如下：

01 执行【文件】/【新建】菜单命令，在弹出的【新建】对话框中设置文件名，设置文件的大小以及分辨率等各项参数，如图15-111所示。

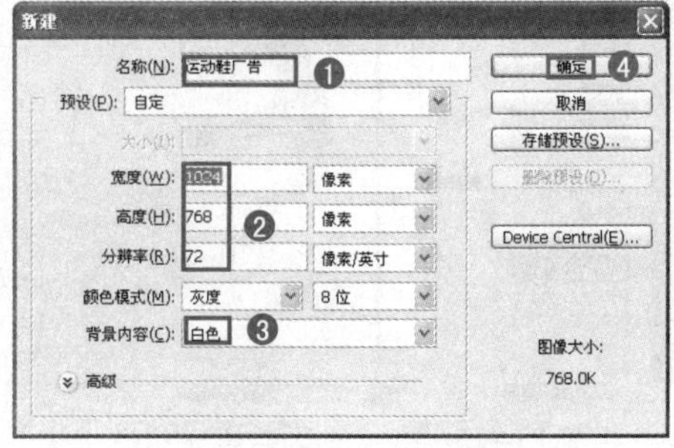

图 15-111　新建空白的图形文件

02 创建“图层1”，设置前景色为“#04b2fb”，背景色为“白色”，然后选择【渐变工具】，设置渐变方式为“线性渐变”，在创建的图层上从右至左拖出渐变，如图15-112所示。

03 打开光盘中“15\人物素材.psd”文件，然后选择【移动工具】将打开的素材文件移动到图形上，再按【Ctrl+T】组合键调整素材的大小及位置，如图15-113所示。

图15-112　渐变颜色后的效果

图15-113　移动素材文件

04 创建“图层2”，选择【椭圆选框工具】，设置椭圆选择方式为“从选区减去”，然后在图形上两次建立椭圆选区，如图15-114所示。

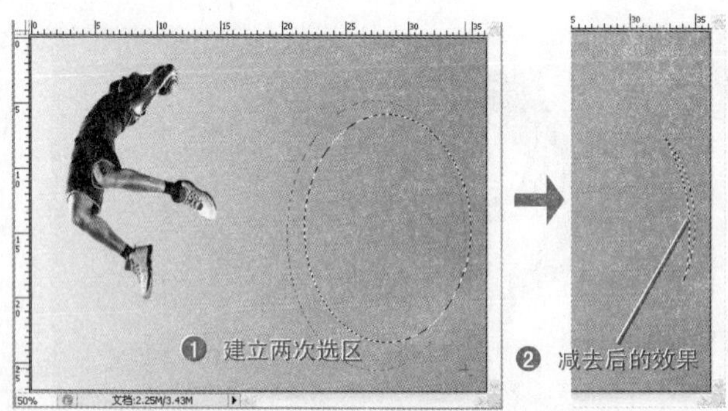

图15-114　建立选区

05 在选区内单击鼠标右键，从弹出的快捷菜单中执行【变换选区】命令，将选区变换，设置前景色为“白色”，按【Alt+Delete】组合键为选区填充前景色，然后按【Ctrl+D】组合键取消选择，如图15-115所示。

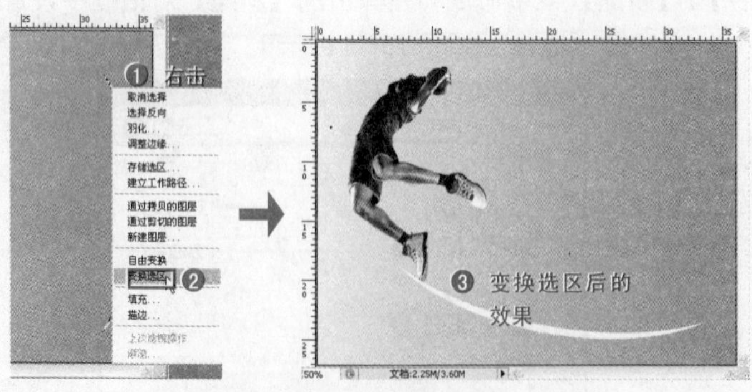

图15-115　变换选区并填充颜色

06 双击"图层2"，在弹出的【图层样式】对话框中设置"外发光"效果，设置扩展为"10%"，大小为"40像素"，范围为"50%"，如图15-116所示。

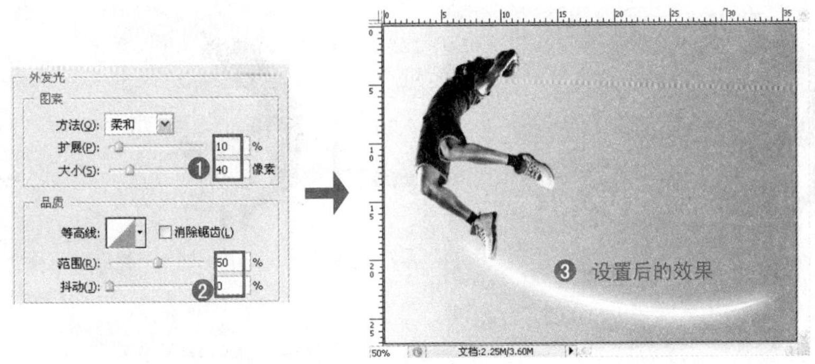

图15-116 设置外发光效果

07 创建"图层3"，选择【画笔工具】，单击属性栏上的【画笔预设读取器】按钮，在弹出的窗口中单击右边的小三角形，再执行【混合画笔】命令，将"混合画笔"载入到画笔窗口中，如图15-117所示。

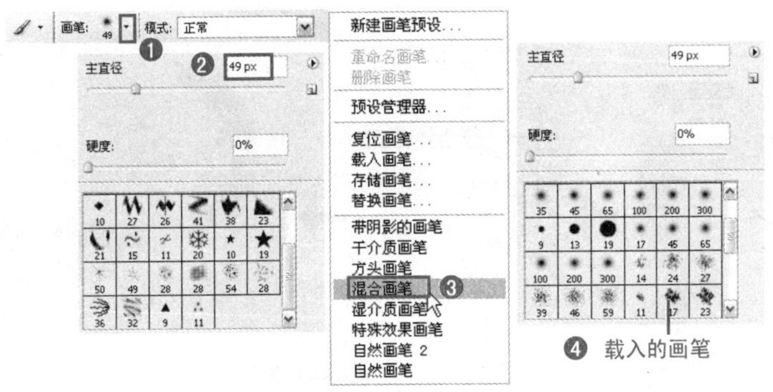

图15-117 载入画笔

08 选择刚刚载入画笔里的"星形放射-小"画笔，设置画笔的主直径为"200px"，在图形上画出画笔的形状，以形成光亮的效果，如图15-118所示。

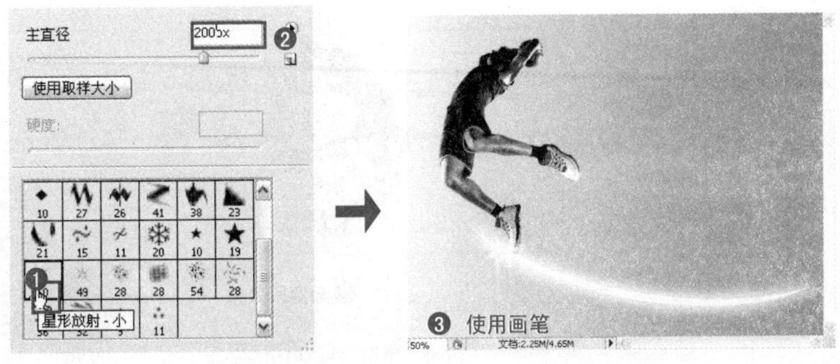

图15-118 使用画笔画出形状

09 打开光盘中"15\运动鞋素材.psd"文件，选择【移动工具】，将打开的素材文件移动到图形上，再按【Ctrl+T】组合键调整图形的大小及位置，如图15-119所示。

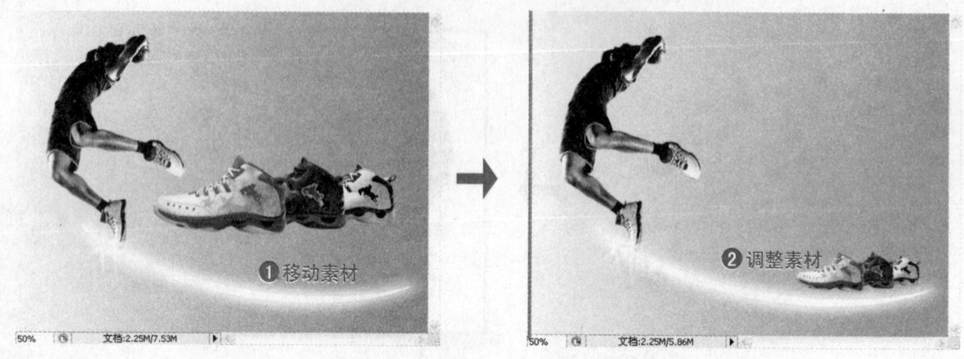

图15-119　移动素材文件并调整大小

10 选择【图层】面板中的"鞋1、鞋2、鞋3"图层，单击鼠标右键，在弹出的快捷菜单中选择【合并图层】命令，将选中的图层合并为一个图层，然后按【Shift+Alt】组合键复制并移动图形，如图15-120所示。

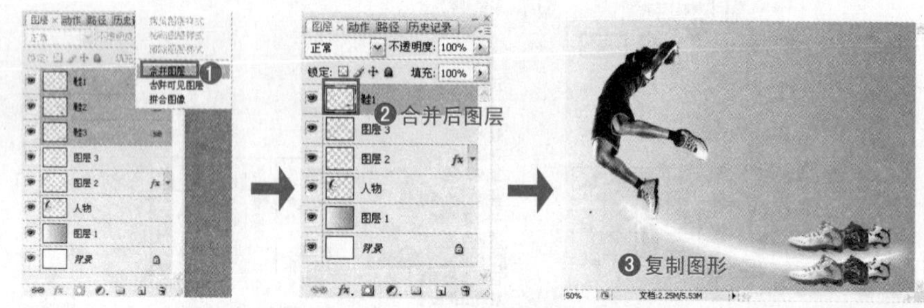

图15-120　合并图层并复制

11 执行【编辑】/【变换】/【垂直翻转】菜单命令，将图层垂直翻转，然后为翻转的图形添加一个矢量蒙版，最后选择【渐变工具】，按【D】键恢复前景色与背景色，从上至下渐变图形，如图15-121所示。

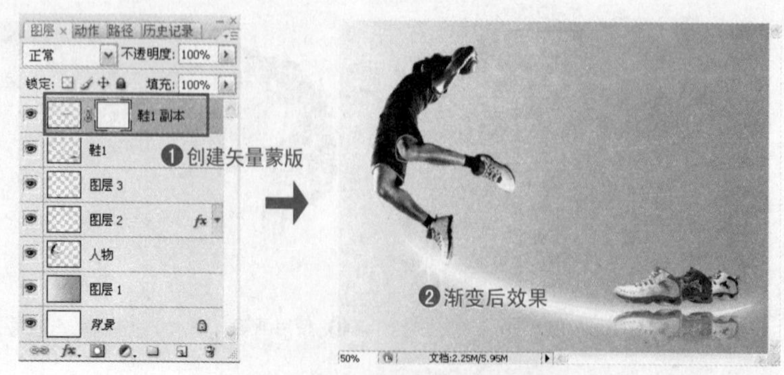

图15-121　创建蒙版并渐变图形

12 选择"鞋1副本"图层，设置此图层的不透明度为"40%"，并使用【移动工具】调整图层的位置，如图15-122所示。

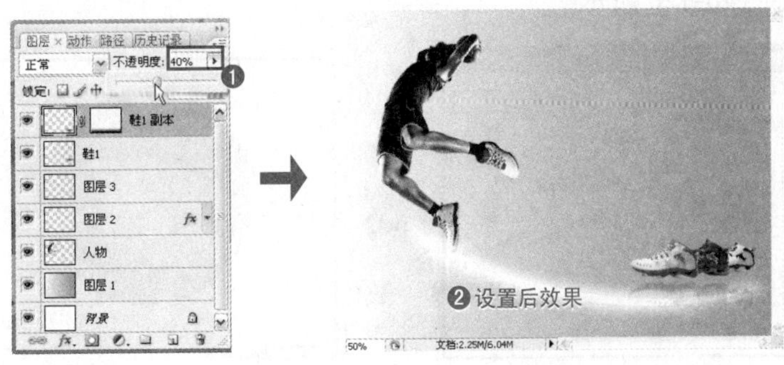

图15-122 设置图层的不透明度

13 隐藏所有图层，创建"组1"，并命名为"CUBA"，然后在组里创建"图层4"，拖动标尺栏在建立两条参考线，然后选择【椭圆选框工具】，按【Alt+Shift】组合键在参考线中心位置画出一个矩形选区，如图15-123所示。

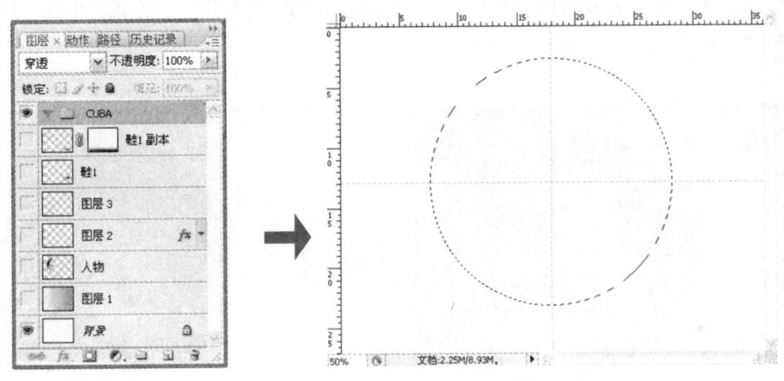

图15-123 创建组并建立选区

14 设置前景色为"#d47018"，按【Alt+Delete】组合键为选区填充前景色，然后在组里创建"图层5"，设置前景色为"#fffe23"，选择【画笔工具】，主直径为"400px"，硬度为"0%"，在图形中央画出形状，如图15-124所示。

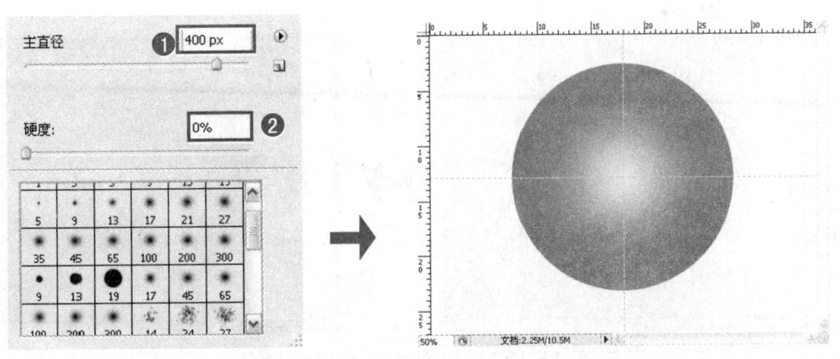

图15-124 画出画笔图形

15 在组里创建“图层7”，选框【椭圆选框工具】，图形上创建一个椭圆选区，然后执行【编辑】/【描边】菜单命令，在弹出的【描边】对话框中设置“宽度”为“10px”，颜色为“白色”，如图15-125所示。

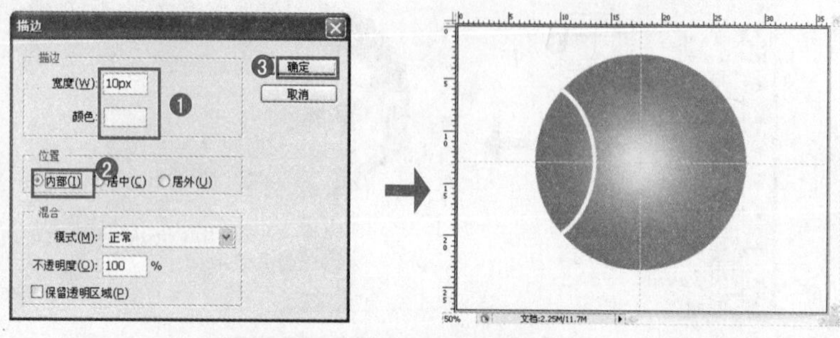

图15-125　为选区进行描边

16 在图形创建两条参考线，显示【图层】面板中的“图层1”，按【Ctrl】键单击组里的“图层4”，将“图层4”载入选区，然后按【Ctrl+Shift+I】组合键反选图形，最后选择“图层7”，按【Delete】键删除“图层7”中多余的部分。

17 选择【移动工具】，按【Shift+Alt】组合键复制移动图形，然后执行【编辑】/【变换】/【水平翻转】菜单命令，如图15-126所示。

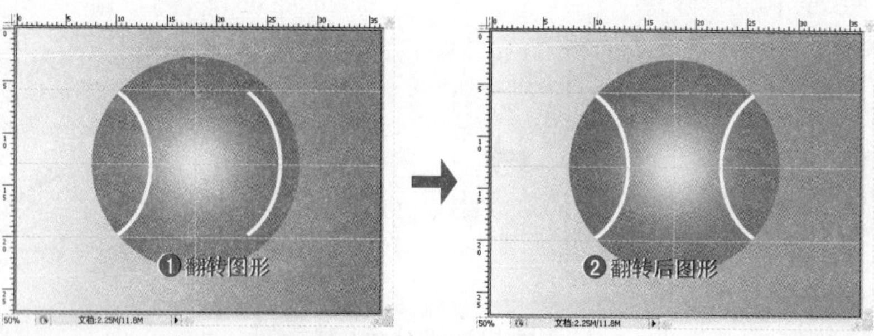

图15-126　复制图形并翻转

18 在组里创建“图层8”，选择【矩形选框工具】，在图形的中央创建一个矩形选区，设置前景色为“白色”，按【Alt+Del】组合键为选区填充前景后，然后按【Ctrl+D】组合键取消选择，如图15-127所示。

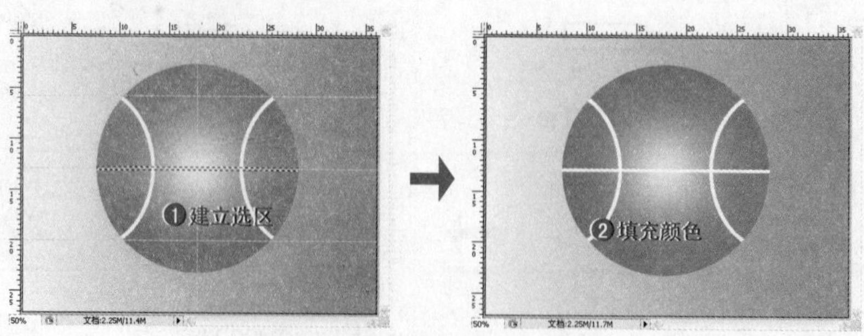

图15-127　建立选区并填充颜色

19 选择【图层】面板中的"图层8"，按【Ctrl+J】组合键复制一个"图层8副本"然后执行【编辑】/【变换】/【旋转90°（顺时针）】菜单命令，对复制的图形进行旋转，然后选择【移动工具】移动图形，如图15-128所示。

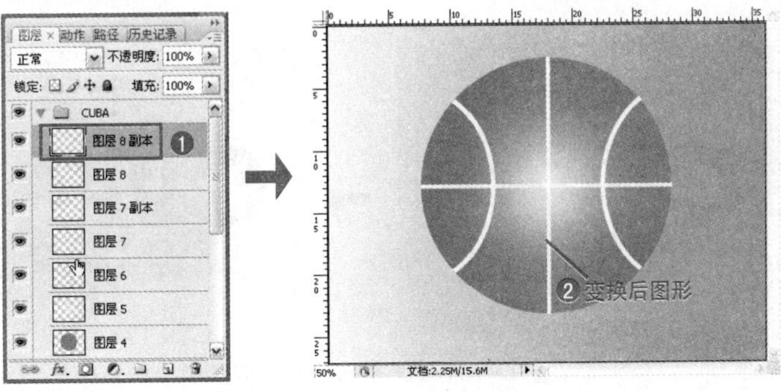

图15-128　旋转图形

20 选择【横排文字工具】，设置字体为"方正超粗黑简体"，大小为"300点"，颜色为"#311f71"，在图形上输入文字"C"，如图15-129所示。

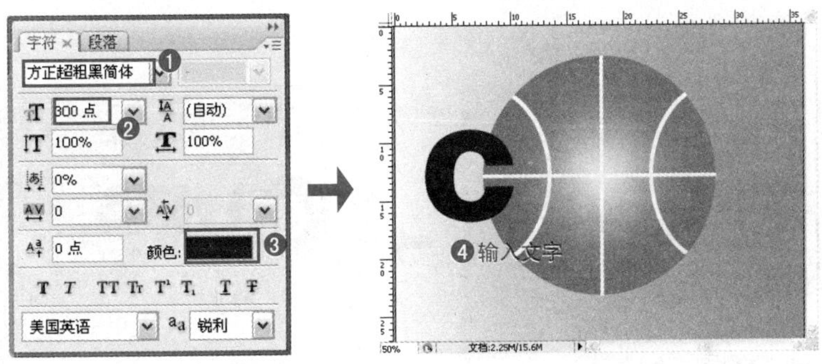

图15-129　输入文字

21 使用【横排文字工具】继续在图形上输入文字，设置字体为"方正超粗黑简体"，大小为"200点"，字符间的字距为"－40"，颜色为"黑色"，在图形上输入文字"UBA"，如图15-130所示。

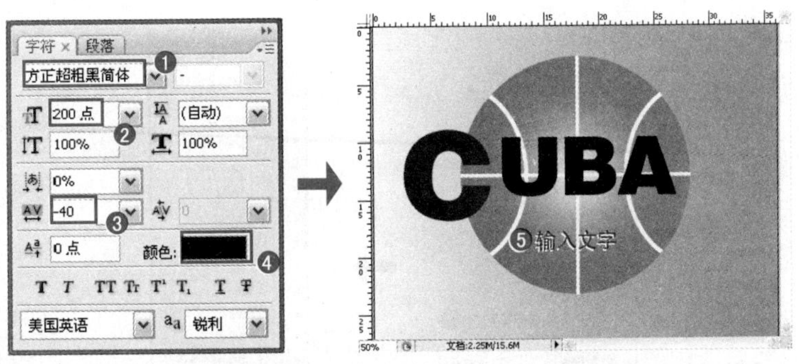

图15-130　输入文字

22 在组里创建“图层9”，选择【矩形选框工具】，在文字的下方建立矩形选区，设置前景色为“#311f71”，背景色为“白色”，然后选择【渐变工具】，设置渐变方式为“线性渐变”，为选区渐变颜色，如图15-131所示。

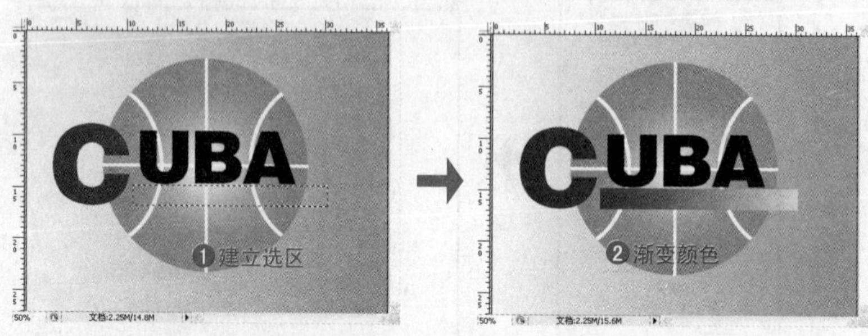

图15-131　建立选区并渐变颜色

23 创建“图层10”，设置前景色为“#fffe23”，然后选择【自定义形状工具】，设置形状的方式为“填充像素”，然后选择“五角星”形状，画出图形，最后选择【移动工具】，按【Shift+Alt】组合键水平复制并移动图形，如图15-132所示。

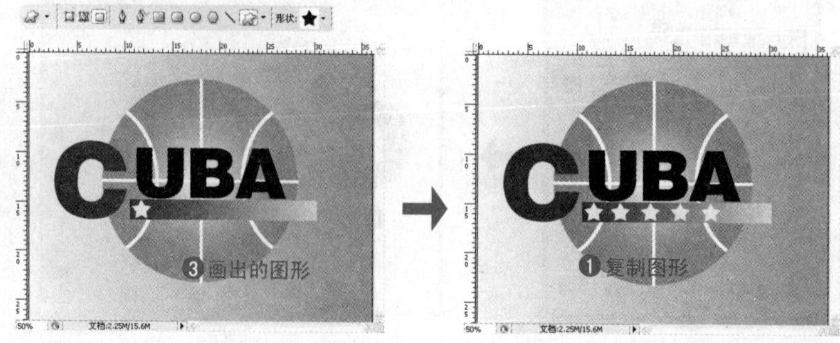

图15-132　画出图形并复制

24 按【Ctrl】键选择【图层】面板中的“图层4”、“C图层”和“图层9”，然后单击鼠标右键，在弹出的快捷菜单中执行【合并图层】菜单命令，最后将合并后的“图层9”调整到组的最底层，如图15-133所示。

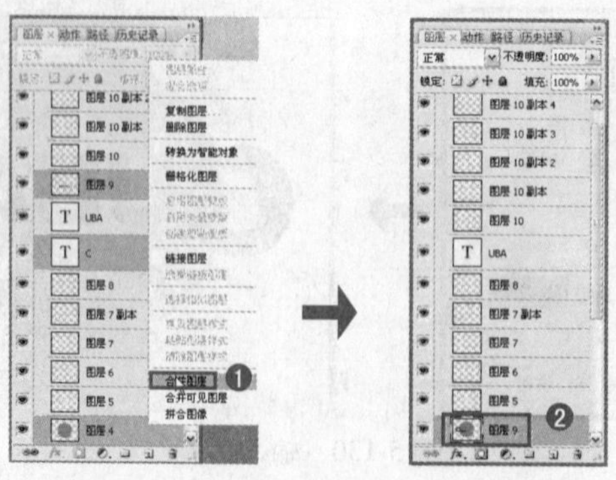

图15-133　合并图层并调整图层位置

25 双击合并后的"图层 9"，在弹出的【图层样式】对话框中设置"外发光"效果，设置"外发光"的颜色为"白色"，扩展为"10%"，大小为"40%"，范围为"50%"，抖动为"100%"，如图 15-134 所示。

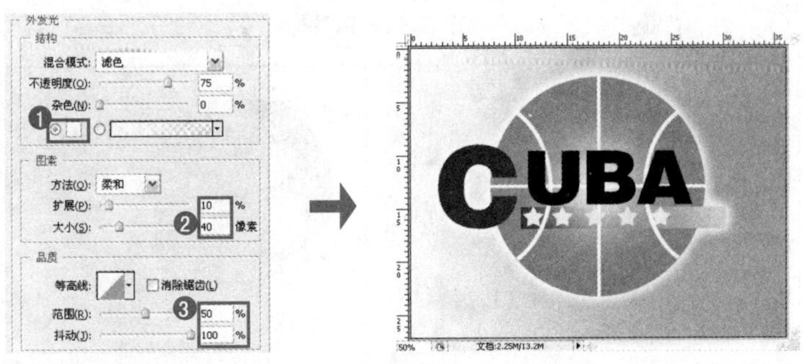

图 15-134　为图层设置外发光效果

26 显示【图层】面板中的所有图层，然后选择"CUBA 图层组"，按【Ctrl+T】组合键调整形的大小及位置，如图 15-135 所示。

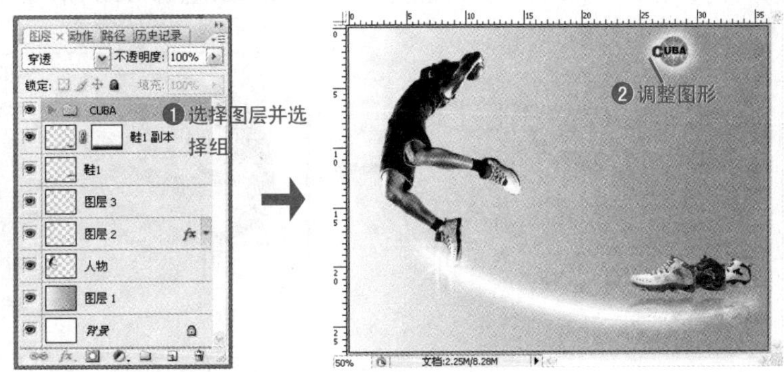

图 15-135　调整图层大小及位置

27 将图层组收缩，创建"图层 11"，选择【矩形选框工具】，在图形的右侧建立一个矩形选区，设置前景色为"白色"，按【Alt+Del】组合键为选区填充前景色，如图 15-136 所示。

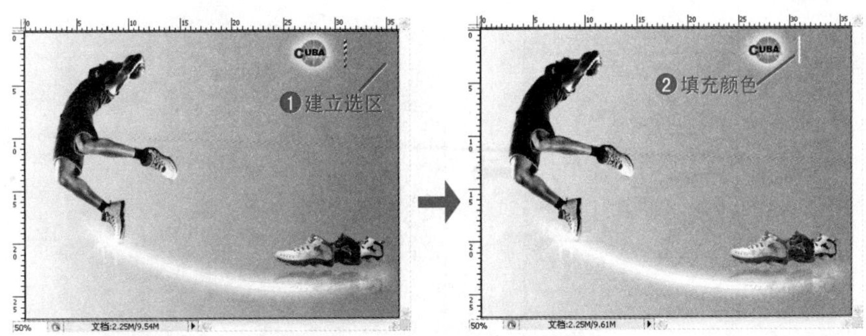

图 15-136　建立选区并填充颜色

28 创建“图层12”，设置前景色为“#fefe22”，选择【自定义形状工具】，设置形状的方式为“填充像素”，载入光盘中“15\骏马形状.chs”形状文件，然后选择“Forme3”形状，在图形上画出形状图形，最后按【Ctrl+T】组合键调整图形的大小及位置，如图15-137所示。

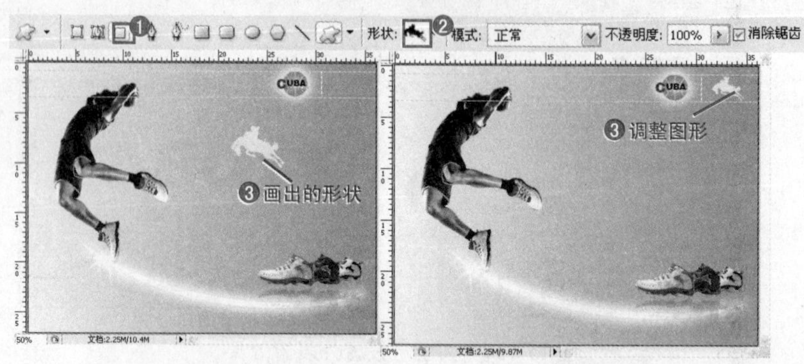

图15-137　载入形状并画出图形

29 双击“图层12”，在弹出的【图层样式】对话框框设置“描边”效果，设置描边大小为“2像素”，颜色为“#ff0000”，对图形描边处理，如图15-138所示。

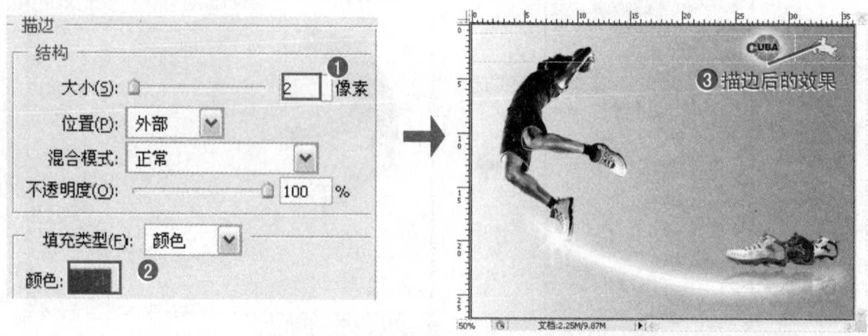

图15-138　为图形设置描边效果

30 选择【横排文字工具】，设置字体为“黑体”，大小为“16点”，文字颜色为“白色”，在图形上输入文字，如图15-139所示。

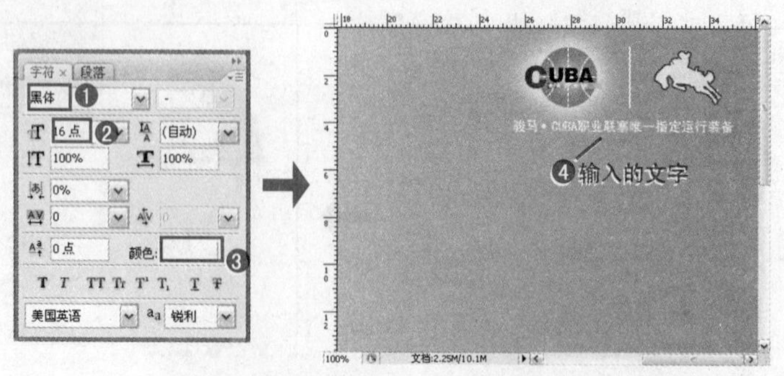

图15-139　在图形上输入文字

31 选择【横排文字工具】，在图形上输入“认真，梦就就会成真”广告语文字，并设置不同的文字格式，如图 15-140 所示。

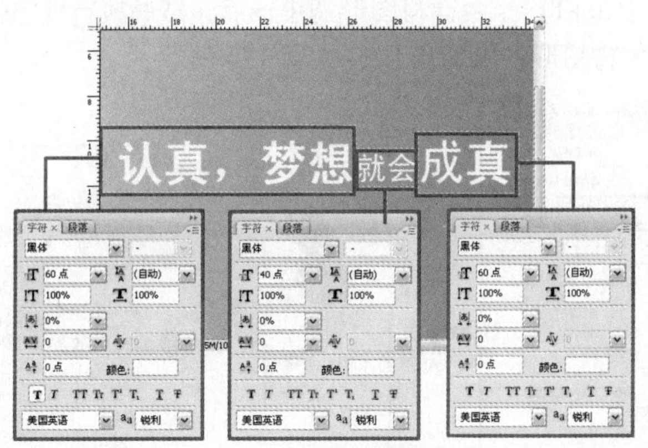

图 15-140　输入文字并设置不同文字格式

32 创建"图层 15"，选择【矩形工具】，设置矩形的方式为"路径"，在图形上创建一个矩形路径，然后选择【添加锚点工具】，在图中的任意位置添加锚点并拖动锚点，形成一个不规则的路径，如图 15-141 所示。

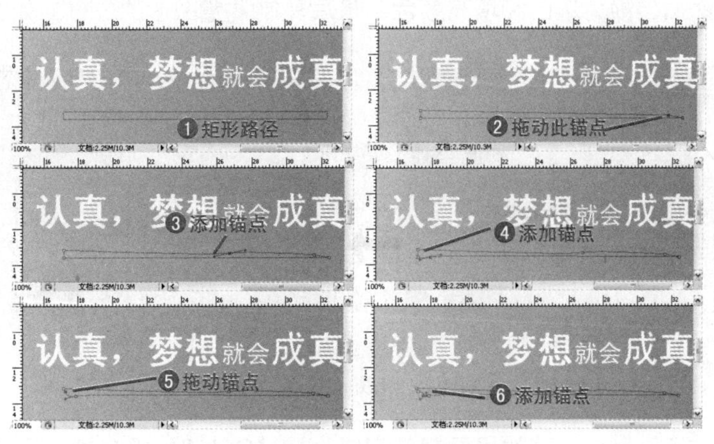

图 15-141　创建路径并添加锚点

33 按【Ctrl+Enter】组合键将路径作为选区载入，设置前景色为"白色"，按【Alt+Delete】组合键为选区填充前景色并取消选择，然后按【Ctrl+T】组合键调整图形大小及位置，如图 15-142 所示。

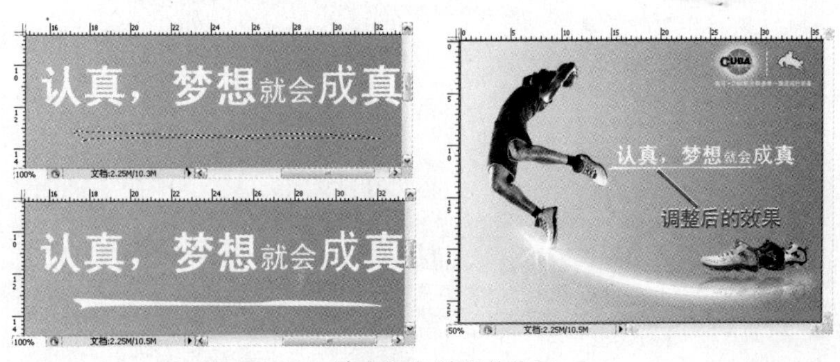

图 15-142　填充颜色并调整位置

34 按【Ctrl+J】组合键创建"图层15副本"图层，使用【移动工具】将复制的图形移动到文字的上方，按【Ctr+T】组合键将图形调小一点，然后执行【编辑】/【变换】/【水平翻转】菜单命令，将图形水平翻转，如图15-143所示。

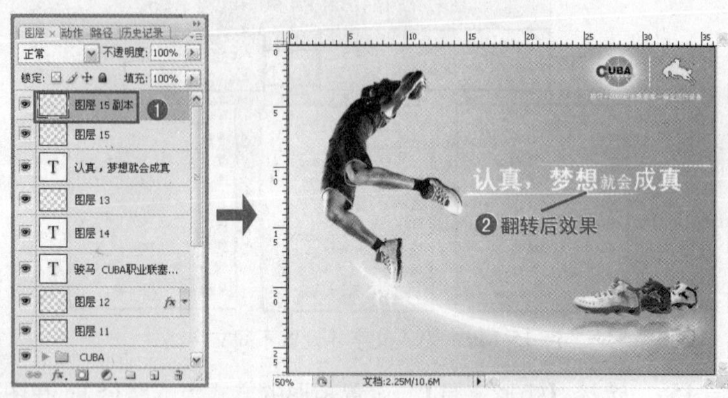

图15-143　复制图层并调整

35 创建"图层16"，选择【矩形工具】，使用前面的方法在图形上建立不同的路径，并添加、拖动锚点，然后转换为选区和填充颜色，最后复制调整图形的位置，如图15-144所示。

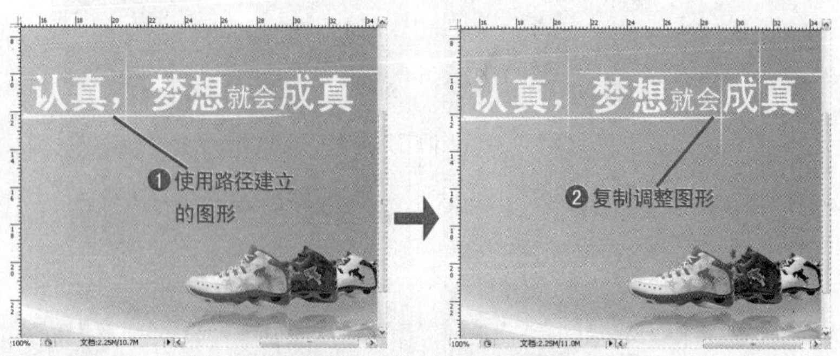

图15-144　复制图层并调整

36 至此，制作的运动鞋广告牌效果已制作完成，按【Ctrl+S】组合键进行保存。

数码生活108招

精彩呈现……

随着时代的发展，数码摄影和 CG 设计已经成为人们生活中不可或缺的部分，体现着人们对真、善、美的追求。为此，我们请专业的摄影师和 CG 设计师精心编写了“数码生活 108 招”系列图书，向读者展现数码生活的无限乐趣。丛书强势推出《Photoshop 数码照片处理 108 招（第 2 版）》、《数码照片巧拍 108 招（第二版）》、《数码摄像与视频编辑 108 招》、《活用 Photoshop CS3 108 招》、《Photoshop CS3 平面广告特效创意 108 招》、《Illustrator CS3 平面广告创意 108 招》及《After Effects CS3/3ds Max 9 影视包装与片头特效 108 招》。书中实例丰富、面向生活、构思新颖，总结了作者多年的技术经验，让读者在浓郁的艺术氛围中，学习创作出优美的数码、CG 作品。